智云科技 编著

清华大学出版社
北 京

内 容 简 介

全书共15章，主要包括网页制作基础、Dreamweaver CC网页制作、Photoshop CC网页图像设计、Flash CC网页动画设计以及综合案例实战5个部分。通过本书的学习，不仅能让读者学会三大软件的基本操作，而且本书中列举的实战案例，还可以让读者举一反三，在实战工作中用得更好。

此外，本书还提供了丰富的栏目板块，如专家提醒、核心妙招和长知识。这些板块不仅丰富了本书的知识，还可以教会读者更多常用的技巧，提高读者的实战操作能力。

本书浅显易懂，指导性较强，主要定位于希望快速进入网页设计领域的初、中级用户，特别适合初级网页设计和制作人员、大中专学生及网页设计爱好者。此外，本书也适用于网页设计培训班学生和自学读者使用。

图书在版编目(CIP)数据

Dreamweaver+Flash+Photoshop网页设计综合应用/智云科技编著. __北京：清华大学出版社，2015
(学以致用系列丛书)
ISBN 978-7-302-37943-0

Ⅰ.①D… Ⅱ.①智… Ⅲ.①网页制作工具 Ⅳ.①TP393.092

中国版本图书馆CIP数据核字(2014)第207786号

责任编辑：李玉萍
封面设计：杨玉兰
责任校对：马素伟
责任印制：杨　艳

出版发行：清华大学出版社
　　网　　址：http://www.tup.com.cn，http://www.wqbook.com
　　地　　址：北京清华大学学研大厦A座　　**邮　　编：**100084
　　社 总 机：010-62770175　　**邮　　购：**010-62786544
　　投稿与读者服务：010-62776969，c-service@tup.tsinghua.edu.cn
　　质 量 反 馈：010-62772015，zhiliang@tup.tsinghua.edu.cn
　　课 件 下 载：http://www.tup.com.cn,010-62791865
印 刷 者：北京鑫丰华彩印有限公司
装 订 者：三河市少明印务有限公司
经　　销：全国新华书店
开　　本：203mm×260mm　　**印　　张：**19.75　　**字　　数：**533千字
(附DVD1张)
版　　次：2015年1月第1版　　**印　　次：**2015年1月第1次印刷
印　　数：1～3000
定　　价：49.00元

产品编号：058003-01

关于本丛书

如今，学会使用电脑已不再是为了休闲娱乐，在生活、工作节奏不断加快的今天，电脑已成为各类人士工作中不可替代的一种办公用具。然而仅仅学会如何使用电脑操作一些常见的软件已经不能满足人们当下的工作需求了。高效率、高品质的电脑办公已经显得越来越重要。

为了让更多的初学者学会电脑和办公软件的操作，让工作内容更符合当下的职场和行业要求，我们经过精心策划，创作了"学以致用系列"这套丛书。

本丛书包含了电脑基础与入门、网上开店、Office办公软件、图形图像和网页设计等领域内的精华内容，每本书的内容和讲解方式都根据其特有的应用要求进行了量身打造，目的是让读者真正学得会，用得好。本丛书具体包括如下书目。

- 《新手学电脑》
- 《中老年人学电脑》
- 《电脑组装、维护与故障排除》
- 《电脑安全与黑客攻防》
- 《网上开店、装修与推广》
- 《Office 2013综合应用》
- 《Excel财务应用》
- 《PowerPoint 2013设计与制作》
- 《AutoCAD 2014中文版绘图基础》
- 《Flash CC动画设计与制作》
- 《Dreamweaver CC网页设计与制作》
- 《Dreamweaver+Flash+Photoshop网页设计综合应用》

丛书两大特色

本丛书之所以称为"学以致用"，主要体现了我们的"理论知识和操作学得会，实战工作中能够用得好"这个策划和创作宗旨。

理论知识和操作学得会

◆ **讲解上——实用为先，语言精练**

本丛书在内容挑选方面注重3个“最”——内容最实用，操作最常见，案例最典型，并用精炼的文字讲解理论部分，用最通俗的语言将知识讲解清楚，提高读者的阅读和学习效率。

◆ **外观上——单双混排，全彩图解**

本丛书采用灵活的单双混排方式，全程图解式操作，每个操作步骤在内容和配图上逐一对应，力求让整个操作更清晰，让读者能够轻松和快速地掌握。

◆ **结构上——布局科学，学习、解惑、巩固三不误**

本丛书在每章的知识结构安排上，采取“主体知识+实战问答+思考与练习”的结构，其中，“主体知识”是针对当前章节中涉及的所有理论知识进行讲解；“实战问答”是针对实战工作中的常见问题进行答疑，为读者扫清工作中的“拦路虎”；“思考与练习”中列举了各种类型的习题，如填空题、判断题、操作题等，目的是帮助读者巩固本章所学知识和操作。

◆ **信息上——栏目丰富，延展学习**

本丛书在知识讲解过程中，还穿插了各种栏目板块，如专家提醒、核心妙招、长知识等。通过这些栏目，扩展读者的学习宽度，帮助读者掌握更多实用的技巧操作。

实战工作中能够用得好

本丛书在讲解过程中，采用“知识点+实例操作”的结构来讲解，为了让读者清楚这些知识在实战中的具体应用，所有的案例均是实战中的典型案例。通过这种讲解方式，让读者在真实的环境中体会知识的应用，从而达到举一反三，在工作中用得好的目的。

关于本书内容

本书是“学以致用系列丛书”中的一本，全书共15章，主要包括网页制作基础、Dreamweaver CC网页制作、Photoshop CC网页图像设计、Flash CC网页动画设计以及综合案例实战5个部分，各部分的具体内容如下。

网页制作基础

该部分是本书的第1章，其具体内容包括：网页基本概念、网页的色彩搭配、网页设计的常用软件、网站建设的一般流程。通过对本部分内容的学习，读者可以为后面的学习打下坚实的基础。

Dreamweaver CC网页制作

该部分是本书的第2～6章，其具体内容包括：Dreamweaver CC的工作界面和文件的基本操作，使用CSS样式美化网页与Div+CSS布局，运用表格与jQuery UI制作网页，表单元素、模板和库的运用以及运用行为制作交互网页等高级功能。通过对本部分内容的学习，读者可以熟练掌握Dreamweaver CC软件的操作，制作简单的网页。

Photoshop CC网页图像设计

该部分是本书的第7～10章，其具体内容包括：Photoshop软件的基本知识和辅助工具的使用，使用绘图工具绘制图像，图层和文本的使用方法和技巧以及创建页面动画特效。通过对本部分内容的学习，读者可以熟练掌握Photoshop CC的使用方法以及设计各种网页元素。

Flash CC网页动画设计

该部分是本书的第11～14章，其具体内容包括：Flash CC的入门和一些基本的操作，使用时间轴、帧及图层制作动画效果，元件与库的应用，结合ActionScript制作网页动画。通过对本部分内容的学习，读者可以熟练掌握使用Flash制作各种动画并将制作的动画效果应用到网页上。

综合案例实战

该部分是本书的第15章，其具体内容包括：通过Photoshop制作网站首页并将页面切割成多个素材文件，使用Flash制作网页动画，在Dreamweaver中使用Div+CSS布局整合各个素材制作网页。通过对本部分内容的学习，读者可以掌握网页设计的具体流程和设计技巧。

关于读者对象

本书浅显易懂，指导性较强，主要定位于希望快速进入网页设计领域的初、中级用户，特别适合初学网页设计的人员、大中专学生及网页设计爱好者。此外，本书也可用于网页设计培训班学生和自学者使用。

关于创作团队

本书由智云科技编著，参与本书编写的人员有邱超群、杨群、罗浩、马英、邱银春、罗丹丹、刘畅、林晓军、林菊芳、周磊、蒋明熙、甘林圣、丁颖、蒋杰、何超等，在此对大家的辛勤工作表示衷心的感谢！

由于编者经验有限，加之时间仓促，书中难免会有疏漏和不足，恳请专家和读者不吝赐教。

编　者

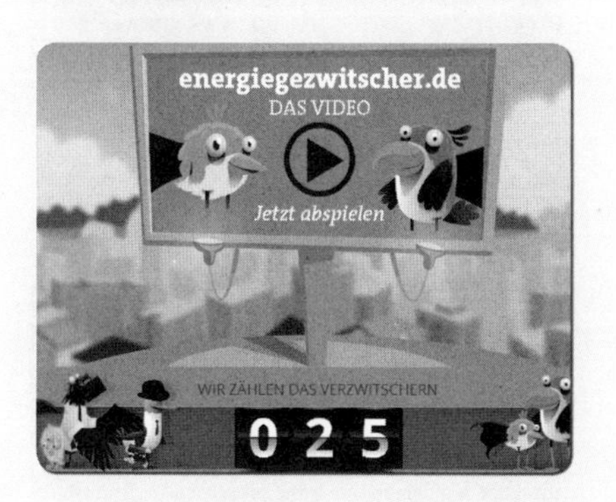

Chapter 01 了解网页的基本知识

Chapter 02 Dreamweaver CC入门

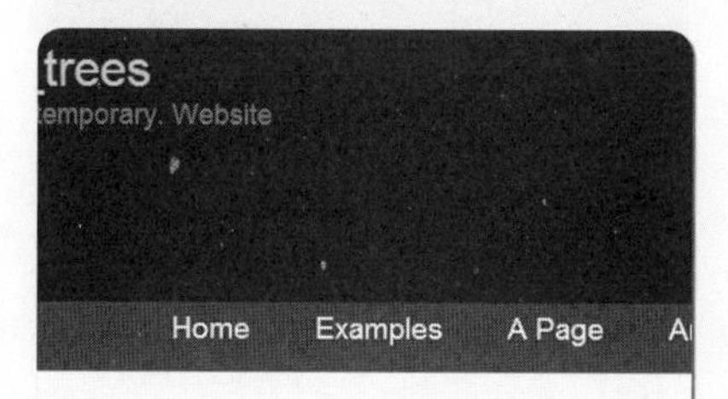
Home
Examples
A Page

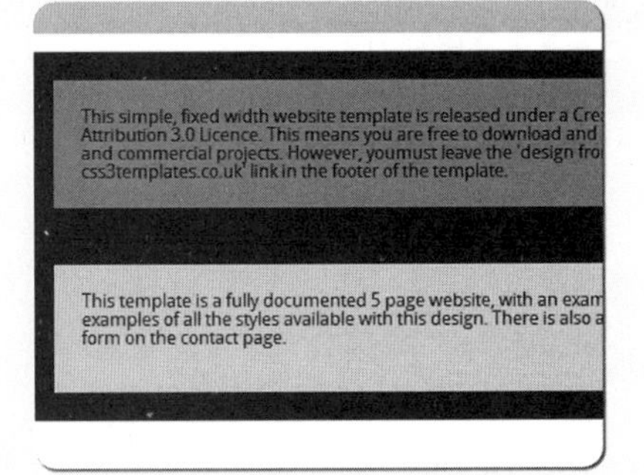
This template is a fully documented 5 page website, with an exam
examples of all the styles available with this design. There is also a
form on the contact page.

综合应用管理平台
——让管理变得更简单
用户名: jswant
密码:

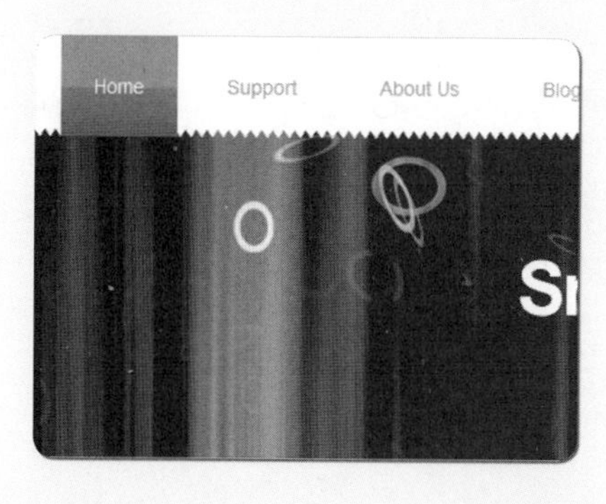

Home
Support
About Us

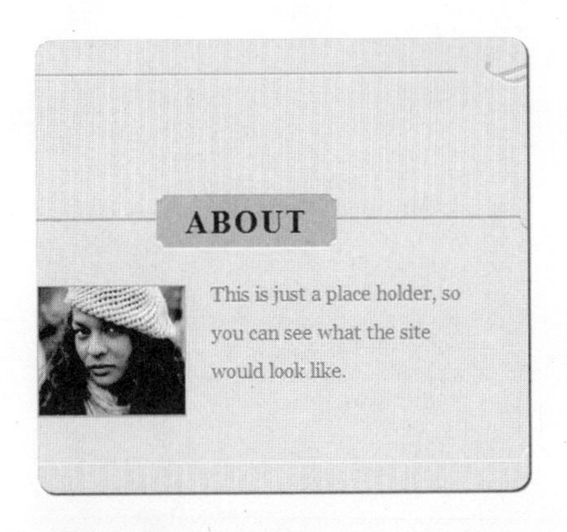
ABOUT
This is just a place holder, so you can see what the site would look like.

BOOKS
BLOG
Story
ts

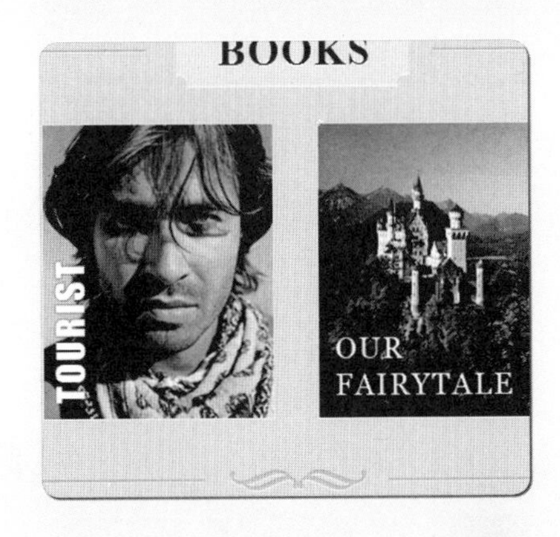
BOOKS
TOURIST
OUR FAIRYTALE

HOME
ABOUT
来自网页的消息
您好，欢迎光临我的博客！
确定
Moments

Chapter 07 Photoshop CC入门

Chapter 08 使用绘图工具绘制图像

Chapter 09 图层和文本的使用

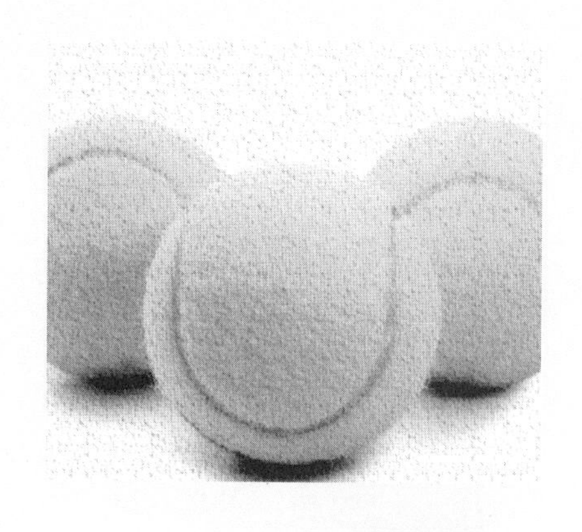

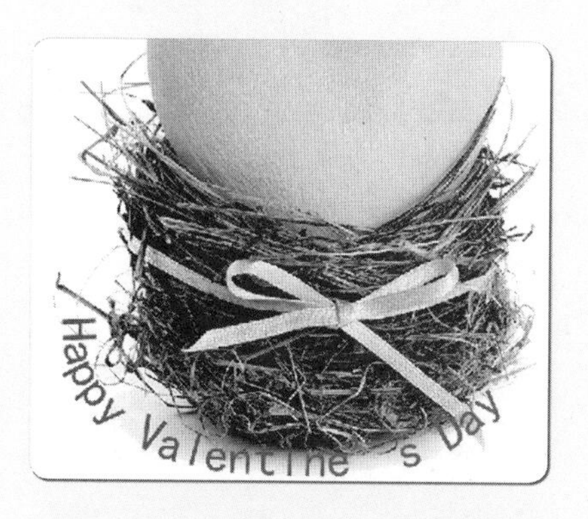
Happy Valentine 's Day

Chapter 11 认识Flash CC

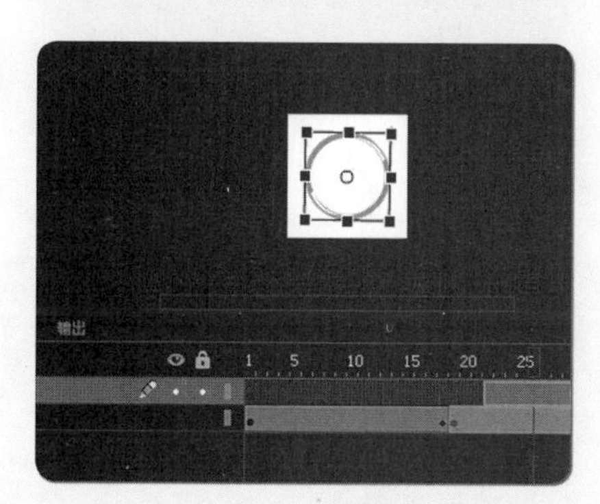

Chapter 12 使用时间轴、帧及图层

Chapter 13 Flash CC中库和元件的使用

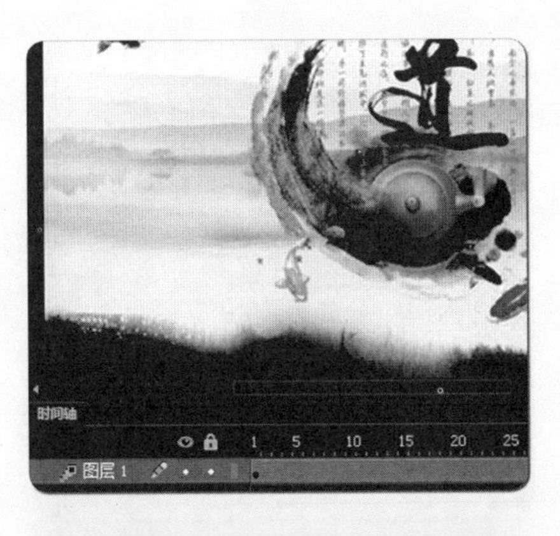
时间轴
图层 1

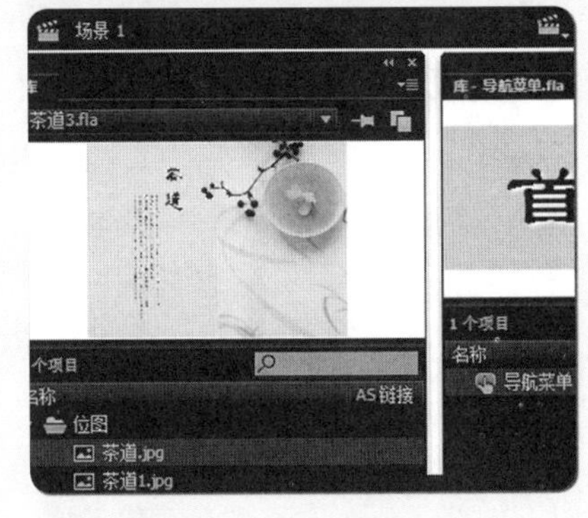
场景 1
库 - 导航菜单.fla
首
1 个项目
名称
导航菜单
AS 链接
位图
茶道.jpg
茶道1.jpg

茶
藝

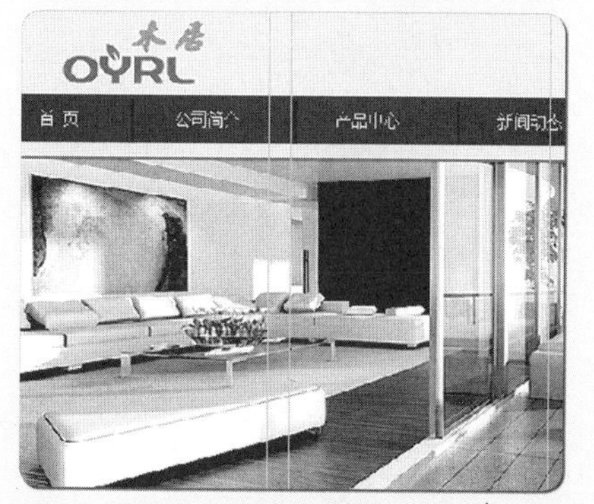
木居
OYRL

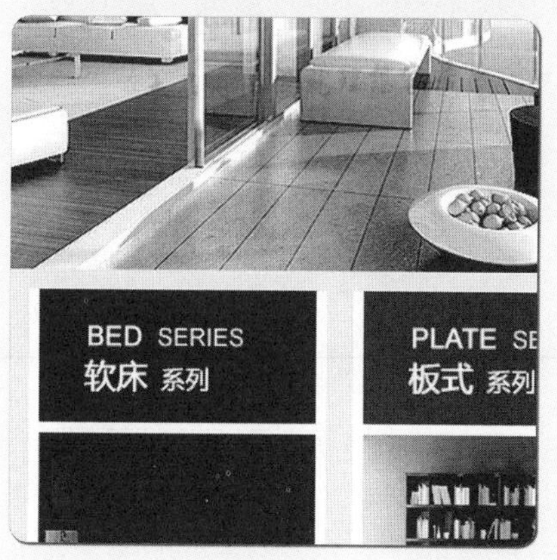
BED SERIES
软床 系列
板式 系列

Chapter 01

了解网页的基本知识

本章要点

★ 网页设计的基础知识与组成元素
★ 网站的分类
★ HTML的基本语法
★ 网页配色基础与原则
★ 三大网页编辑软件的认识
★ 规划网站布局与网站页面制作
★ 测试和发布网站
★ 更新和维护网站

学习目标

用户在制作网页前需要了解网页是由什么元素组成的、又是怎么制作的，常用的制作软件有哪些等，对网页有一定的基础认识，为后面的学习打下基础。本章将会主要围绕网页的基础知识进行介绍和讲解。

知识要点	学习时间	学习难度
了解网页的基本概念	40分钟	★★
网页的色彩搭配	25分钟	★
网页的制作软件与建站流程	60分钟	★★

重点实例

门户网站

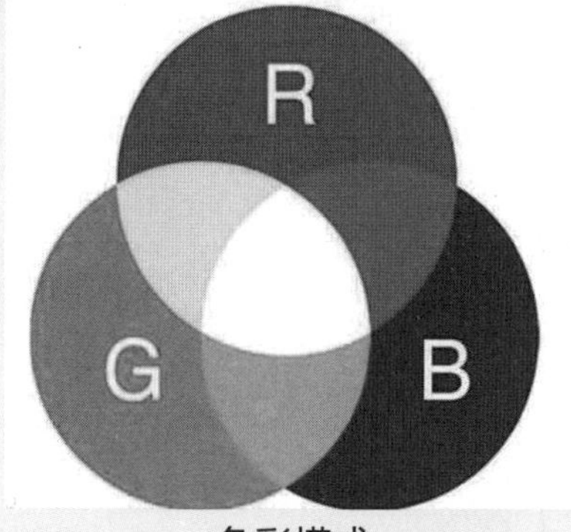

色彩模式

网页设计软件

1.1 了解网页的基本概念

随着因特网的普及，各种各样的网站应运而生，网页设计技术也越来越受到人们的关注。在学习网页设计之前，应该对网页的基本知识有一定的了解，以便减少在设计网页时遇到的麻烦。

1.1.1 网页设计基础知识

网页是浏览因特网时看到的一个个画面，网站则是一些相关网页的集合，一个网站可能包含有数千万个网页，也可能只有几个网页，下面对网站和网页进行介绍。

学习目标	掌握网页的相关概念
难度指数	★

◆网站

网站是发布在网络服务器上由一系列网页文件构成的，为访问者提供信息和服务的网页集合，可以通过网站获取需要的资讯或享受网络服务，也可发布自己想要公开的资讯，如图1-1所示。

图1-1 新浪门户网站

◆网页

浏览者浏览网站实际上就是浏览网页，网页不仅要把各种信息简单明了地表达出来，还要通过各种设计与技巧，使其更加有效地展示在用户面前，如图1-2所示。

图1-2 精美的网页

1.1.2 网页的基本构成元素

在制作网站前，先要确定网页的构成元素，如文本、图像、超链接、导航栏、动画、表格、表单等，下面分别对这些元素进行介绍。

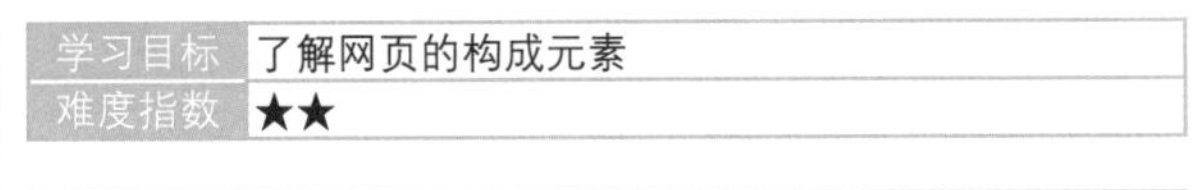

学习目标	了解网页的构成元素
难度指数	★★

◆文本

一般情况下，网页中最多的内容是文本，然而在网页上用同样的字体显示，会使页面过于呆板。在页面中可以根据需要对其字体、大小、颜色、底纹、边框等属性进行设置，如图1-3所示。

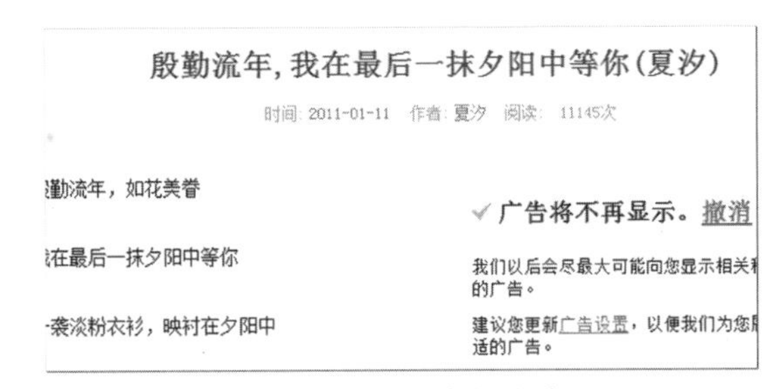

图1-3 网页中的文本

◆图像

丰富多彩的图像是美化网页必不可少的元素，网页中的图像一般为JPG格式和GIF格式，常用图像类型包括：Logo图标、Banner广告、背景图等，如图1-4所示。

图1-4　网页Logo图标

专家提醒 | Logo的含义

Logo是徽标或者商标的外语缩写，起到对徽标拥有公司的识别和推广的作用，通过形象的徽标可以让消费者记住公司主体和品牌文化。网络中的徽标主要是各个网站用来与其他网站链接的图形标志，代表一个网站或网站的一个板块。

◆超链接

超链接是Web网页的主要特色，是指从一个网页指向另一个目的端的链接。它可以是文本、按钮或图片，如图1-5所示。

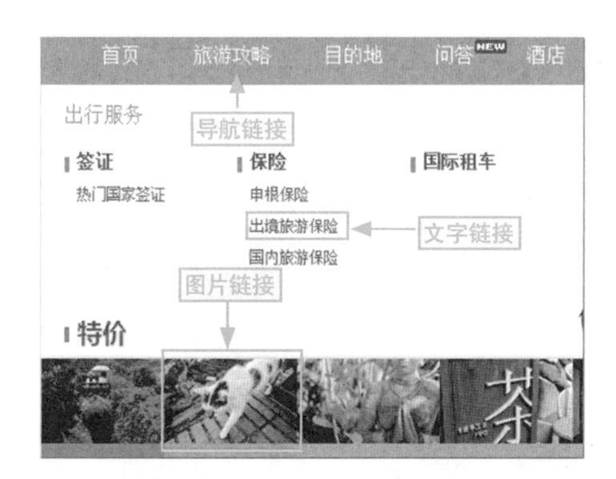

图1-5　网页中的超链接

◆导航栏

导航栏是一组超级链接，用来方便地浏览站点。导航栏一般由多个按钮或者多个文本超级链接组成，它可以是文字、图片，还可以使用SWF动画，如图1-6所示。

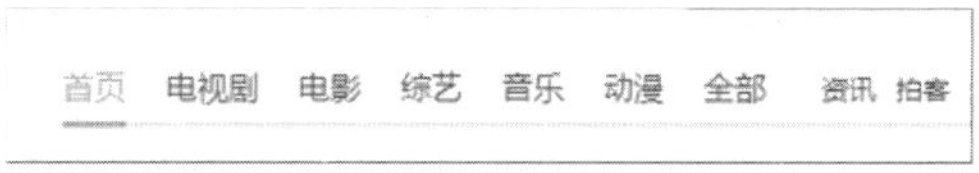

首页　电视剧　电影　综艺　音乐　动漫　全部　资讯　拍客

图1-6　网页中的导航栏

◆动画

动画实质上是动态的图像，创意出众、制作精致的动画是吸引浏览者眼球的最有效方法之一，如图1-7和图1-8所示。

图1-7　Flash网页小游戏

图1-8　Banner网页动画

专家提醒 | Banner的使用

Banner可以是网幅广告、横幅广告，也可以是游行活动时用的旗帜，还可以是报纸或杂志上的大标题等，它的主旨是鲜明地表达情感和宣传思想。

◆表格

表格在网页中的作用非常大，它由一行或多行组成，每行又由一个或多个单元格组成。它可以用来布局网页或显示数据，如图1-9所示。

图1-9　网页中的表格

◆表单

表单主要用来收集用户信息，然后将这些信息发送到用户设置的目标端，实现浏览者与服务器之间的信息交互，如图1-10所示。

★ 为方便通知您领取奖品，请留下有效联系方式。

*姓名：　　　　*性别：◉男 ○女
*手机：　　　　Q Q：
所在地：省　市　县
毕业院校：

提 交

图1-10　网页中的表单

1.1.3　网站的分类

网站是一种新型的媒体，在日常生活、商业活动、新闻资讯、娱乐游戏等方面都有着广泛的应用，下面介绍几种常见的网站类型。

学习目标	了解常见网站类型
难度指数	★★

◆个人网站

个人网站通常指可以发布个人信息及相关内容的小型网站，即网站内容是介绍自己的或是以自己的信息为中心的网站，如图1-11所示。

图1-11　个人网站

◆企业网站

企业网站主要围绕企业、产品及服务信息进行网络宣传，通过网站树立企业的网络形象，从而提高企业的影响力及知名度，如图1-12所示。

图1-12　企业网站

◆电子商务网站

电子商务网站就是为浏览者搭建起一个网络平台，将网络信息、商品、物流与资金结合起来，从而实现商务活动，如图1-13所示。

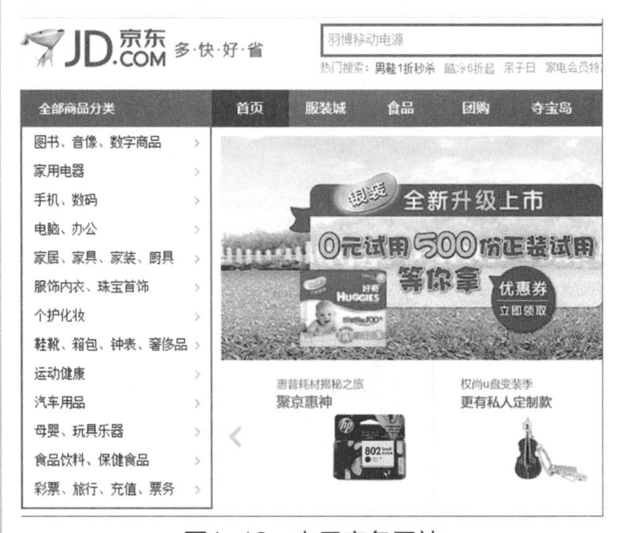

图1-13　电子商务网站

◆娱乐游戏网站

娱乐游戏网站大多是以提供娱乐信息和流行音乐为主的网站，具有很强的时效性，要求具有丰富的信息，如图1-14所示。

图1-14　娱乐游戏网站

◆综合门户网站

门户网站是一种综合型网站，它将互联网上大量信息进行整合、分类，为上网者打开方便之门，如图1-15所示。

图1-15　综合门户网站

◆行业信息网站

行业信息网站是一种能够满足某一特定领域上网的人群及特定需要的网站，这些网站的内容和服务更为专业，如图1-16所示。

图1-16　行业信息网站

核心妙招 | 网站的另一种分类法

将网站按照主体性质不同还可分为政府网站、企业网站、商业网站、教育科研机构网站、个人网站、其他非营利机构网站以及其他类型等。

1.1.4　HTML的基本语法

目前大部分网站制作都是运用可视化编辑软件来完成，虽说这些软件功能很强大，操作也很方便，但要想设计更符合标准的网页，还得了解HTML语言。

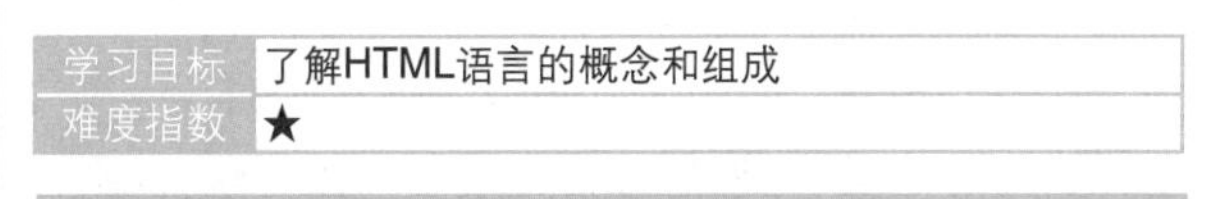

学习目标	了解HTML语言的概念和组成
难度指数	★

◆HTML的基本概念

HTML(Hyper Text Mark-up Language)即超文本标记语言，是全球互联网上描述网页和外观的标准，用来描述超文本中内容的显示方式，常用扩展名.html，如图1-17所示。

图1-17　HTML文件

◆HTML的组成

标准的HTML文档一般包括开头与结束标记以及头部和实体两部分，最基本的语法就是<标记>内容</标记>，如图1-18所示。

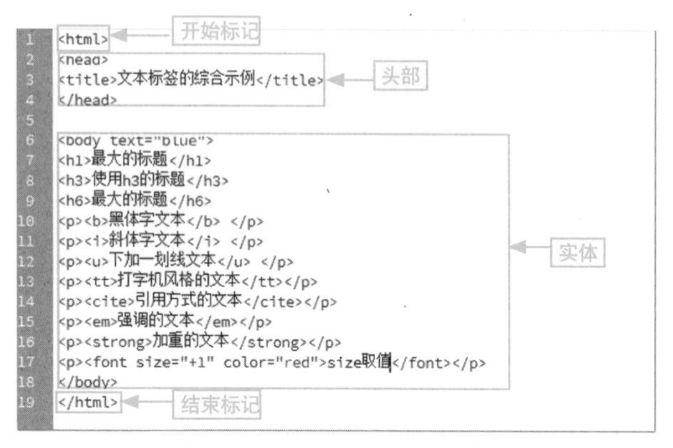

```
<html>
<head>
<title>文本标签的综合示例</title>
</head>

<body text="blue">
<h1>最大的标题</h1>
<h3>使用h3的标题</h3>
<h6>最大的标题</h6>
<p><b>黑体字文本</b> </p>
<p><i>斜体字文本</i> </p>
<p><u>下加一划线文本</u> </p>
<p><tt>打字机风格的文本</tt></p>
<p><cite>引用方式的文本</cite></p>
<p><em>强调的文本</em></p>
<p><strong>加重的文本</strong></p>
<p><font size="+1" color="red">size取值</font></p>
</body>
</html>
```


图1-18 HTML文本内容

专家提醒 | HTML文本的特点

HTML文本是由HTML命令组成的描述性文本，HTML命令可以为文字、图形、动画、声音、表格、链接等进行说明。

1.2 网页的色彩搭配

网页中的色彩搭配会影响整个网页的视觉效果，而网页中各种元素的彩色搭配是由网页设计者指定的，为了制作出漂亮的网页，就必须要掌握网页色彩搭配的一些知识和技巧。

1.2.1 网页的配色基础

一个网页不可能只用一种颜色，也不能将所有颜色运用在网页中，网页中必须要有一两个主色，但尽量不要超过4种颜色，在搭配颜色之前，需要了解一些网页配色的基础知识。

学习目标	了解网页配色的基础知识
难度指数	★★

◆色彩的搭配

色彩与人的心理感觉和情绪有很大关系，利用这一点可以在设计网页时形成自己独特的色彩效果，就能制作出使人心旷神怡的网页画面，给浏览者留下深刻的印象，如图1-19 所示为常见的色彩和色彩搭配。

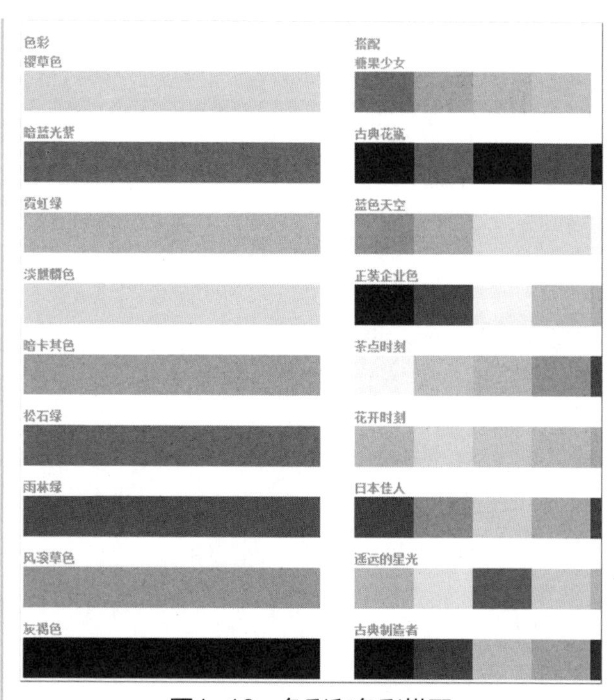

图1-19 色彩和色彩搭配

核心妙招 | 企业网站色彩使用小技巧

在企业网站中可以使用金属色，能显示出企业的大气和沉稳。

◆色彩模式

色彩模式分为RGB色彩模式、CMYK色彩模式、灰度模式、索引色彩模式、双色调模式及位图模式，用户根据不同需要使用不同的色彩模式，如图1-20所示和图1-21所示。

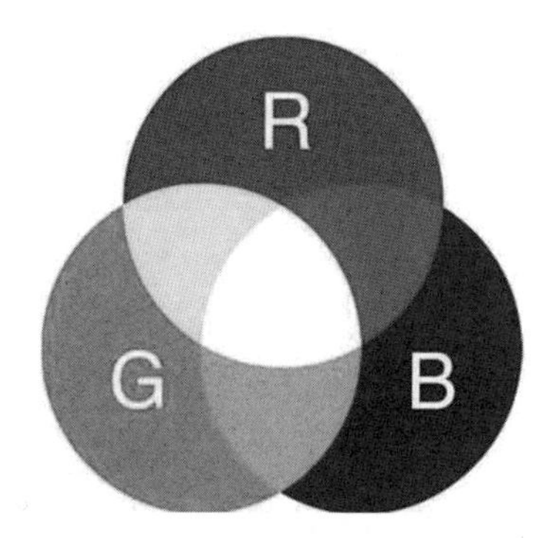

图1-20 RGB色彩模式

图1-21 CMYK色彩模式

1.2.2 网页色彩搭配的方案

色彩搭配在网页设计中相当的重要，需要取用一些个人的感觉、经验和风格，也需要注重一些技巧，以下是一些常用的配色方案。

学习目标	掌握常用的色彩搭配方案
难度指数	★★

◆同种色彩搭配

使用单色时，通过调整色彩的透明度和饱和度，可使页面看起来色彩统一，具有层次感，如图1-22所示。

图1-22 使用单色

◆邻近色彩搭配

所谓邻近色，就是色带上相邻的颜色，例如红色和黄色、绿色和蓝色就是邻近色，它可以使页面达到和谐统一的效果，如图1-23所示。

图1-23 使用邻近色

◆暖色色彩搭配

暖色色彩搭配一般使用红色、橙色、黄色以及褐色等搭配，这种方案可给网页营造出稳定、热情的氛围，如图1-24所示。

图1-24 暖色的使用

◆冷色色彩搭配

冷色色彩搭配是使用绿色、紫色及蓝色等色彩搭配，这种方案可为网页营造出宁静、高雅及清凉的感觉，如图1-25所示。

图1-25　冷色的使用

核心妙招 | 使用对比色

对比色可以突出重点，容易产生出强烈的视觉效果，在设计网页配色时一般以一种颜色为主色调，对比色作为点缀。

1.2.3　网页配色的注意事项

色彩为第一视觉语言，具有影响人的心理，唤醒人们感情的作用。网页色彩也是树立网站形象的关键之一，所以网页配色时需特别注意以下事项。

学习目标	了解网页配色的一些细节问题
难度指数	★

◆色彩的鲜明性

网页色彩要鲜明，这样就很容易引人注目，用与众不同的色彩，才会给用户留下较为深刻的印象，如图1-26所示。

图1-26　色彩鲜明的网页

◆色彩的独特性

一个网站的用色必须要有自己独特的分割，与众不同的色彩，使用户对网页的印象深刻，如图1-27所示。

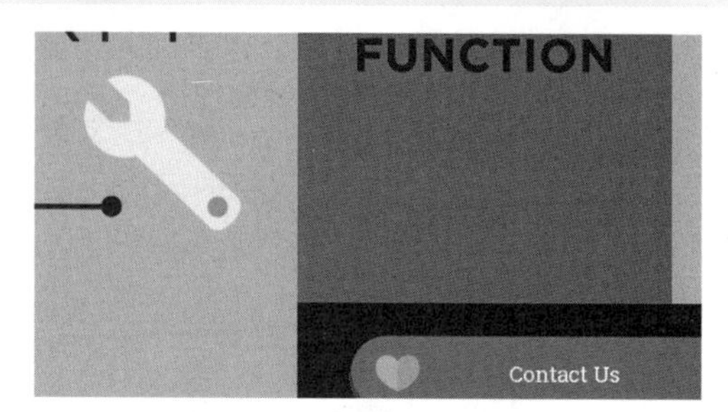

图1-27　色彩独特的网页

◆色彩的合理性

色彩要根据网页主题来设计，不同的主题应搭配不同的色彩，不仅如此，色彩还得和设计者表达的内容气氛相适合，如图1-28所示。

图1-28　色彩的合理性

◆色彩的艺术性

网页设计其实也是一种艺术活动，所以它的色彩搭配当然需要遵循一定的艺术规律，如图1-29所示。

图1-29　色彩的艺术性

1.3 网页设计的常用软件

网页设计中，除了使用配色技术搭配出精美的网页外，还需要综合运用各种网页设计工具和技术，以提高工作效率。用于网页设计的工具软件有很多，但最著名、使用人数最多的就是以下几种，下面分别对其进行介绍。

1.3.1 Dreamweaver CC

Dreamweaver CC是网页设计领域中应用最广泛、功能最强大的网页布局软件，利用它可以轻而易举地制作出网页，如图1-30所示。

学习目标	了解网页设计软件Dreamweaver CC
难度指数	★★

专家提醒 | “网页三剑客”

“网页三剑客”是一套强大的网页编辑工具，通常指Dreamweaver、Flash和Photoshop这3个软件，这三大软件基本是当今网站开发的必备工具。

图1-30　Dreamweaver CC的工作界面

1.3.2 Photoshop CC

最常用的网页图像处理软件是Photoshop，它凭借其强大的图形处理功能和广泛的应用范围，一直占据着图形处理软件的领先地位，如图1-31所示。

学习目标	了解网页图形处理软件Photoshop CC
难度指数	★★

核心妙招 | Photoshop的特性

Photoshop虽然是一款图形处理软件，但也是设计网页图像的最佳工具之一，因为网页图像设计也属于平面设计，而Photoshop除了具有图像处理功能外，还含有许多能够让用户把图像有效地保存为Web格式的特性。

图1-31　Photoshop CC的工作界面

1.3.3 Flash CC

Flash是一款功能强大的动画制作软件，它将动画的设计与处理推向了一个更高、更灵活的艺术水准，如图1-32所示。

学习目标	了解网页动画制作软件Flash CC
难度指数	★★

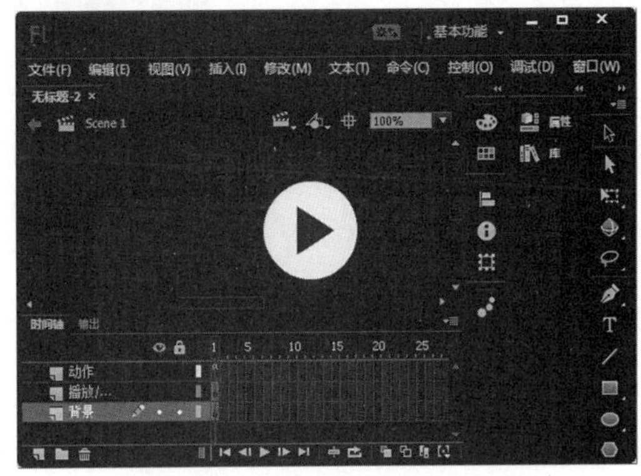

图1-32　Flash CC的工作界面

1.4 网站建设的一般流程

在设计网页的过程中，要遵循一定的顺序才能协调分配整个制作过程的资源和进度。建站之前应该有一个整体规划，规划好网页的大致框架后即可进行设计，然后对网站进行测试，成功后就可发布到网上，用户就能开始访问我们的网站。下面就对网站建设流程的相关知识进行讲解。

1.4.1 确定网站主题

一个网站要有明确的主题，只有主题鲜明，才能作出切实可行的计划，按部就班地进行设计，确定主题可按如下操作方法进行。

学习目标	掌握怎么确定一个网站的主题
难度指数	★★

步骤01 首先要考虑自己的网站究竟是要做些什么，要表达出什么信息，然后给网站主题一个准确的定位，如图1-33所示。

图1-33 网站主题讨论

步骤02 确定主题范围后，我们可以利用浏览器，搜索一下与自己网站主题相关的其他网站，最终确立主题，如图1-34所示。

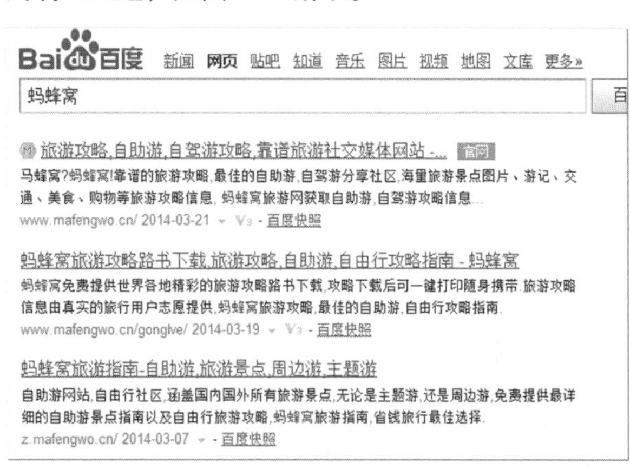

图1-34 百度搜索结果

核心妙招 | 综合搜索结果

我们不能只使用一个搜索引擎，这样无法全面的查找，我们需要使用到多个搜索引擎搜索。

1.4.2 收集相关素材

在制作网站主题前，应先计划好每个页面的具体内容，包括文字、图片和声音等素材，这些素材有的需要自己创造，有的需要从其他网站中下载并加工，如图1-35所示。

学习目标	了解如何收集素材
难度指数	★

图1-35 素材网

1.4.3 规划网页布局

确立主题和搜集素材完成后，就需要进行具体的网页设计了，但网页设计最先要做的就是设计网页的布局，只有布局和内容结合非常成功的网页，才是受人欢迎的网页，如图1-36所示。

学习目标	规划网页综合布局和设计
难度指数	★★

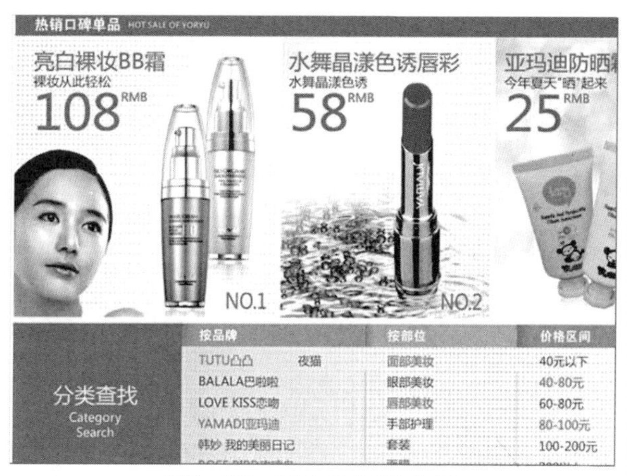

图1-36 网上商城的布局

1.4.4 确定网页的主色调

一个网站必须要有一种或两种主色调，才不至于让用户迷失方向，也不会单调，所以确定网页的主题色也是需要考虑的步骤之一，如图1-37所示。

学习目标	熟悉网页的配色情况
难度指数	★★

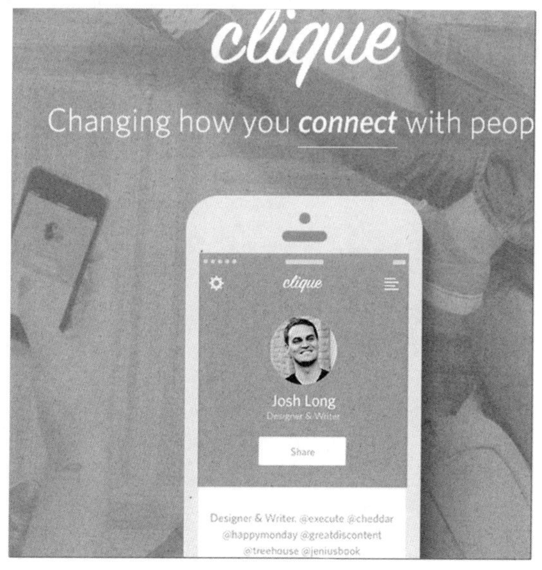

图1-37 主题色为蓝色

1.4.5 制作网页页面

现在可以开始将网页按照设计方案设计出来，通过Dreamweaver等网页编辑软件来完成，如图1-38所示。

学习目标	了解网页页面制作过程
难度指数	★★

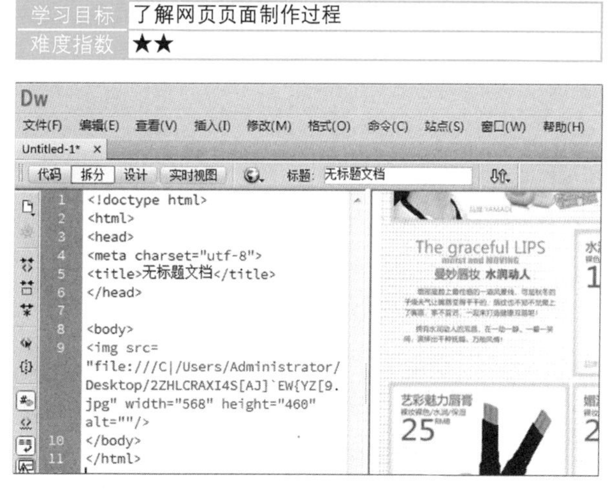


```
1  <!doctype html>
2  <html>
3  <head>
4  <meta charset="utf-8">
5  <title>无标题文档</title>
6  </head>
7
8  <body>
9  <img src=
   "file:///C|/Users/Administrator/
   Desktop/2ZHLCRAXI4S[AJ]`EW{YZ[9.
   jpg" width="568" height="460"
   alt=""/>
10 </body>
11 </html>
```

图1-38 网页的制作

1.4.6 测试和发布网站

网站制作完成后，需要测试，若还存在问题可及时更改，然后就能上传发布网站了，其基本流程如图1-39所示。

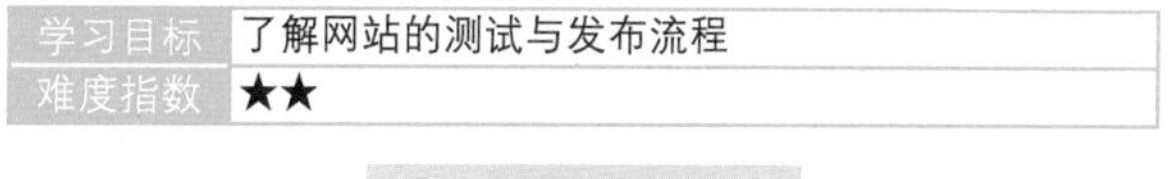

学习目标	了解网站的测试与发布流程
难度指数	★★

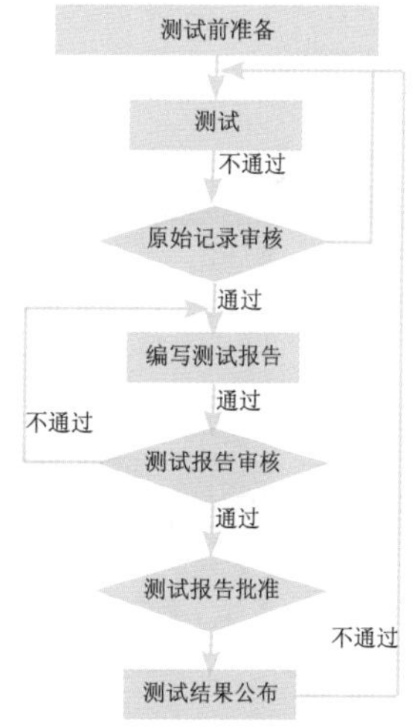

图1-39 网站测试发布流程图

1.4.7 网站的更新和维护

网站上传到服务器后，需要定期对网站页面进行更新和维护，保持网站内容的新鲜感，同时确定用户能正常浏览网页，如图1-40所示。

学习目标	了解网站后期更新和维护
难度指数	★

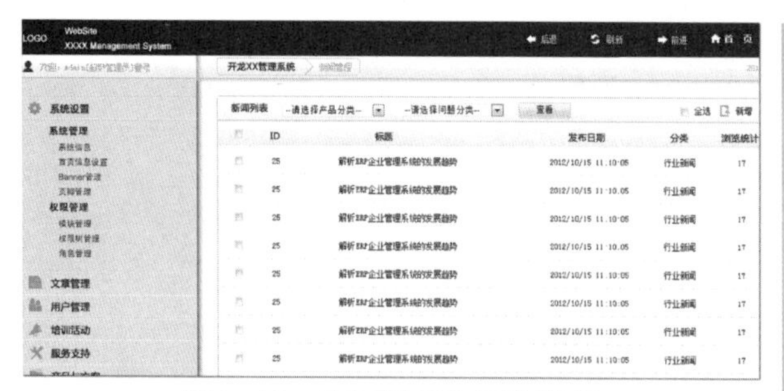

图1-40　在网站后台更新数据

长知识 | 网站主页

当用户访问一个网站时，浏览器上首先显示的是网站的主页，它是指一个网站的入口网页，即打开网站后看到的第一个页面。

主页，亦称首页、起始页，是网站的起点或者说是主目录。

一般来说，主页是一个网站中最重要的页面，是一个网站的标志，体现了整个网站的设计风格和性质，网站的更新内容在主页上也是最为突出的。主页上不仅包含有文字、图片、多媒体等信息，还会有整个网站的导航目录，如图1-41所示是当当网的首页。

图1-41　当当网首页

1.5 实战问答

?! NO.1 | 如何通过网页查看HTML源码

元芳：都说HTML语言编辑了丰富多彩的网页，可浏览网页时为什么看不到HTML语言呢？

大人：网页的本质就是超文本标记语言，通过结合使用其他Web技术，可以创造出功能强大的网页，当我们要访问某个页面时，浏览器接到我们的请求后，就会解析相应的HTML文件，最后将网页显示出来，查看网页中HTML语言的具体操作方法如下。

步骤01 IE浏览器默认情况下隐藏浏览器的菜单栏，如图1-42所示，现在我们需要使它显示出来。

图1-42 隐藏的浏览器菜单栏

步骤02 ❶单击“工具”下拉按钮，❷选择“工具栏/菜单栏”命令，如图1-43所示。

图1-43 显示菜单栏

步骤03 在IE浏览器中，❶单击“查看”菜单项，❷选择“源文件”命令，如图1-44所示。

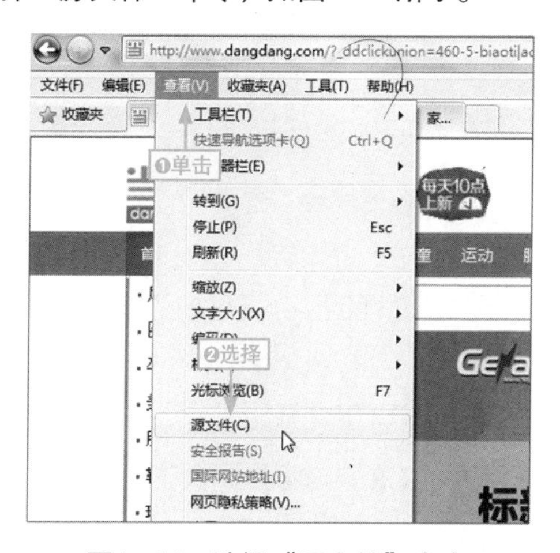

图1-44 选择“源文件”命令

步骤04 IE浏览器会自动打开一个新的窗口来显示网页源代码，如图1-45所示。

图1-45 显示源代码

?! NO.2 | 如何宣传网站

元芳：当网站制作完成并上传后，要如何宣传网站才能提高人气呢？

大人：网站宣传没有什么捷径可以走，主要是看我们的分析能力，应该做好同行业网站的对比分析，从中找到突破口，另外还需要做好网站站内结构的亲和性以及内容的及时更新。

?! NO.3 | 白色在网页中的好处

元芳：访问一些网站时，经常看到一些网页大部分都没有配色，也就是呈现出白色，这样配色有什么好处呢？

大人：白色是网站用得最普遍的颜色，很多网站甚至留出大部分的白色空间，作为网页的一个组成部分，这就是所谓的留白艺术。按照艺术审美观点，留白也是网页的一个组成部分，同其他主要的内容一样，如文本、图片、动画等。留白，给人一个遐想的空间，恰当的留白对于协调页面的均衡起到了相当大的作用，如图1-46所示，网页中就有大部分留白。

图1-46 拥有留白的网页

1.6 思考与练习

填空题

1. 网页主要是由_______、_______、_______、_______、_______、_______、_______等部分构成。

2. 用于网页设计的软件有很多，但现在最著名、使用人数最多的“网页三剑客”是指_______、_______和_______。

选择题

1. 有关<TITLE></TITLE>标记，下列说法正确的是(　　)。

A. 表示网页正文开始

B. 中间放置的内容是网页的标题

C. 在<HEAD></HEAD>文件头之后出现

D. 在<HEAD></HEAD>文件头之前出现

2. 以下几种软件中，(　　)不属于网页设计的常用工具。

A. Excel　　B. Dreamweaver

C. Flash　　D. Photoshop

3. 以下几种色彩搭配中，(　　)不是常用的网页色彩搭配的方案。

A. 同种色彩搭配　B. 邻近色彩搭配

C. 暖色色彩搭配　D. 混杂色色彩搭配

判断题

1. 网站就是一个链接的页面集合。(　　)

2. 所有的HTML标记法都包含开始标记符和结束标记符。(　　)

3. Photoshop CC是网页设计领域中应用最广泛、功能最强大的网页布局软件，利用它可以轻而易举地制作出网页。(　　)

Chapter 02

Dreamweaver CC 入门

本章要点

- ★ 认识Dreamweaver CC菜单栏
- ★ “属性”面板与“插入”面板的认识
- ★ 创建本地站点
- ★ 网页文件的操作
- ★ 设置文本属性
- ★ 插入图像
- ★ 插入多媒体
- ★ 创建常见网页链接

学习目标

现在大多数网页都是由HTML语言编写的，但要使用记事本去构建一个大型网站，其工作难度也是难以想象的，用户可以借助一些可视化的软件来完成大型网站的制作。如Dreamweaver CC，它是专业网页编辑器。本章主要介绍Dreamweaver CC的工作界面、站点管理以及插入页面元素等知识。

知识要点	学习时间	学习难度
Dreamweaver CC的操作界面及站点管理	45分钟	★★
网页文件及文本的基本操作	30分钟	★★★
插入页面元素和创建链接	60分钟	★★★★

重点实例

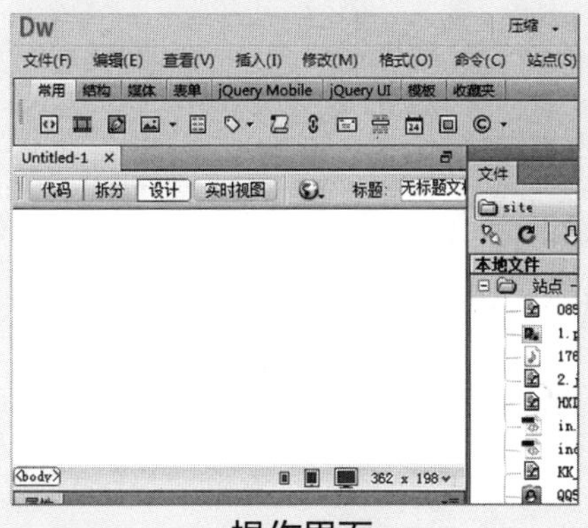

操作界面

插入动画

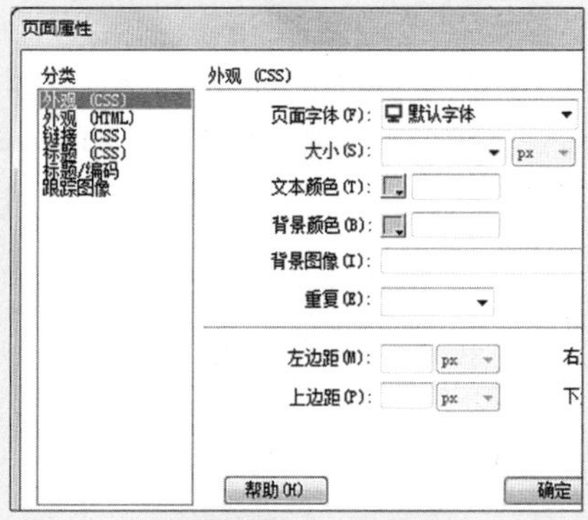

“页面属性”对话框

2.1 Dreamweaver CC的新增功能

Dreamweaver CC是Dreamweaver最新的版本，它同以前的版本相比，增加了许多新的功能，更便于用户进行网页设计，下面就Dreamweaver CC的部分新功能进行简单的介绍。

2.1.1 CSS设计器

CSS设计器是高度直观的可视化编辑工具，可以生成整洁的Web标准代码，这个工具可以使用户快速查看和编辑与页面元素有关的样式，如图2-1所示。

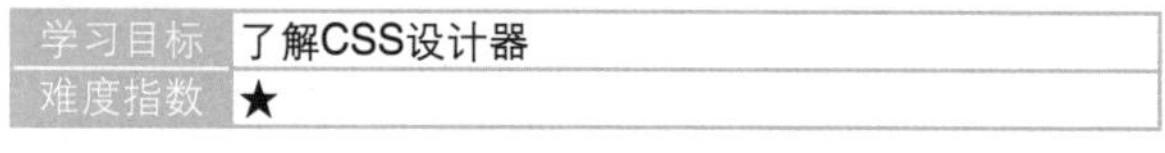

学习目标	了解CSS设计器
难度指数	★

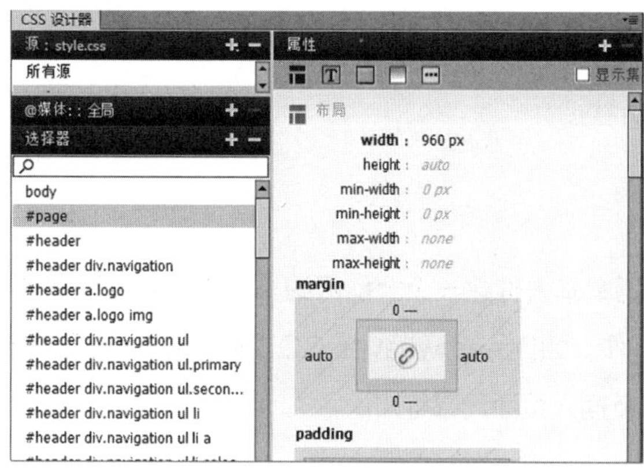

图2-1 CSS设计器

专家提醒 | CSS设计器的好处

使用CSS设计器可以立即查看设计效果，再也不必进行重复的微调工作，也不用切换回程序代码，所见即所得。

2.1.2 首选项同步

在Dreamweaver CC中新增了首选项同步的功能，用户可以设置Dreamweaver以自动与Creative Cloud同步设置，如图2-2所示。

学习目标	熟悉首选项同步的设置
难度指数	★

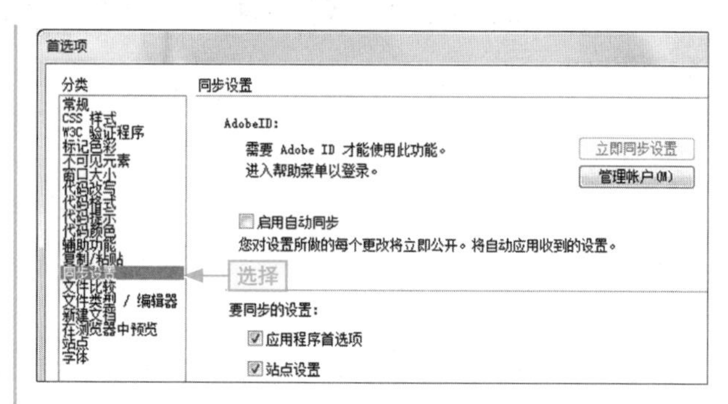

图2-2 设置同步选项

2.1.3 jQuery UI Widget

Dreamweaver CC中将千篇一律的图示变成了jQuery UI Widget，可直接拖动到页面中使用，如图2-3所示。

学习目标	了解jQuery UI Widget的功能
难度指数	★

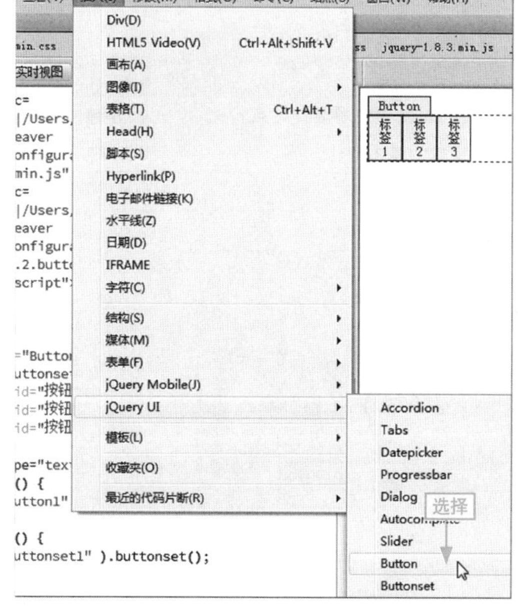

图2-3 jQuery UI Widget

2.1.4 简化了用户界面

Dreamweaver CC用户界面经过改进，减少了对话框的数量，可以帮助用户使用直观的上下文菜单更高效地开发网站，如图2-4所示。

学习目标	熟悉新的用户界面
难度指数	★★

图2-4 用户界面

2.1.5 CSS选择器的代码提示

用户可在CSS、LESS、SASS、SCSS文件以及内联样式标签中看到在HTML文件中存在的类和ID的代码提示，如图2-5所示。

学习目标	了解CSS代码提示设置
难度指数	★

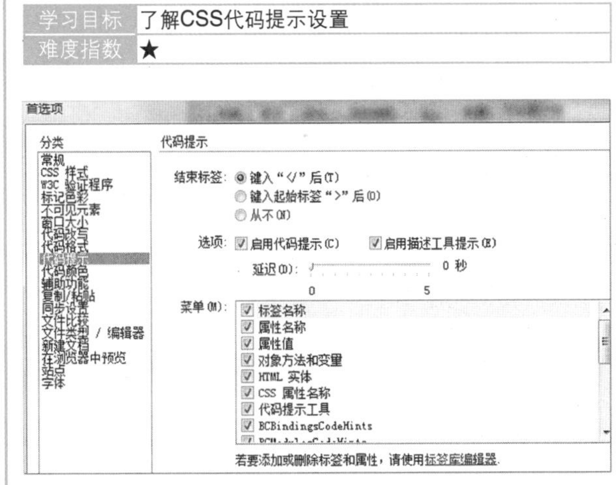

图2-5 CSS代码提示设置

2.2 Dreamweaver CC的工作界面

Dreamweaver CC的工作界面是由菜单栏、“属性”面板、文档工具栏、“插入”面板、浮动面板等组成，如图2-6所示。

图2-6 Dreamweaver CC工作界面

2.2.1 认识Dreamweaver CC菜单栏

菜单栏中包含“文件”“编辑”“查看”“插入”“修改”“格式”“命令”和“站点”等10个菜单项，如图2-7所示。

学习目标	了解菜单栏的组成元素
难度指数	★★

图2-7 菜单栏

◆ “文件”菜单项

用来管理文件，包括新建和保存文件、导入与导出文件等命令，如图2-8所示。

◆ “编辑”菜单项

用来编辑文本，包括撤销与恢复、复制与粘贴、查找与替换等命令，如图2-9所示。

图2-8 “文件”菜单项

图2-9 “编辑”菜单项

◆ “查看”菜单项

在该菜单中通过执行相应的命令可以切换文档的各种视图，如图2-10所示。

◆ “插入”菜单项

提供插入面板的替代命令，以便于将页面元素插入到网页中，如图2-11所示。

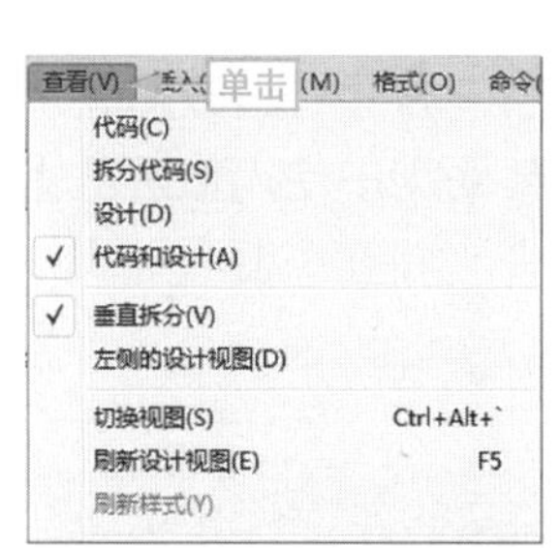

图2-10 “查看”菜单项

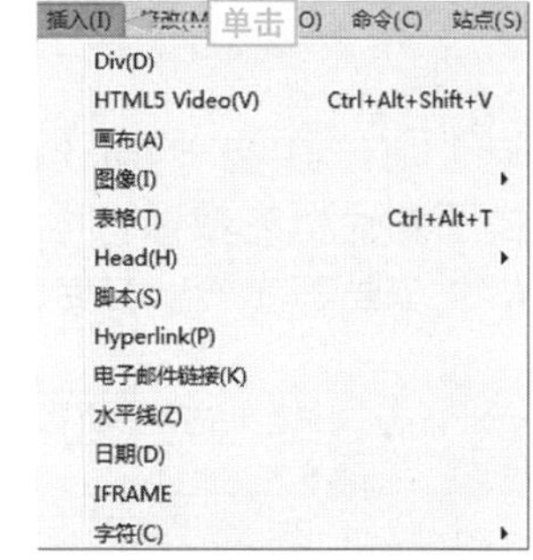

图2-11 “插入”菜单项

◆ “修改”菜单项

用来实现对页面元素的修改功能，包括页面属性、模板属性、表格等命令，如图2-12所示。

◆ “格式”菜单项

主要是为了方便用户设置网页中文本的样式，如图2-13所示。

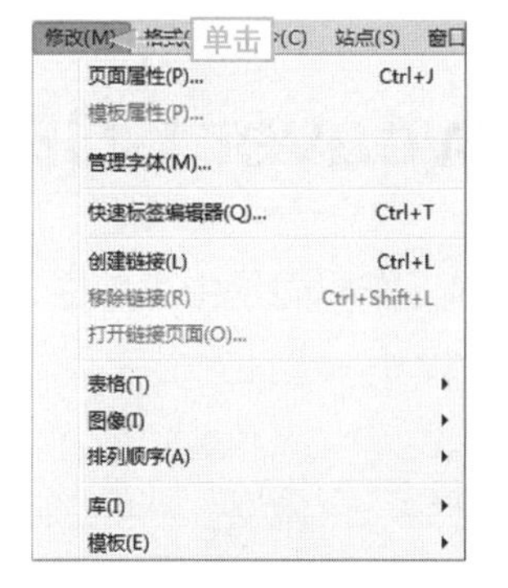

图2-12 “修改”菜单项

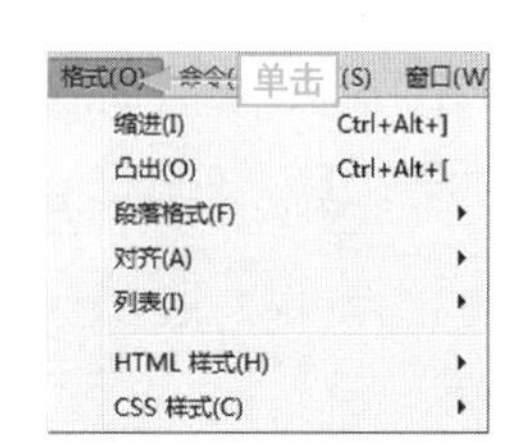

图2-13 “格式”菜单项

◆ “命令”菜单项

提供了对各种命令的访问，包括开始录制、检查拼写等，如图2-14所示。

◆ “站点”菜单项

提供的选项可用于创建、打开、编辑站点等，如图2-15所示。

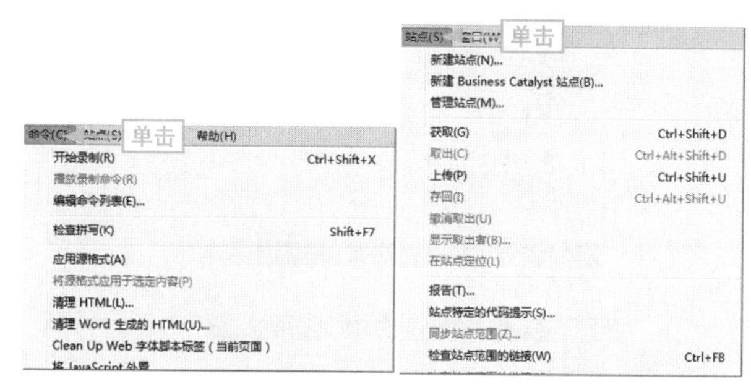

图2-14 “命令”菜单项 图2-15 “站点”菜单项

◆ “窗口”菜单项

用来打开与切换所有的面板和窗口，包括插入栏、“属性”面板、站点窗口、“CSS设计器”面板等，如图2-16所示。

◆ “帮助”菜单项

提供对Dreamweaver CC文档的访问，包括Dreamweaver支持中心、Dreamweaver帮助中心等，如图2-17所示。

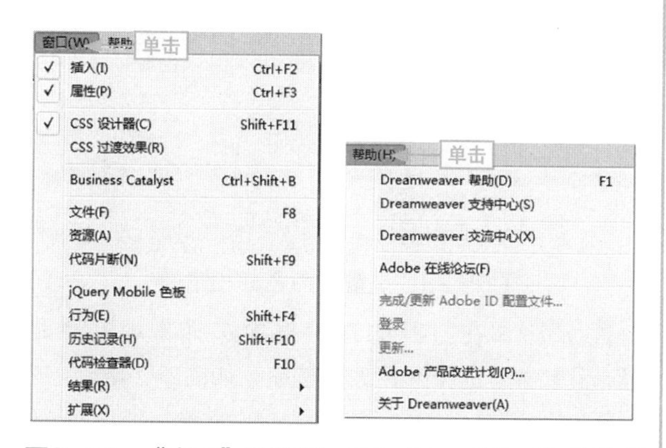

图2-16 “窗口”菜单项 图2-17 “窗口”菜单项

2.2.2 “属性”面板

网页设计中的对象都有各自的属性，比如文字、图片、动画等，“属性”面板的设置选项会根据对象的不同而变化，如图2-18所示。

学习目标	了解“属性”面板的作用
难度指数	★

图2-18 “属性”面板

2.2.3 文档工具栏窗口

文档窗口主要用于文档的编辑，而且可同时对多个文档进行编辑，用户可以在“代码”视图、“拆分”视图和“设计”视图中分别查看文档，如图2-19所示。

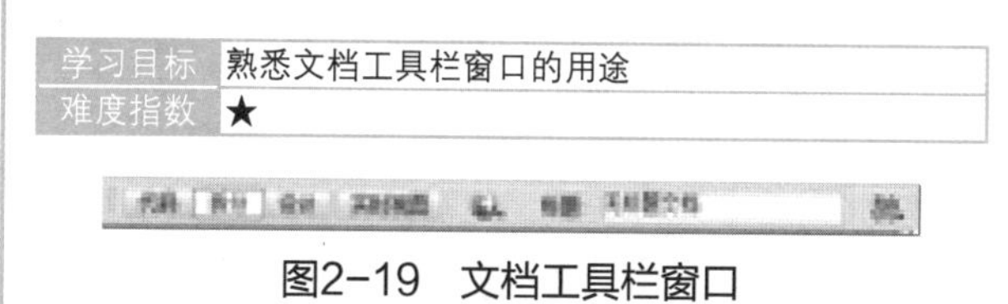

学习目标	熟悉文档工具栏窗口的用途
难度指数	★

图2-19 文档工具栏窗口

2.2.4 “插入”面板

“插入”面板中包含了用于将各种类型的页面元素插入到文档中的按钮，通过该面板可以很方便地使用网页中所需的对象以及对对象进行编辑的工具，如图2-20所示。

学习目标	了解“插入”面板上的按钮
难度指数	★★

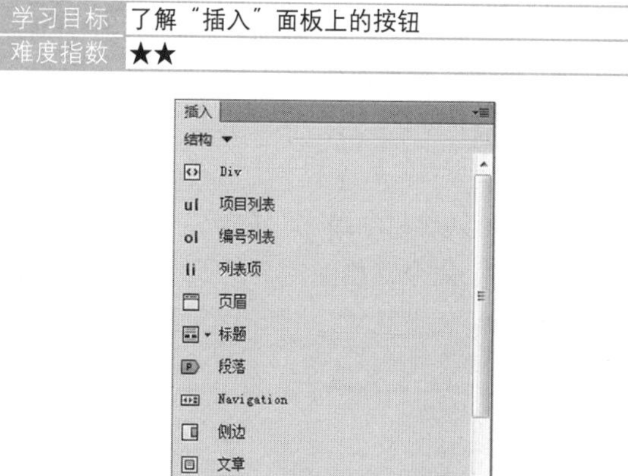

图2-20 “插入”面板

核心妙招 | 显示/隐藏“插入”面板

Dreamweaver CC的“插入”面板，默认情况下是显示在Dreamweaver的工作区中的，可以通过“窗口/插入”命令，在工作区中显示或者隐藏“插入”面板。

2.2.5 浮动面板

在Dreamweaver工作界面的右侧列着一些浮动面板，其好处是可以节省屏幕空间，图2-21所示为“文件”浮动面板。

学习目标	了解什么是浮动面板
难度指数	★

专家提醒 | 面板布局

面板在打开后可能会被随意放置在工作区中，让人感觉很杂乱，这时候可以执行“窗口/工作区布局”命令，能够将面板整齐地摆放在工作区中。

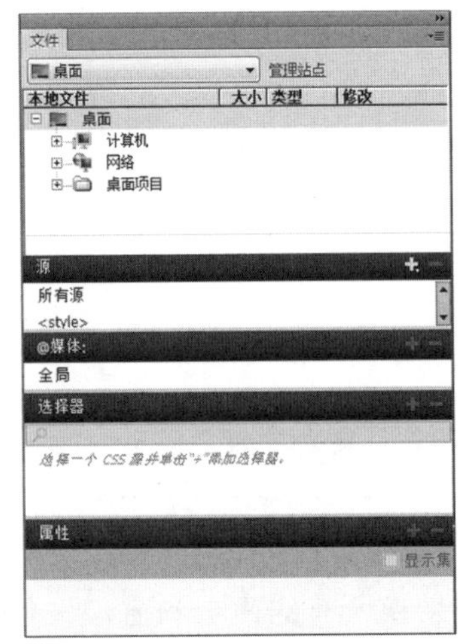

图2-21 “文件”浮动面板

2.3 创建站点及站点管理

无论是一个网页制作新手，还是一个专业的网页设计师，在使用Dreamweaver制作网页之前，都需要先定义好一个站点，用来对文件进行更好的管理和应用。下面就对站点的创建和管理进行相应的讲解。

2.3.1 使用向导创建本地站点

在Dreamweaver CC中可以使用向导来创建本地站点，具体操作方法如下。

学习目标	掌握使用向导设置站点的步骤
难度指数	★★

步骤01 ❶在菜单栏中单击“站点”菜单项，❷选择“新建站点”命令，如图2-22所示。

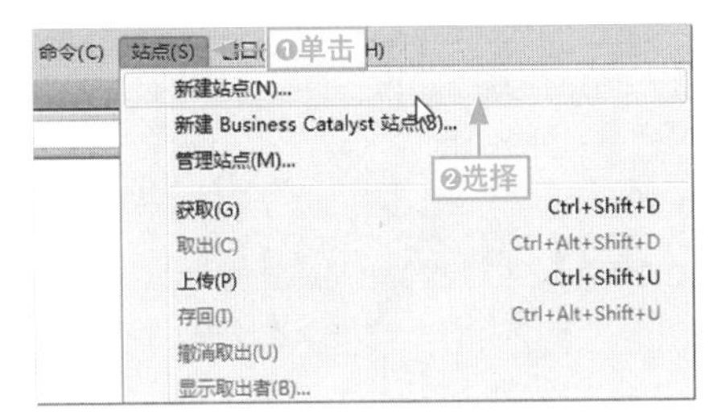

图2-22 选择“新建站点”命令

步骤02 ❶在打开的“站点设置对象”对话框中“站点名称”后的文本框中输入站点名称，❷单击“本地站点文件夹”文本框后的“浏览”按钮，如图2-23所示。

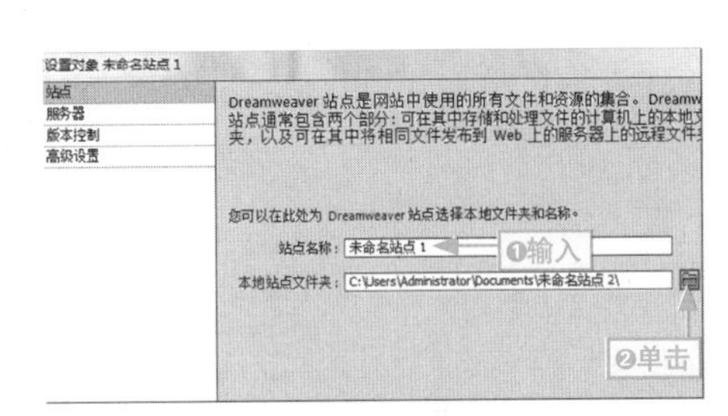

图2-23 设置站点名称和路径

步骤03 ❶在打开的对话框中选择本地站点路径，❷单击“选择文件夹”按钮，如图2-24所示。

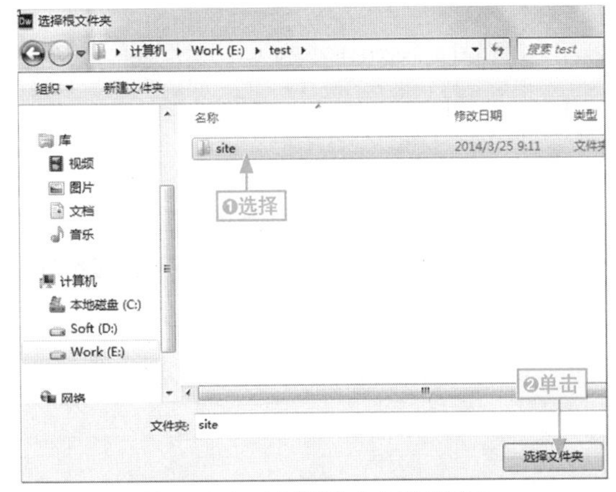

图2-24 选择站点目标路径

步骤04 返回到“站点设置对象”对话框，单击“保存”按钮，完成本地站点的创建，如图2-25所示。

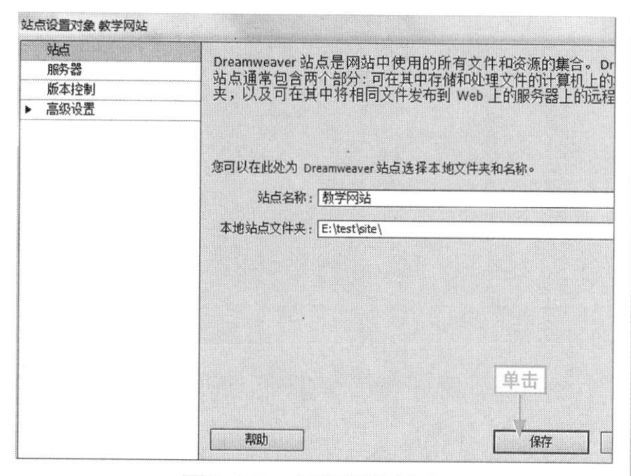

图2-25　保存新建站点

步骤05 执行“窗口/文件”命令，在打开的“文件”面板上，即可查看到刚创建的本地站点，如图2-26所示。

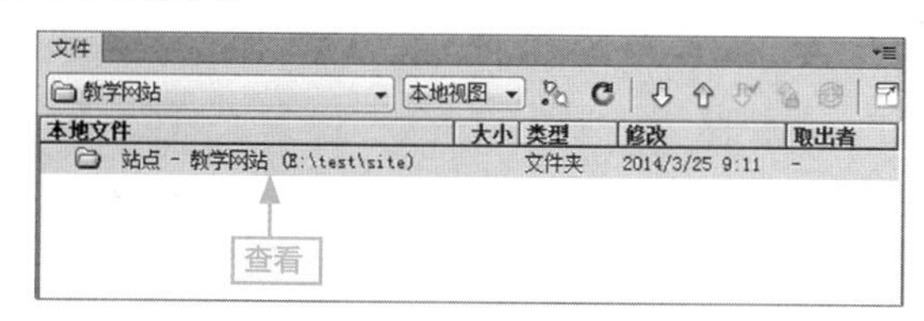

图2-26　查看站点

2.3.2　设置远程服务器

当我们完成网站制作后，希望把它上传到远程服务器上，供他人访问，这时我们就可在Dreamweaver中进行远程服务器的设置，其具体操作方法如下。

学习目标	掌握如何设置服务器
难度指数	★

步骤01 ❶在“站点设置对象”对话框中单击“服务器”选项卡，❷单击“添加新服务器”按钮，如图2-27所示。

步骤02 ❶在打开的服务器相关信息设置对话框中，对远程服务器的基本息进行设置，❷完成后单击“测试”按钮，如图2-28所示。

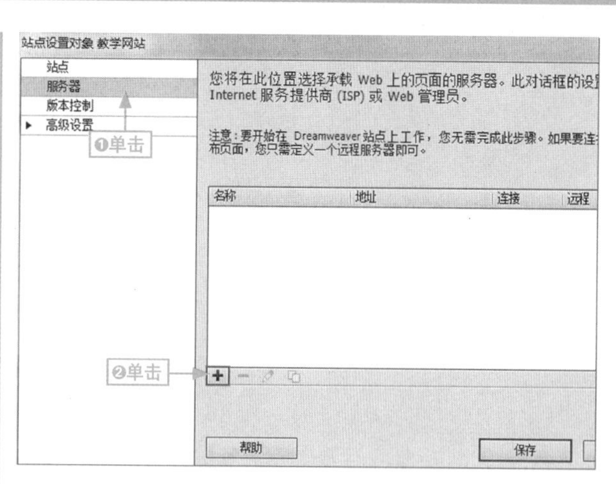

图2-27　启动添加服务器功能

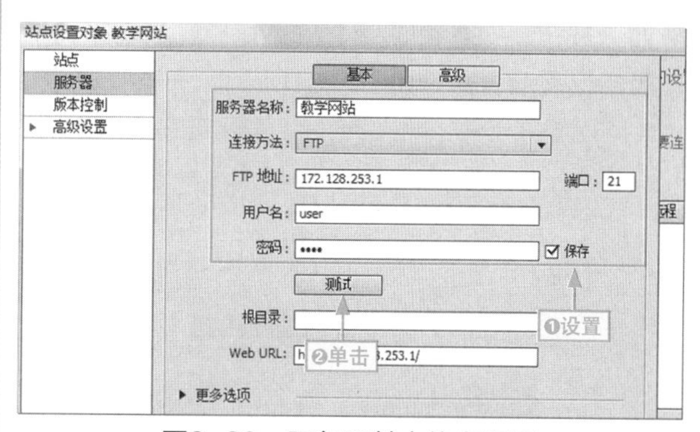

图2-28　服务器基本信息设置

步骤03 测试成功后，❶单击“高级”按钮，❷在“服务器模型”下拉列表中选择适合的选项，❸单击“保存”按钮，如图2-29所示。

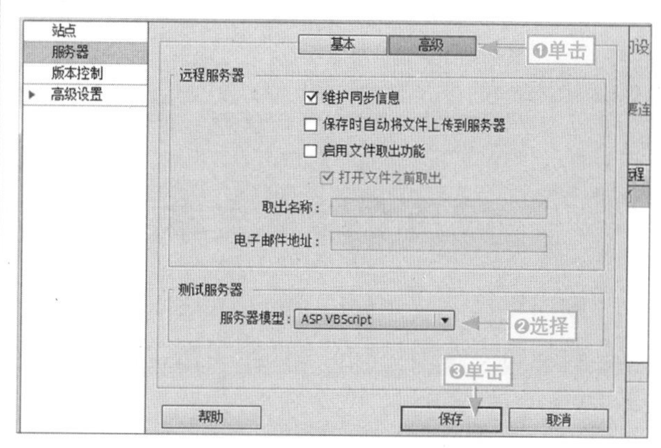

图2-29　对服务器进行高级设置

步骤04 完成添加新服务器后，在“站点设置对象”对话框中，单击“保存”按钮，完成该站点远程服务器的设置，如图2-30所示。

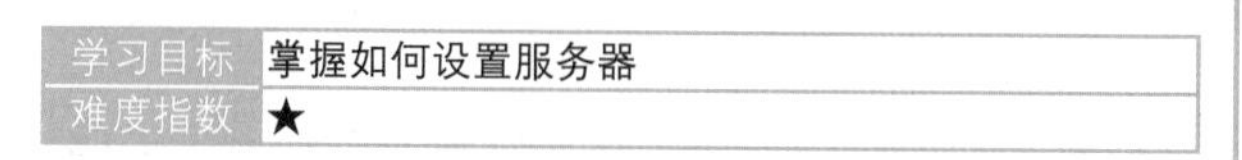

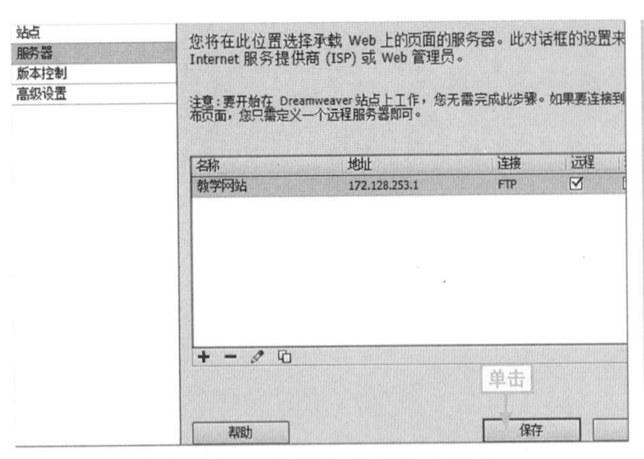

图2-30 保存对服务器的设置

步骤05 在“文件”面板上单击“连接到远程服务器”按钮，即可在Dreamweaver中直接连接到所设置的远程服务器，如图2-31所示。

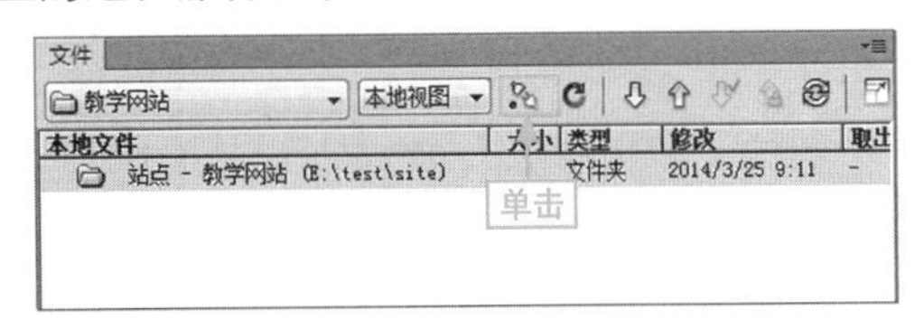

图2-31 连接远程服务器

2.3.3 管理站点

Dreamweaver CC提供了功能强大的站点管理工具，通过它可以轻松地实现站点名称、所在路径、远程服务器连接等功能的管理。常用管理站点的方法有以下几种，下面分别进行介绍。

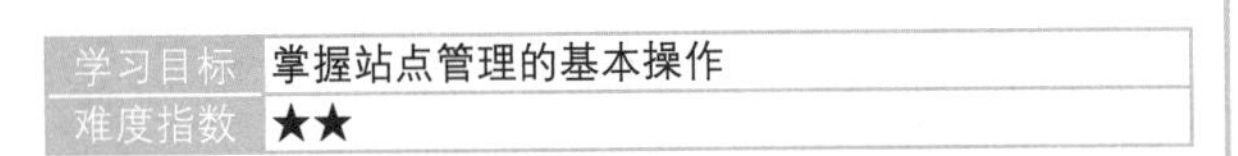

学习目标	掌握站点管理的基本操作
难度指数	★★

◆ “文件”面板切换站点

通过对“文件”面板的下拉列表的操作，能快速实现在当前编辑网页中站点的切换，如图2-32所示。

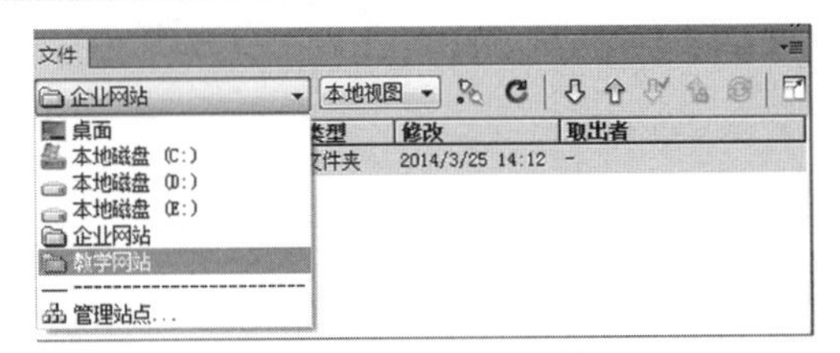

图2-32 站点切换

◆通过“管理站点”对话框管理站点

在Dreamweaver CC中还可以在“管理站点”对话框对站点进行一些基本的操作，如编辑、删除、复制等，如图2-33所示。

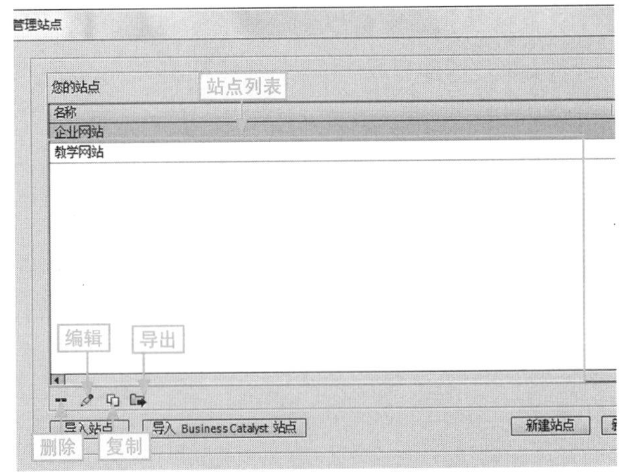

图2-33 通过“管理站点”对话框管理站点

2.4 网页文件及文本的基础操作

网页文件中文本是传递信息的基础，浏览网页内容时，大部分时间是浏览网页中的文本，所以学会对网页文件和文本的操作至关重要，下面就介绍一些关于它们的基本操作。

2.4.1 网页文件的操作

1. 创建空白文件

在制作网页前，用户需要手动创建网页文件，然后再对其进行制作和设计，下面通过新建空白网页文件为例来讲解相关操作。

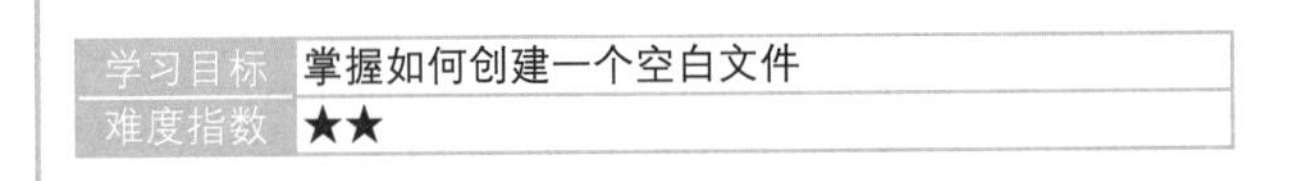

学习目标	掌握如何创建一个空白文件
难度指数	★★

步骤01 启动Dreamweaver CC软件，❶在菜单栏中单击“文件”菜单项，❷选择“新建”命令，如图2-34所示。

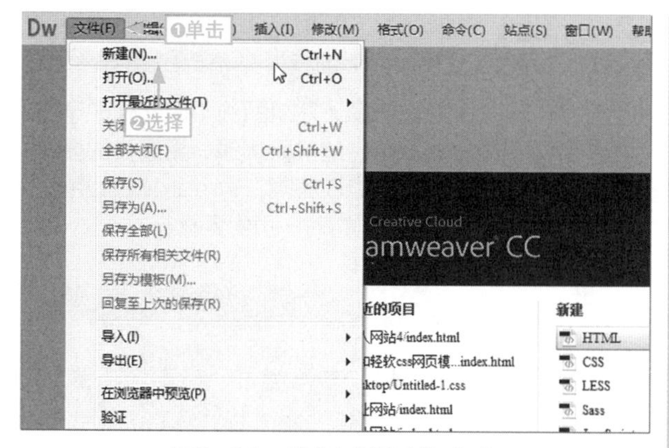

图2-34　选择“新建”命令

步骤02 在打开的“新建文档”对话框中保持默认设置，直接单击“创建”按钮，如图2-35所示。

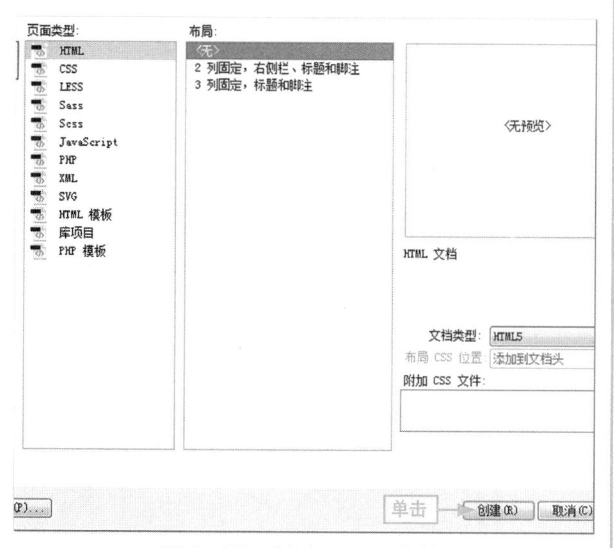

图2-35　新建HTML文件

步骤03 成功创建一个空白的HTML文档，如图2-36所示。

在新建文档中可以选择“流体网格布局”，它可以创建基于“移动设备”“平板设备”“桌面设备”3种设备的流体布局网页。

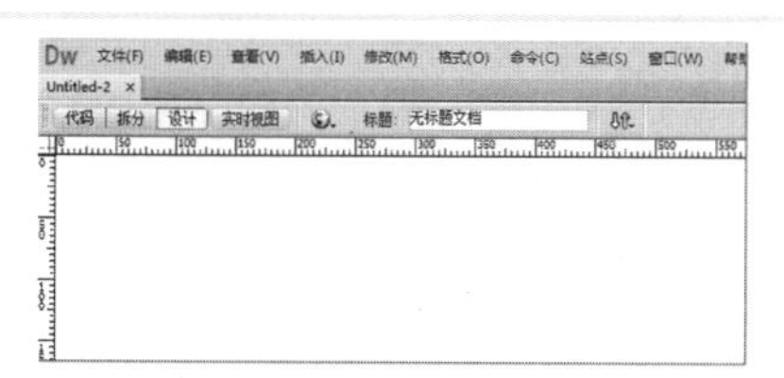

图2-36　查看新建空白HTML文档

2. 打开网页文件

在Dreamweaver CC中若要编辑已经存在的文件，只需将其打开即可进行编辑，其具体操作方法如下。

学习目标	熟悉打开网页文件的方法
难度指数	★

步骤01 ❶单击“文件”菜单栏，❷选择“打开”命令，如图2-37所示。

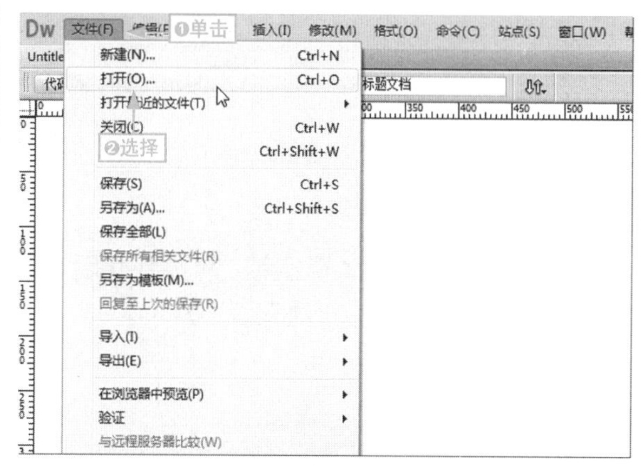

图2-37　选择“打开”命令

步骤02 ❶在打开的对话框中选择需要打开的网页文件，❷单击“打开”按钮，如图2-38所示。

图2-38　打开网页文件

步骤03 打开网页文件完成后，即可查看效果，如图2-39所示。

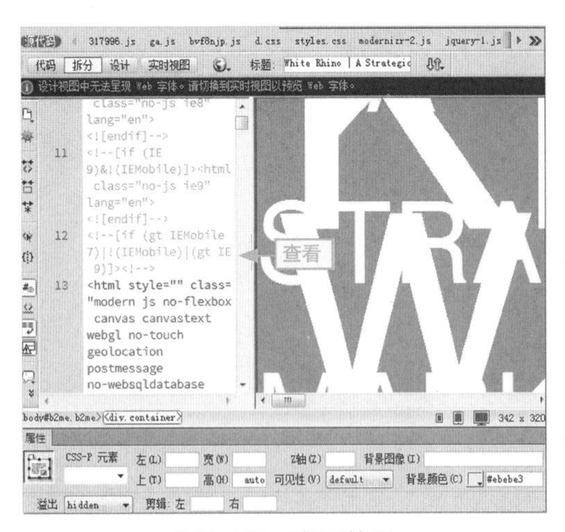

图2-39 查看效果

3. 预览网页

在Dreamweaver CC完成网页制作后，可以预览其效果，常用的方法有以下几种。

学习目标	掌握预览网页的方法
难度指数	★★

◆在实时视图中预览效果

在“文档”工具栏中单击“实时视图”按钮，即可在实时视图中预览网页，如图2-40所示。

图2-40 通过实时视图预览网页

专家提醒 | 实时视图与传统视图的区别

“实时视图”与“设计”视图的不同之处在于它提供页面在某一浏览器中的非可编译、更逼真的显示效果。“实时视图”可以在不离开Dreamweaver工作区的情况下提供一种“实时”页面查看方式。

◆在浏览器中预览

❶在“文档”工具栏中，单击“在浏览器中预览/调试”下拉按钮，❷选择“预览方式：IEXPLORE”选项，如图2-41所示。

图2-41 网页预览效果

4. 网页的保存

编辑好的网页需要保存，下面就来介绍一下相关操作。

学习目标	掌握保存网页文件的方法
难度指数	★★

步骤01 网页编辑完成后，单击“文件”菜单项，选择“保存”命令，如图2-42所示。

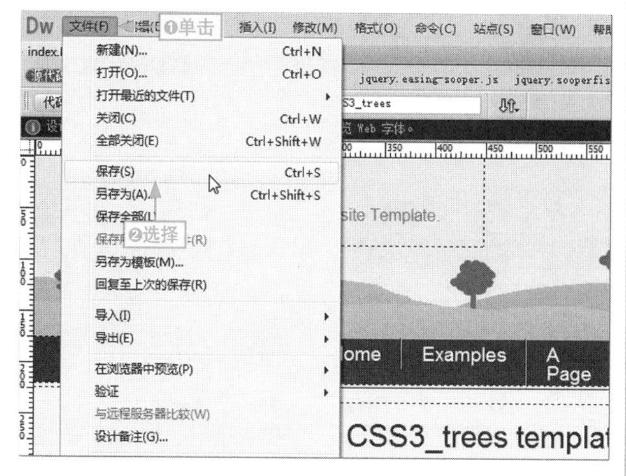

图2-42 选择“保存”命令

步骤02 ❶在打开的对话框中选择网页保存的位置，❷输入文件名，❸单击“保存”按钮，如图2-43所示。

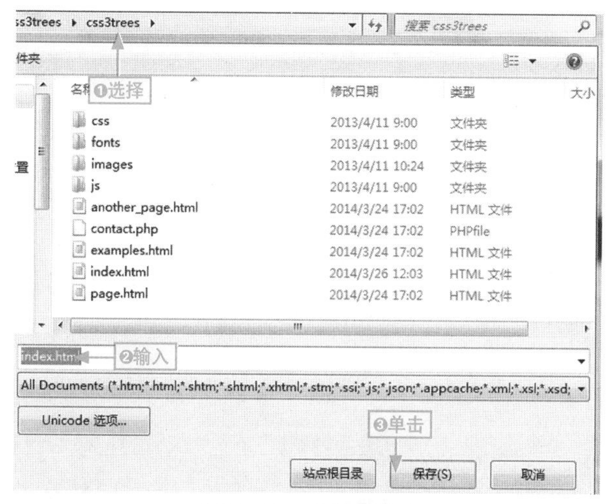

图2-43 保存网页

专家提醒 | 关闭网页

如果需要关闭网页时，可直接单击文档右上角的“关闭”按钮，如图2-44所示。

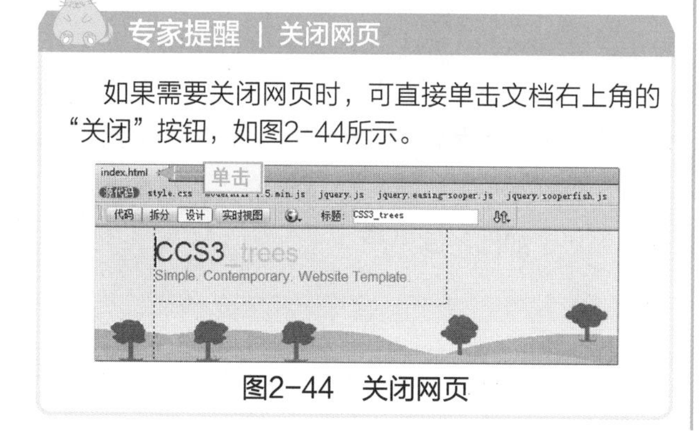

图2-44 关闭网页

2.4.2 在网页中添加文本

在网页中添加文本也是较为重要的操作，下面通过实例来讲解相关操作。

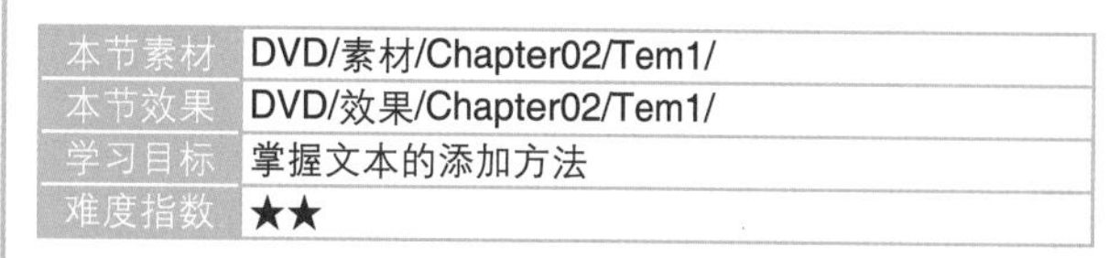

本节素材	DVD/素材/Chapter02/Tem1/
本节效果	DVD/效果/Chapter02/Tem1/
学习目标	掌握文本的添加方法
难度指数	★★

步骤01 打开about素材文件，将文本插入点定位到要输入文本的位置，如图2-45所示。

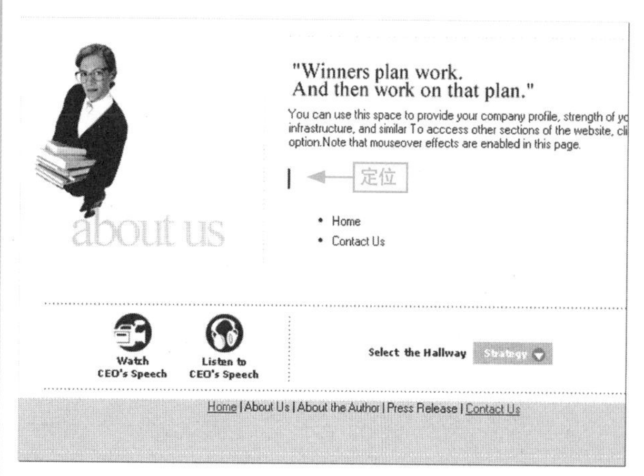

图2-45 定位文本插入点

步骤02 在文本插入点处输入相应的文本，如图2-46所示。

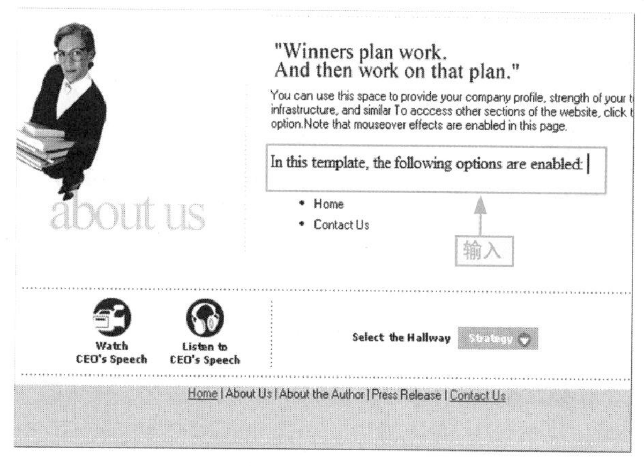

图2-46 输入文本

步骤03 保存页面后，即可在浏览器中预览页面效果，如图2-47所示。

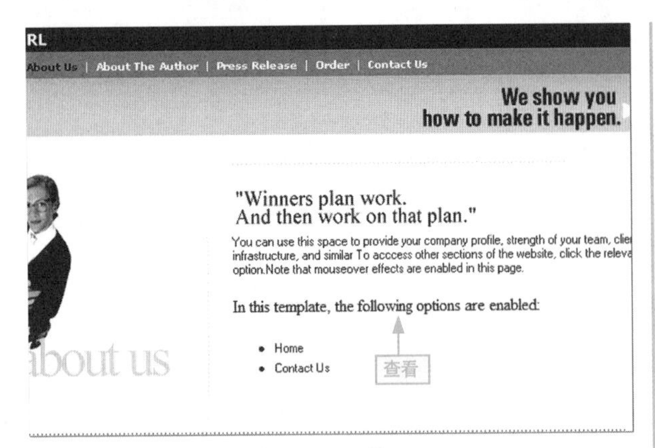

图2-47　预览网页

2.4.3　设置文本属性

1. 设置文本字体

在“属性”面板的CSS选项卡中可对文本字体进行设置，下面介绍在网页中设置文本字体的方法。

本节素材	DVD/素材/Chapter02/Tem2/
本节效果	DVD/效果/Chapter02/Tem2/
学习目标	掌握文本字体的设置方法
难度指数	★★

步骤01 打开about素材文件，选择要修改字体类型的文本，如图2-48所示。

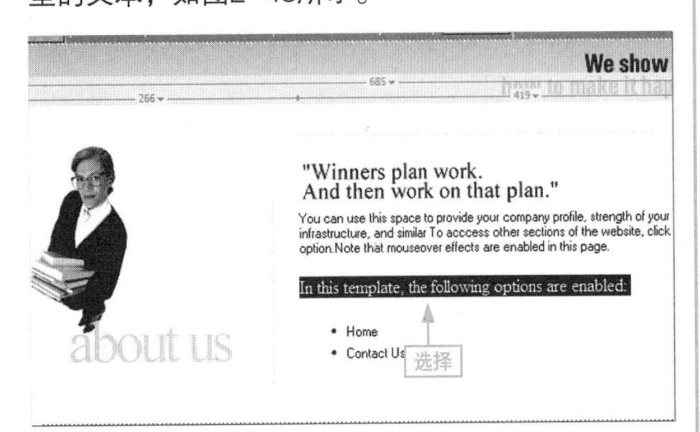

图2-48　选择文本

步骤02 ❶在“属性”面板中单击CSS选项卡，❷单击“字体”下拉按钮，❸在打开的下拉列表中选择“管理字体”命令，如图2-49所示。

步骤03 ❶在打开的“管理字体”对话框中单击“自定义字体堆栈”选项卡，❷在“可用字体”列表框中选择“宋体”选项，❸单击“添加”按钮，❹单击“完成”按钮，如图2-50所示。

图2-49　选择“管理字体”命令

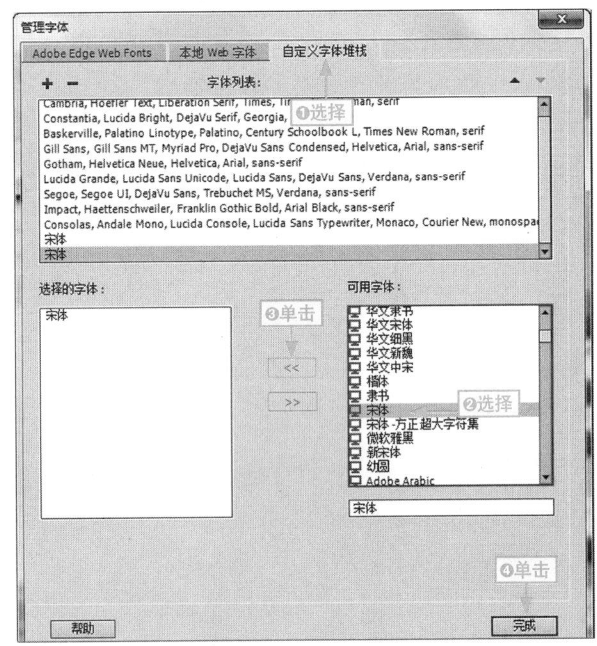

图2-50　选择字体

步骤04 ❶在“属性”面板中单击“字体”下拉按钮，❷在打开的下拉列表中选择“宋体”选项，即可更改文本的字体为“宋体”，如图2-51所示。

步骤05 保存页面后，即可在浏览器中查看更改后的效果，如图2-52所示。

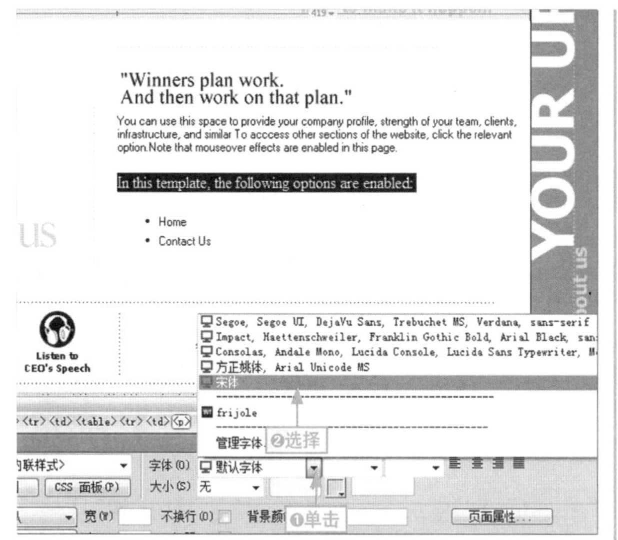

图2-51　更改字体

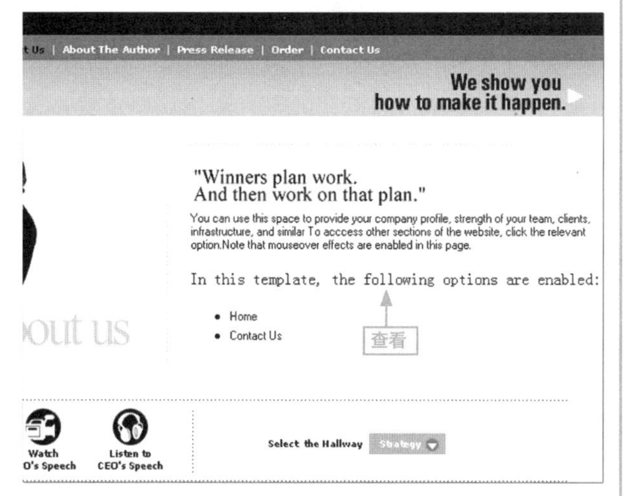

图2-52　查看效果

专家提醒 | Dreamweaver CC的默认字体

在Dreamweaver CC中默认的字体是“默认字体”，如果用户选择了“默认字体”，那么浏览器打开网页时，文本就会显示为浏览器默认的字体。

2. 设置文本字号大小

网页中的文本字号大小会直接影响网页美观与布局，在网页设计过程中，合理设置文本字号大小不仅能使内容更具层次感，也能让页面更美观。

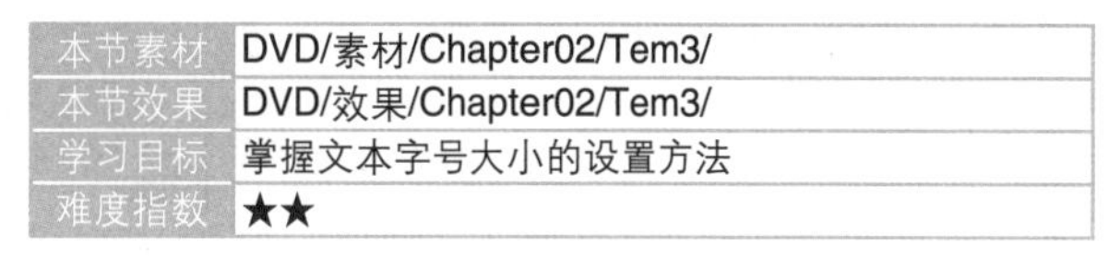

本节素材	DVD/素材/Chapter02/Tem3/
本节效果	DVD/效果/Chapter02/Tem3/
学习目标	掌握文本字号大小的设置方法
难度指数	★★

步骤01 打开about素材文件，选择要设置字号大小的文本，如图2-53所示。

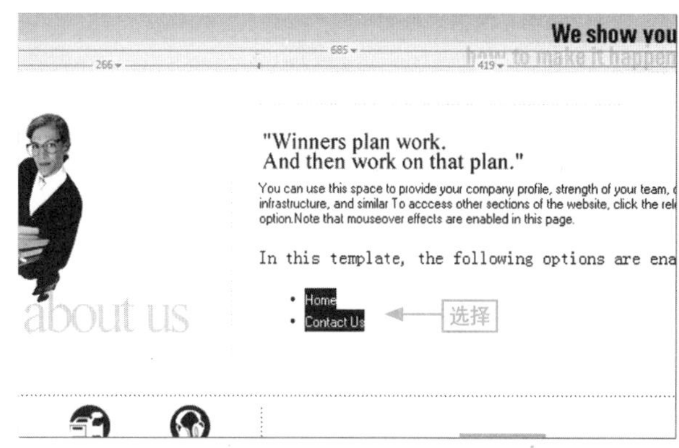

图2-53　选择文本

步骤02 ❶在CSS选项卡中单击“大小”下拉按钮，❷选择“16”选项，如图2-54所示。

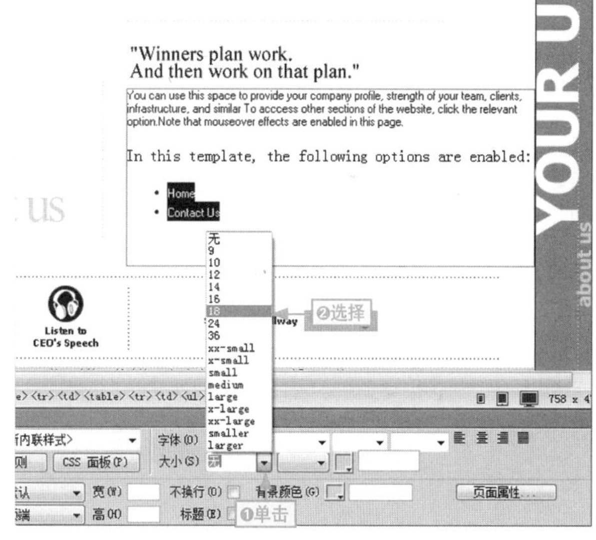

图2-54　设置字号大小

步骤03 操作完成后，即可在浏览器中查看设置的效果，如图2-55所示。

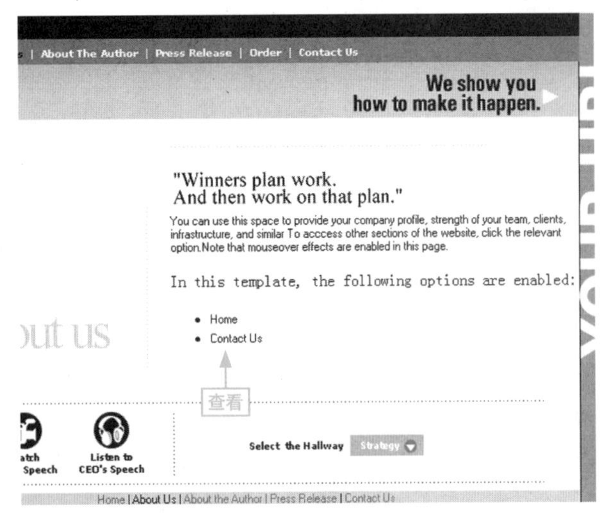

图2-55　查看效果

3. 设置文本的颜色

当用户输入文本时，Dreamweaver CC会给用户输入的文本一个默认的颜色，但用户希望它是自己想要的颜色，这时就需手动设置它，其具体操作方法如下。

本节素材	DVD/素材/Chapter02/Tem4/
本节效果	DVD/效果/Chapter02/Tem4/
学习目标	掌握设置文本颜色的方法
难度指数	★★

步骤01 打开about素材文件，选择要修改颜色的文本，如图2-56所示。

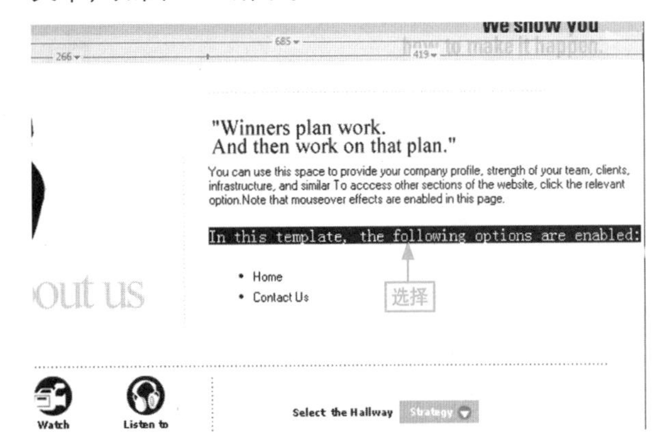

图2-56　选择文本

步骤02 ❶单击“大小”下拉列表框右侧的“色块”按钮，❷在打开的拾色器中选择“红色”选项，如图2-57所示。

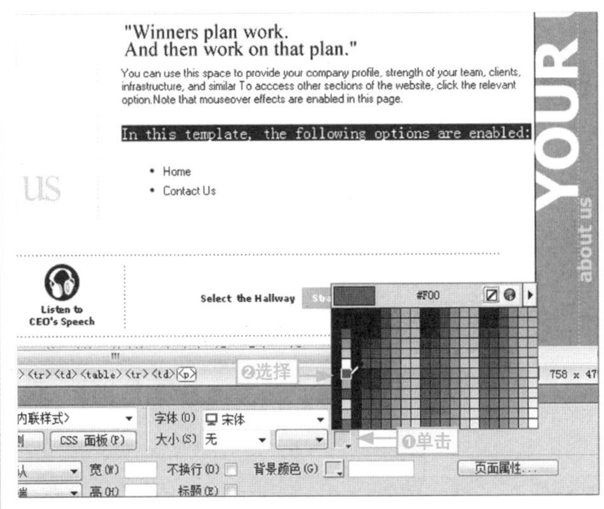

图2-57　选择颜色

步骤03 保存页面后，即可在浏览器中查看设置的效果，如图2-58所示。

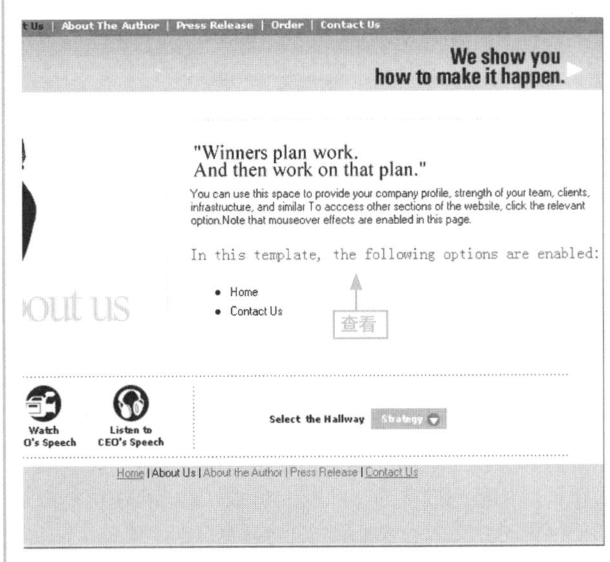

图2-58　查看效果

2.5 插入页面元素

现在的网站中，已经很少有纯文本的网页了，不管是个人网站还是企业网站，网页中都穿插着除文本以外的其他元素，如图像、水平线、音乐等，以使网站更具吸引力。

2.5.1 插入图像

在设计网页时，适当地插入一些图像可以使网页的内容更加充实和丰富多彩，下面通过实例来讲解相关操作。

本节素材	DVD/素材/Chapter02/Tem5/
本节效果	DVD/效果/Chapter02/Tem5/
学习目标	掌握如何在网页中插入图像
难度指数	★★

步骤01 打开about素材文件，将文本插入点定位到需插入图像的位置，如图2-59所示。

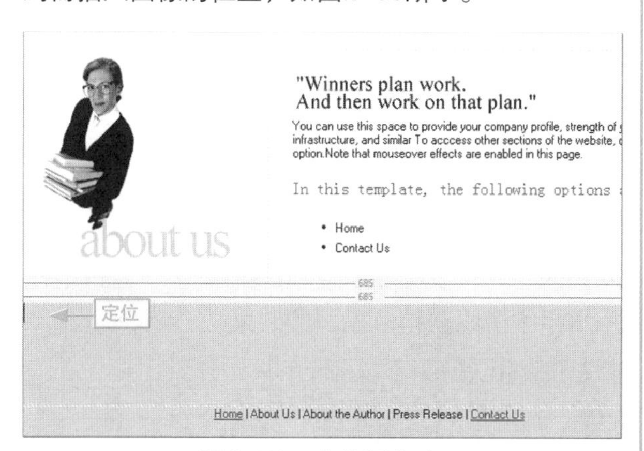

图2-59 定位插入点

步骤02 ❶在“插入”面板上的“常用”选项卡中单击“图像”下拉按钮，❷选择“图像”命令，如图2-60所示。

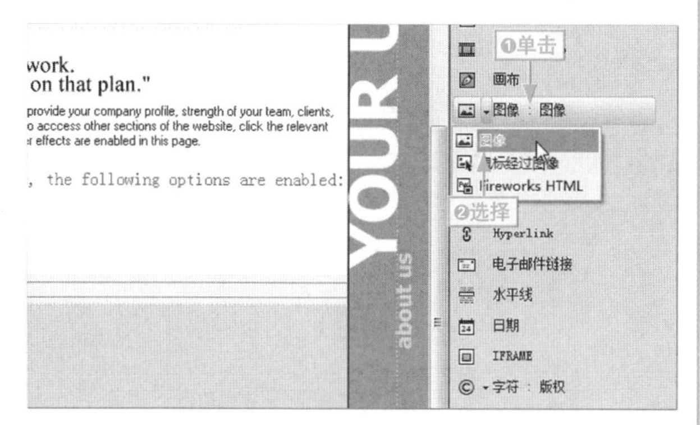

图2-60 选择“图像”命令

步骤03 ❶在打开的对话框中选择要插入的图像，❷单击“确定”按钮，如图2-61所示。

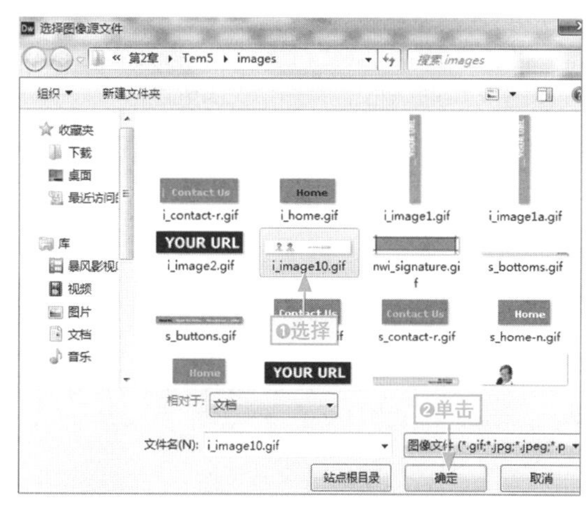

图2-61 选择图像

步骤04 保存页面后，即可在浏览器中查看操作效果，如图2-62所示。

专家提醒 | 图像的属性

在图像插入完成后，可在“属性”面板中对图像的属性进行相关的设置。

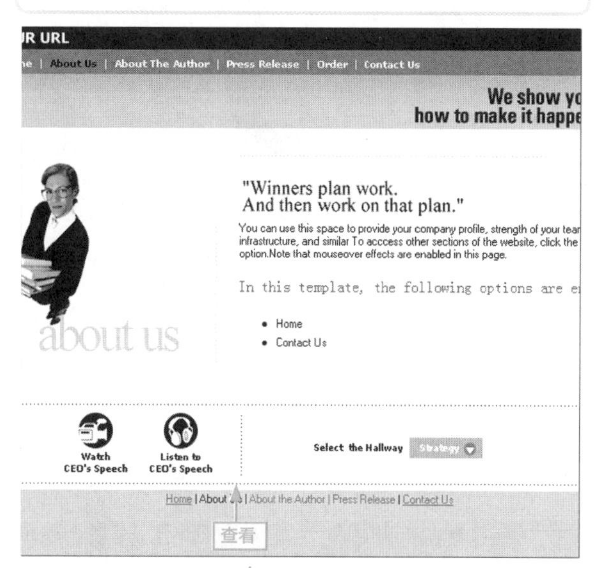

图2-62 预览效果

2.5.2 插入日期

在Dreamweaver CC中，可根据需要向网页中添加当前日期和时间，其具体操作步骤如下。

本节素材	DVD/素材/Chapter02/Tem6/
本节效果	DVD/效果/Chapter02/Tem6/
学习目标	掌握如何在网页中插入日期
难度指数	★★

步骤01 打开about素材文件， 将文本插入点定位到需插入日期的位置，如图2-63所示。

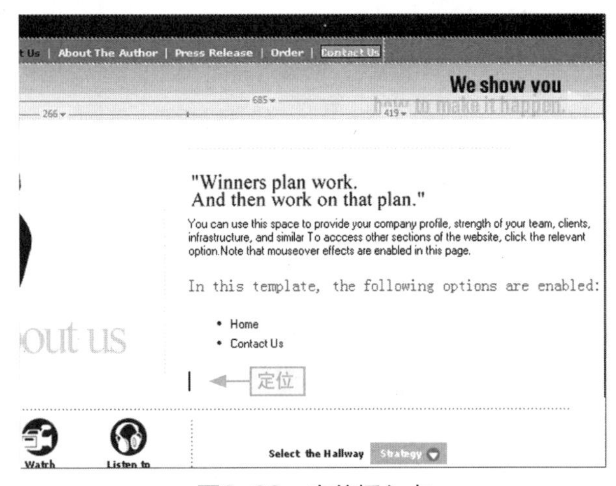

图2-63 定位插入点

步骤02 在“插入”面板上的“常用”选项卡中选择“日期”选项，如图2-64所示。

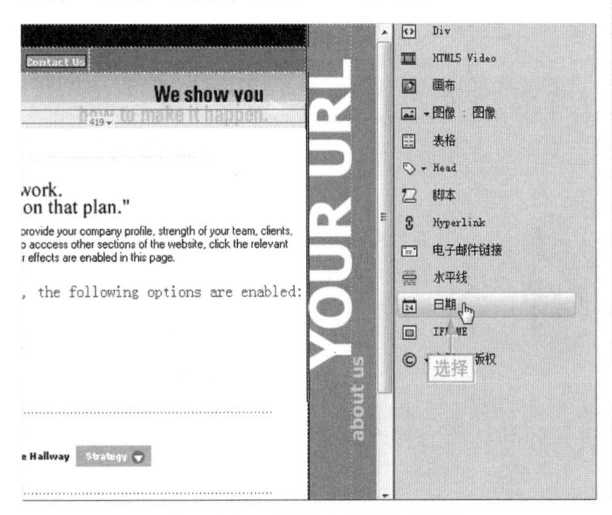

图2-64 选择“日期”选项

步骤03 ❶在打开的对话框中进行相应设置，❷单击“确定”按钮，如图2-65所示。

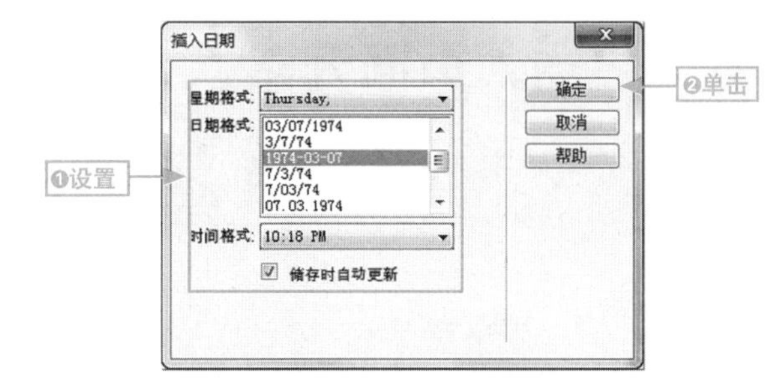

图2-65 选择日期格式

步骤04 保存页面后，按F12键即可在浏览器中查看操作效果，如图2-66所示。

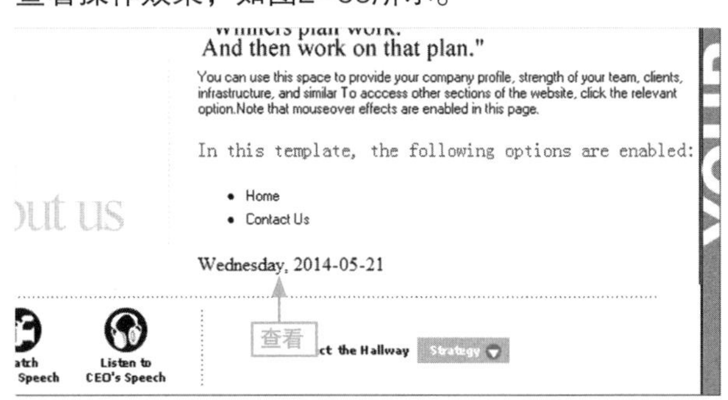

图2-66 预览效果

2.5.3 插入水平线

水平线在网页中经常用到，它主要用于分隔网页内容，使文档结构更加清晰明了，合理地使用水平线可以获得非常好的效果。

本节素材	DVD/素材/Chapter02/Tem7/
本节效果	DVD/效果/Chapter02/Tem7/
学习目标	掌握如何在网页中插入水平线
难度指数	★★

步骤01 打开about素材文件，将文本插入点定位到需插入水平线的相应位置，如图2-67所示。

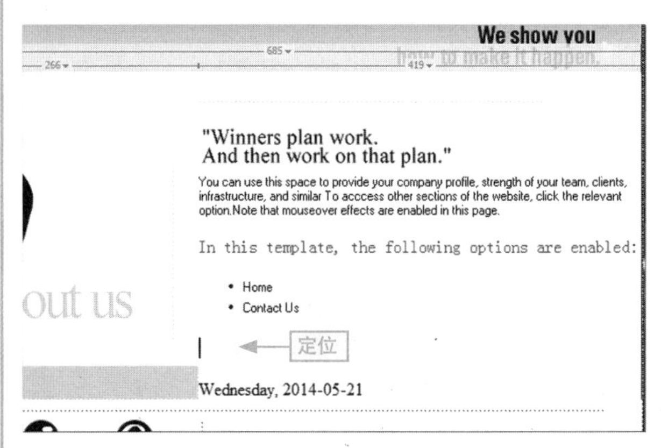

图2-67 定位插入点

步骤02 在“插入”面板上的“常用”选项卡中选择“水平线”选项，如图2-68所示。

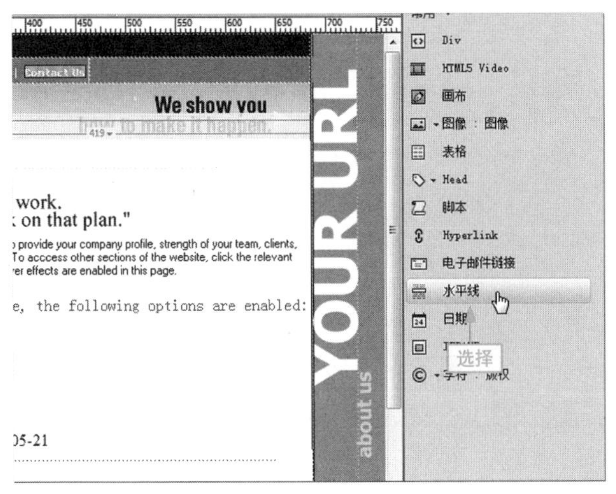

图2-68 选择“水平线”选项

步骤03 保存页面后，即可在浏览器中查看操作效果，如图2-69所示。

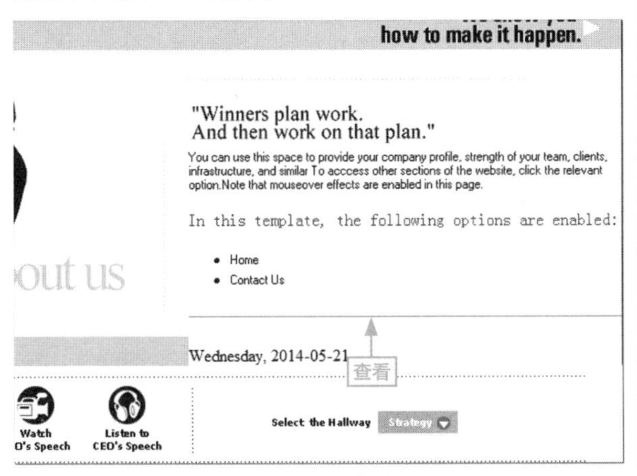

图2-69 预览效果

2.5.4 插入特殊字符

在设计网页时经常会插入一些特殊字符，如注册商标、版权符号及商品符号等字符，其具体操作方法如下。

本节素材	DVD/素材/Chapter02/Tem8/
本节效果	DVD/效果/Chapter02/Tem8/
学习目标	掌握如何在网页中插入特殊字符
难度指数	★★

步骤01 打开about素材文件，将文本插入点定位到插入特殊字符的相应位置，如图2-70所示。

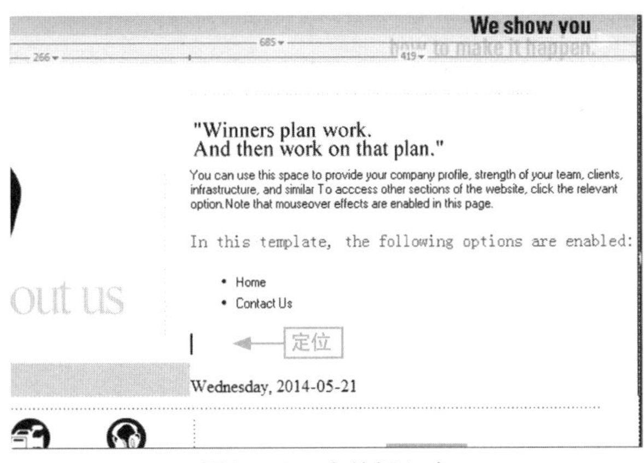

图2-70 定位插入点

步骤02 ❶在“插入”面板上的“常用”选项卡中单击“字符”下拉按钮，❷在弹出的下拉列表中选择“版权”选项，如图2-71所示。

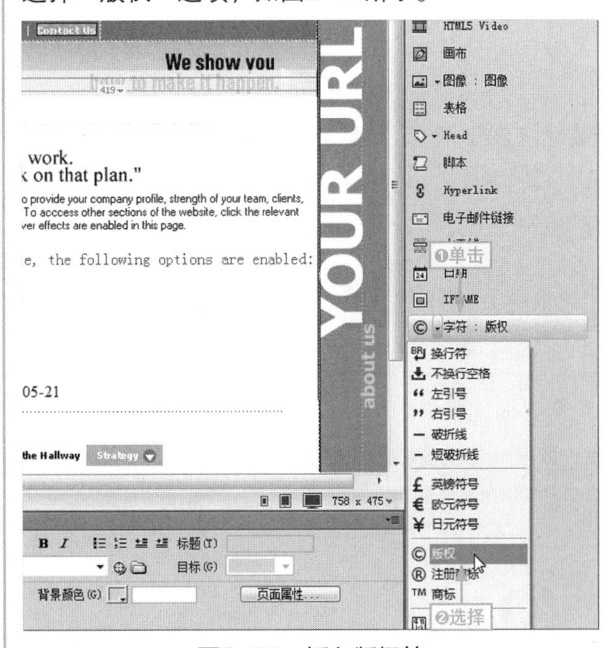

图2-71 插入版权符

步骤03 保存页面后，即可在浏览器中查看操作效果，如图2-72所示。

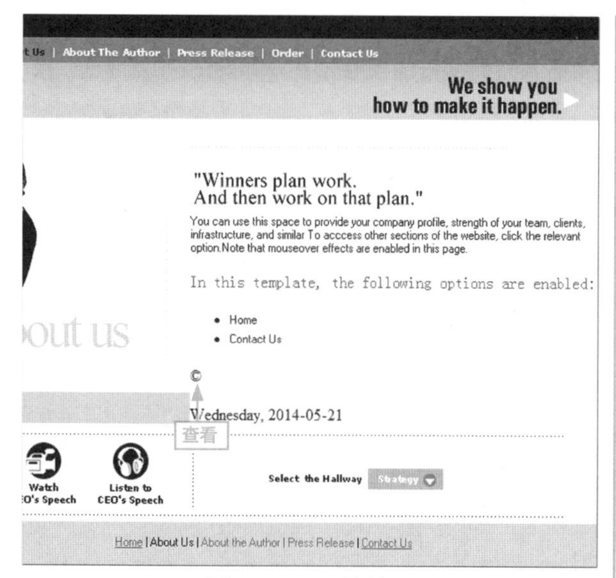

图2-72　预览效果

2.5.5　插入表单

在网页中，有一种元素可以输入数据，我们称之为表单。表单在Dreamweaver CC中亦被称为表单对象，常见的表单对象有文本域、按钮、复选框等，其具体操作方法如下。

本节素材	DVD/素材/Chapter02/Tem9/
本节效果	DVD/效果/Chapter02/Tem9/
学习目标	掌握如何在网页中插入表单
难度指数	★★

步骤01 打开about素材文件，将文本插入点定位到需要插入表单的位置，如图2-73所示。

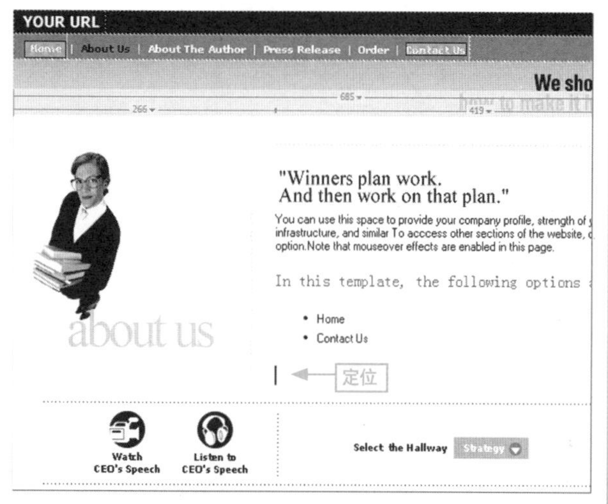

图2-73　定位插入点

步骤02 ❶在“插入”面板上单击“常用”下拉按钮，❷选择“表单”选项，如图2-74所示。

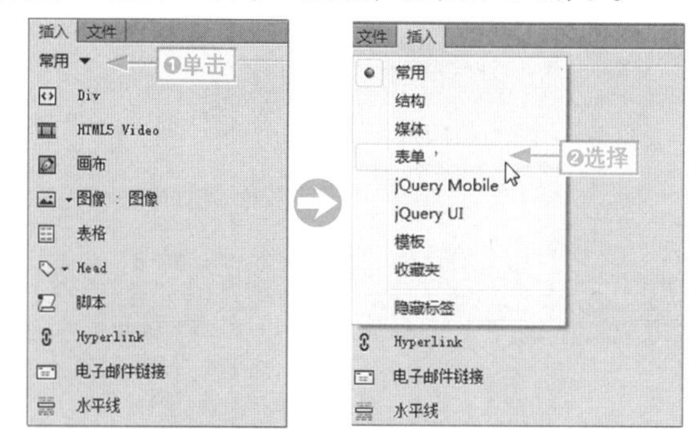

图2-74　选择“表单”选项

步骤03 在“表单”选项卡中选择“文本”选项，如图2-75所示。

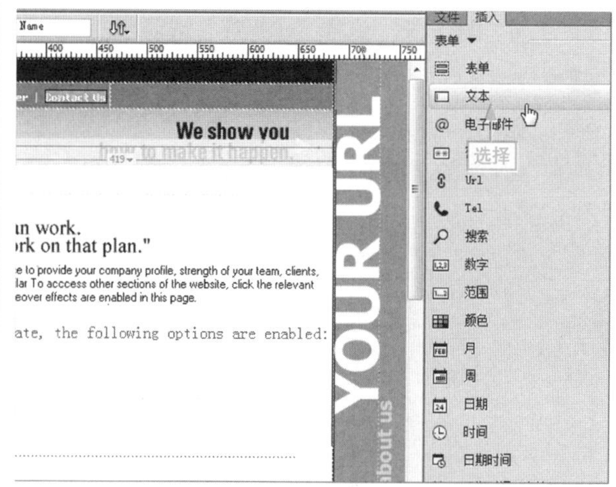

图2-75　选择“文本”选项

步骤04 修改控件左侧的文本，保存页面后，即可在浏览器中查看操作效果，如图2-76所示。

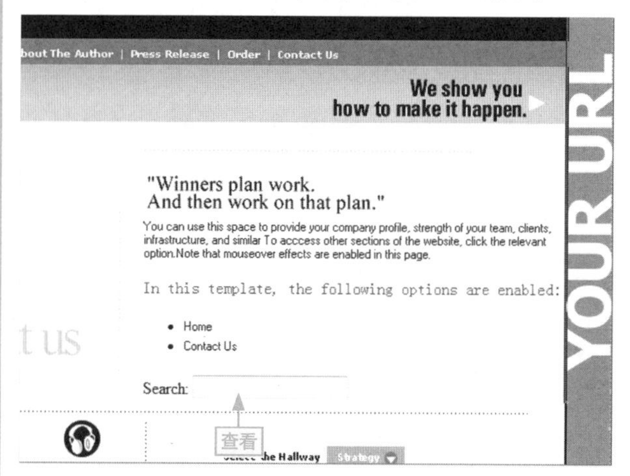

图2-76　预览效果

2.5.6　插入多媒体

1. 插入Flash动画

由于Flash动画效果可以给网页注入活力，不但丰富了网页，还能使网页实现交互的功能，插入Flash动画的具体操作方法如下。

本节素材	DVD/素材/Chapter02/Tem10/
本节效果	DVD/效果/Chapter02/Tem10/
学习目标	掌握如何在网页中插入Flash动画
难度指数	★★★

步骤01 打开about素材文件，将文本插入点定位到需要插入Flash动画的相应位置，如图2-77所示。

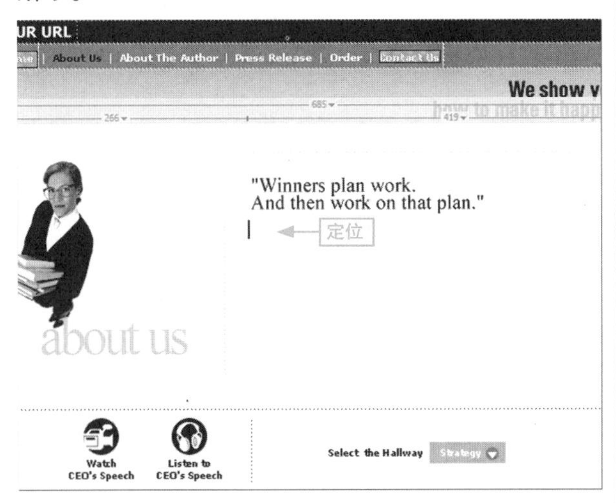

图2-77　定位插入点

步骤02 ❶在“插入”面板上单击“常用”下拉按钮，❷选择“媒体”选项，如图2-78所示。

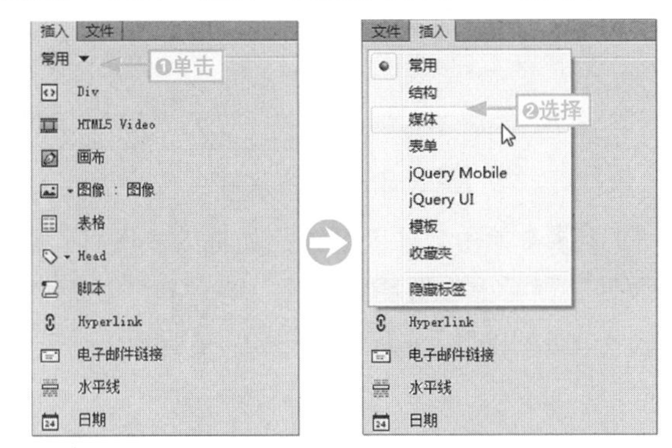

图2-78　选择“媒体”选项

步骤03 在打开的“媒体”菜单中选择Flash SWF命令，如图2-79所示。

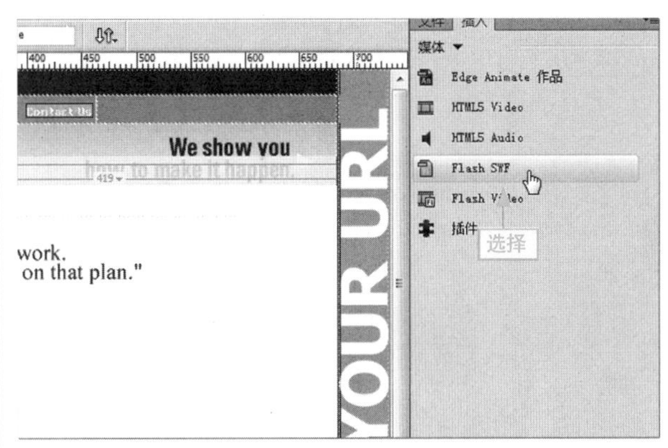

图2-79　选择Flash SWF命令

步骤04 ❶在打开的对话框中选择所需的SWF文件，❷单击“确定”按钮，如图2-80所示。

图2-80　选择文件

步骤05 ❶在打开的“对象标签辅助功能属性”对话框中输入标题，❷单击“确定”按钮，如图2-81所示。

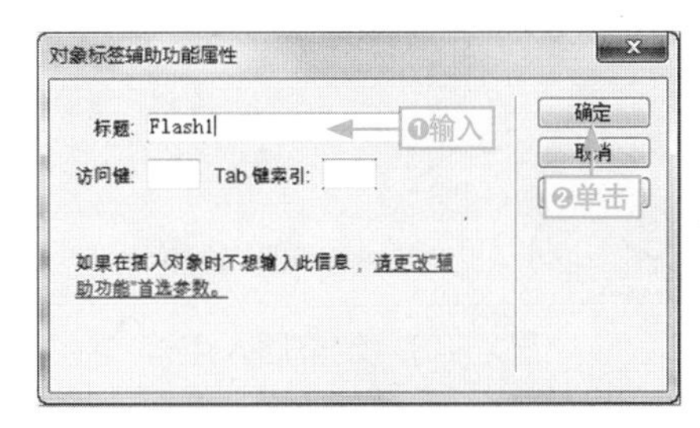

图2-81　输入媒体标题

步骤06 保存页面后，即可在浏览器中查看操作效果，如图2-82所示。

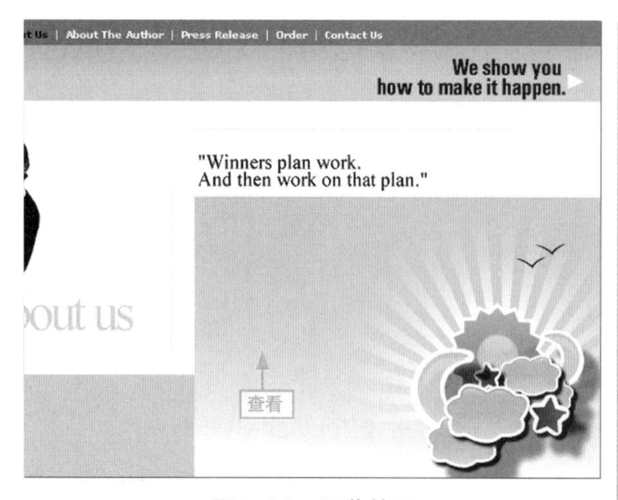

图2-82　预览效果

2. 插入背景音乐

有时打开网页时会自动播放音乐，音乐会比文字、图像更能烘托网页的氛围，插入背景音乐的具体操作方法如下。

本节素材	DVD/素材/Chapter02/Tem11/
本节效果	DVD/效果/Chapter02/Tem11/
学习目标	掌握如何在网页中插入背景音乐
难度指数	★★★

步骤01 打开about素材文件，将文本插入点定位到插入背景音乐的相应位置，如图2-83所示。

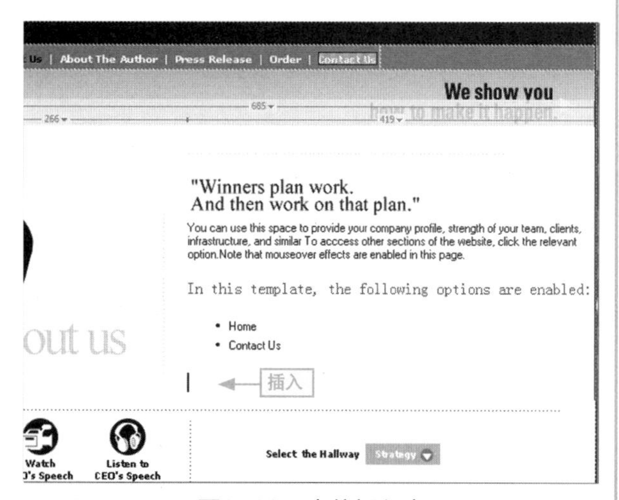

图2-83　定位插入点

步骤02 在“媒体”选项卡中单击“插件”按钮，如图2-84所示。

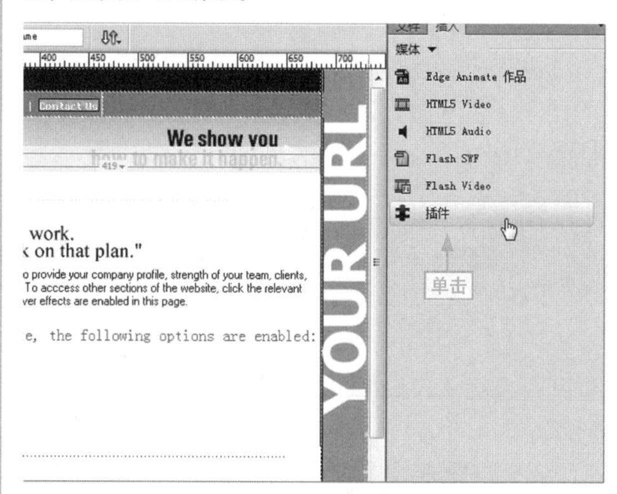

图2-84　单击“插件”按钮

步骤03 ❶在打开的“选择文件”对话框中选择所需的音乐文件，❷单击“确定”按钮，如图2-85所示。

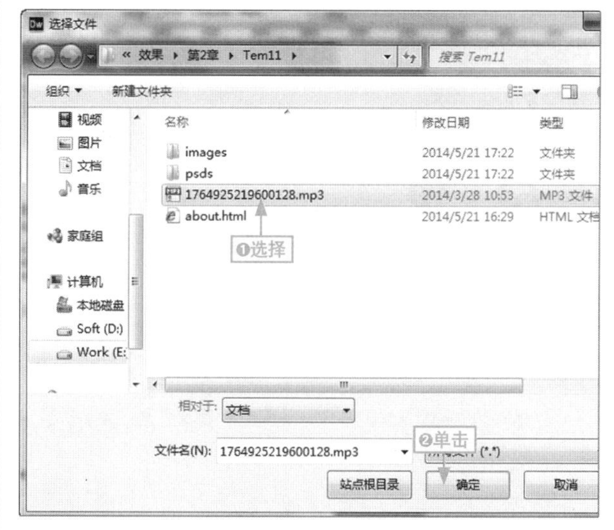

图2-85　选择文件

步骤04 ❶单击工作区插入点处插入的图标，❷在“属性”面板上设置图标“高”与“宽”的相关属性，❸单击“参数”按钮，如图2-86所示。

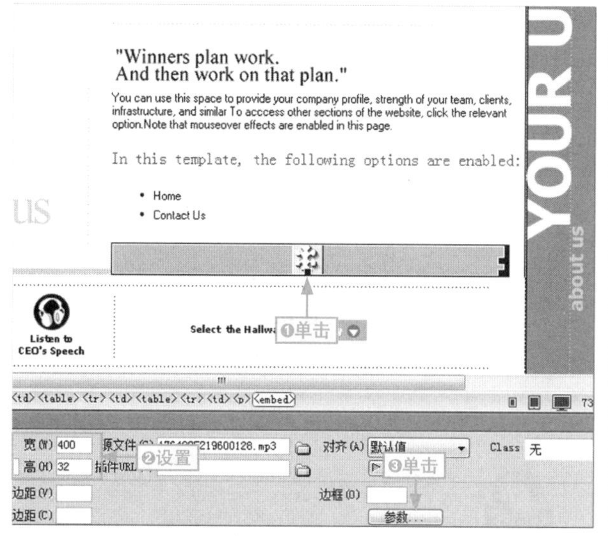

图2-86　设置相关属性

步骤05 ❶在打开的对话框中单击“增加”按钮，❷设置循环播放和自动开始的参数，❸单击“确定”按钮，如图2-87所示。

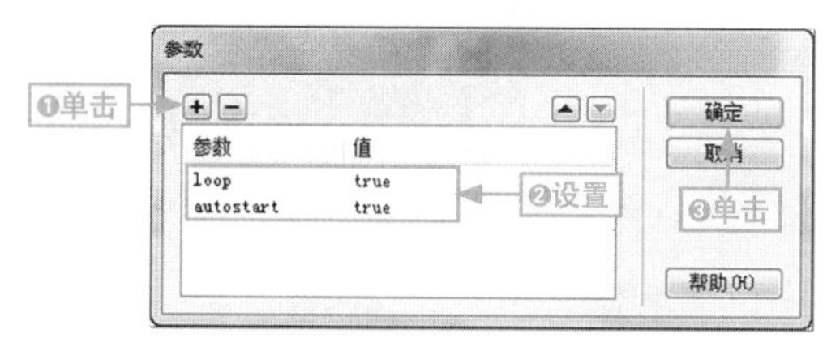

图2-87　设置相关参数

步骤06 保存页面后，即可在浏览器中查看操作效果，如图2-88所示。

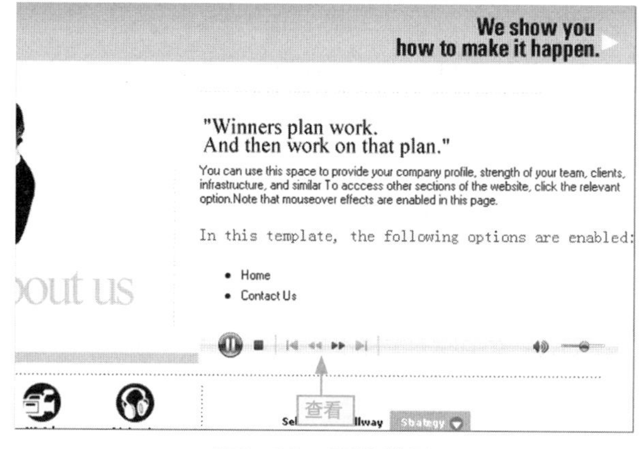

图2-88　预览效果

专家提醒 | 背景音乐的路径

切换到代码窗口，可以看到插入的背景音乐的代码，如<embed src="music/abc.mp3" loop="true" autostart="true"/>，其中music/abc.mp3指的是该音乐文件的相对路径。

3. 插入视频

使用Dreamweaver CC制作网页时，还可以使用它直接在网页中插入视频，插入视频的具体操作方法如下。

本节素材	DVD/素材/Chapter02/Tem12/
本节效果	DVD/效果/Chapter02/Tem12/
学习目标	掌握如何在网页中插入视频
难度指数	★★★

步骤01 打开about素材文件，将文本插入点定位到需要插入视频的相应位置，如图2-89所示。

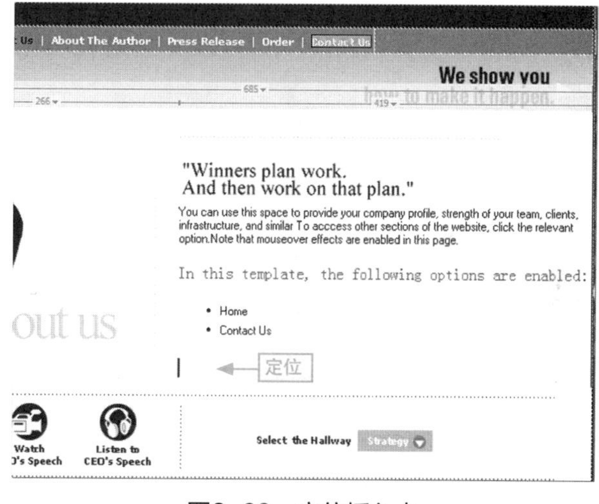

图2-89　定位插入点

步骤02 ❶在选择“插件”命令所打开的“选择文件”对话框中选择所需的视频文件，❷单击“确定”按钮，如图2-90所示。

图2-90　选择视频文件

步骤03 ❶单击工作区插入点处插入的图标，❷在“属性”面板上设置图标的相关属性，❸单击“参数”按钮，如图2-91所示。

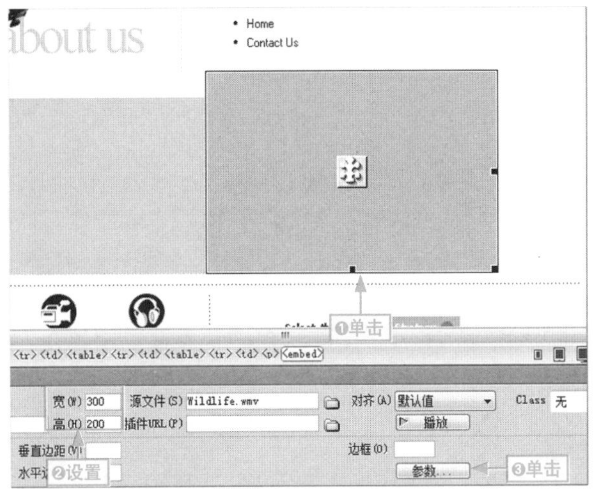

图2-91　设置相关参数

步骤04 ❶设置自动开始和循环播放的参数，❷单击“确定”按钮，如图2-92所示。

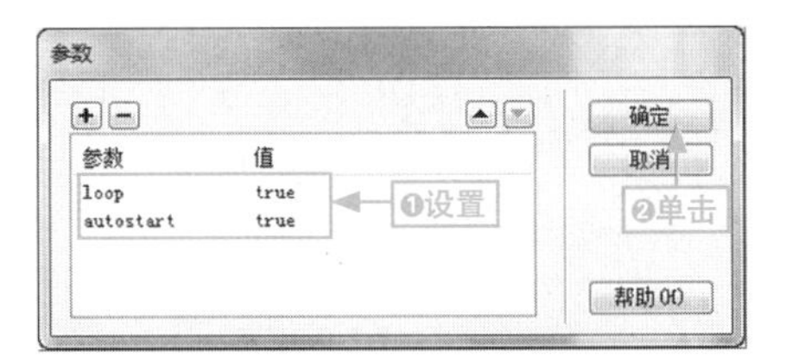

图2-92　设置相关参数

步骤05 保存页面后，即可在浏览器中查看操作效果，如图2-93所示。

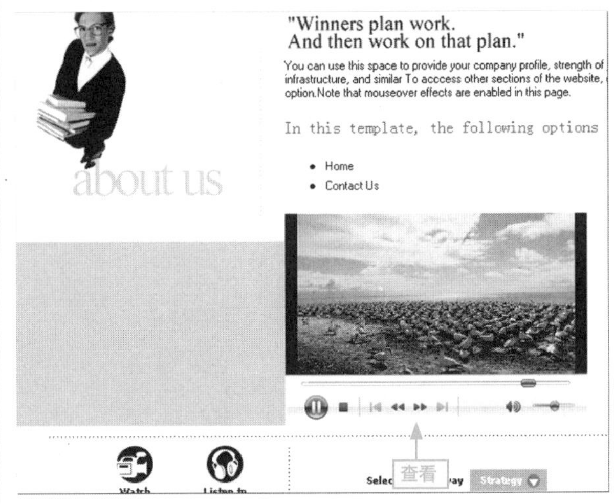

图2-93　预览效果

专家提醒 | 网页中无法播放视频的原因

有时候我们插入的视频在网页中无法播放，这可能是浏览器不支持这种视频格式，我们可以更换视频或者使用格式转换器转换视频的格式。

2.6 创建网页链接

网站中还有一个非常重要的部分，那就是超链接。一个网站中有许多超链接，网页与网页之间就是通过超链接来跳转的，本节将详细讲解如何使用各种超链接建立各个网页之间的链接。

2.6.1 网页链接的概念

超链接是指从一个网页指向一个目标的链接关系，想要正确地创建链接，就必须先了解链接与目标链接之间的路径，按照链接路径的不同可分为以下几种。

学习目标	了解链接路径的几种类型
难度指数	★★

◆绝对路径

绝对路径是指网络上的一个站点或者网页的完整路径，通常使用以“http://”打头，如“http://www.baidu.com”，如图2-94所示。

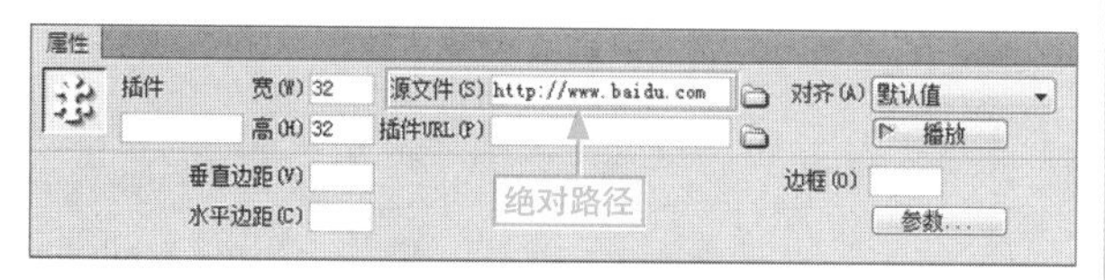

图2-94 绝对路径

◆相对路径

相对路径是目标对象相对于当前文件的路径，其访问目标需要以当前文件所在的位置为参考，如当前文件夹的子文件，如图2-95所示。

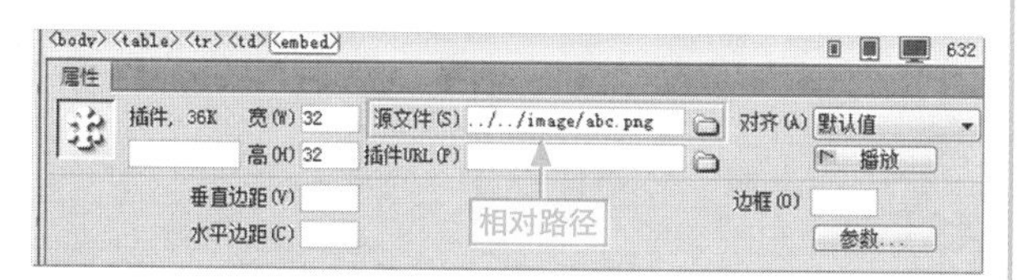

图2-95 相对路径

◆内部链接

内部链接是指站点内部页面之间的链接，其目标链接是本站内的其他页面，也就是说只能在本站内部进行页面跳转，如图2-96所示。

图2-96 内部链接

◆外部链接

外部链接是指链接到其他站点的链接，链接的目标不在本站内，而是在远程服务器上的其他站点内，如图2-97所示。

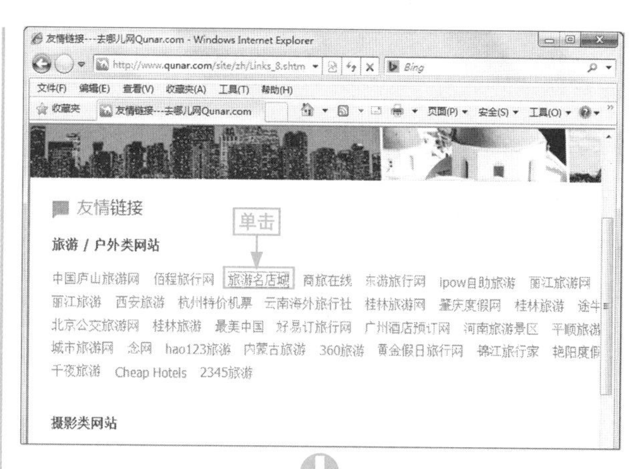

图2-97 外部链接跳转

专家提醒 | 页面内链接

除了以上几种链接，还有一种比较普遍的链接，就是同一网页的链接，这种链接又叫作书签，一般用“#”号加上名称链接到同一页面的指定位置。

2.6.2 创建网页常用链接

1. 创建空链接

空链接就是没有目标端点的链接，主要用于向页面上的对象或文本附加行为，其具体创建步骤如下。

本节素材	DVD/素材/Chapter02/newcore/
本节效果	DVD/效果/Chapter02/newcore/
学习目标	了解创建空链接的具体步骤
难度指数	★★

步骤01 打开about素材文件，选择页面中需要设置空链接的文本，如图2-98所示。

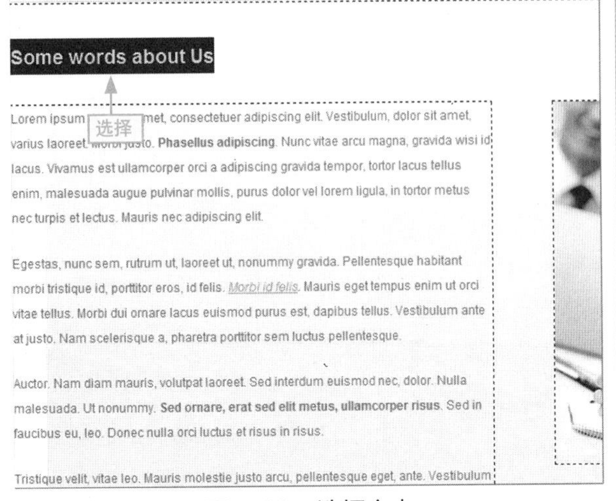

图2-98 选择文本

步骤02 ❶在“属性”面板的“链接”文本框中输入“#”，❷在工作区任意位置单击，即可创建完成，图2-99所示。

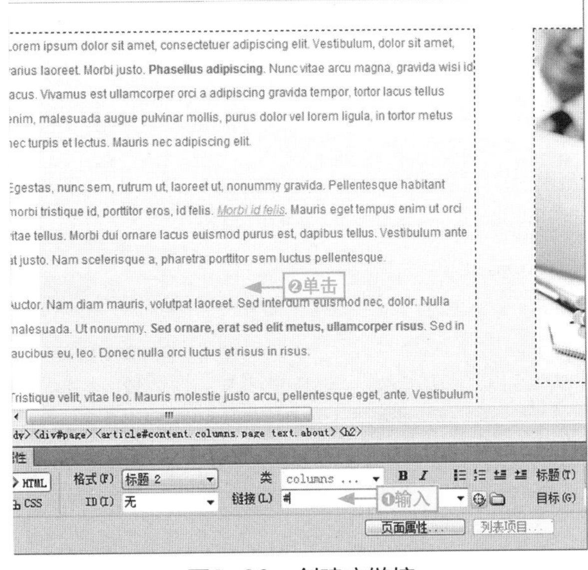

图2-99 创建空链接

步骤03 保存页面后，即可在浏览器中查看操作效果，如图2-100所示。

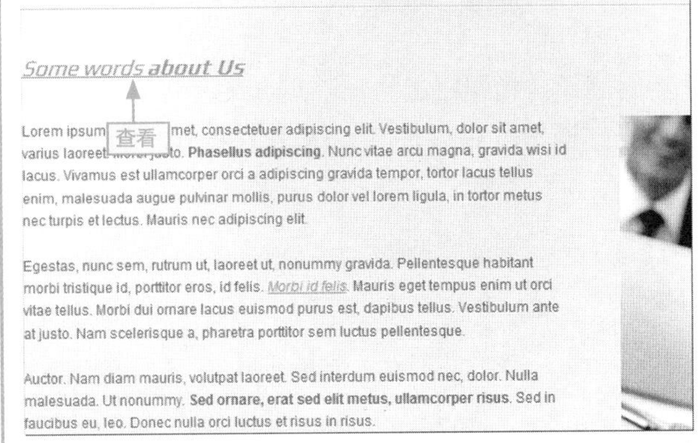

图2-100 预览效果

2. 创建文字链接

文字链接是网页中常见的一种链接，在浏览网页时，将鼠标光标放置在文字链接上，鼠标光标会变成手形。单击这些文字链接，页面就会发生跳转，创建文字链接的具体操作方法如下。

本节素材	DVD/素材/Chapter02/newcore1/
本节效果	DVD/效果/Chapter02/newcore1/
学习目标	掌握创建文字链接的具体方法
难度指数	★★

步骤01 打开about素材文件，❶选择页面中需要设置文字链接的文本，❷单击“属性”面板的“链接”文本框后的“浏览文件”按钮，如图2-101所示。

步骤02 ❶在打开的对话框中选择需要链接的文件，❷单击“确定”按钮，图2-102所示。

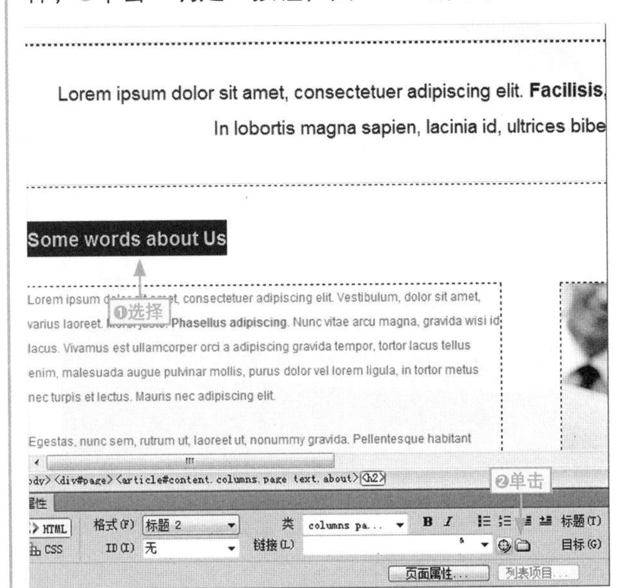

图2-101 单击“浏览文件”按钮

图2-102　选择文件

步骤03 保存页面后，在浏览器中预览时单击设置的文字链接文本，即可查看操作效果，如图2-103所示。

图2-103　预览效果

3. 创建E-mail链接

E-mail链接与其他链接不同，它不是在页面间进行跳转，它的链接目标是邮件管理服务器，当用户单击它时，会启动系统默认的邮件管理程序进行邮件编辑，其具体创建步骤如下。

本节素材	DVD/素材/Chapter02/创建E-mail链接.html
本节效果	DVD/效果/Chapter02/创建E-mail链接.html
学习目标	了解创建E-mail链接的具体方法
难度指数	★

步骤01 打开“创建E-mail链接”素材文件，选择页面中需要设置电子邮件链接的文本，如图2-104所示。

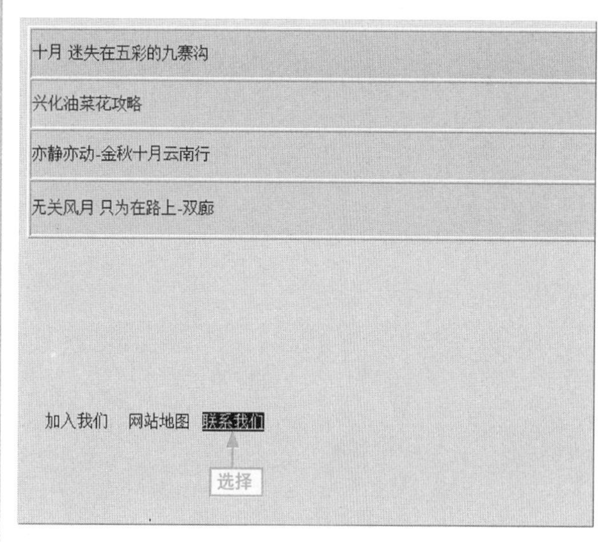

图2-104　选择文本

步骤02 在“插入”面板中单击“电子邮件链接”按钮，图2-105所示。

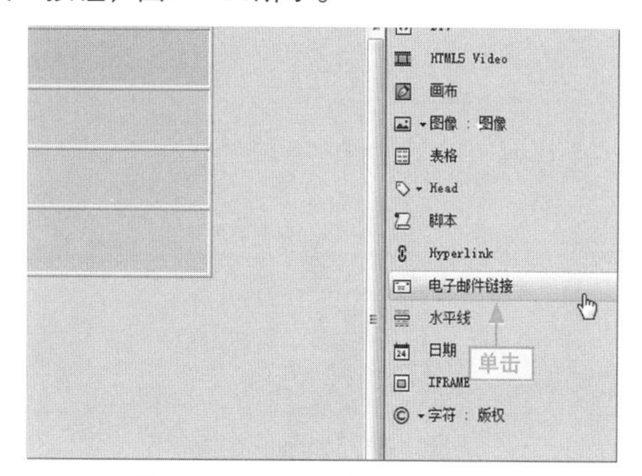

图2-105　添加电子邮件链接

步骤03 ❶在打开的“电子邮件链接”对话框中输入自己的电子邮件地址，❷单击“确定”按钮即可，图2-106示。

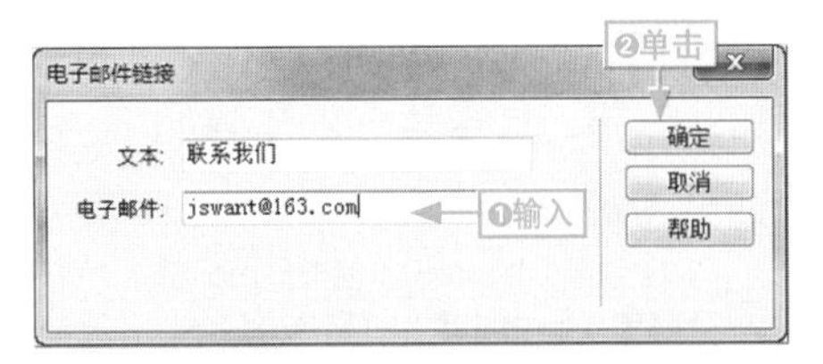

图2-106　输入邮件地址

步骤04 保存页面后，在浏览器中预览时单击页面中设置的E-mail链接文本，即可查看到打开的邮件服务器，如图2-107所示。

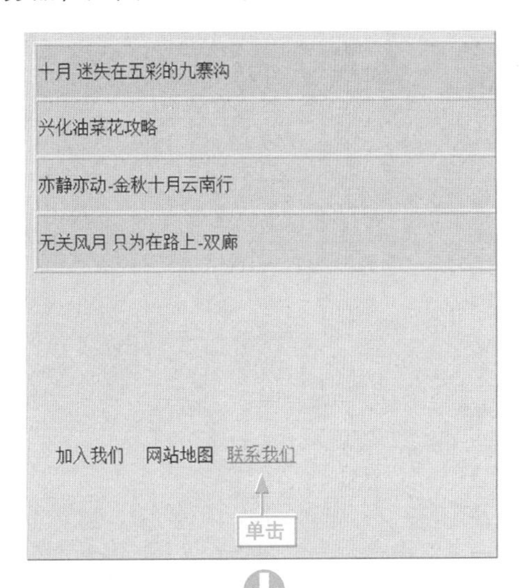

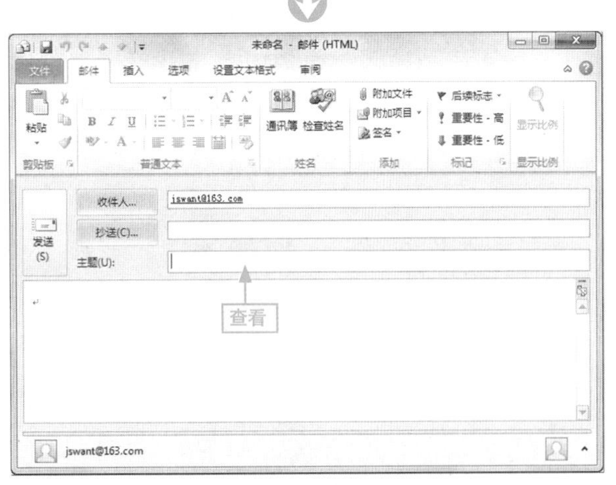

图2-107　预览效果

核心妙招 | 输入E-mail链接

除了通过“电子邮件链接”命令创建E-mail链接外，还可以手动输入链接，在“属性”面板的“链接”文本框中输入“mailto:电子邮件地址”代码。

4. 创建下载链接

如果超链接指向的不是一个网页，而是其他文件，如exe、zip等，那么单击该链接就会下载文件，此链接也就是下载链接，其具体创建步骤如下。

本节素材	DVD/素材/Chapter02/创建下载链接.html
本节效果	DVD/效果/Chapter02/创建下载链接.html
学习目标	了解创建下载链接的具体方法
难度指数	★

步骤01 打开“创建下载链接”素材文件，❶选择页面中需要设置下载链接的文本，❷单击“属性”面板的“链接”文本框后的“浏览文件”按钮，如图2-108所示。

图2-108　选择文本

步骤02 ❶在打开的“选择文件”对话框中选择需要链接的文件，❷单击“确定”按钮，如图2-109所示。

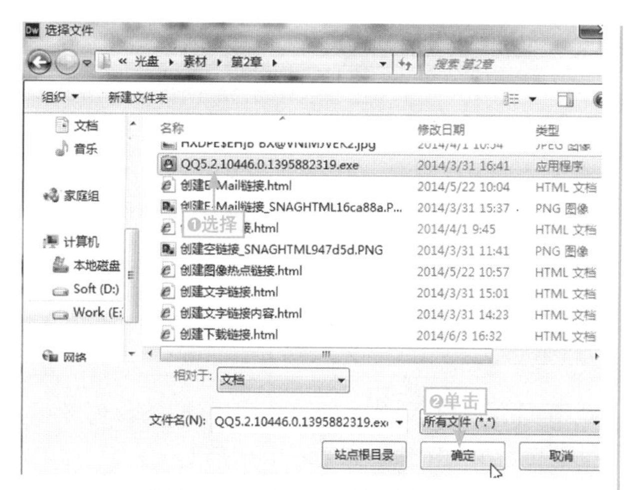

图2-109 选择下载链接文件

步骤03 ❶保存页面后，在浏览器中预览时单击页面中设置的下载链接文本，❷在打开的“文件下载-安全警告”对话框中单击“保存”按钮即可下载文件，如图2-110所示。

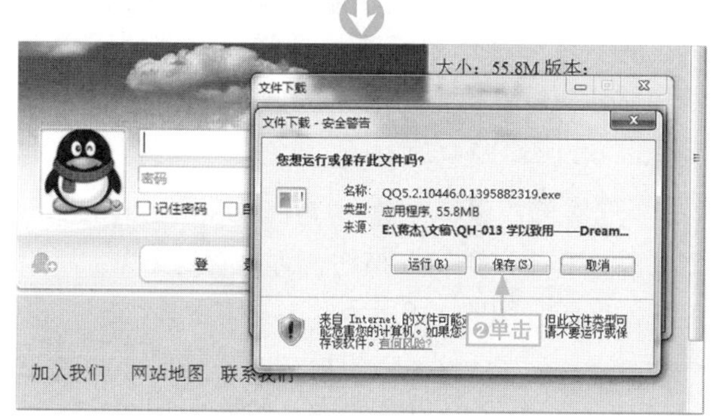

图2-110 预览效果

步骤04 ❶在打开的“另存为”对话框中选择文件存储路径，❷单击“保存”按钮即可，如图2-111所示。

图2-111 保存文件

5. 创建脚本链接

脚本链接在执行JavaScript代码或调用JavaScript函数时非常有用，能够在不离开当前网页的情况下为浏览者提供许多附加信息，其具体创建步骤如下。

本节素材	DVD/素材/Chapter02/创建脚本链接.html
本节效果	DVD/效果/Chapter02/创建脚本链接.html
学习目标	了解创建脚本链接的具体方法
难度指数	★

步骤01 打开“创建脚本链接”素材文件，选择页面中需要设置脚本链接的相应文本，如图2-112所示。

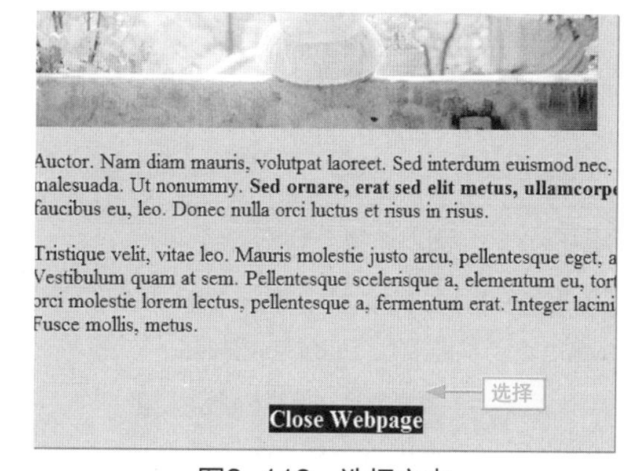

图2-112 选择文本

步骤02 ❶在“属性”面板的“链接”文本框中输入脚本代码“JavaScript：window.close()”，❷在工作区任意位置单击，如图2-113所示。

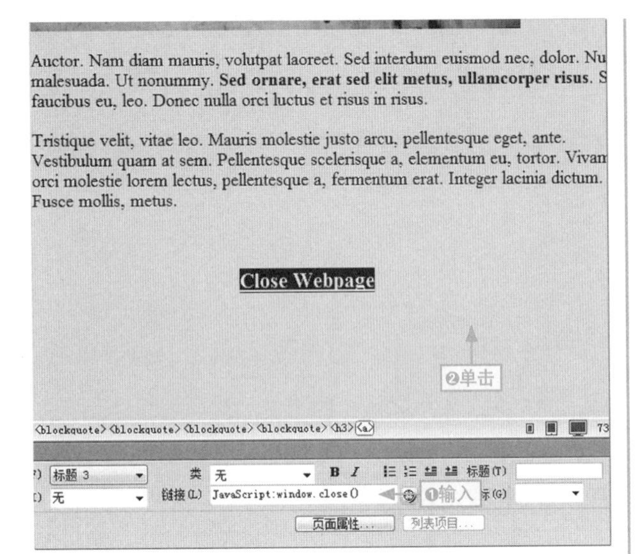

图2-113　输入代码

步骤03 保存页面后，在浏览器中预览时单击页面中设置的脚本链接文本，如图2-114所示。

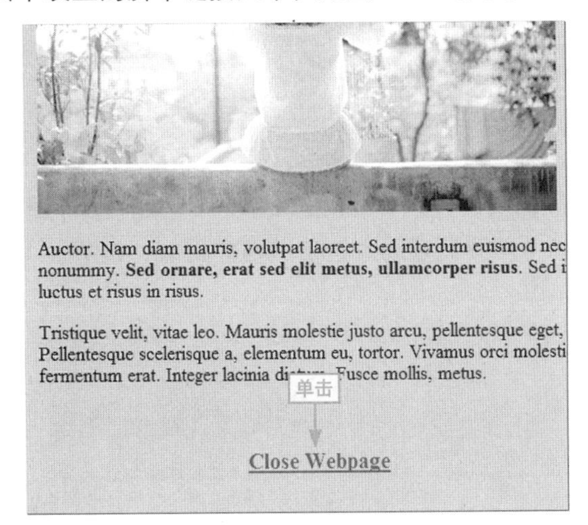

图2-114　预览效果

步骤04 在打开的对话框中单击“是”按钮即可查看到JavaScript脚本链接运行的效果，如图2-115所示。

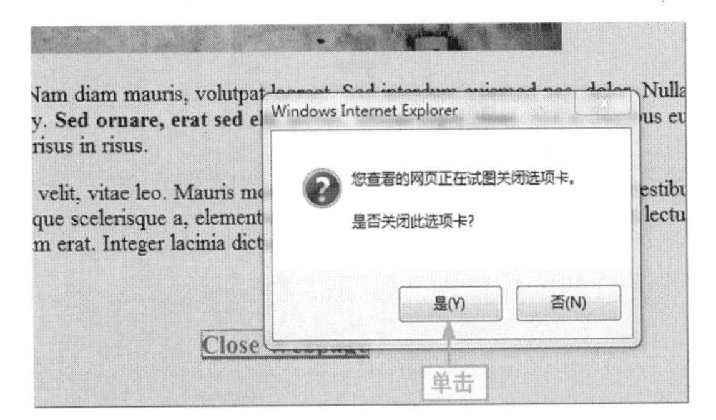

图2-115　查看效果

6. 创建图像热点链接

在网页中，不但可以单击某个图像链接到文档，还可以单击图像中的某个部分链接到不同文档，这就是图像热点链接。在单个图像中，也可以设置多个不同的链接，其具体创建步骤如下。

本节素材	DVD/素材/Chapter02/创建图像热点链接.html
本节效果	DVD/效果/Chapter02/创建图像热点链接.html
学习目标	了解创建图像热点链接的具体方法
难度指数	★

步骤01 打开“创建图像热点链接”素材文件，选择页面中的图像，如图2-116所示。

图2-116　选择图像

步骤02 ❶在“属性”面板中单击“矩形热点工具”按钮，❷移动鼠标光标到需要设置的图像上面，按住鼠标左键拖动鼠标，绘制一个合适的矩形热点区域，图2-117所示。

步骤03 释放鼠标左键，打开Dreamweaver提示对话框，单击“确定”按钮，可以看到图像上所绘制出的区域，图2-118所示。

步骤04 ❶在“属性”面板的“链接”文本框中输入链接地址和名称，❷单击工作区任意位置，如图2-119所示。

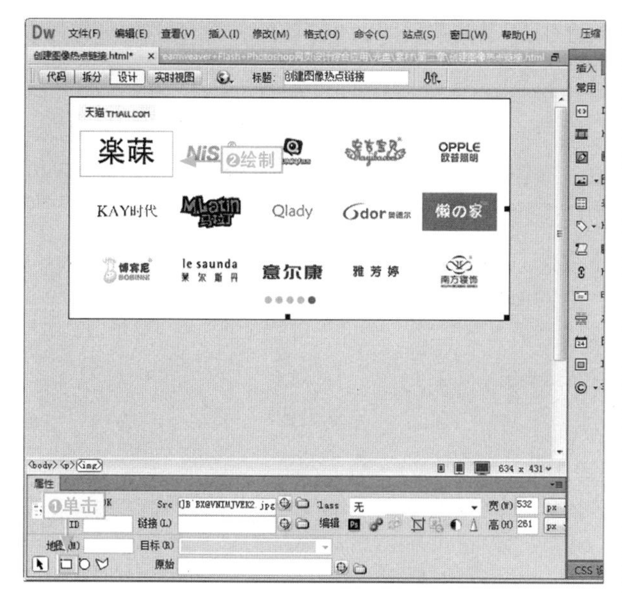

图2-117　绘制热点区域

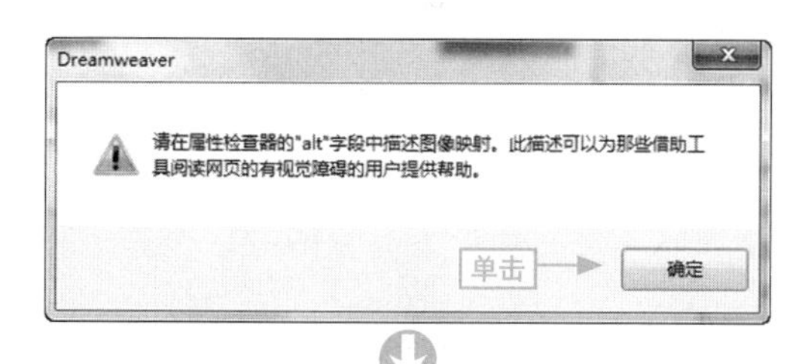

图2-118　显示绘制区域

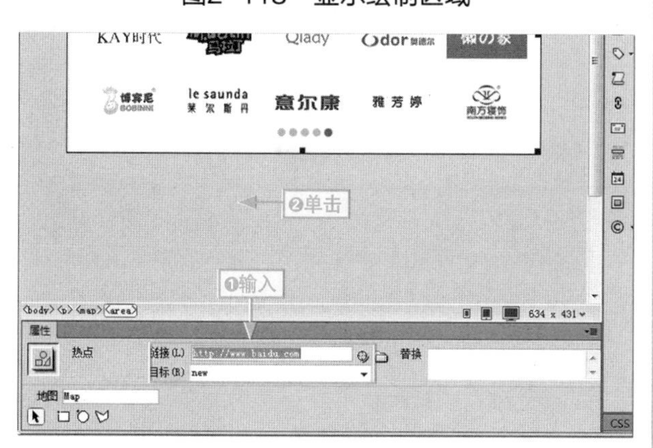

图2-119　输入地址和名称

步骤05 通过相同方式，使用其他热点工具设置其他热点链接区域，如图2-120所示。

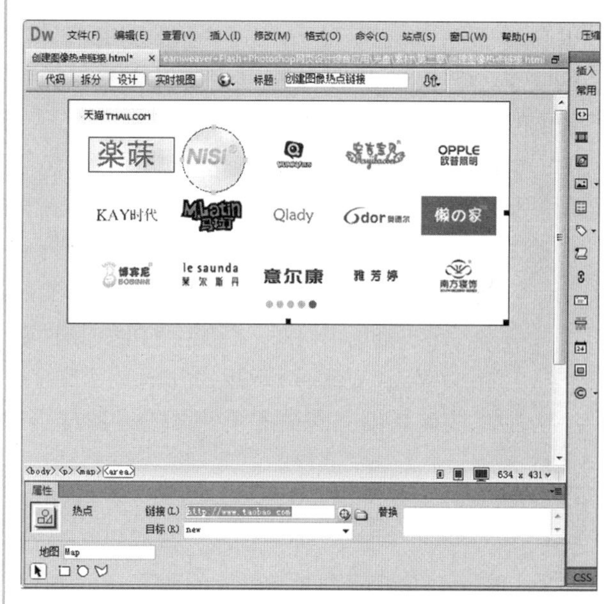

图2-120　设置其他热点区域

步骤06 保存页面后，在浏览器中预览时单击图像上的热点区域，即可跳转到指定的页面，如图2-121所示。

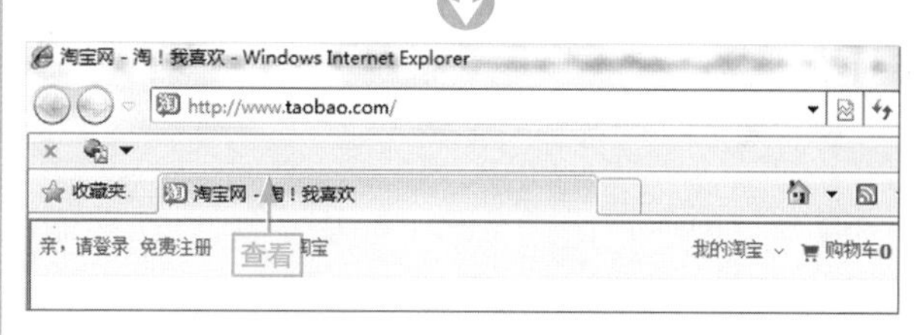

图2-121　查看效果

专家提醒 | 热点工具的使用

在“属性”面板中单击“指针热点工具”按钮，使用它可以移动图像上热点区域的位置。“属性”面板中还有3种热点工具，“矩形热点工具”“椭圆形热点工具”“多边形热点工具”，可根据需要选择不同的热点工具。

长知识 | 在“页面属性”对话框中设置页面外观属性

对于在Dreamweaver CC中创建的每一个页面，都可以使用“页面属性”对话框指定布局和格式的属性。其方法为：在“属性”面板上单击“页面属性”按钮，打开“页面属性”对话框。在其中可对页面的外观(CSS)、外观(HTML)、链接(CSS)、标题(CSS)等属性进行设置，如图2-122所示。

外观(CSS)选择卡可设置一些基本属性，包括页面字体、颜色和背景的控制等。

外观(HTML)选项卡的设置与外观(CSS)选项卡的设置相同，主要区别在于它设置的页面属性将会自动在页面<body>标签中添加相关代码，后者则不会。

链接(CSS)选项卡可对页面中的链接文本的效果进行设置。

标题(CSS)选项卡可对标题文字的相关属性进行设置。

“标题/编码”选项卡可对网页的标题、文字编码等属性进行设置。

跟踪图像是指把网页的设计草图设置成跟踪图像，“跟踪图像”选项卡可设置该跟踪图像的属性。

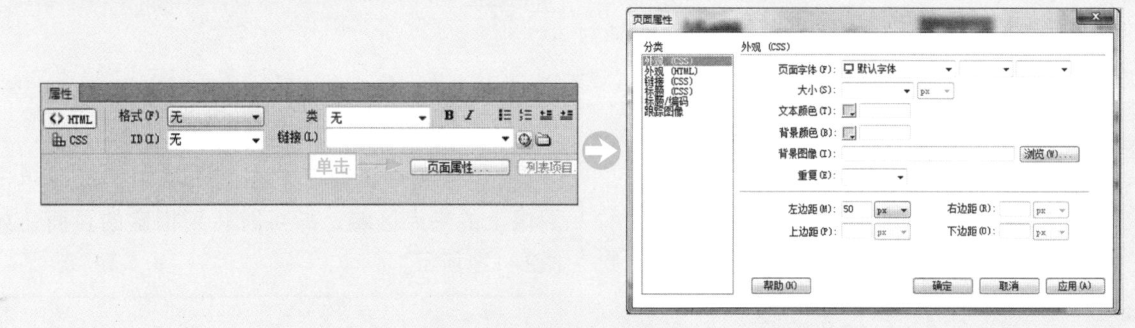

图2-122　通过“页面属性”对话框设置

2.7 实战问答

NO.1 | 如何输入多个空格

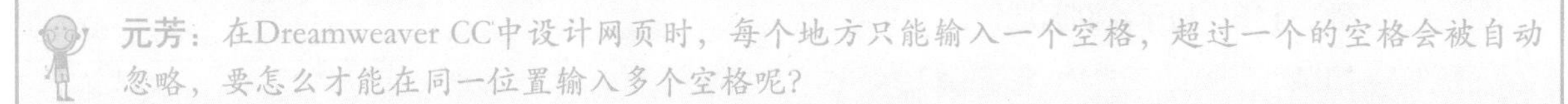

元芳：在Dreamweaver CC中设计网页时，每个地方只能输入一个空格，超过一个的空格会被自动忽略，要怎么才能在同一位置输入多个空格呢？

大人：Dreamweaver CC中默认只能输入一个空格，用户若要输入多个空格，可在输入时按住Ctrl+Shift+空格键，或在“编辑/首选项/常规”选项卡中勾选“允许多个连续的空格”复选框。

NO.2 | 如何设置背景图像的路径

元芳：在为网页设置背景图像时，应该使用什么样的路径，才能保证网页上传到服务器上后，背景图像依然能正确显示？

大人：在网页中的链接路径有多种，但是为了避免出现问题，链接图像时使用的路径应该尽可能的是相对路径，而不要使用绝对路径。

2.8 思考与练习

填空题

1. Dreamweaver CC的工作界面主要是由_______、_______、_______、_______、_____组成。

2. ________与传统的Dreamweaver“设计”视图的不同之处在于它提供页面在某一浏览器中的非可编译、更逼真的显示效果。

选择题

1. (　　)菜单项不在菜单栏中。

A. 修改　　B. 审阅

C. 插入　　D. 帮助

2. 在(　　)中可以修改文本的属性。

A. 代码面板　　B. 属性面板

C. 文件面　　D. 设计面板

判断题

1. “插入”面板中的项目都可以在菜单栏中的“插入”菜单项中找到对应的选项。(　　)

2. 网页文件操作是制作网页最基本的操作，网页预览不属于网页的操作。(　　)

3. 网站制作完成后，直接将页面上传到远程服务器上，则需要在创建站点时设置远程服务器信息。(　　)

操作题

【练习目的】在网页中插入文字并设置属性

下面将通过在“放假通知”网页文档中输入文本为例，让读者亲自体验在网页文档中输入文本，并设置文本属性，以掌握网页元素的一些基本操作。

【制作效果】

本节素材	DVD/素材/Chapter02/放假通知/
本节效果	DVD/效果/Chapter02/放假通知/

CSS样式美化网页与Div+CSS布局

本章要点

- ★ “CSS设计器”面板
- ★ CSS的基本语法
- ★ 设置布局样式
- ★ 内部样式表
- ★ 插入Div
- ★ 块级元素和行内元素
- ★ 盒子模型的概念
- ★ border（边框）

学习目标

CSS样式即级联样式表，它是能够真正做到网页表现与内容分离的一种样式设计语言。本章主要介绍使用CSS样式来美化网页以及灵活运用Div+CSS布局来设计网页的整体布局，用于帮助用户更快、更有效地制作和设计网页。

知识要点	学习时间	学习难度
设置管理和CSS样式	45分钟	★★★
CSS盒子模型	35分钟	★★
Div+CSS常见的布局模式	60分钟	★★★

重点实例

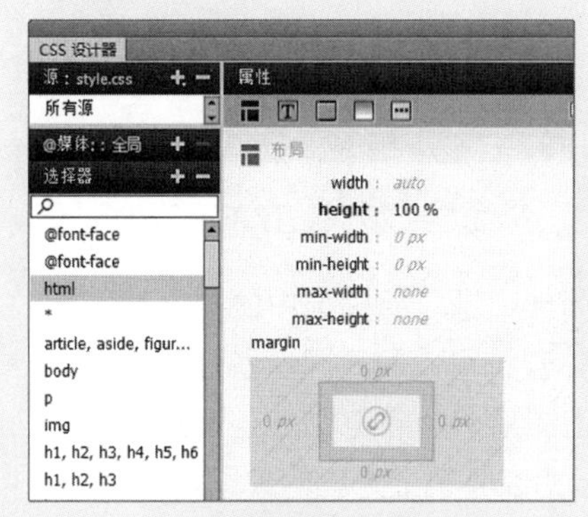

“CSS设计器”面板

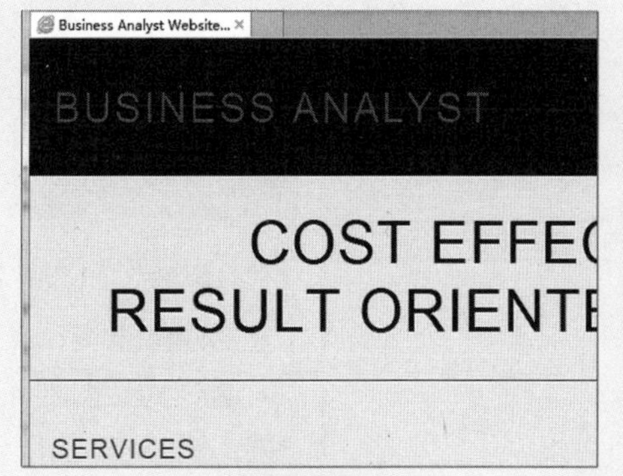

添加背景样式

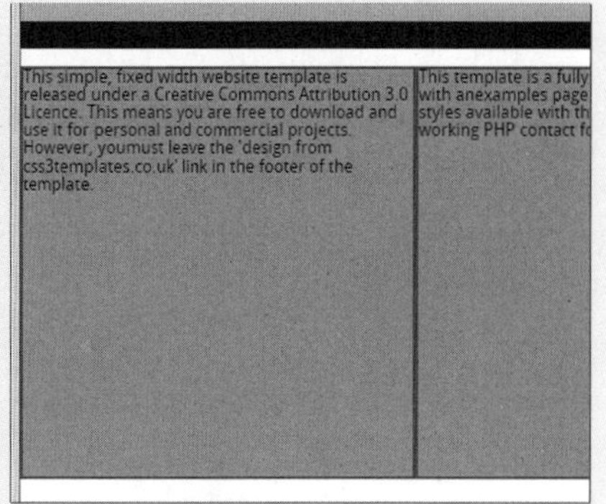
两列固定宽度

3.1 认识CSS

CSS样式是Cascading Style Sheet(层叠样式表)样式的简称，也可以称为“级联样式表”，它是网页设计中必不可少的技术之一，现在已经为大多数浏览器所支持，下面对其相关知识进行讲解。

3.1.1 CSS样式概述

CSS是一组格式设置规则，用于控制网页的外观。CSS的每一个样式都是由相应的样式规则组成，HTML可以通过<link>标签引入外部CSS样式规则，如图3-1所示。

学习目标	了解CSS样式的具体含义
难度指数	★

图3-1 HTML文档中引入CSS文件

3.1.2 “CSS设计器”面板

在Dreamweaver CC中，可以通过“CSS设计器”面板来创建样式，“CSS设计器”是一个集成面板，支持可视化创建CSS文件、规则、集合属性以及媒体查询，如图3-2所示。

学习目标	熟悉“CSS设计器”面板上的各选项功能
难度指数	★

图3-2 “CSS设计器”面板

◆源

“源”组中列出了所有与文档有关的CSS样式表，在这个组中，可以创建CSS样式并将其附加到文档中，当然还可以定义文档的样式，如图3-3所示。

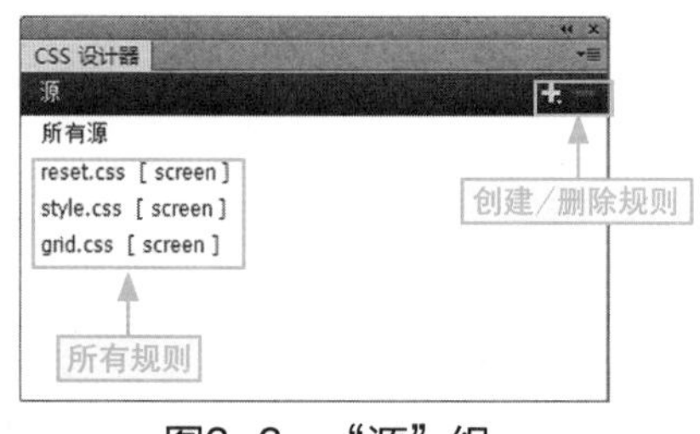

图3-3 “源”组

◆@媒体

“@媒体”组用于列出“源”组中选中的规则的全部媒体查询，媒体查询可以向不同设备提供不同的样式，图3-4上图所示为在电脑上查看的效果，图3-4下图所示为在手机上查看的效果。

图3-4　网页查看效果

◆选择器

"选择器"组用于列出"源"组中选择的规则的全部选择器，如果没有选择CSS样式或媒体查询，则此组将显示文档中的所有选择器，如图3-5所示。

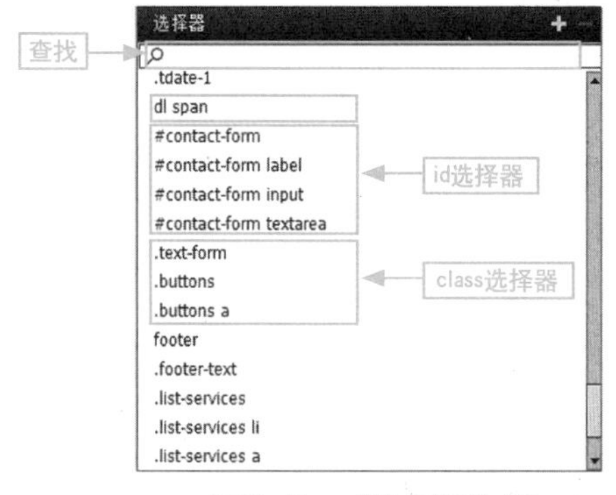

图3-5　"选择器"组

◆属性

"属性"组可为指定的选择器设置属性，主要有布局、文本、边框、背景及其他属性，如图3-6所示。

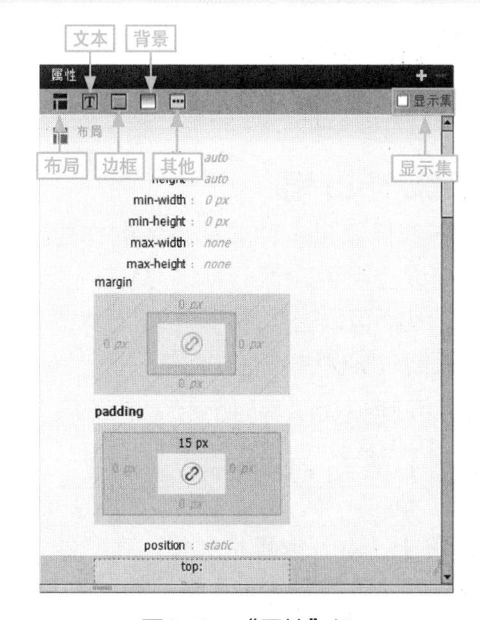

图3-6　"属性"组

3.1.3　CSS的基本语法

CSS语言由选择器和属性两部分组成，它的基本语法是：CSS选择器{属性1:属性值1;属性2:属性值2;属性3:属性值3;……}，如图3-7所示，body是选择器，{}之间的是所声明选择器的属性。

学习目标	了解CSS语法的基本组成部分
难度指数	★★

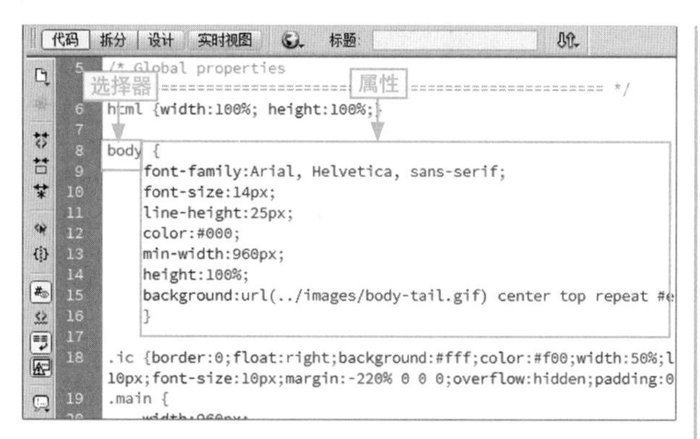

图3-7　CSS组成部分

专家提醒 | HTML页面引用CSS样式

在HTML中引用CSS样式有以下几种方法：(1)直接在HTML标签元素内嵌入CSS样式；(2)在HTML头部head部分内的style声明中插入CSS样式代码；(3)使用@import引用外部CSS样式文件；(4)使用link来调用外部CSS样式文件。

3.1.4 创建CSS样式选择器

1. 创建标签选择器

标签选择器是一种非常有效的样式工具，因为它可以应用到某个HTML标签在网页上的所有位置，从而可以轻松地对网页进行大规模的设计，下面通过实例讲解相关操作。

本节素材	DVD/素材/Chapter03/CSS网页1/
本节效果	DVD/效果/Chapter03/CSS网页1/
学习目标	掌握标签选择器的创建方法
难度指数	★★

步骤01 打开index素材文件，在“CSS设计器”面板的“源”组中选择style.css样式表，如图3-8所示。

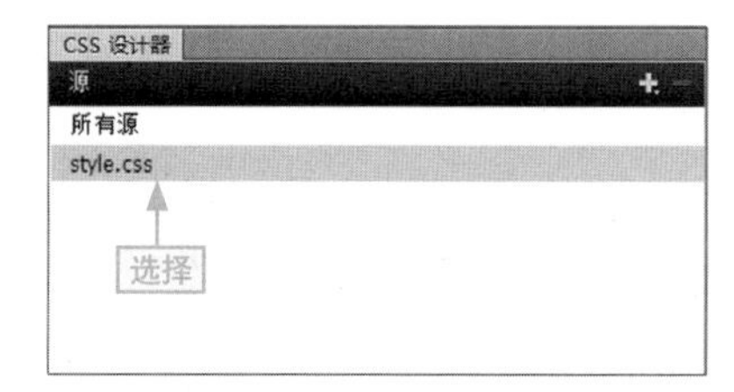

图3-8　选择样式表

步骤02 ❶在“选择器”组中单击“添加选择器”按钮，❷在显示出的文本框中输入body标签，如图3-9所示。

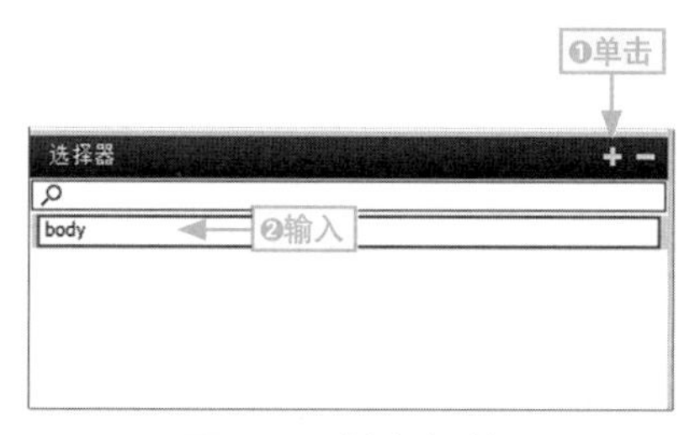

图3-9　输入标签

步骤03 ❶在“属性”组中单击“文本”按钮，❷在“文本”栏中单击font-family选项后的文本框，❸在打开的下拉列表中选择相应的选项，如图3-10所示。

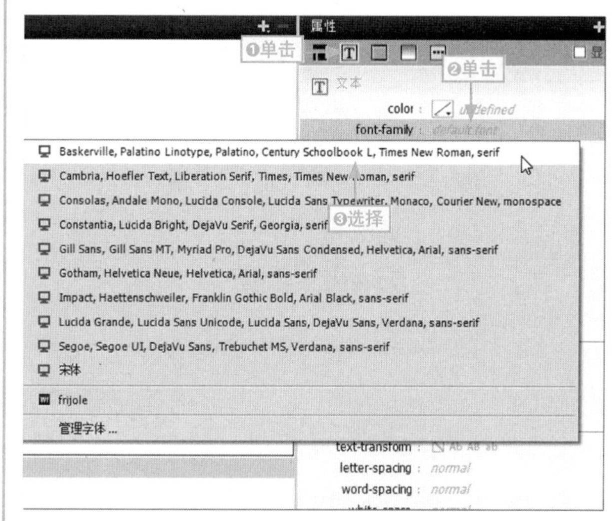

图3-10　选择字体类型

步骤04 ❶在“文本”栏中单击font-size选项后的文本框，❷在打开的下拉列表中选择px选项，❸在显示的文本框中输入“13”，如图3-11所示。

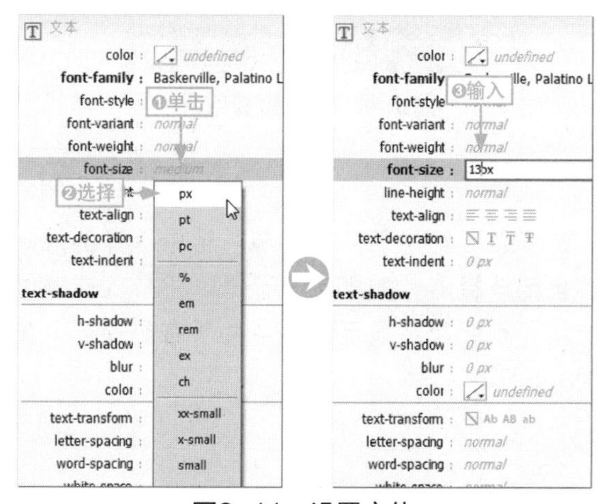

图3-11　设置字体

步骤05 ①在color选项后的文本框中输入“#333333”，②单击“属性”组中的“背景”按钮，如图3-12所示。

图3-12 设置文本颜色

步骤06 ①单击“背景”栏中的url选项后的文本框，②单击“浏览”按钮，如图3-13所示。

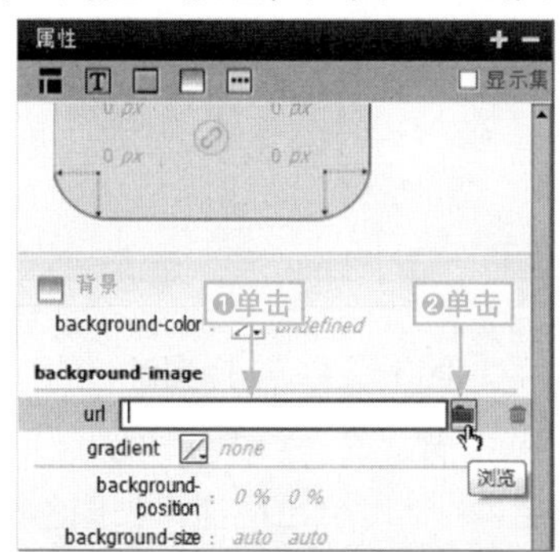

图3-13 设置背景图像的url

步骤07 ①在打开的“选择图像源文件”对话框中，选择需要的背景图像img01.jpg，②单击“确定”按钮，如图3-14所示。

图3-14 选择图像

步骤08 在“背景”栏中单击background-repeat选项后的repeat-x按钮，如图3-15所示。

图3-15 设置图像显示属性

步骤09 转换到所连接的外部CSS样式文件style.css中，可以看到所定义的body标签的CSS样式代码，如图3-16所示。

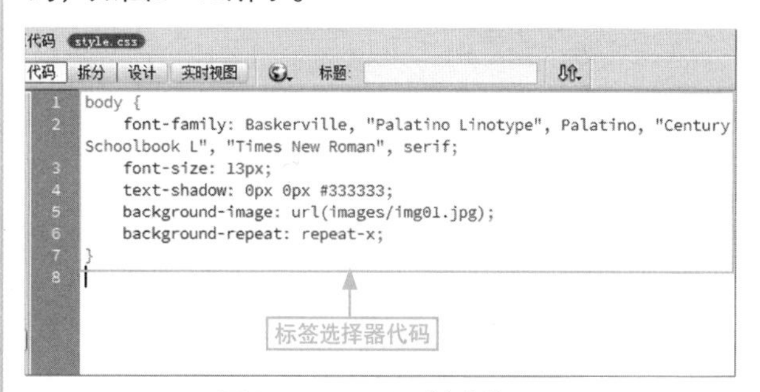

图3-16 CSS样式代码

步骤10 保存页面后，在浏览器中预览页面，即可查看整个网页的字体类型等发生改变，如图3-17所示。

图3-17 预览效果

2. 创建类选择器

当设计者希望某一个或某几个元素的外观与网页上的其他相关标签有所不同时，就可以使用类选择器，它可以应用到网页中任意的元素上，还能更精确地控制网页中的某一元素，其具体操作方法如下。

本节素材	DVD/素材/Chapter03/CSS网页2/
本节效果	DVD/效果/Chapter03/CSS网页2/
学习目标	掌握类选择器的创建方法
难度指数	★★

步骤01 ❶在“CSS设计器”面板中选择style.css样式表，❷在“选择器”组中单击“添加选择器”按钮，❸在显示的文本框中输入.post文本，如图3-18所示。

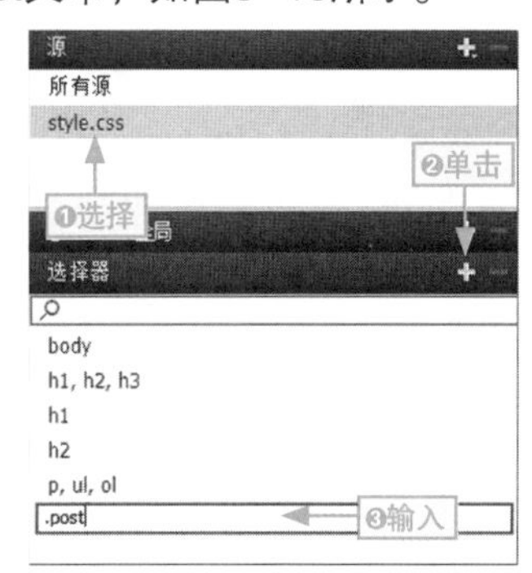

图3-18　添加类选择器

步骤02 ❶在“属性”组的“布局”栏中，将鼠标光标置于padding选项的参数上，按住鼠标左键左右移动鼠标光标设置相关参数，释放鼠标左键，❷单击“背景”按钮，如图3-19所示。

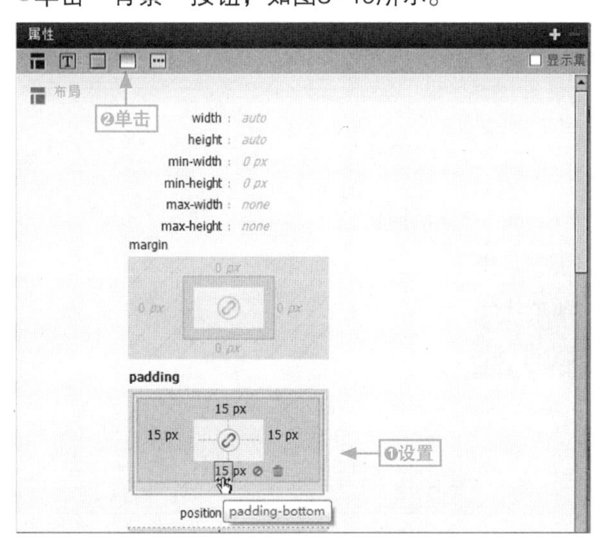

图3-19　设置padding参数

步骤03 ❶在“背景”栏中，单击url选项后的对话框，❷单击“浏览”按钮，如图3-20所示。

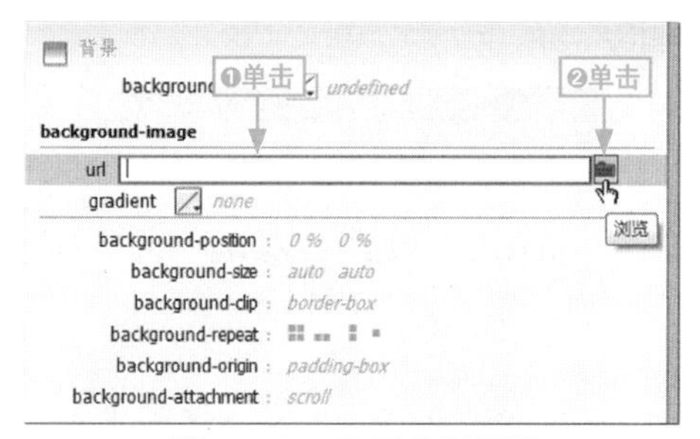

图3-20　设置背景图像

步骤04 ❶在打开的“选择图像源文件”对话框中，选择相应的背景图像，❷单击“确定”按钮，如图3-21所示。

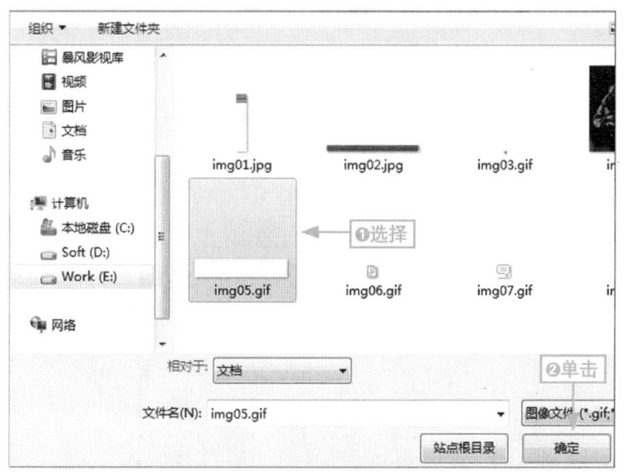

图3-21　选择图像

步骤05 在“背景”栏中单击background-repeat选项后的no-repeat按钮，如图3-22 所示。

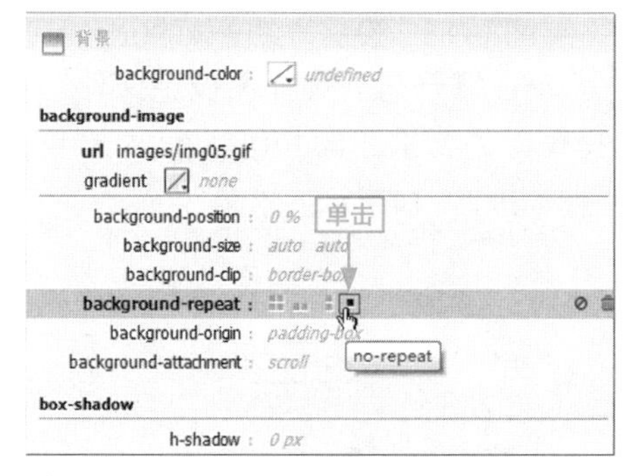

图3-22　设置图像显示方式

步骤06 转换到所连接的外部CSS样式文件style.css中，可以看到所定义的.post类选择器的CSS样式代码，如图3-23所示。

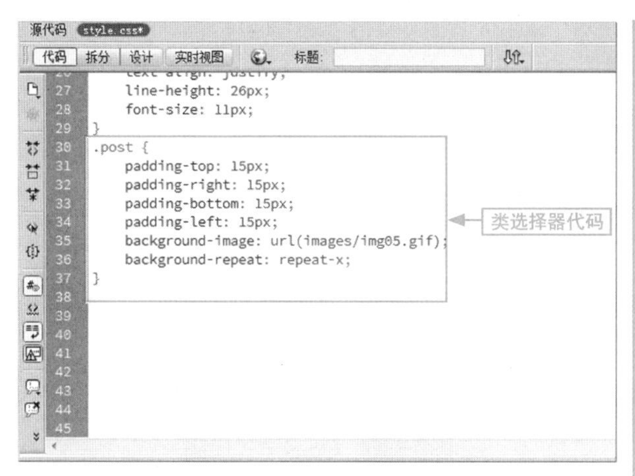

图3-23　CSS样式代码

步骤07 保存页面后，在浏览器中预览页面，即可查看到效果，其页面中间部分样式发生改变，如图3-24所示。

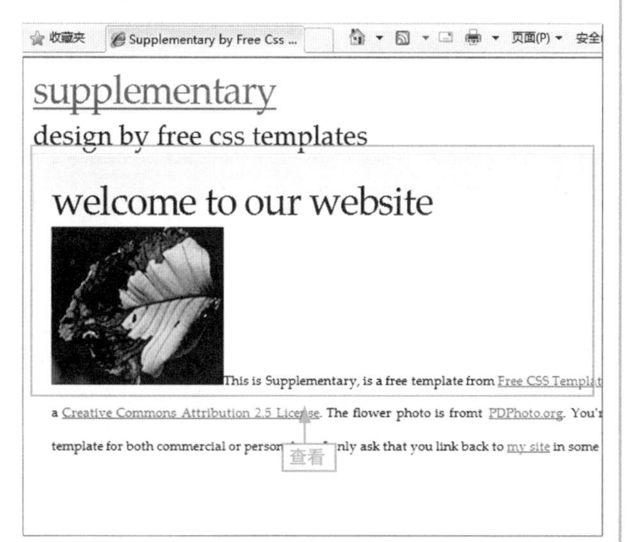

图3-24　预览效果

专家提醒 | 类CSS样式

我们很多时候都会看到CSS的样式名称前面有一个“.”，这个“.”就表示这是个类CSS样式，在网页设计中，它在HTML元素中是可以被多次调用的。

3. 创建ID选择器

CSS样式中的ID选择器主要是用来识别网页中的特殊部分，和类选择器一样，在创建ID选择器时，CSS需要给它命名，且名称前必须要有“#”，其具体操作方法如下。

本节素材	DVD/素材/Chapter03/CSS网页3/
本节效果	DVD/效果/Chapter03/CSS网页3/
学习目标	掌握ID选择器的创建方法
难度指数	★★

步骤01 打开index素材文件，❶在“CSS设计器”面板中选择style.css样式表，❷在“选择器”组中单击“添加选择器”按钮，❸在显示的文本框中输入名称“#header”，如图3-25所示。

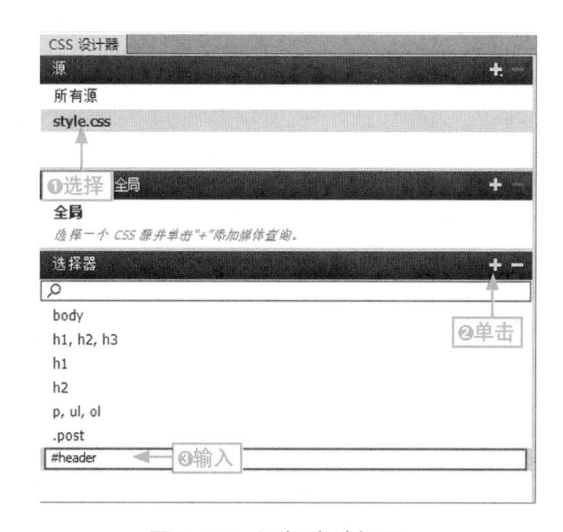

图3-25　添加类选择器

步骤02 ❶在“布局”栏中分别设置width和height选项的值为“680px”与“54px”，❷设置margin选项各个位置的参数，如图3-26所示。

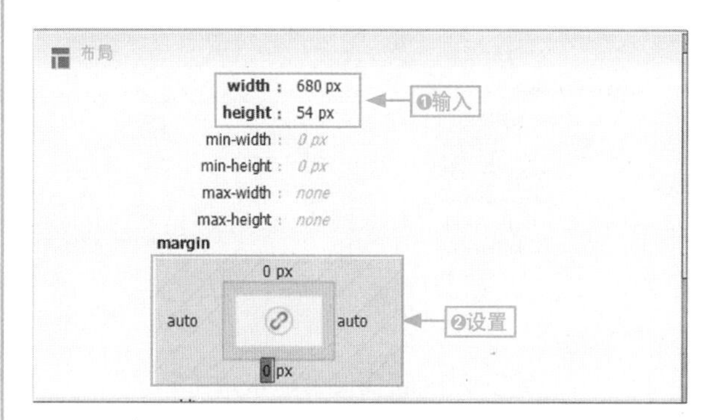

图3-26 设置布局

步骤03 ❶在background-image组中，单击url选项后的对话框，❷单击“浏览”按钮，如图3-27所示。

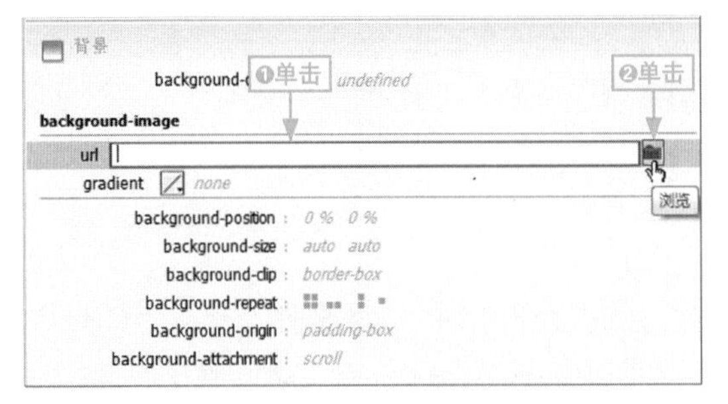

图3-27 设置背景图像

步骤04 ❶在打开的“选择图像源文件”对话框中，选择需要的图像，❷单击“确定”按钮，如图3-28所示。

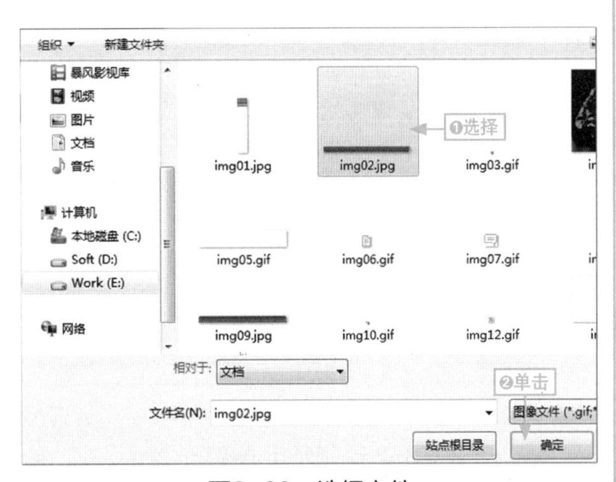

图3-28 选择文件

步骤05 在“背景”栏中单击background-repeat选项后的no-repeat按钮，如图3-29所示。

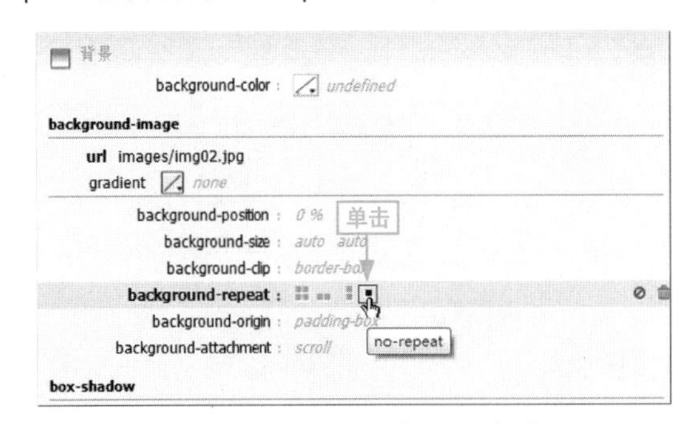

图3-29 设置图像显示方式

步骤06 转换到所连接的外部CSS样式文件style.css中，可以看到所定义的#header ID选择器的CSS样式代码，如图3-30所示。

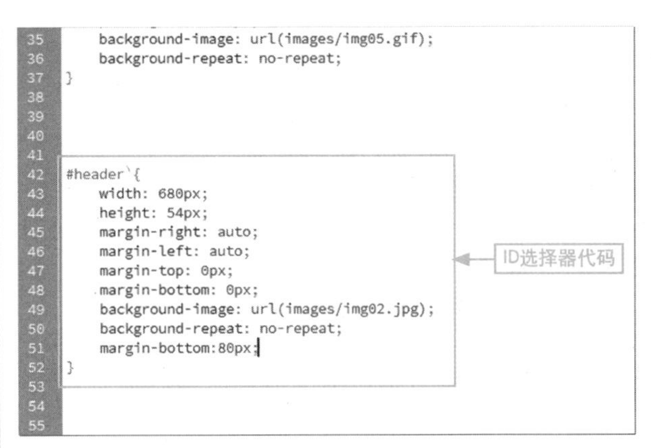

图3-30 CSS样式代码

步骤07 保存页面后，在浏览器中预览页面时，即可查看到样式应用的效果，如图3-31所示。

图3-31 预览效果

4. 创建复合选择器

上面介绍了3种基本的选择器的创建方法，通过它们的组合，可以产生更多种类的选择器，这就是复合选择器，创建复合选择器的具体操作方法如下。

本节素材	DVD/素材/Chapter03/CSS网页4/
本节效果	DVD/效果/Chapter03/CSS网页4/
学习目标	掌握复合选择器的创建方法
难度指数	★★

步骤01 打开index素材文件，❶在“CSS设计器”面板中选择style.css样式表，❷在“选择器”组中单击“添加选择器”按钮，❸在显示的文本框中输入名称#menu a，如图3-32所示。

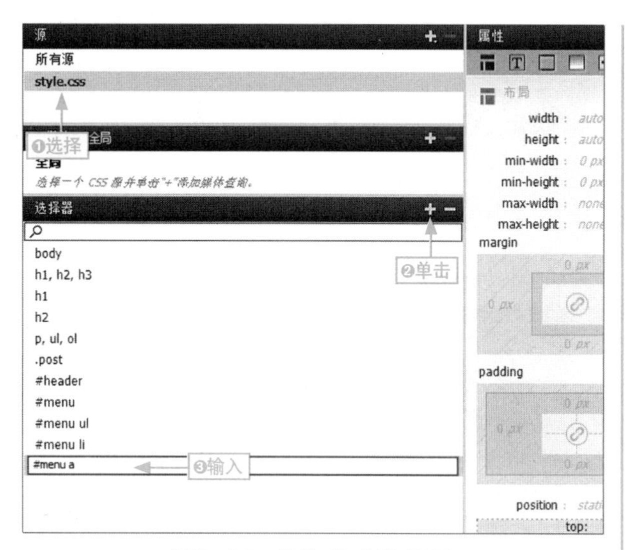

图3-32　添加复合选择器

步骤02 ❶在“属性”组的“布局”栏中，设置margin选项的右边距，❷在padding选项中设置填充方式，设置如图3-33所示。

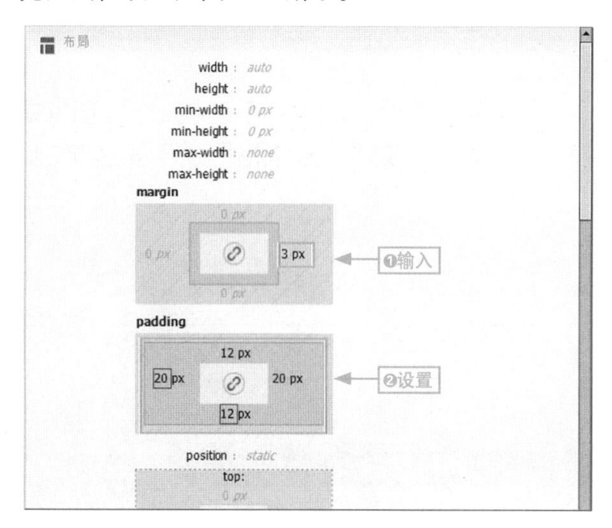

图3-33　设置边距与填充

步骤03 ❶在display选项中，设置网页元素的显示方式，❷在float选项中设置浮动方式，设置如图3-34所示。

步骤04 ❶在“文本”栏中，输入color选项的值“#E56F47”，❷在font-family选项中选择相应字体类型，❸在font-size选项中输入字号的大小值，❹在letter-spacing选项中输入文本字符间的空格值，如图3-35所示。

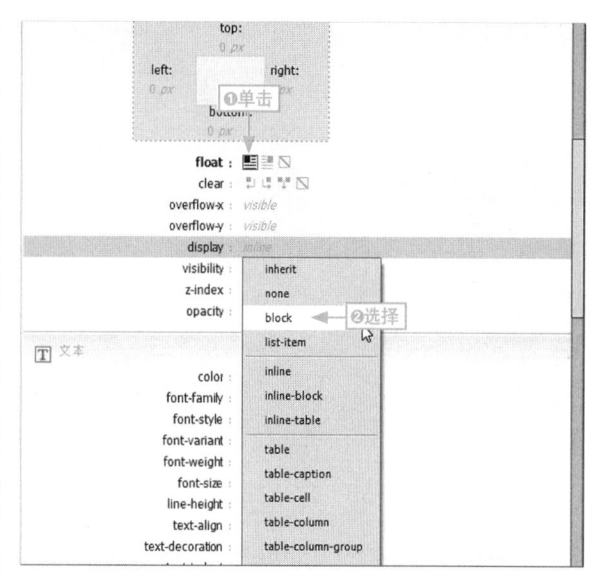

图3-34　设置显示与浮动方式

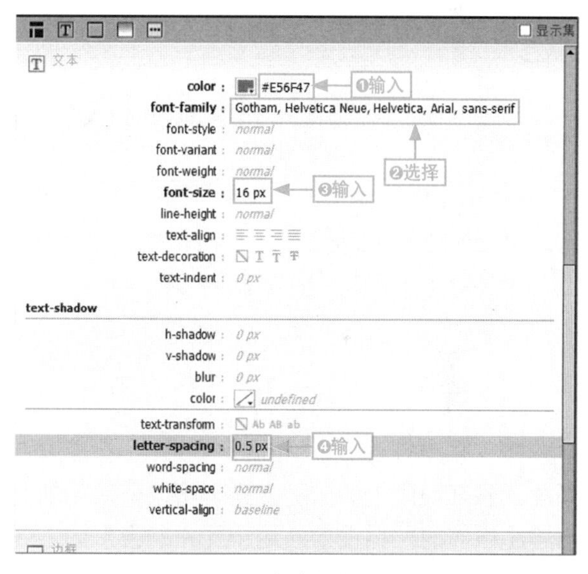

图3-35　文本的相应设置

步骤05 转换到所连接的外部CSS样式文件style.css中，可以看到所定义的#menu a复合选择器的CSS样式代码，如图3-36所示。

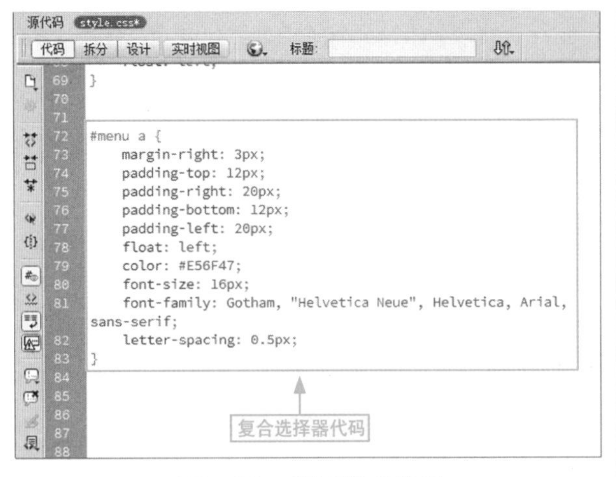

图3-36 CSS样式代码

步骤06 保存页面后，在浏览器中预览页面时，即可查看到其页面头部文本的样式发生改变，如图3-37所示。

图3-37 预览效果

3.2 设置CSS样式属性

在Dreamweaver CC中，为了方便初学者学习CSS样式属性，提供了可视化操作，那就是“CSS设计器”面板上的“属性”组，该组中可以设置“布局”“文本”“边框”“背景”与“其他”5种类型的属性，下面分别对其进行介绍。

3.2.1 设置布局样式

在“属性”组的“布局”栏中，能够设置页面元素在页面上的放置方式。可以在应用填充与边距设置时，将设置应用于元素的各条边上，同时可以应用定位来确定元素在页面上的相关位置，其具体操作方法如下。

本节素材	DVD/素材/Chapter03/CSS属性1/
本节效果	DVD/效果/Chapter03/CSS属性1/
学习目标	掌握CSS样式布局属性的设置
难度指数	★★

步骤01 打开index素材文件，❶将文本插入点定位在需要插入图片的位置，❷在“插入”面板的“图像:图像”下拉列表中选择“图像”选项，如图3-38所示。

图3-38 选择“图像”选项

步骤02 ❶在打开的“选择图像源文件”对话框中，选择需要插入的图像，❷单击“确定”按钮，如图3-39所示。

图3-39　选择图像

步骤03 ❶在“源”组中选择style.css样式表，❷在“选择器”组中添加类选择器.pic，如图3-40所示。

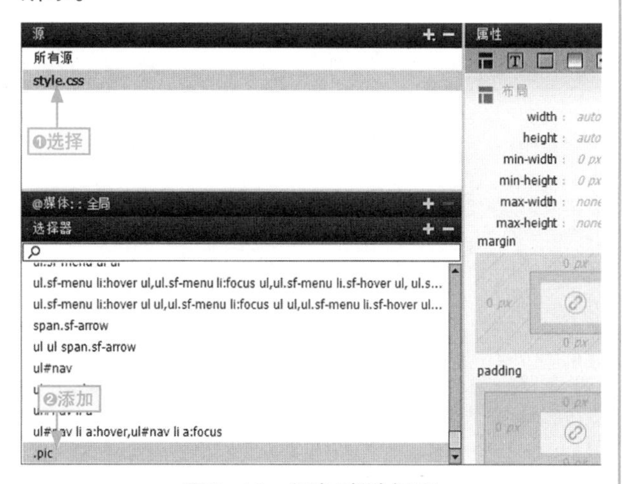

图3-40　添加类选择器

步骤04 ❶在“属性”组的“布局”栏中，分别设置width选项与height选项的数值，❷在margin选项中设置相应的参数值，如图3-41所示。

步骤05 ❶单击position参数后的文本框设置定位方式，选择relative选项，❷在float参数中，单击none按钮，如图3-42所示。

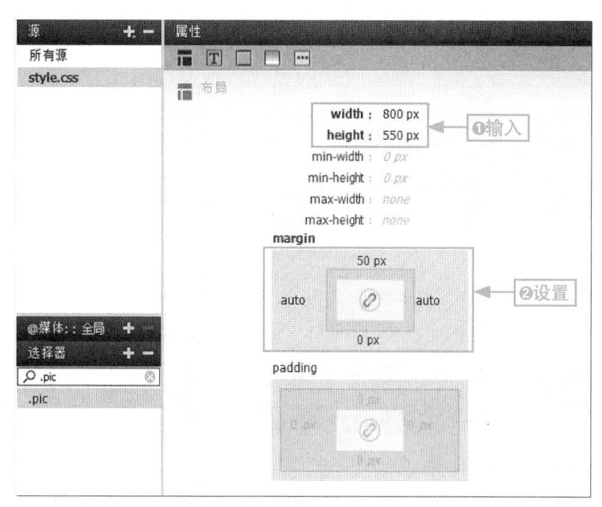

图3-41　设置高宽与方框

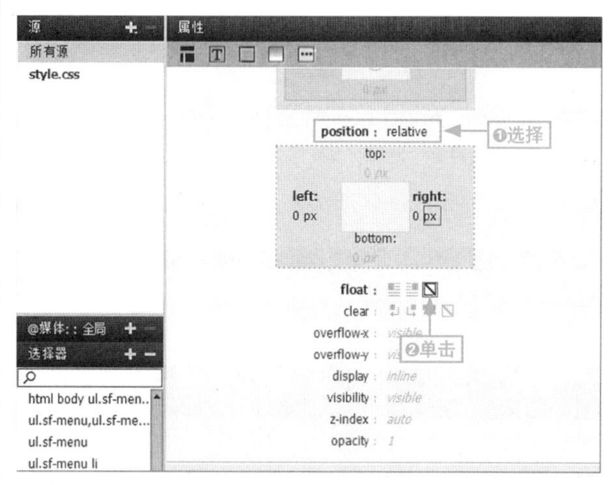

图3-42　设置定位方式

步骤06 保存页面后，在浏览器中预览网页，即可查看到插入的图像在页面中的布局情况，如图3-43所示。

图3-43　预览效果

专家提醒 | 设置图像水平对齐方式

在以上图像的CSS样式中，可以通过在“文本”栏中设置text-align参数，改变图像的对齐方式，如居中对齐、左对齐与右对齐等。

3.2.2 设置文本样式

在网页设计过程中，文本的CSS样式是使用最频繁的。在“属性”组的“文本”栏中，可以定义CSS样式用以对文本样式进行设置，其具体操作方法如下。

本节素材	DVD/素材/Chapter03/CSS属性2/
本节效果	DVD/效果/Chapter03/CSS属性2/
学习目标	掌握CSS样式文本样式的设置
难度指数	★★

步骤01 打开index素材文件，❶在“源”组中选择style.css样式文件，❷在“选择器”组中添加p标签选择器，如图3-44所示。

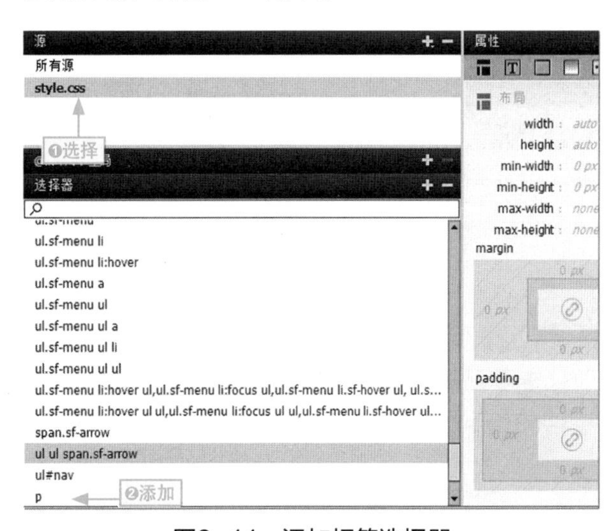

图3-44 添加标签选择器

步骤02 在“属性”组的“文本”栏中，设置文本的参数，如图3-45所示。

步骤03 保存页面后，在浏览器中预览网页，即可在页面上查看到应用了CSS样式的文本，如图3-46所示。

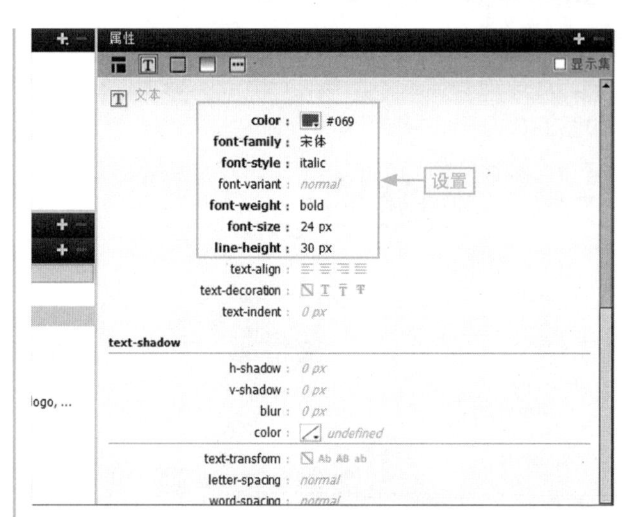

图3-45 设置文本属性

专家提醒 | text-indent属性

在网页设计中，最重要的效果之一就是首行缩进，而CSS样式的text-indent属性的作用就是用来设定文本块中的首行缩进。

图3-46 预览效果

3.2.3 设置边框样式

在“属性”组的“边框”栏中，可以设置元素周围的边框样式，设置边框样式可以为元素添加边框，以及设置边框的颜色、宽度和样式，其具体操作方法如下。

本节素材	DVD/素材/Chapter03/CSS属性3/
本节效果	DVD/效果/Chapter03/CSS属性3/
学习目标	掌握CSS样式边框样式的设置
难度指数	★★

步骤01 打开index素材文件，❶在“源”组中选择style.css样式文件，❷在“选择器”组中选择.pic类选择器，如图3-47所示。

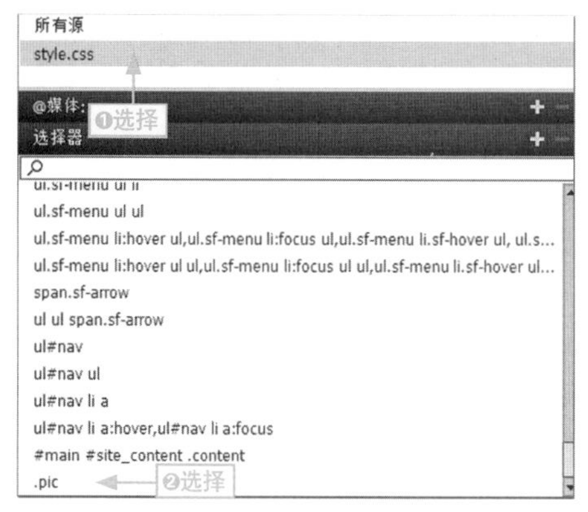

图3-47　选择类选择器

步骤02 在“属性”组的“文本”栏中，❶设置元素边框颜色，❷设置元素边框的宽度，❸设置元素边框的样式，如图3-48所示。

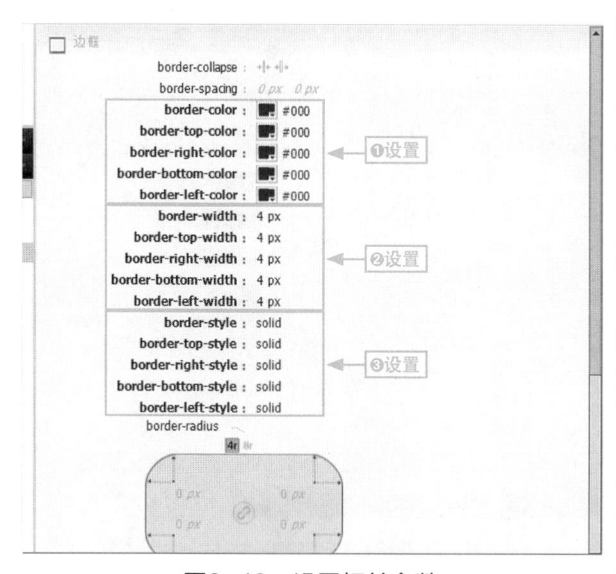

图3-48　设置相关参数

步骤03 保存页面后，在浏览器中预览网页，即可在页面上查看到应用了CSS边框样式的图像，如图3-49所示。

图3-49　预览效果

3.2.4　设置背景样式

在背景图像被插入到页面中时，它只是一个单一的图像。用户可以在“属性”组的“背景”栏中，定义CSS样式的背景属性，还能对网页中的任何元素应用背景属性，其具体操作方法如下。

本节素材	DVD/素材/Chapter03/CSS属性4/
本节效果	DVD/效果/Chapter03/CSS属性4/
学习目标	掌握CSS样式背景样式的设置
难度指数	★★★

步骤01 打开index素材文件，❶在“源”组中选择style.css样式文件，❷在“选择器”组中选择#header ID选择器，如图3-50所示。

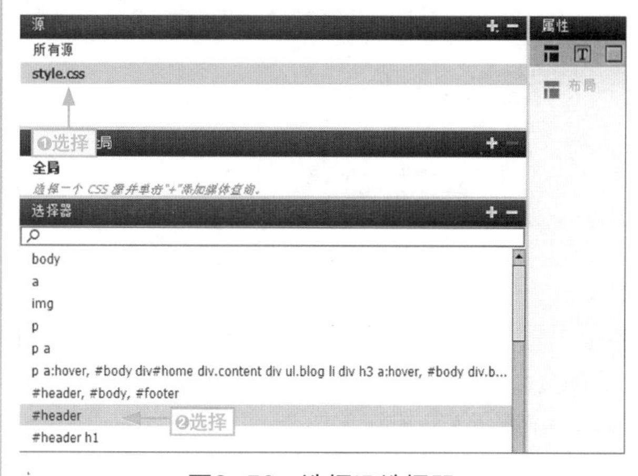

图3-50　选择ID选择器

步骤02 在“属性”组的background-image选项卡中，单击url选项后的“浏览”按钮，如图3-51所示。

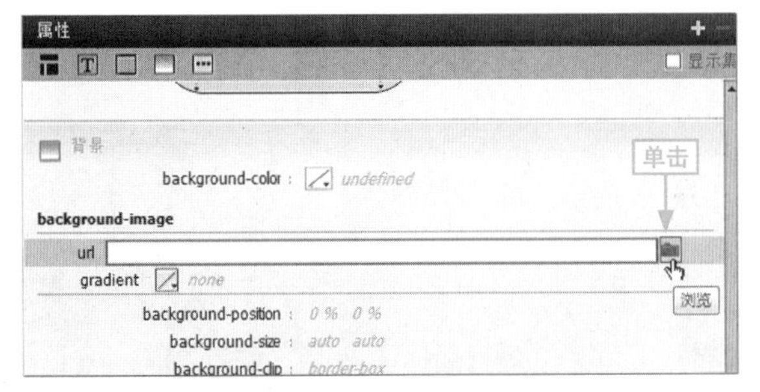

图3-51 单击“浏览”按钮

步骤03 ❶在打开的“选择图像源文件”对话框中，选择所需背景文件，❷单击“确定”按钮，如图3-52所示。

图3-52 选择文件

步骤04 在“背景”栏中单击“repeat-x”按钮，如图3-53所示，设置背景的重复方式。

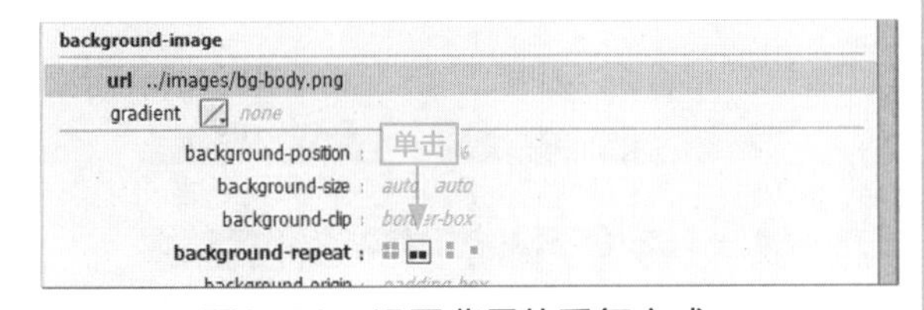

图3-53 设置背景的重复方式

步骤05 保存页面后，在浏览器中预览网页，即可在页面中查看到应用了CSS样式背景的页面头部，如图3-54所示。

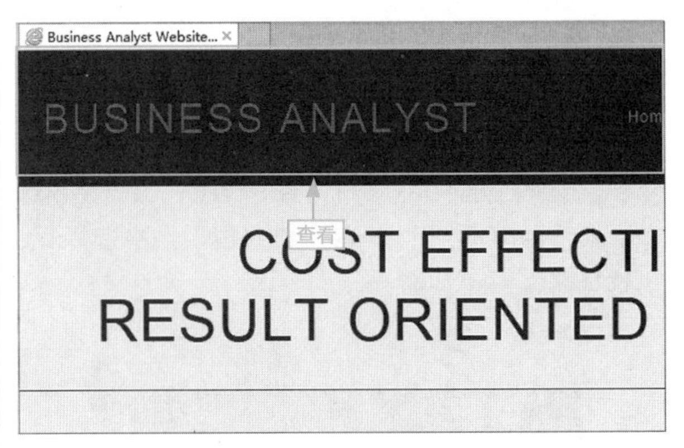

图3-54 预览效果

3.2.5 设置其他样式

在“属性”组的“其他”栏中，主要是对列表样式表进行设置，它可以设置出非常丰富的列表样式，其具体操作方法如下。

本节素材	DVD/素材/Chapter03/CSS属性5/
本节效果	DVD/效果/Chapter03/CSS属性5/
学习目标	掌握CSS样式其他样式的设置
难度指数	★★★★

步骤01 打开index素材文件，在工作区中选择需要设置列表的文本，如图3-55所示。

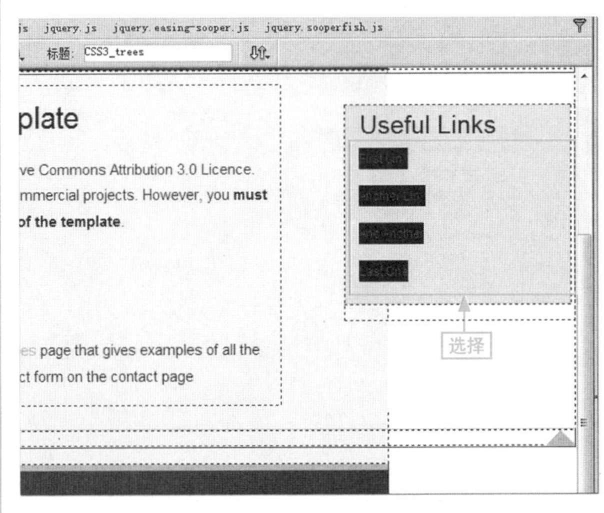

图3-55 选择文本

步骤02 在“属性”面板的HTML选项卡中单击“项目列表”按钮，如图3-56所示。

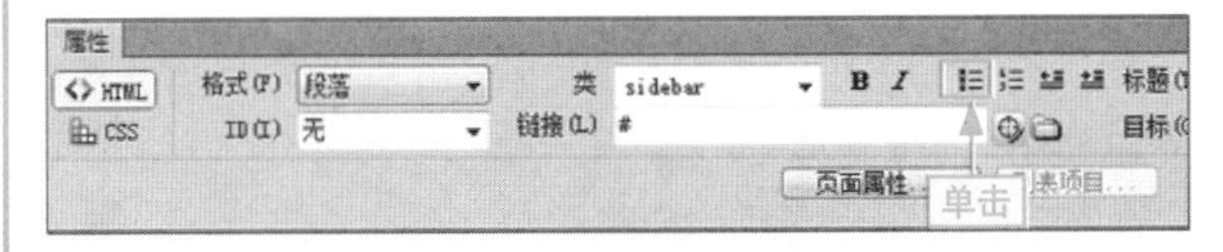

图3-56 添加项目列表

步骤03 ❶在“CSS设计器”的“源”组中选择style.css样式文件，❷在“选择器”组中选择ul li标签选择器，如图3-57所示。

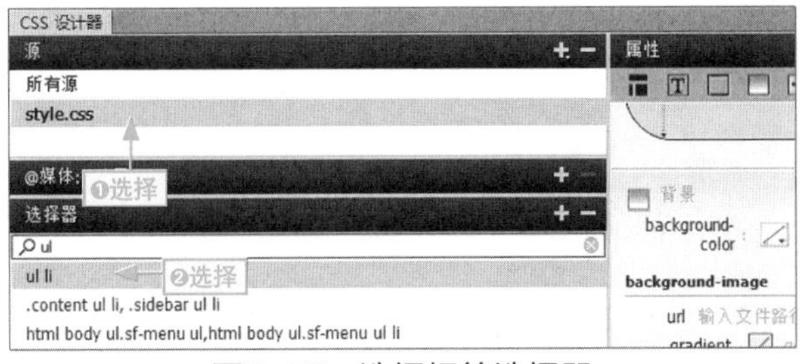

图3-57 选择标签选择器

步骤04 在“属性”组的“其他”栏中，设置列表项目标记类型为circle，如图3-58所示。

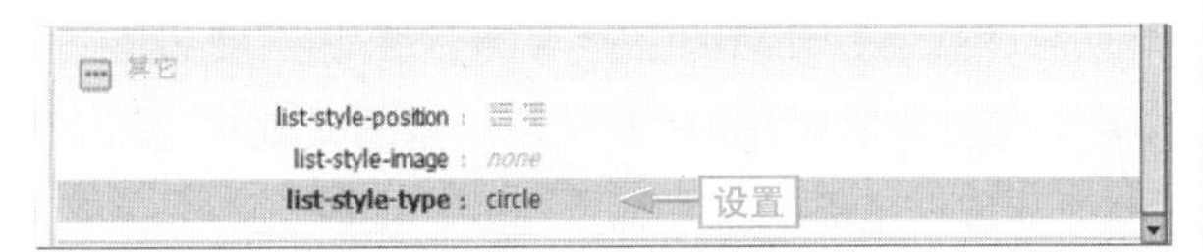

图3-58 选择标记类型

步骤05 保存页面后，在浏览器中预览网页，即可在页面中查看到应用了CSS样式后的文本列表，如图3-59所示。

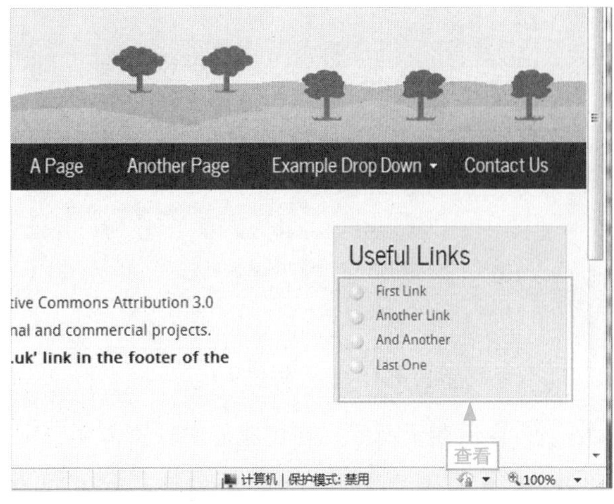

图3-59 预览效果

3.3 管理CSS样式表

CSS样式表在网页中应用有很多种方式，按其在文档中的存在位置可分为3种：内部样式表、内嵌样式表和外联样式表，下面对它们进行具体介绍。

3.3.1 内部样式表

内部样式表是把CSS样式代码直接写在HTML文档的<head></head>里面，而且它只对样式所在的网页有效，其格式为：<style type="text/css">样式代码</style>，其具体操作方法如下。

本节素材	DVD/素材/Chapter03/CSS样式表1/
本节效果	DVD/效果/Chapter03/CSS样式表1/
学习目标	掌握创建内部样式表的方法
难度指数	★

步骤01 打开index与“1”两个素材文件，在index素材文件中，❶单击“代码”按钮，切换至代码窗口，❷将文本插入点定位到需要插入样式代码的位置，如图3-60所示。

图3-60 定位文本插入点

步骤02 将“1”素材文件中的全部文本复制/粘贴到index素材文件的文本插入点处，如图3-61所示。

图3-61 插入样式表代码

步骤03 保存页面后，在浏览器中预览网页，即可在页面中查看到应用了内部CSS样式表后的文本，如图3-62所示。

图3-62 浏览效果

3.3.2 内嵌样式表

内嵌样式是混合在HTML标记里面使用的，它可以很简单的对某个元素单独定义样式。内嵌样式的使用是HTML标记里加入style参数，格式：<标记 style="样式代码"></标记>，其具体操作方法如下。

本节素材	DVD/素材/Chapter03/CSS样式表2/
本节效果	DVD/效果/Chapter03/CSS样式表2/
学习目标	掌握创建内嵌样式表的方法
难度指数	★★

步骤01 打开index与“2”两个素材文件，在index素材文件中，❶单击“代码”按钮，切换至代码窗口，❷将文本插入点定位到需要插入样式代码的p标签内，如图3-63所示。

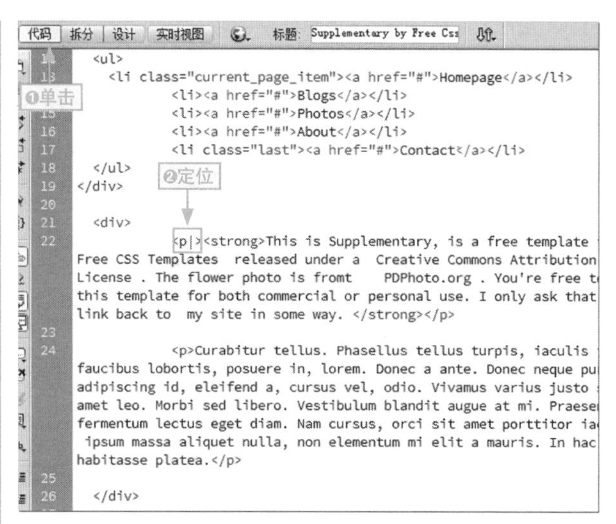

图3-63 定位插入点

步骤02 将“2”素材文件中的全部文本复制/粘贴到index素材文件的文本插入点处，如图3-64所示。

图3-64 插入样式代码

步骤03 保存页面后，在浏览器中预览网页，即可在页面中查看到应用了嵌入样式表后的文本，如图3-65所示。

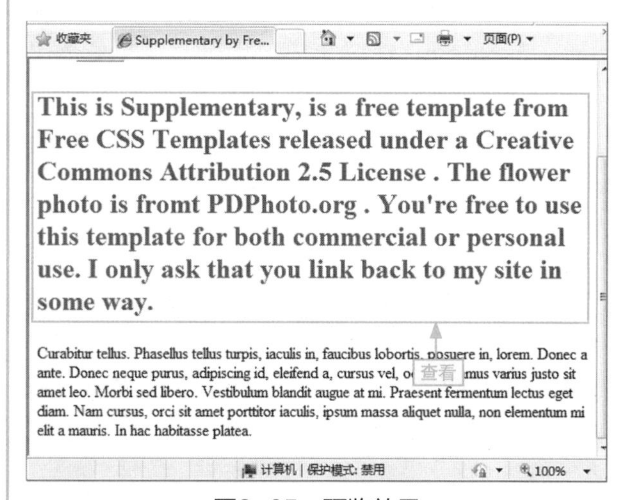

图3-65 预览效果

3.3.3　外联样式表

外联样式表是把样式表保存为一个样式表文件，然后在页面中用<link>标记链接到这个样式表文件，这个<link>标记必须要放到页面的<head>区域内，其具体操作方法如下。

本节素材	DVD/素材/Chapter03/CSS样式表3/
本节效果	DVD/效果/Chapter03/CSS样式表3/
学习目标	掌握创建外联样式表的方法
难度指数	★★★

步骤01 打开index素材文件，在index素材文件中，❶单击“代码”按钮，切换至代码窗口，❷将文本插入点定位到需要插入<link>标记的位置，如图3-66所示。

```
代码 拆分 设计 实时视图   标题: CSS3_trees
1  <!DOCTYPE HTML>
2  <html>
3
4  <head>
5    <title>CSS3_trees</title>
6
7    <meta http-equiv="content-type" content="text/html; charset=UTF-
8    |
9    <script type="text/javascript" src="js/modernizr-1.5.min.js"></s
10 </head>
11
12 <body>
13   <div id="main">
14     <header>
15       <div id="logo">
16         <div id="logo_text">
17           <!-- class="logo_colour", allows you to change the colou
   the text -->
```
❶单击　❷定位

图3-66　定位插入点

步骤02 在插入点输入相应的链接代码，用以链接style外部素材文件，如图3-67所示。

步骤03 保存页面后，在浏览器中预览网页，即可在页面中查看到应用了外联样式表后的效果，如图3-68所示。

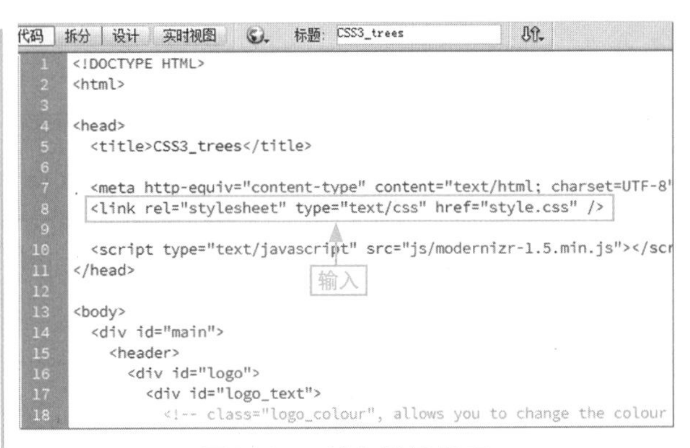

图3-67　输入链接代码

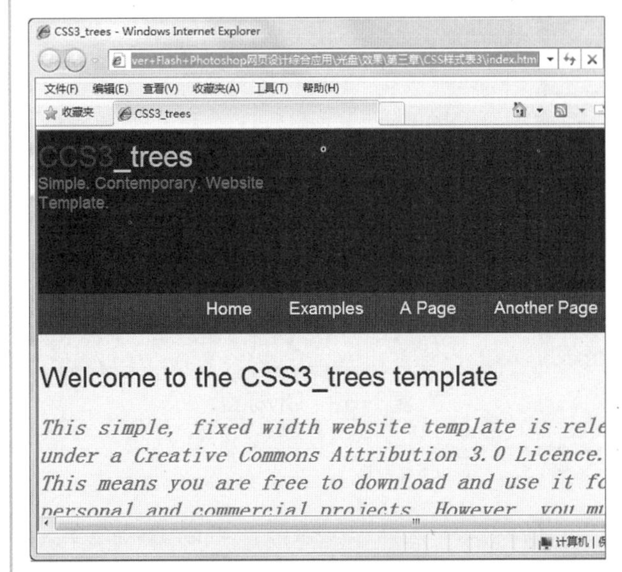

图3-68　预览效果

专家提醒 | <link>标记

在<link>标记中存在一些属性，最常见的有以下几种。rel是指定链接的文件类型，type是指包含内容的类型，title是指元素的名称，href是指定需要加载的资源的URL地址。

3.4　初识Div

CSS页面布局使用了层叠样式表格式组织网页上的内容，CSS布局的基本构造块是Div标签，它是HTML语言中的一个标记，可以作为页面元素的一个容器。创建CSS样式时，需要把Div标签放到页面上，再向标签内添加相应的内容。

3.4.1 Div概述

Div标签是用来为HTML文档提供存放元素的块，它的起始标签和结束标签之间所有的内容都是用来构造这个块的，其中包含元素的特性是由Div标签的属性控制，其语法格式为：<Div></Div>，如图3-69所示。

学习目标	了解Div的基本概念
难度指数	★

图3-69　Div标签

3.4.2 插入Div

在网页中插入Div标签，可以像插入其他HTML元素一样，可以在HTML代码区手动输入标签，也可以通过Dreamweaver CC的“插入”面板来插入Div标签，这里通过后者来实现，其具体操作方法如下。

本节素材	DVD/素材/Chapter03/插入Div/
本节效果	DVD/效果/Chapter03/插入Div/
学习目标	掌握在网页中插入Div的方法
难度指数	★★

步骤01 打开index素材文件，选择需要包含在Div标签里面的文本，如图3-70所示。

步骤02 在“插入”面板的“常用”选项卡中单击Div按钮，如图3-71所示。

步骤03 在打开的“插入Div”对话框中，❶在“插入”下拉列表中选择“在选定内容旁换行”选项，❷在Class文本框中输入类名，❸单击“确定”按钮，如图3-72所示。

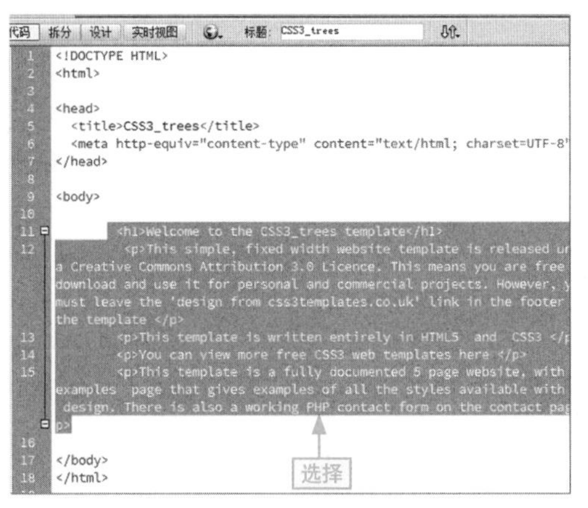

图3-70　选择文本

图3-71　单击Div按钮

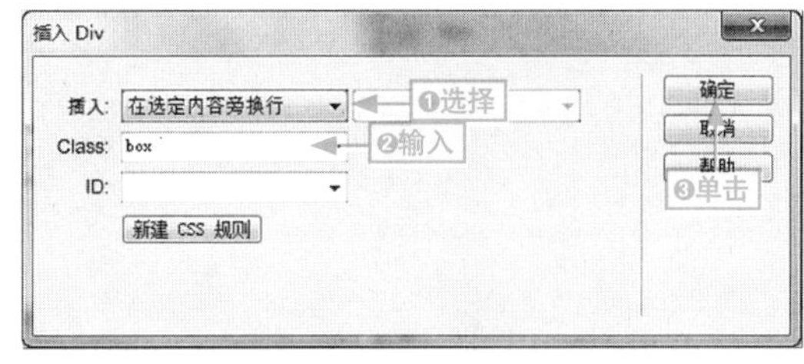

图3-72　设置插入参数

步骤04 转换到页面的代码视图中，可查看到刚刚添加的类名为box的Div标签，如图3-73所示。

图3-73　预览结果

3.4.3 块级元素和行内元素

1. 块级元素

<p>、<h1>及<Div>等元素被称为块级元素，这些元素显示为一块内容。块级元素是其他元素的容器元素，它最主要的特点是每个块级元素是从一个新行开始，而其后的元素需另起一行显示，其具体操作方法如下。

专家提醒 | 页面元素分类

页面中元素一般分为块级元素和行内元素两种，一个页面的布局需要分为多个区块，块内为多行逐一排列的文字、图片、超链接等内容。这些区块一般称为块级元素，而区块内的文字、图片或超链接等一般称为行内元素。

本节素材	DVD/素材/Chapter03/块级元素/
本节效果	DVD/效果/Chapter03/块级元素/
学习目标	了解块级元素的特点
难度指数	★★

步骤01 打开index素材文件，❶单击“代码”按钮切换至代码视图，❷选择第一段文本，添加类名为Div1的Div标签，❸选择第二段文本，添加类名为Div2的Div标签，如图3-74所示。

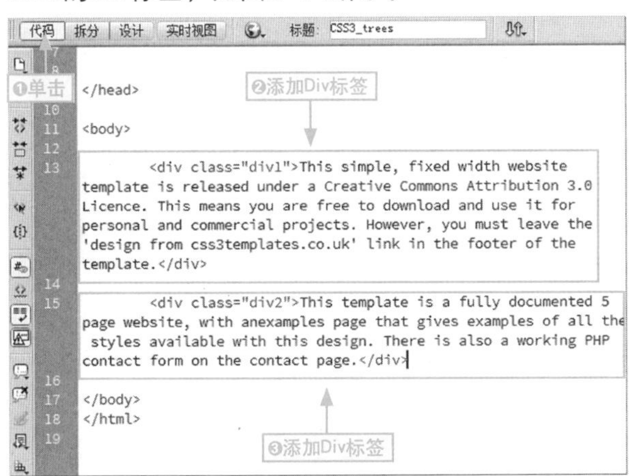

图3-74 添加Div标签

步骤02 在index素材文件中链接外联样式表，在<head>标签中添加相应的链接代码，如图3-75所示。

步骤03 保存页面后，在浏览器中预览网页，即可在页面中查看块级元素排斥其他元素与其位于同一行，如图3-76所示。

图3-75 引入样式表

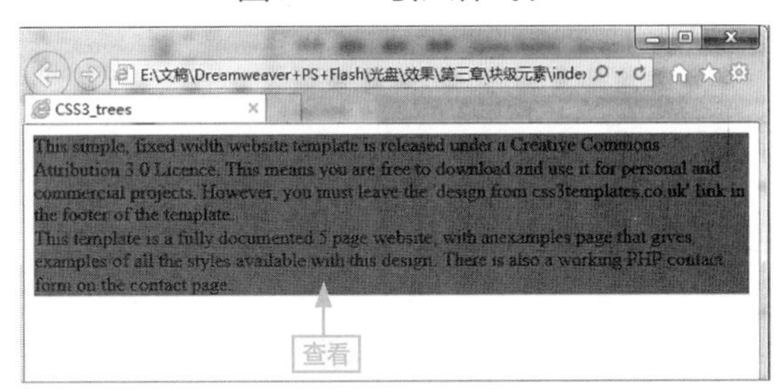

图3-76 预览效果

2. 行内元素

<span>、<a>及<input>等元素被称为行内元素，也可称为内联元素，它只能容纳文本或者是其他行内元素。默认情况下，和其他元素都在一行上，不能设置高度和宽度，其具体操作方法如下。

本节素材	DVD/素材/Chapter03/行内元素/
本节效果	DVD/效果/Chapter03/行内元素/
学习目标	了解行内元素的特点
难度指数	★★

步骤01 打开index素材文件，❶在代码视图中，选择第一段文本，添加类名为span1的span标签，❷选择第二段文本，添加类名为span2的span标签，如图3-77所示。

图3-77 添加span标签

步骤02 在index素材文件中链接外联样式表，在<head>标签中添加相应的链接代码，如图3-78所示。

图3-78 添加链接代码

步骤03 保存页面后，在浏览器中预览网页，即可在页面中查看行内元素允许其他元素与其位于同一行，如图3-79所示。

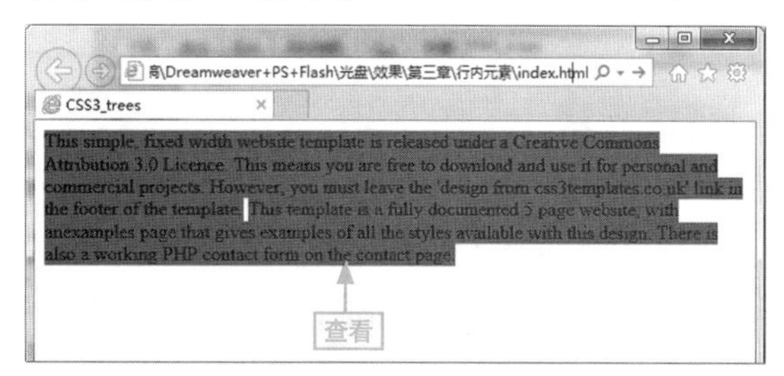

图3-79 预览效果

3.4.4 Div+CSS的布局优势

随着Web标准化设计的普及，现在许多网站已经纷纷采用Div+CSS的布局结构，它区别于传统的表格定位形式，采用以“块元素”的定位方式，用最简洁的代码实现精准的定位，具体的优势如图3-80所示。

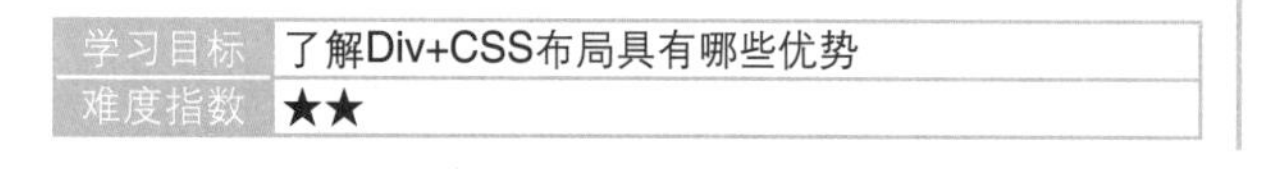

学习目标	了解Div+CSS布局具有哪些优势
难度指数	★★

使页面更快载入

由于大部分的代码都写在CSS中，使得页面中的代码减少，体积容量也相对减小。相对于表格嵌套的方式，Div+CSS把页面分成了多个区块，在打开页面时，是逐层加载的，而不像表格那样，将页面装在一个大表格内，加载缓慢。

网站改版更加容易

不用重新的设计和排版网页，也不用改变原网站上的任何HTML和网站页面，只需要重新编写CSS文件，再用新的CSS文件覆盖以前的CSS即可实现改版。

内容和形式分离

CSS最大的优势是实现了内容和形式的分离，网页前台只需显示内容，而形式上的美化只需要交给CSS来处理即可，最后生成的HTML文件代码更加精简。

降低流量费用

页面的代码简洁了，体积也相对变小，对于大型网站来说，可以节省大量带宽，而且众所周知，搜索引擎最喜欢的就是简洁的代码。

对浏览器更具亲和力

由于CSS的样式非常丰富，使页面也变得更加的灵活，它是被众多浏览器支持的最完善的版本，可以根据不同的浏览器设置，而达到显示效果统一不变形。

图3-80 Div+CSS的优势

专家提醒 | Div+CSS的缺点

尽管Div+CSS具有很多优势，但也存在一些缺点，主要有以下几点：

(1) 对于CSS的高度依赖使网页设计变得复杂。

(2) CSS的文件异常将会影响到整个网站。

(3) Div+CSS对于搜索引擎优化与否取决于网页设计的专业水平而不是Div+CSS布局本身。

(4) Div+CSS布局相对于表格布局开发设计时间更长。

3.5 CSS盒子模型

盒子模型在网页设计中是一个非常重要的概念，虽然CSS中没有真正意义上的盒子，但它却是CSS中无处不在的一个组成部分。掌握盒子模型以及其中元素的用法，对于整个HTML文档的布局有很大的帮助和促进作用，本节将介绍CSS盒子模型基本概念和组成元素的属性。

3.5.1　CSS盒子模型的概念

盒子模型就是将页面中所有的元素，形象地看成是我们日常生活中的一个盒子，它们占据着一部分网页空间，同时还具有内容、填充、边框、边界等属性，CSS盒子模型如图3-81所示。

学习目标	熟悉盒子模型的基本概念
难度指数	★

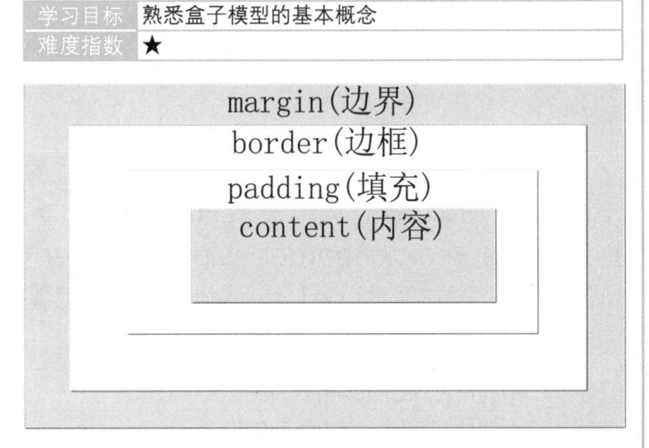

图3-81　CSS盒子模型示意图

专家提醒 | “盒子模型”的由来

在网页布局中，为了能把各个纷繁复杂的部分合理地进行组织，网页设计领域的一些有识之士对它的本质进行充分研究后，总结了一套完整的、行之有效的原则和规范，于是就出现了现在的“盒子模型”。

3.5.2　content(内容)

内容区是盒子模型的中心，它用于呈现盒子的主要信息，这些内容可以是文本、图像等类型，内容区是盒子模型的必要组成部分。

下面通过建立两个Div标签盒子并把文件中的文本包含在其中为例来讲解相关操作。

本节素材	DVD/素材/Chapter03/content/
本节效果	DVD/效果/Chapter03/content/
学习目标	掌握如何在盒子模型中对内容进行操作
难度指数	★★

步骤01 打开index素材文件，❶在代码视图中，选择第一段文本，添加类名为con1的Div标签，❷选择第二段文本，添加类名为con2的Div标签，如图3-82所示。

图3-82　添加Div标签

步骤02 在文档的<head>里面输入如图3-83所示的CSS样式代码。

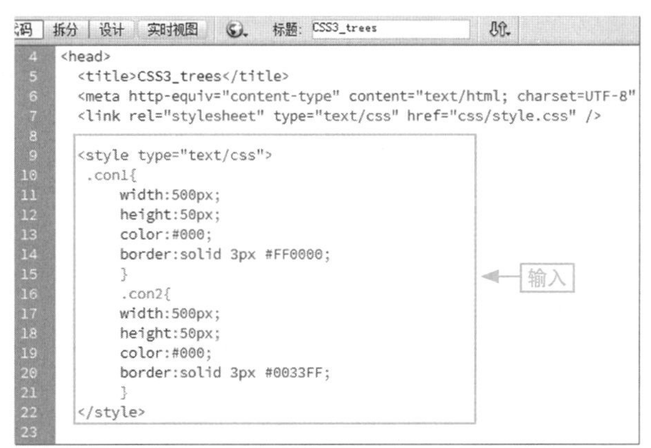

图3-83　输入文本样式代码

步骤03 保存页面后，在浏览器中预览网页，即可在页面中查看文本已经包含在盒子里面，如图3-84所示。

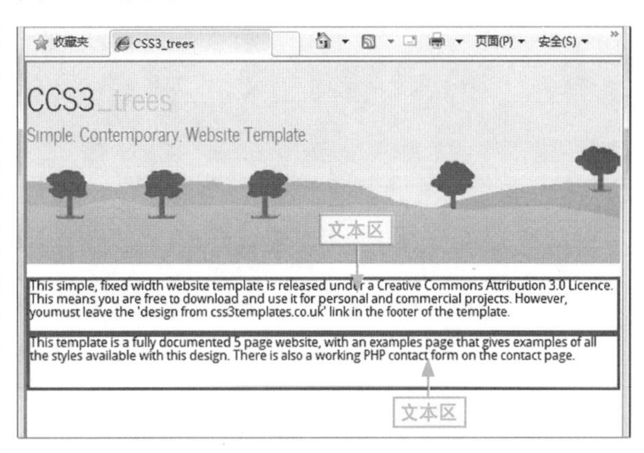

图3-84　预览效果

3.5.3 padding(填充)

填充区是内容区与边框之间的距离，即内边距。填充主要有5种属性，分别是padding、padding-top、padding-right、padding-bottom、padding-right，这些属性可以指定内容区信息内容与各方向边框间的距离，其具体操作方法如下。

本节素材	DVD/素材/Chapter03/padding/
本节效果	DVD/效果/Chapter03/padding/
学习目标	掌握如何在盒子模型中对填充进行操作
难度指数	★★

步骤01 打开index素材文件，切换到代码视图，在<style>标签内输入如图3-85所示的CSS样式代码。

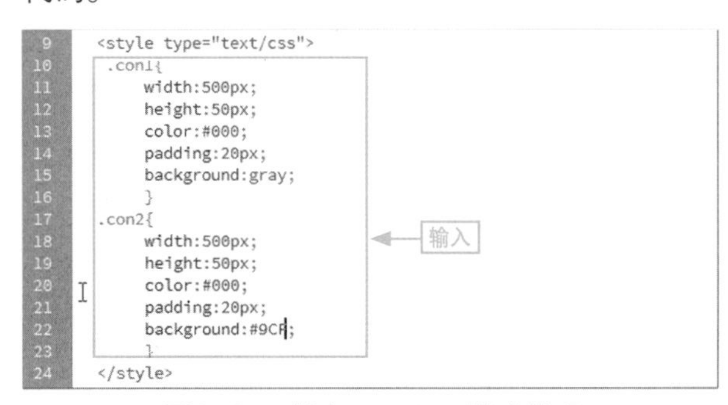

图3-85 输入padding样式代码

步骤02 保存页面后，在浏览器中预览网页，即可在页面中查看盒子中填充区，有颜色的区域为填充区，如图3-86所示。

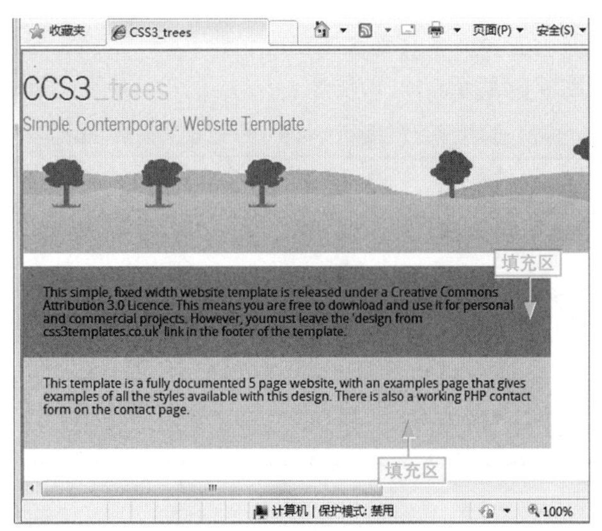

图3-86 预览效果

专家提醒 | CSS盒子的padding属性

在设置padding属性的值时，如果设置了4个参数值，分别是上、右、下、左边的值。如果设置了3个参数值，第1个参数值作用于上边，第2个参数值作用于右、左两边，第3个参数值作用于下边。如果设置了2个参数值，第1个参数值作用于上、下两边，第2个参数值作用于左、右两边。如果设置了1个参数值，那么该参数值就作用于四周。

3.5.4 border(边框)

边框是填充区和外界的分界线，可以分离不同的HTML元素，边框主要有3种属性，分别是border-color、border-width及border-style，边框样式属性border-style是边框中最重要的属性，边框的具体操作如下。

本节素材	DVD/素材/Chapter03/border/
本节效果	DVD/效果/Chapter03/border/
学习目标	掌握如何在盒子模型中对边框进行操作
难度指数	★★

步骤01 打开index素材文件，切换到代码视图，在<style>标签内输入如图3-87所示的CSS样式代码。

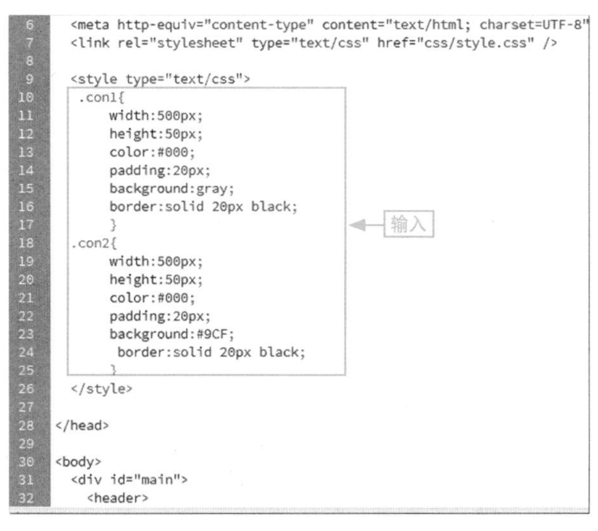

图3-87 输入border样式代码

步骤02 保存页面后，在浏览器中预览网页，即可在页面中查看盒子中边框区，黑色区域为边框区，如图3-88所示。

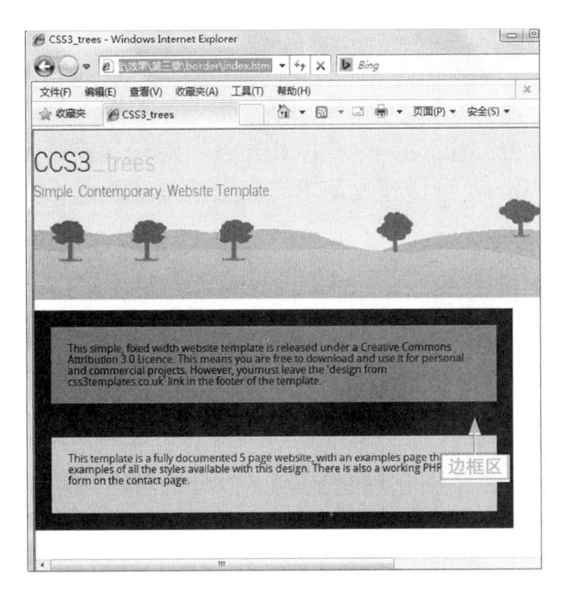

图3-88　预览效果

3.5.5　margin(边界)

边界位于盒子的最外边，是添加在边框外面的空间，主要是用来设置页面中元素与元素之间的距离，边界主要有5种属性，分别是margin、margin-top、margin-right、margin-bottom、margin-right，边界的具体操作如下。

本节素材	DVD/素材/Chapter03/margin/
本节效果	DVD/效果/Chapter03/margin/
学习目标	掌握如何在盒子模型中对边界进行操作
难度指数	★★★

步骤01 打开index素材文件，在代码视图头部的<style>标签内输入如图3-89所示的CSS样式代码。

步骤02 保存页面后，在浏览器中预览网页，即可在页面中查看盒子中边框区，黑色区域为边框区，如图3-90所示。

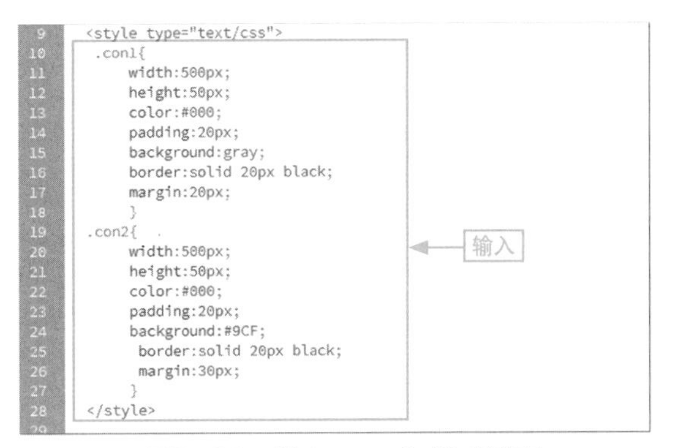
```
<style type="text/css">
 .con1{
     width:500px;
     height:50px;
     color:#000;
     padding:20px;
     background:gray;
     border:solid 20px black;
     margin:20px;
     }
.con2{
     width:500px;
     height:50px;
     color:#000;
     padding:20px;
     background:#9CF;
      border:solid 20px black;
      margin:30px;
     }
</style>
```


图3-89　输入margin样式代码

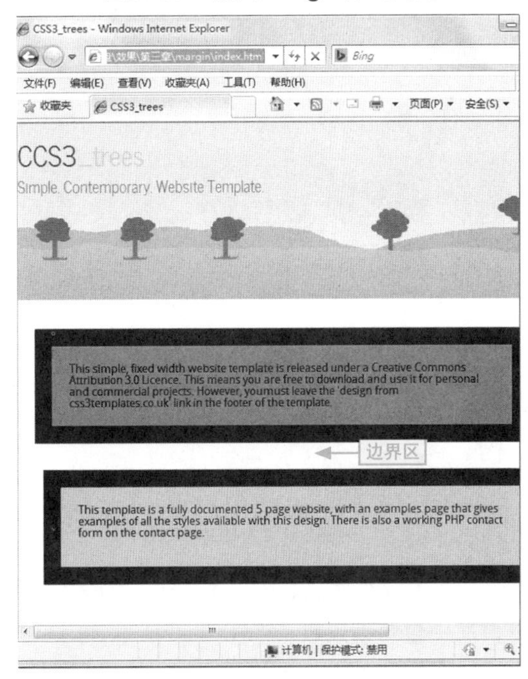

图3-90　预览效果

专家提醒 | 行内元素声明

一些HTML块级元素，如p、Div等元素，默认情况下就是一个盒子。有些行内元素如span、a等，虽然默认不是盒子，但也可以通过CSS中的display属性将其声明成盒子。

3.6　Div+CSS常见的布局模式

在我们了解了CSS模型后，还需要知道Div+CSS布局，Div+CSS布局就是将网页上的各个块放在相应的位置，这样才能搭建出整个页面的结构，下面就来介绍常见的几种布局模式。

3.6.1 单行单列固定宽度

单行单列是布局模式中的基础，也是一种最简单的布局模式，它的宽度是固定不变的，其具体使用方法如下。

本节素材	DVD/素材/Chapter03/Div+CSS布局1/
本节效果	DVD/效果/Chapter03/Div+CSS布局1/
学习目标	了解在单行单列中如何设置固定宽度
难度指数	★

步骤01 打开index素材文件，在代码视图头部的<style>标签内输入相应的样式代码，如图3-91所示。

```
1  <!DOCTYPE HTML>
2  <html>
3
4  <head>
5    <title>CSS3_trees</title>
6    <meta http-equiv="content-type" content="text/html; charset=UTF-8"
7    <link rel="stylesheet" type="text/css" href="css/style.css" />
8
9    <style type="text/css">
10   .layer{
11       background-color:#C96;
12       border:3px solid #000;
13       width:500px;
14       height:300px;
15       }
16   </style>
17 </head>
18
19 <body>
20   <div id="main">
21     <header>
22       <div id="logo">
```

输入

图3-91 输入样式代码

步骤02 保存页面后，在浏览器中预览网页，即可在页面中查看到效果，如图3-92所示，由于固定了宽度，所以不管怎么改变浏览器窗口大小，也不能使Div发生改变。

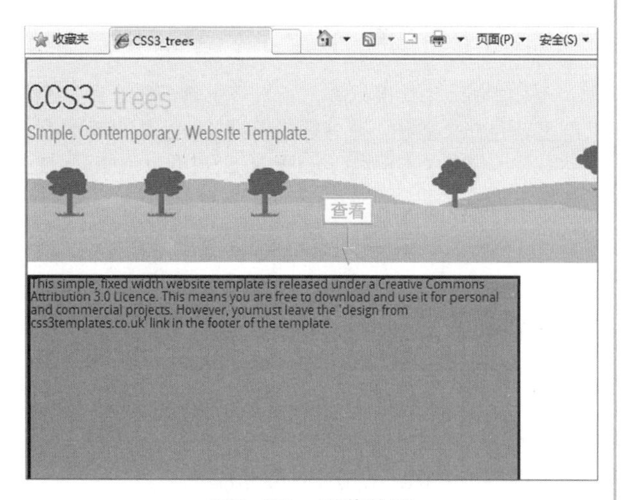

图3-92 预览效果

3.6.2 一列自适应

自适应布局就是元素块根据浏览器窗口大小的改变，自动调整高度和宽度。这只需要在样式中采用百分比定义高度和宽度来适应页面，其具体操作方法如下。

本节素材	DVD/素材/Chapter03/Div+CSS布局2/
本节效果	DVD/效果/Chapter03/Div+CSS布局2/
学习目标	掌握如何设置元素块的自适应
难度指数	★

步骤01 打开index素材文件，在代码视图头部的<style>标签内输入相应的样式代码，如图3-93所示。

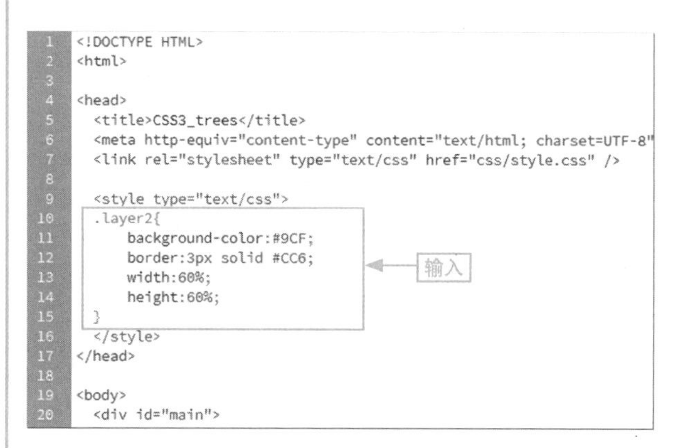

```
1  <!DOCTYPE HTML>
2  <html>
3
4  <head>
5    <title>CSS3_trees</title>
6    <meta http-equiv="content-type" content="text/html; charset=UTF-8"
7    <link rel="stylesheet" type="text/css" href="css/style.css" />
8
9    <style type="text/css">
10  .layer2{
11       background-color:#9CF;
12       border:3px solid #CC6;
13       width:60%;
14       height:60%;
15  }
16   </style>
17 </head>
18
19 <body>
20   <div id="main">
```

输入

图3-93 输入样式代码

步骤02 保存页面后，在浏览器中预览网页，即可在页面中查看到效果，如图3-94所示，由于没有固定宽度和高度，所以浏览器窗口大小发生改变时，Div块也发生改变。

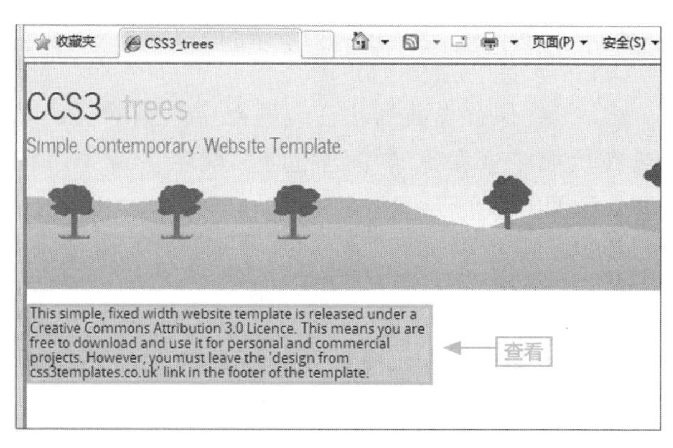

图3-94 预览效果

3.6.3　一列固定宽度居中

此布局模式是固定宽度，采用在body样式中定义居中属性实现适应页面自动居中，关键是让浏览器自动判断布局Div的左右边距，其具体操作方法如下。

本节素材	DVD/素材/Chapter03/Div+CSS布局3/
本节效果	DVD/效果/Chapter03/Div+CSS布局3/
学习目标	掌握如何设置元素块自动居中
难度指数	★

步骤01 打开index素材文件，在代码视图头部的<style>标签内输入相应的样式代码，如图3-95所示。

```
<!DOCTYPE HTML>
<html>

<head>
  <title>CSS3_trees</title>
  <meta http-equiv="content-type" content="text/html; charset=UTF-8"
  <link rel="stylesheet" type="text/css" href="css/style.css" />

  <style type="text/css">

  .layer3{
      background-color:#9CF;
      border:3px solid #CC6;
      width:500px;
      height:300px;
      margin:auto;
  }

  </style>
</head>
```

输入

图3-95　输入样式代码

步骤02 保存页面后，在浏览器中预览网页，即可在页面中查看到Div元素块居于页面中间，如图3-96所示。

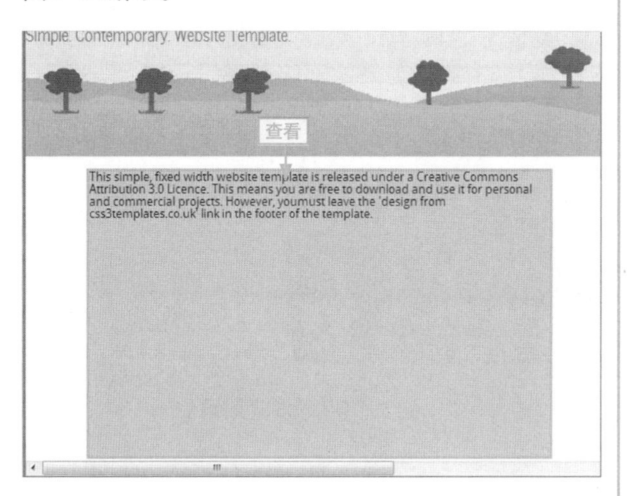

图3-96　预览效果

3.6.4　两列固定宽度

CSS布局可以让两个Div在水平行中排列显示，但两列宽度固定不变，第一列浮在左上角，第二列浮在第一列右边，其具体操作方法如下。

本节素材	DVD/素材/Chapter03/Div+CSS布局4/
本节效果	DVD/效果/Chapter03/Div+CSS布局4/
学习目标	掌握如何设置两列固定宽度
难度指数	★★

步骤01 打开index素材文件，在代码视图头部的<style>标签内输入相应的样式代码，如图3-97所示。

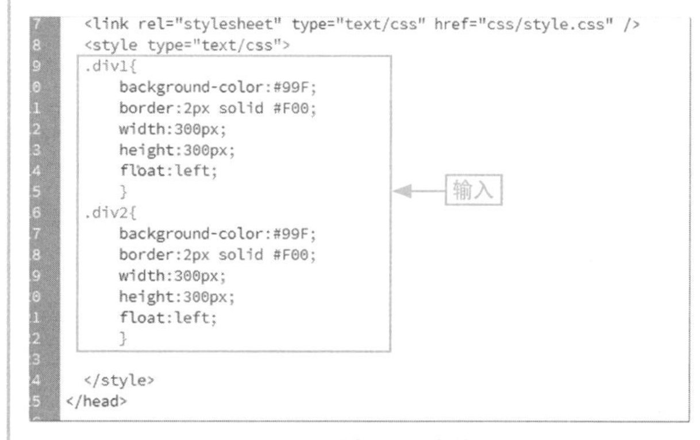

```
  <link rel="stylesheet" type="text/css" href="css/style.css" />
  <style type="text/css">
  .div1{
      background-color:#99F;
      border:2px solid #F00;
      width:300px;
      height:300px;
      float:left;
      }
  .div2{
      background-color:#99F;
      border:2px solid #F00;
      width:300px;
      height:300px;
      float:left;
      }

  </style>
</head>
```


图3-97　输入样式代码

步骤02 保存页面后，在浏览器中预览网页，即可在页面中查看到两列Div元素都不随浏览器窗口的改变而改变，如图3-98所示。

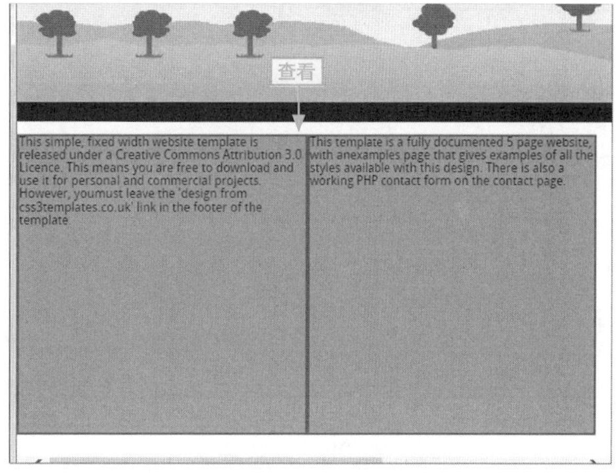

图3-98　预览效果

3.6.5 两列宽度自适应

以下介绍适用两列宽度自适应，来实现左右栏宽度能够自适应，通过一列自适应可以知道，设置两列宽度自适应同样可以通过宽度百分比值来实现。

本节素材	DVD/素材/Chapter03/Div+CSS布局5/
本节效果	DVD/效果/Chapter03/Div+CSS布局5/
学习目标	掌握如何使两列宽度实现自适应
难度指数	★★

步骤01 打开index素材文件，在代码视图头部的<style>标签内输入相应的样式代码，代码如图3-99所示。

```
9   <style type="text/css">
10  .div1{
11      background-color:#99F;
12      border:2px solid #F00;
13      width:20%;
14      height:260px;
15      float:left;
16      }
17  .div2{
18      background-color:#99F;
19      border:2px solid #F00;
20      width:50%;
21      height:260px;
22      float:left;
23      }
24
25  </style>
```

输入

图3-99 输入样式代码

步骤02 保存页面后，在浏览器中预览网页，即可在页面中查看到效果，如图3-100所示。

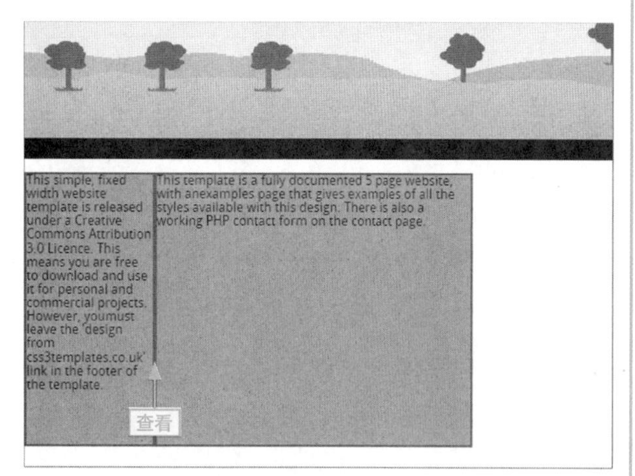

图3-100 预览效果

3.6.6 两行右列宽度自适应

在实际的网页布局中，许多时候都需要固定左栏的宽度，而右栏可根据实际情况设置为自适应，其具体操作方法如下。

本节素材	DVD/素材/Chapter03/Div+CSS布局6/
本节效果	DVD/效果/Chapter03/Div+CSS布局6/
学习目标	掌握如何使两行右列实现自适应
难度指数	★★★

步骤01 打开index素材文件，在代码视图头部的<style>标签内输入相应的样式代码，代码如图3-101所示。

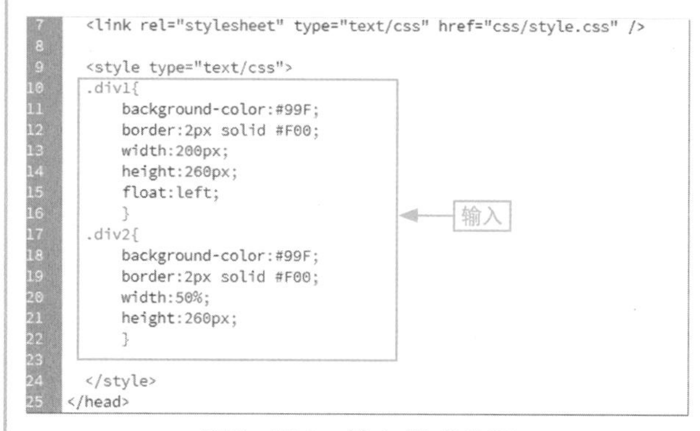

```
7   <link rel="stylesheet" type="text/css" href="css/style.css" />
8
9   <style type="text/css">
10  .div1{
11      background-color:#99F;
12      border:2px solid #F00;
13      width:200px;
14      height:260px;
15      float:left;
16      }
17  .div2{
18      background-color:#99F;
19      border:2px solid #F00;
20      width:50%;
21      height:260px;
22      }
23
24  </style>
25  </head>
```


图3-101 输入样式代码

步骤02 保存页面后，在浏览器中预览网页，调整窗口大小时，左侧宽度固定不变，右侧宽度随窗口变化而变化，如图3-102所示。

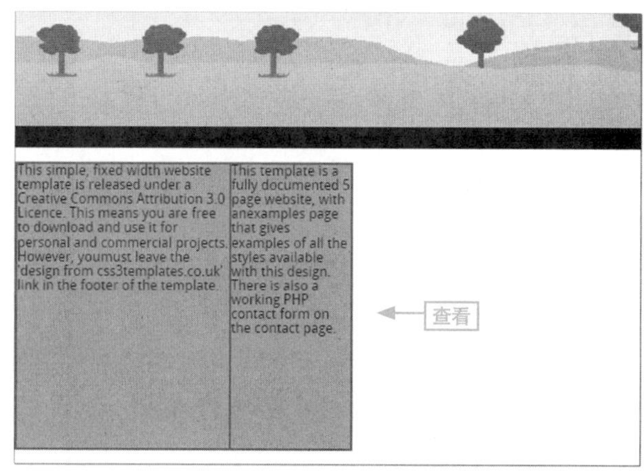

图3-102 预览效果

长知识 | 三列浮动中间列宽度自适应

前面讲解了Div+CSS常见的布局模型，可是有的网站希望使用三列式布局，左栏要求居于左边显示并且固定宽度，右栏同样要求居于右边显示且固定宽度，中间栏随左右栏自适应。

其具体操作方法是：❶在代码视图的<style>标签内输入如图3-103左图所示的CSS样式代码。❷保存页面后，在浏览器中预览网页，即可查看效果，如图3-103右图所示。

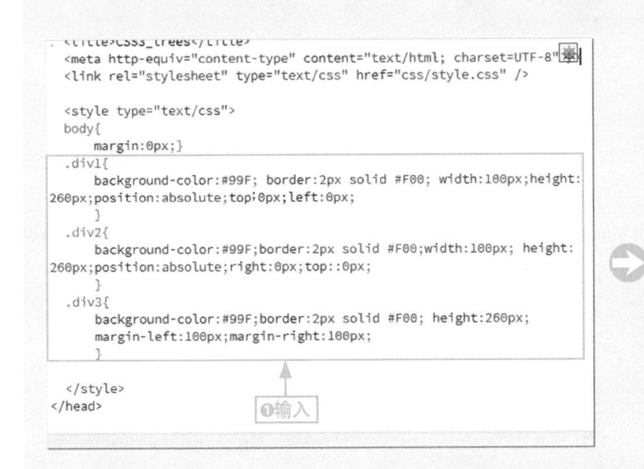

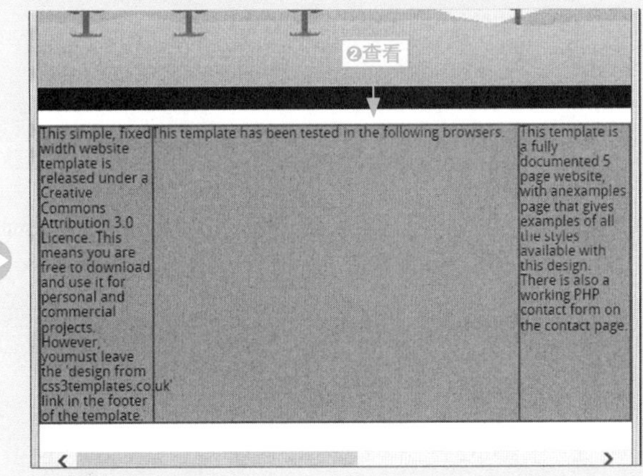

图3-103 三列浮动中间列宽度自适应

3.7 实战问答

NO.1 | CSS样式的主要特点是什么

元芳：了解了怎么使用CSS样式，但是它最主要的特点到底是什么呢？

大人：CSS样式的特点主要表现在以下两个方面：第一，网页上的元素可以精确地定位；第二，CSS样式使网页上的内容结构和格式控制相互分离。

NO.2 | Div标签到底有什么作用

元芳：在网页布局中，<Div>标签充当中一个必不可少的角色，那它到底是干什么的呢？

大人：<Div>标签只是一个标记，主要的作用是把内容标识到一个区域，并不负责做其他的事。Div是CSS布局的第一步，也是非常重要的一步，需要通过Div把内容元素标识出来，然后由CSS为其设置样式。

3.8 思考与练习

填空题

1.CSS样式中包含的选择器有________、________、________3种。

2.CSS样式表文件的类型有__________、__________、__________。

选择题

1. CSS是利用(　　)标记构建网页布局。

A. <dir>　　B. <Div>

C. <dis>　　D. <dif>

2. 下列CSS样式的属性中，(　　)属性可以更改字体的大小。

A. text-size　　B. font-size

C. size　　D. font-style

判断题

1. 在Dreamweaver CC中，只能通过“文件/打开/浏览”命令打开浏览页面。(　　)

2. 使用CSS设计器设计背景样式时，可以使用Background-repeat属性设置背景图像的重复方式。(　　)

3. 在盒子模型中，margin属性的属性值可以是百分比。(　　)

操作题

【练习目的】给网页元素添加边框

下面将通过给index网页文档中的元素添加边框为例，让读者亲自体验在文档中编写代码，并在浏览器中预览结果，以熟悉相关代码，操作，巩固本章的相关知识和操作。

【制作效果】

本节素材	DVD/素材/Chapter03/border1/
本节效果	DVD/效果/Chapter03/border1/

```
5    <title>CSS3_trees</title>
6    <meta http-equiv="content-type" content="text/html; charset=UTF-8"
7    <link rel="stylesheet" type="text/css" href="css/style.css" />
8
9    <style type="text/css">
10    .con1{
11        width:500px;
12        height:50px;
13        color:#000;
14        padding:20px;
15        background:gray;
16        border:solid 20px #FF0000;
17        }
18   .con2{
19        width:500px;
20        height:50px;
21        color:#000;
22        padding:20px;
23        background:#9CF;
24         border:solid 20px black;
25        }
26   </style>
27
28 </head>
```

相关代码

Chapter 04

运用表格与jQuery UI制作网页

本章要点

- ★ 创建表格
- ★ 设置表格对象属性
- ★ 选取单元格
- ★ 添加或删除行或列
- ★ 合并和拆分单元格
- ★ 导入表格式数据
- ★ 表格排序
- ★ jQuery UI可折叠式面板

学习目标

除了使用Div+CSS布局外，还可以使用表格和框架对网页进行布局。表格简洁明了并且高效快捷地将文本、图片、动画等网页元素准确有序地显示在页面上，而使用jQuery UI框架可以构建能够向站点访问提供更丰富体验的网页。本章将从表格和jQuery UI两方面讲解如何合理设计网页布局。

知识要点	学习时间	学习难度
创建和设置表格	40分钟	★★
表格的基本操作与特殊处理	35分钟	★★
使用jQuery UI构件布局对象	50分钟	★★★

重点实例

网页中的表格

插入行

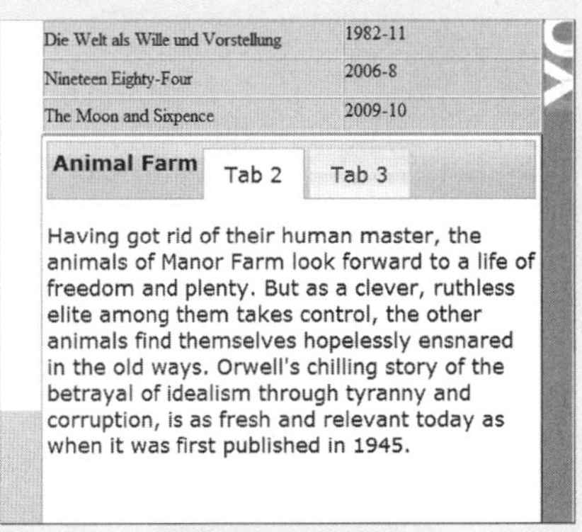

使用选项卡式面板

4.1 创建和选择表格

在Dreamweaver中，表格不仅可以用来制作简单的图表，还可以用来对网页进行布局，起着非常重要的作用，本节主要介绍如何创建表格及选择表格元素。

4.1.1 创建表格

在Dreamweaver CC中设计网页时，用户可以根据需要，创建相应的表格，其创建方法非常简单，具体操作如下。

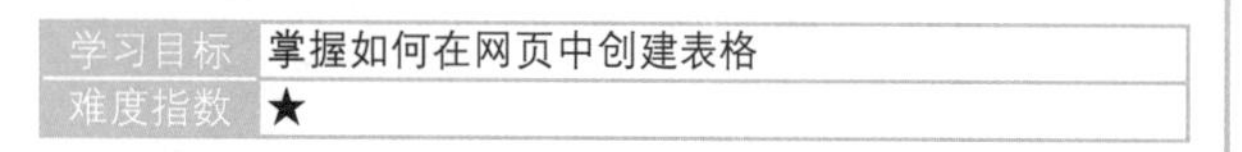

学习目标	掌握如何在网页中创建表格
难度指数	★

步骤01 在“插入”面板的“常用”选项卡中单击“表格”按钮，如图4-1所示。

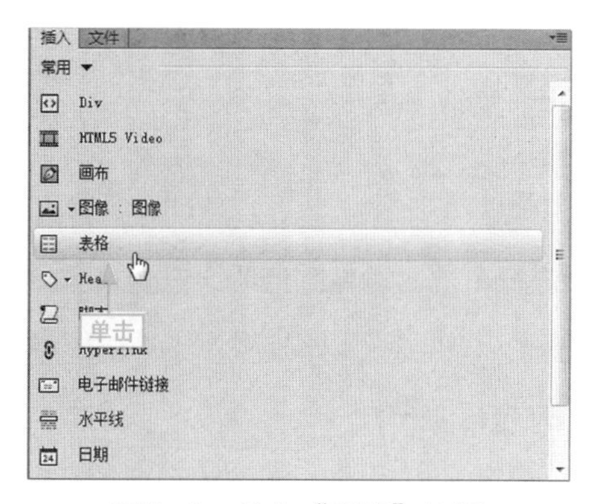

图4-1 单击“表格”按钮

步骤02 ❶在打开的“表格”对话框的“行数”和“列”文本框中输入行列数。❷在“表格宽度”文本框中输入数值，❸在“标题”选项中选择表头样式，❹单击“确定”按钮，如图4-2所示。

专家提醒 | “表格宽度”选项

“表格宽度”选项后的下拉列表中包含有两个宽度单位，“像素”表示该表格大小是固定不变的；“百分比”表示该表格会随着浏览器窗口大小的改变而改变。

步骤03 ❶在“设计”窗口中可查看到创建的表格，如图4-3上图所示，❷在“代码”窗口中可查看到创建表格后自动生成的表格代码，如图4-3下图所示。

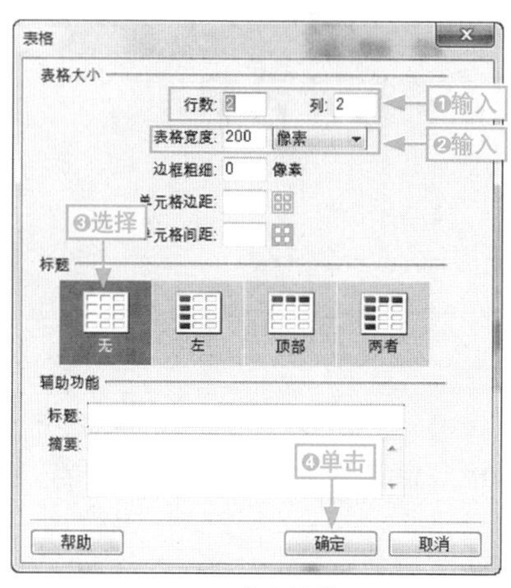

图4-2 “表格”参数设置

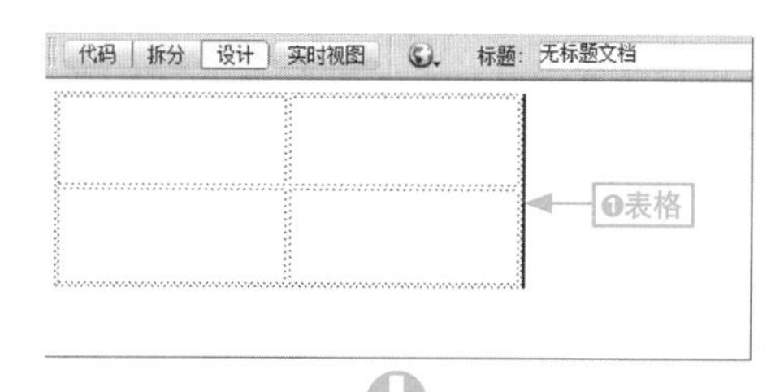

```
3  <head>
4  <meta charset="utf-8">
5  <title>无标题文档</title>
6  </head>
7
8  <body>
9  <table width="292" height="118" border="0">
10   <tr>
11     <td> </td>
12     <td> </td>
13   </tr>
14   <tr>
15     <td> </td>
16     <td> </td>
17   </tr>
18 </table>
19 </body>
20 </html>
```

图4-3 查看效果

4.1.2 选择整个表格

对表格进行编辑前，需要先选择表格，选择整个表格有以下几种常用方式。

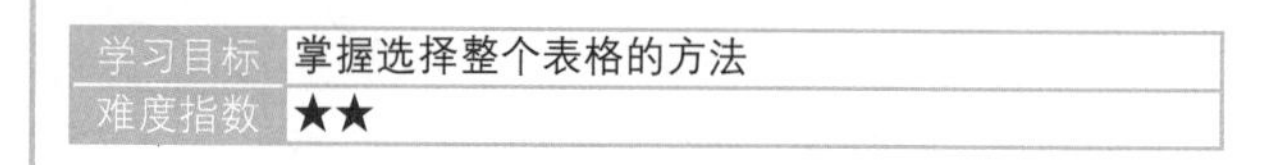

学习目标	掌握选择整个表格的方法
难度指数	★★

◆通过表格边框选择

将鼠标光标移动到表格的任意边框上，当鼠标光标变成双向箭头形状时，单击鼠标左键，即可选择整个表格，如图4-4所示。

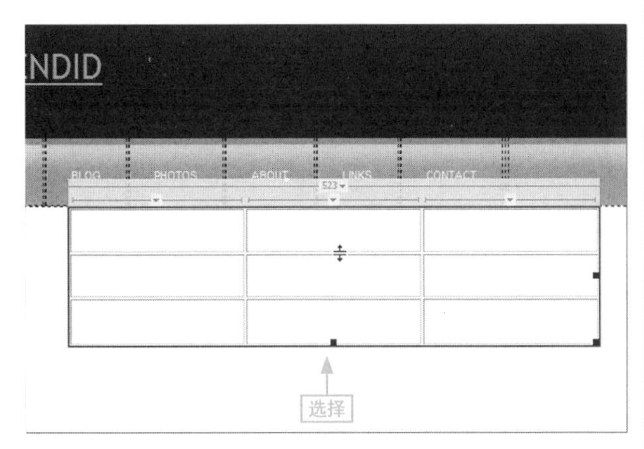

图4-4　通过边框选择表格

专家提醒 | 表格边框

在没有明确指定边框值的情况下，大多数浏览器会给表格边框设定一个默认值“1”。若要确保浏览器显示表格时没有边框，需手动将border(边框)属性设置为“0”。

◆通过表格底部选择

将鼠标光标移动到表格左下角、右下角、顶部边框及底部边框的任意位置，当鼠标光标变成带表格的形状时，单击鼠标左键，即可选择整个表格，如图4-5所示。

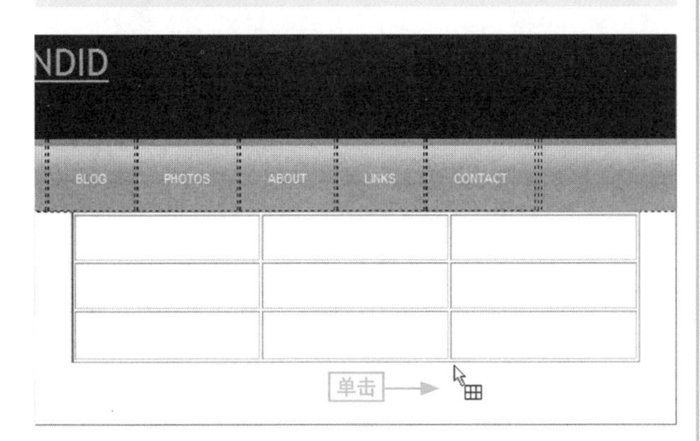

图4-5　通过表格底部选取

◆通过快捷菜单选择

❶将文本插入点定位到某个单元格内，右击，❷在弹出的快捷菜单中选择“表格”命令，❸在弹出的子菜单中选择“选择表格”选项，即可选择整个表格，如图4-6所示。

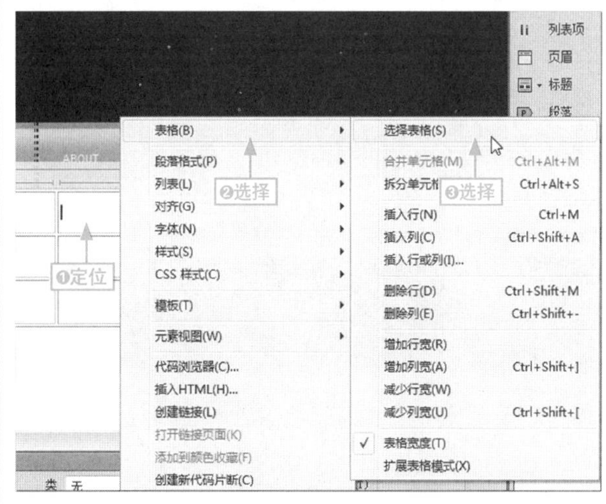

图4-6　通过快捷菜单选择表格

◆通过标签选择器选择

❶单击表格中某个单元格，❷在“标签选择器”中单击“<table>”标签，如图4-7所示，即可选择整个表格。

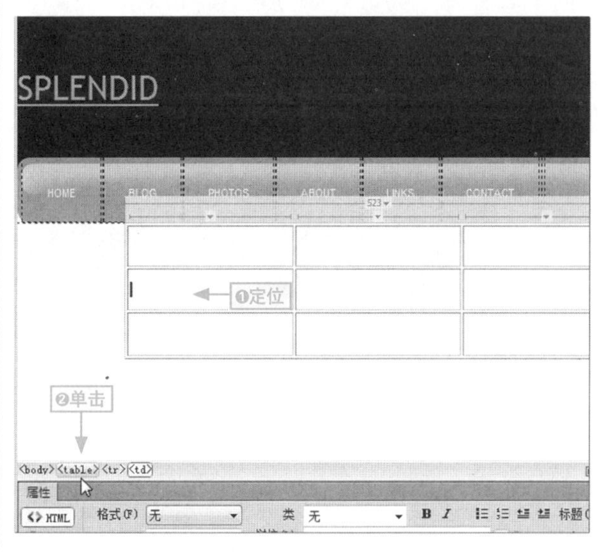

图4-7　通过标签选择表格

4.1.3 选取行或列

在选择表格时，可以通过鼠标直接选择某一行或某一列，也可以同时选择多行或者多列，其具体操作方法如下。

学习目标	掌握选择表格的行或列的方法
难度指数	★★

◆选取单行

移动鼠标光标到某一行左边框处，在鼠标光标变为右向箭头时，如图4-8所示，单击鼠标即可选择该行。

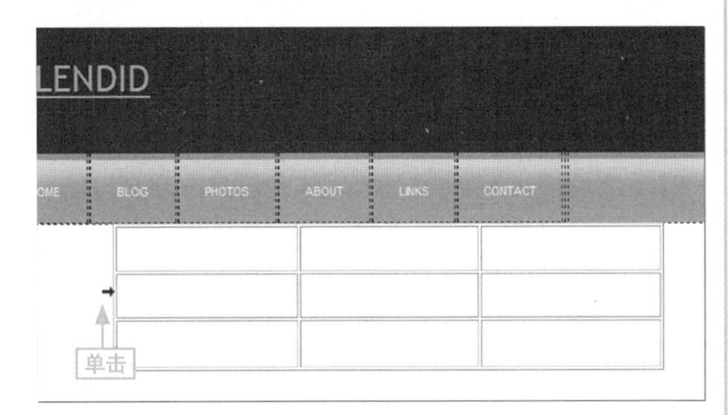

图4-8　选择单行

◆选取单列

移动鼠标光标到某一列上边框，在鼠标光标变为向下黑箭头时，如图4-9所示，单击鼠标即可选中该列。

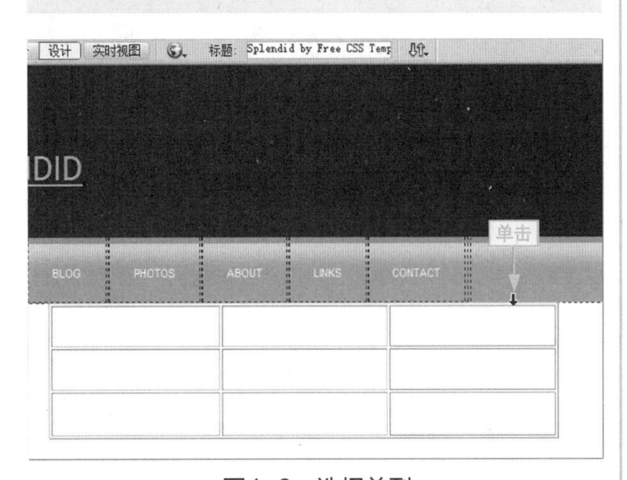

图4-9　选择单列

核心妙招 | 同时选取多行或多列

在选择单行或单列后，按住Ctrl键不放，继续选择需要的行或列，可同时选取多行或多列。

4.1.4 选取单元格

在选择单元格时，可以选择单个单元格，也可以选择一行单元格、单元格区域及不相邻的单元格。当某个单元格被选取时，该单元格周围会出现黑色的边框，常用的选择单元格的方法主要有如下几种。

学习目标	掌握选取单元格的方法
难度指数	★★

◆选取单个单元格

❶单击表格中某个单元格，❷在“标签选择器”中单击“<td>”标签，如图4-10所示，即可选择单元格。

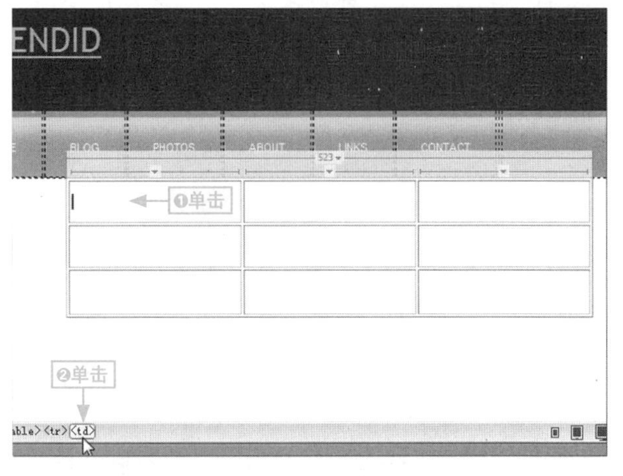

图4-10　选取单元格

◆选取单元区域

单击表格中某个单元格，按下鼠标左键从这个单元格上方开始向要连续选择单元格的方向拖动鼠标选择单元格，然后释放鼠标左键即可，如图4-11所示。

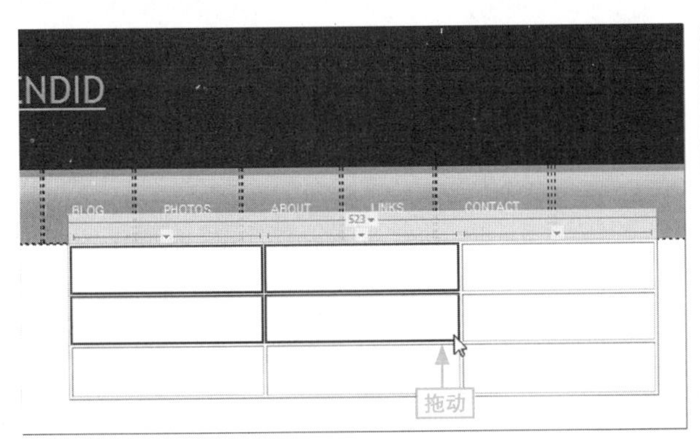

图4-11 拖动选择单元格区域

◆选取不相邻的单元格

在选择单元格前先按住Ctrl键，然后单击需要选择的单元格，最后释放Ctrl键可选择多个不相邻的单元格，如图4-12所示。

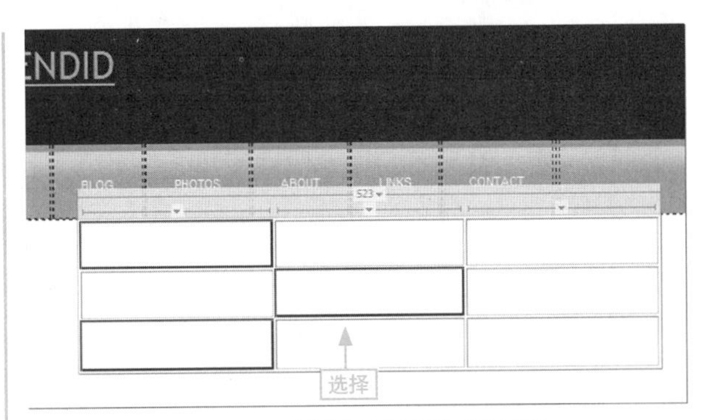

图4-12 选择不相邻的单元格

4.2 设置表格属性

创建表格后，需要对表格元素进行一系列的操作，最常用的就是设置它的属性，下面主要对设置表格和单元格的属性进行介绍。

4.2.1 设置表格的属性

在网页中加入表格后，可以对表格的布局、样式等进行详细的设置，以使表格中的布局可以精确地达到要求，其具体操作方法如下。

本节素材	DVD/素材/Chapter04/表格属性/
本节效果	DVD/效果/Chapter04/表格属性/
学习目标	掌握设置表格属性的方法
难度指数	★★

步骤01 打开index素材文件，选择其中的表格，如图4-13所示。

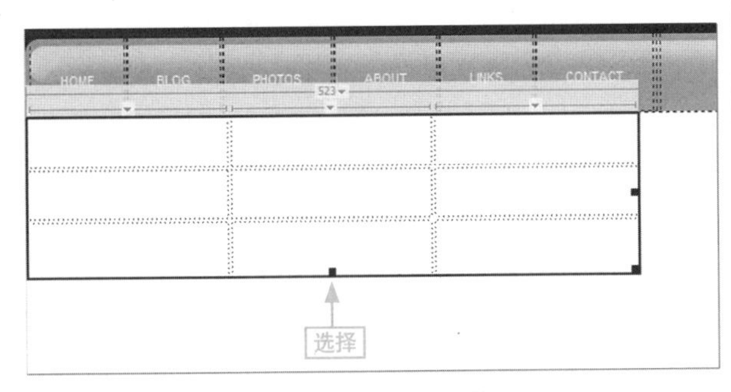

图4-13 选择表格

步骤02 ❶在“属性”面板的CellPad和CellSpace文本框中输入“2”，❷在border文本框中输入“1”，❸在“对齐”下拉列表中选择“居中对齐”选项，如图4-14所示。

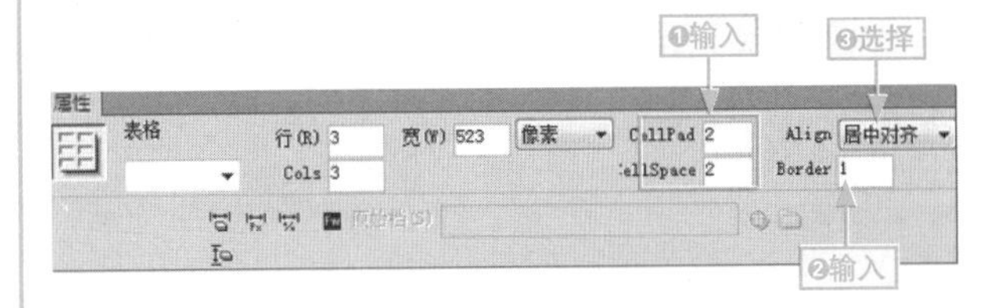

图4-14 设置参数

步骤03 保存网页后，在浏览器中预览时，即可查看到设置后的效果，如图4-15所示。

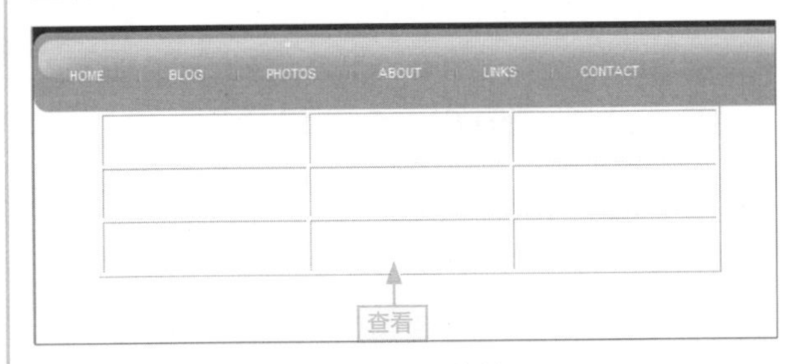

图4-15 预览效果

4.2.2 设置单元格的属性

单元格是表格的基本构成单位，它有颜色、样式等属性，单元格的具体属性设置方法如下。

本节素材	DVD/素材/Chapter04/单元格属性/
本节效果	DVD/效果/Chapter04/单元格属性/
学习目标	掌握设置单元格属性的方法
难度指数	★★

步骤01 打开index素材文件，用任意方式选择一个单元格，如图4-16所示。

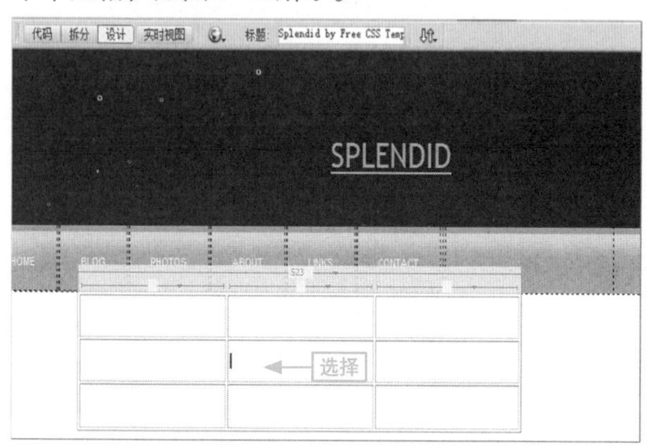

图4-16 选择单元格

步骤02 ❶在“属性”面板的“单元格”组中的“水平”和“垂直”下拉列表中选择相应的选项。❷在“高”和“宽”文本框中输入相应的数值，如图4-17所示。

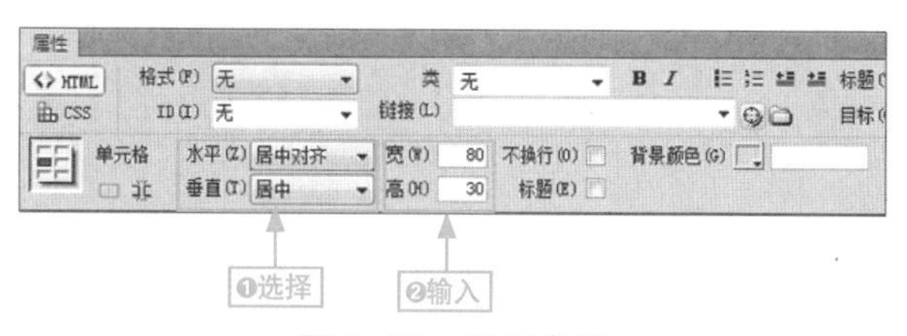

图4-17 设置参数

步骤03 ❶单击“单元格”栏中的“背景颜色”按钮，❷在打开的“拾色器”面板中选择相应的颜色，如图4-18所示。

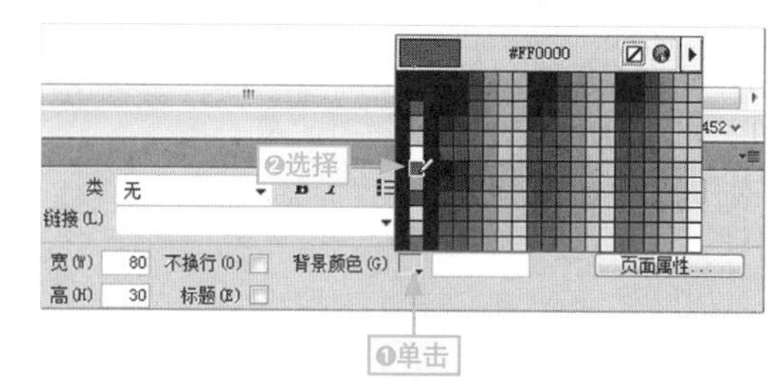

图4-18 设置背景颜色

步骤04 保存网页后，在浏览器中预览时，即可查看到设置后的效果，如图4-19所示。

专家提醒 | 嵌套表格

嵌套表格是一个表格的单元格中有另一个表格，可以像对任何其他表格一样对嵌套表格进行格式设置，但是其宽度受它所在单元格的宽度的限制。

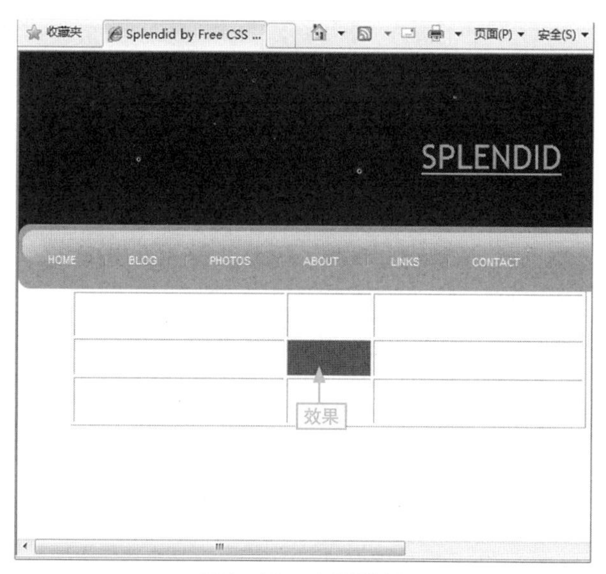

图4-19 查看效果

4.3 表格的基本操作

表格是由表行、表列以及单元格构建而成的，在创建表格后，可以根据实际需要调整表格的高度或宽度，添加或删除行列，合并或拆分单元格等，下面分别对其进行介绍。

4.3.1 调整表格的大小

1. 调整表格列宽

默认情况下，调整列的大小将更改所有受影响的单元格的宽度，可按如下操作进行。

本节素材	DVD/素材/Chapter04/图书网1/
本节效果	DVD/效果/Chapter04/图书网1/
学习目标	掌握调整表格列宽的方法
难度指数	★

步骤01 打开index素材文件，将鼠标光标移动到表格列边框上，鼠标光标呈双向箭头形状，如图4-20所示。

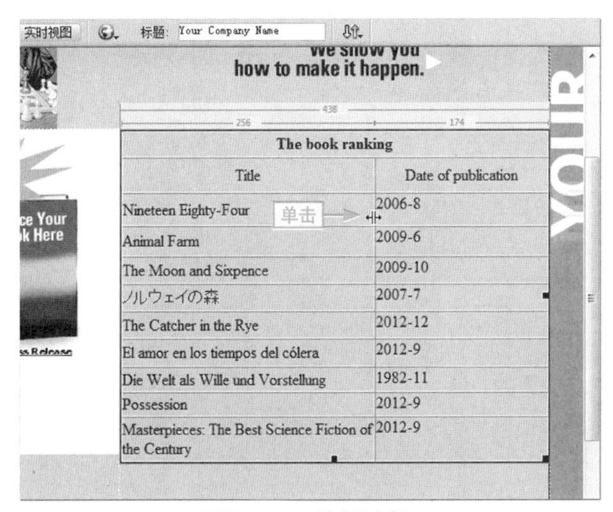

图4-20 选择边框

步骤02 按下鼠标左键，将表格边框拖动到适合的位置，释放鼠标左键，如图4-21所示。

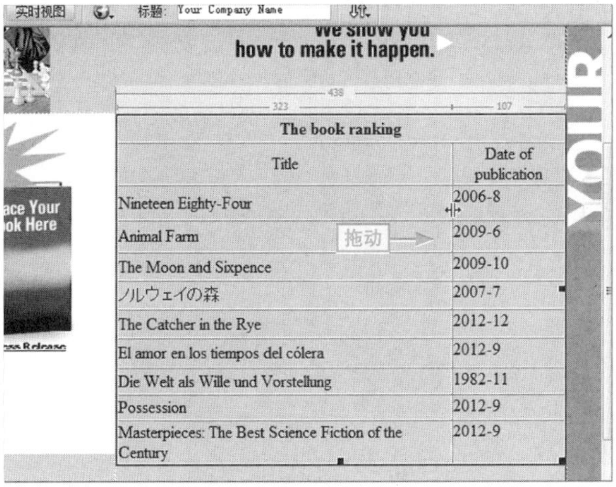

图4-21 拖动边框

步骤03 保存页面后，在浏览器中预览页面，即可查看调整列宽后的表格，如图4-22所示。

图4-22 预览效果

专家提醒 | 表格大小的调整

表格的大小就是表格的宽度和高度，用户可以调整整个表格、行或列的大小。

2. 调整表格行高

默认情况下，调整行的大小将更改所有受影响的单元格的高度，其具体操作方法如下。

本节素材	DVD/素材/Chapter04/图书网2/
本节效果	DVD/效果/Chapter04/图书网2/
学习目标	掌握调整行高的方法
难度指数	★

步骤01 打开index素材文件，将鼠标光标移动到需要调整的表格行下边框上，鼠标光标呈双向箭头形状，如图4-23所示。

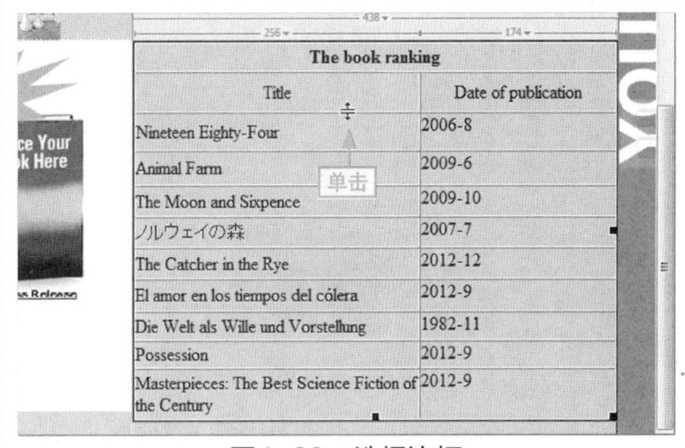

图4-23 选择边框

步骤02 按住鼠标左键不放，上下拖动鼠标调整所选行的行高，如图4-24所示。

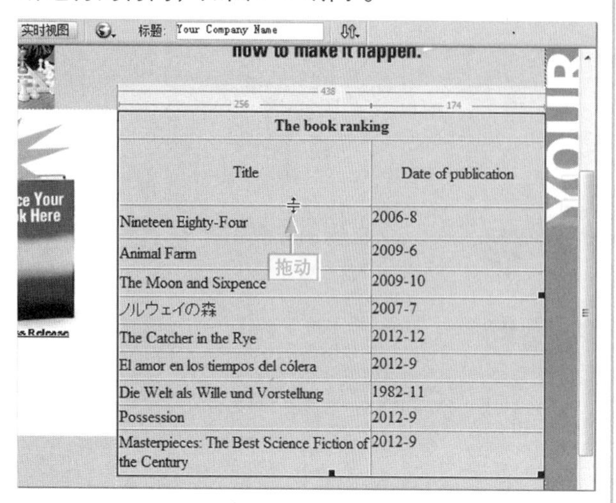

图4-24 调整行高

步骤03 保存页面后，在浏览器中预览页面，即可查看调整行高后的效果，如图4-25所示。

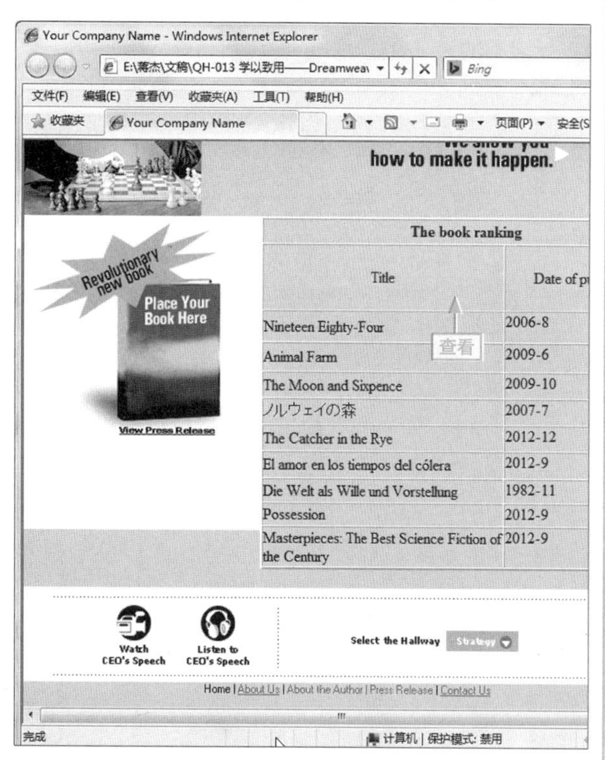

图4-25 查看效果

4.3.2 添加/删除行和列

在Dreamweaver CC中创建表格后，可根据实际需要在表格中添加行和列，或删除多余的行和列，其具体操作方法如下。

本节素材	DVD/素材/Chapter04/图书网3/
本节效果	DVD/效果/Chapter04/图书网3/
学习目标	掌握如何操作表格中的行和列
难度指数	★

步骤01 打开index素材文件，❶将文本插入点定位于需要插入行的位置，右击，❷选择“表格/插入行”命令，如图4-26所示。

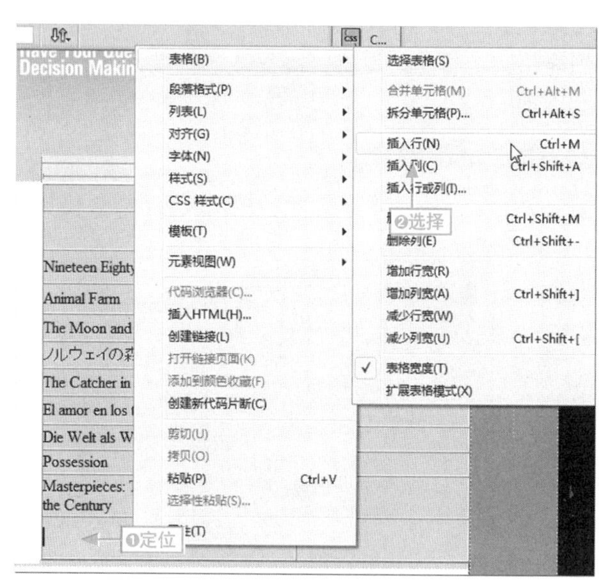

图4-26 插入行

步骤02 在添加的行中输入相应的数据，如图4-27所示。

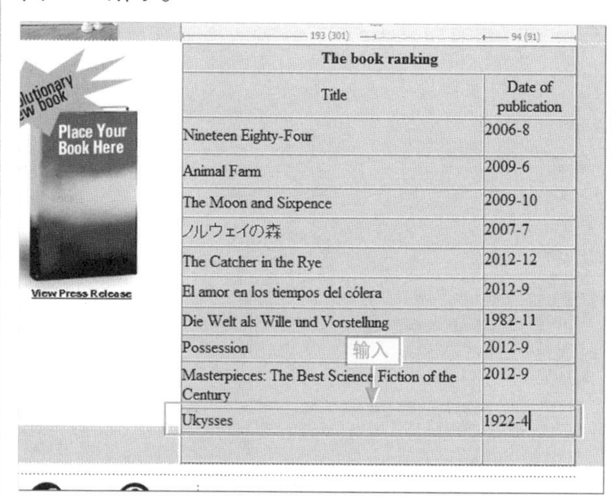

图4-27 添加行数据

核心妙招 | 一次性插入多行或多列

在表格中定位文本插入点后，可在“属性”面板上的“行”文本框或“列”文本框中输入需要的行数或列数，一次性添加多行或多列。

步骤03 ❶将文本插入点定位于需要插入列的位置，❷右击，在弹出的快捷菜单中选择“表格/插入列”命令，如图4-28所示。

图4-28 插入列

步骤04 在插入的列中输入相应的数据，即可查看效果，如图4-29所示。

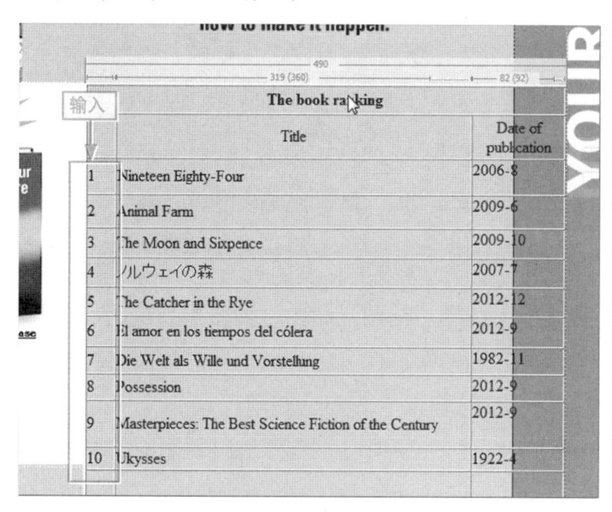

图4-29 查看效果

步骤05 ❶将文本插入点定位于需要删除行的位置，❷右击，选择“表格/删除行”命令，如图4-30所示。

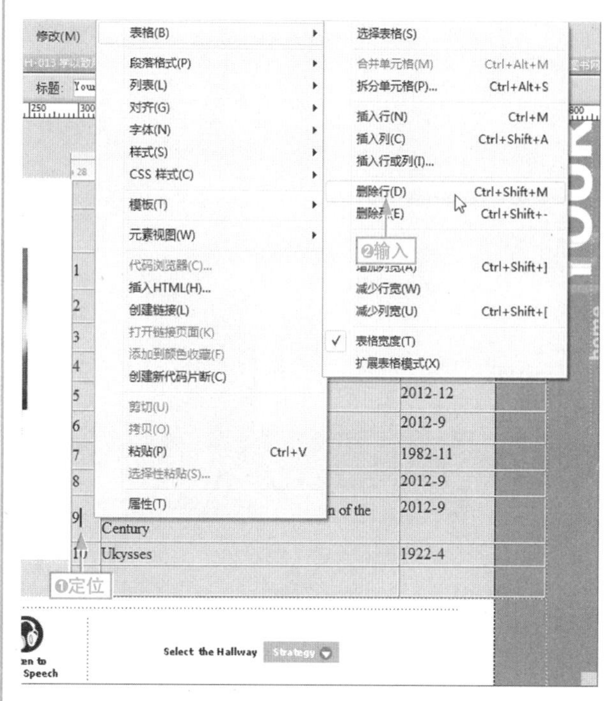

图4-30 删除行

步骤06 在表格中即可查看到已经删除了鼠标光标所在的一行，如图4-31所示。

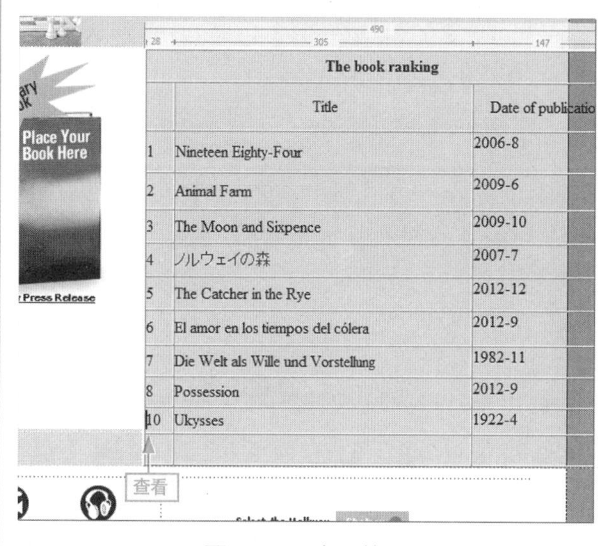

图4-31 查看效果

步骤07 ❶将文本插入点定位于需要删除列的位置，❷右击，选择“表格/删除列”命令，如图4-32所示。

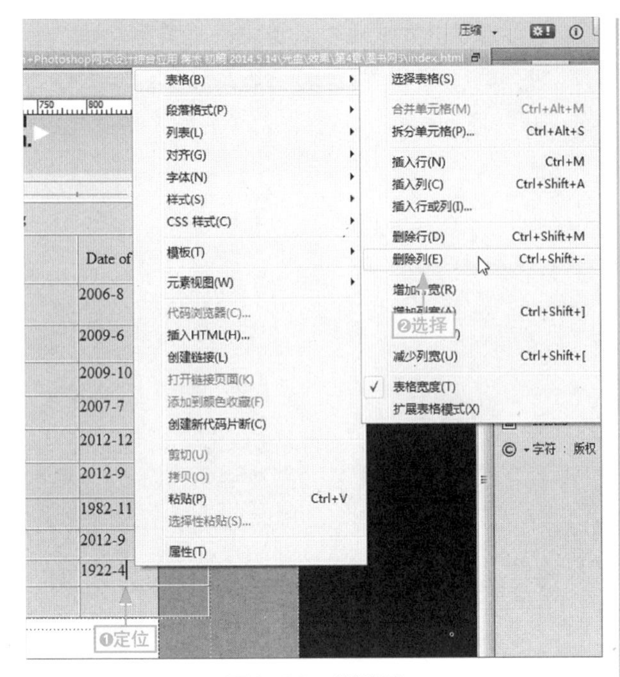

图4-32　删除列

步骤08 在表格中即可查看到已经删除了鼠标光标所在的一列，如图4-33所示。

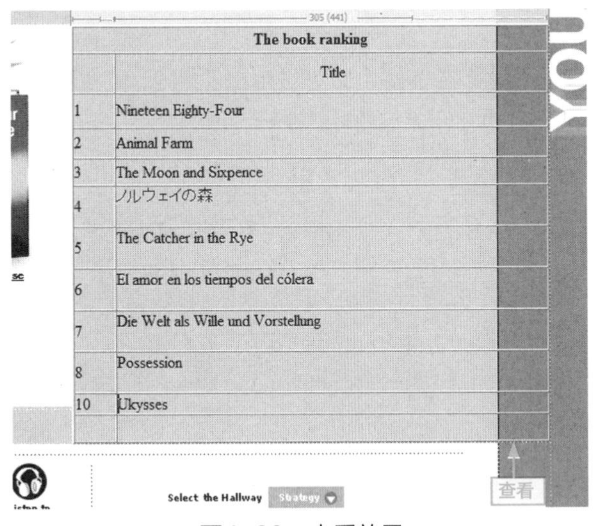

图4-33　查看效果

4.3.3　复制、粘贴和删除单元格

在表格中，可以一次性复制、粘贴和删除单个表格单元格或多个单元格，并保留单元格的格式设置，其具体操作方法如下。

本节素材	DVD/素材/Chapter04/图书网4/
本节效果	DVD/效果/Chapter04/图书网4/
学习目标	掌握如何对单元格进行复制、粘贴和删除
难度指数	★

步骤01 打开index素材文件，❶选择需要复制的单元格，❷单击“编辑”菜单项，❸选择“拷贝”命令，如图4-34所示。

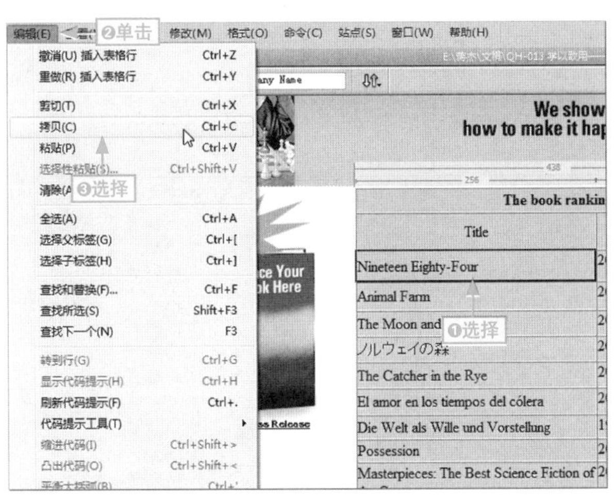

图4-34　选择“拷贝”命令

核心妙招 | 复制/粘贴多个单元格

在表格中复制/粘贴多个单元格，被选择的单元格必须是一个连续的单元格区域，如图4-35所示。

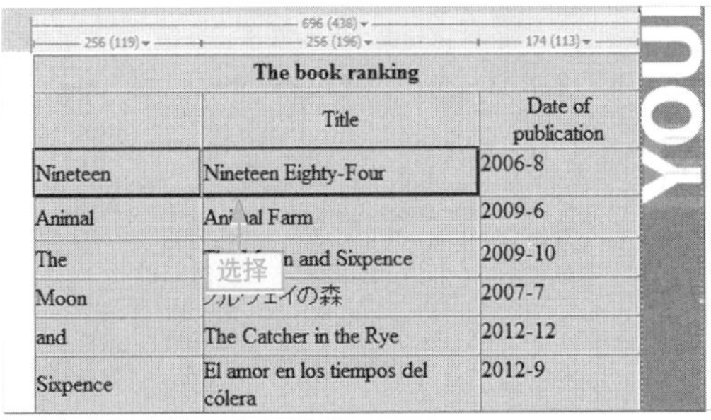

图4-35　复制/粘贴多个单元格

步骤02 ❶选择需要粘贴的单元格，❷在“编辑”菜单项中选择“粘贴”命令，如图4-36所示。

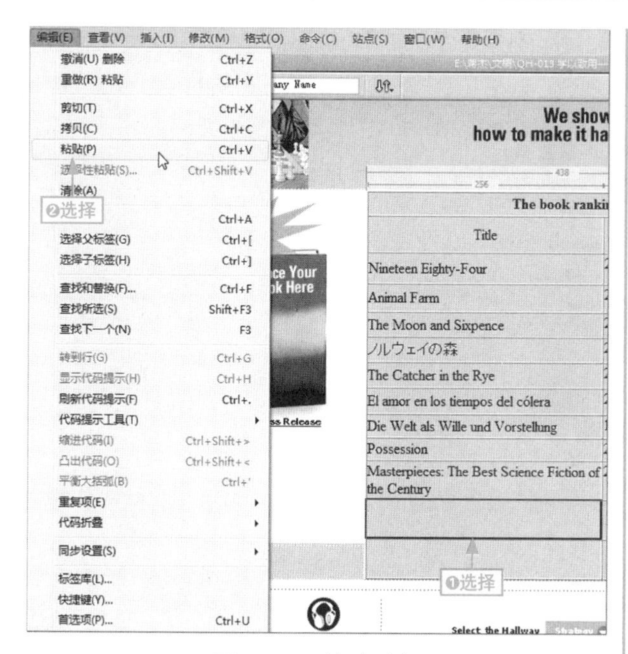

图4-36 粘贴对象

步骤03 在表格中即可查看到执行粘贴操作后的效果，如图4-37所示。

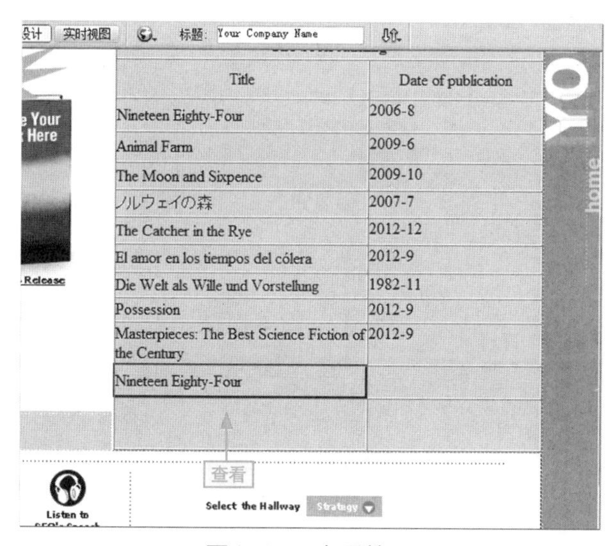

图4-37 查看效果

步骤04 ❶选择需要清除内容的单元格，❷在“编辑”菜单项中选项“清除”命令，如图4-38所示。

图4-38 清除对象

步骤05 在表格中即可查看到执行清除操作后的效果，如图4-39所示。

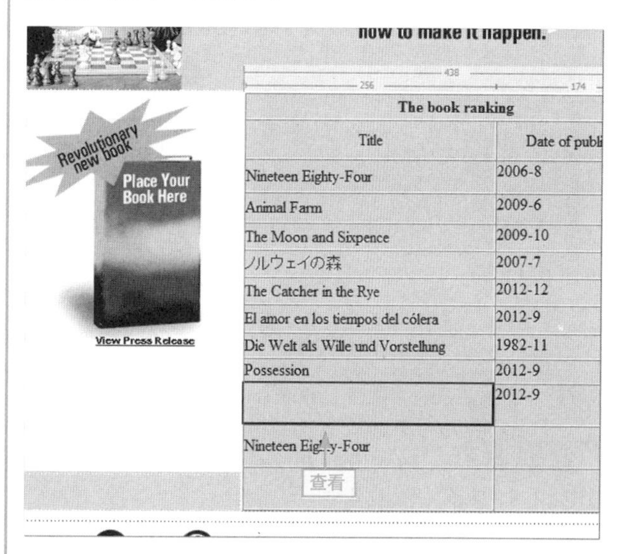

图4-39 查看效果

核心妙招 | 另一种复制与粘贴的操作方式

选择单元格后，可右击，在弹出的快捷菜单中选择“拷贝”或“粘贴”命令进行复制与粘贴。

4.3.4 合并与拆分单元格

合并单元格是指将几个连续的单元格合并为一个单元格，这个单元格占有更多的行和列。合并的对立面就是拆分，是指将合并后的单元格拆分成多个独立的单元格，合并与拆分单元格的具体操作方法如下。

本节素材	DVD/素材/Chapter04/图书网5/
本节效果	DVD/效果/Chapter04/图书网5/
学习目标	掌握对单元格进行合并与拆分
难度指数	★★

步骤01 打开index素材文件，❶选择需要合并的单元格，❷右击，选择“表格/合并单元格”选项，如图4-40所示。

图4-40 选择“合并单元格”命令

步骤02 在表格中即可查看到执行合并单元格操作后的效果，如图4-41所示。

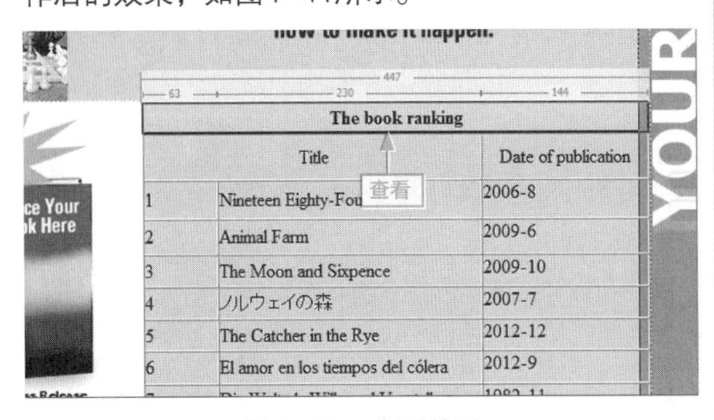

图4-41 查看效果

步骤03 ❶选择表格中需要拆分的单元格，❷右击，选择“表格/拆分单元格”选项，如图4-42所示。

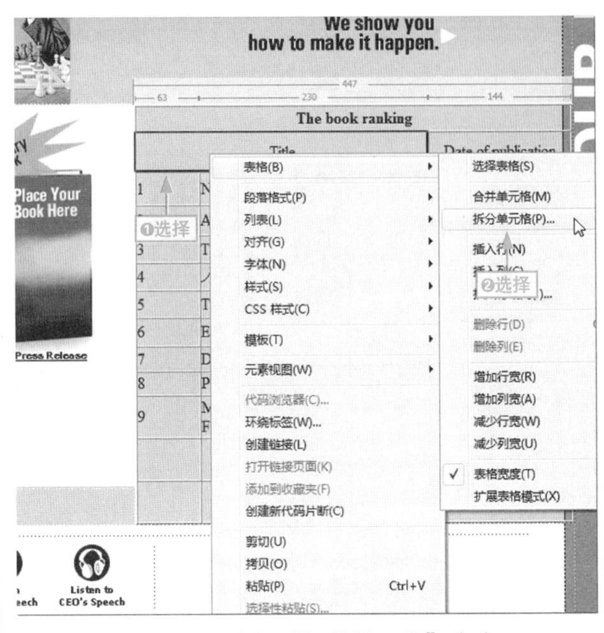

图4-42 选择“拆分单元格”命令

步骤04 ❶在打开的“拆分单元格”对话框中选中“列”单选按钮，❷在“列数”文本框中输入“2”，❸单击“确定”按钮，如图4-43所示。

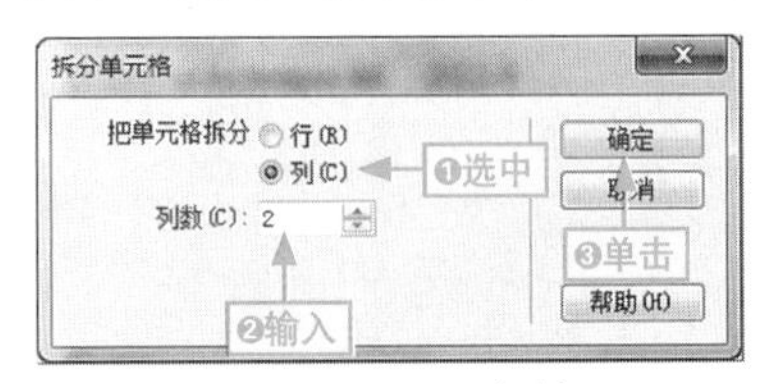

图4-43 设置参数

步骤05 再在拆分的单元格中输入相关文本，即可查看到效果，如图4-44所示。

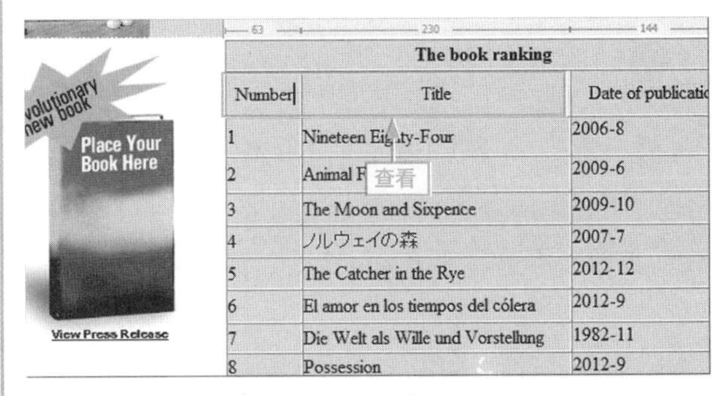

图4-44 查看效果

4.4 表格的特殊处理

创建好一个表格后，需要对其中的数据进行一些特殊处理，在Dreamweaver CC中提供了导入表格式数据和表格排序，这两个功能都可以对表格中数据进行整理。

4.4.1 导入表格式数据

一般情况下，添加到表格中的数据，都是手动加入的。如果有规模比较大的一串数据，用手工添加的方法就比较麻烦，可以使用Dreamweaver的“导入表格数据”功能，具体操作方法如下。

本节素材	DVD/素材/Chapter04/图书网6/
本节效果	DVD/效果/Chapter04/图书网6/
学习目标	掌握如何向表格中导入数据
难度指数	★★

步骤01 打开index素材文件，将文本插入点定位到需要导入数据的位置，如图4-45所示。

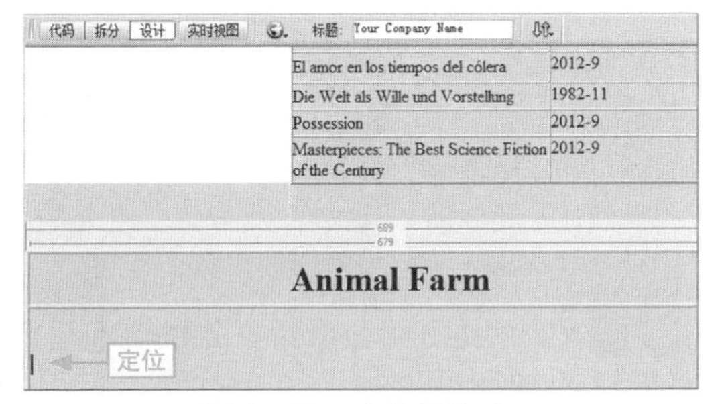

图4-45　定位插入点

步骤02 在“文件”菜单项中选择“导入/表格式数据”命令，如图4-46所示。

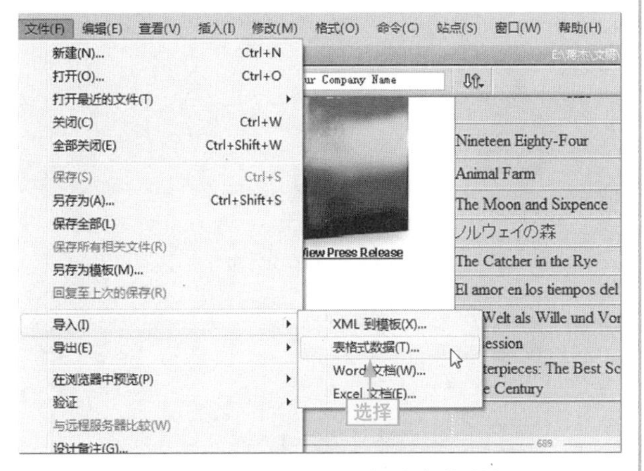

图4-46　准备导入已有的表格数据

专家提醒 | 其他数据的导入

使用Dreamweaver CC可以导入外部数据文件，除了可以导入“表格式数据”文件外，还可以导入“XML 到模板”“Word 文档”和“Excel 文档”等内容。

步骤03 在打开的“导入表格式数据”对话框中单击“浏览”按钮，如图4-47所示。

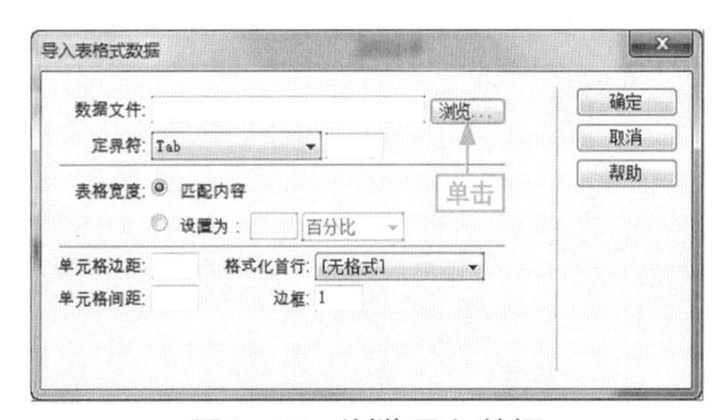

图4-47　浏览导入数据

步骤04 ❶在打开的“打开”对话中选择需要导入的Animal Farm素材文件，❷单击“打开”按钮，如图4-48所示。

图4-48　选择要导入的文件

步骤05 返回到“导入表格式数据”对话框中单击“确定”按钮，如图4-49所示。

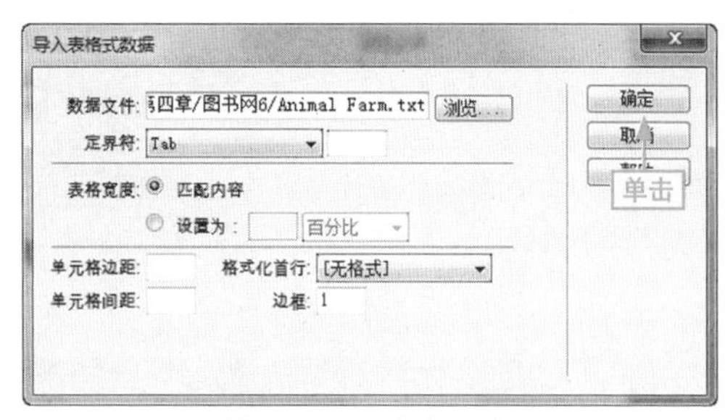

图4-49　确定导入

步骤06 在文档中即可查看到导入的文件内容，如图4-50所示。

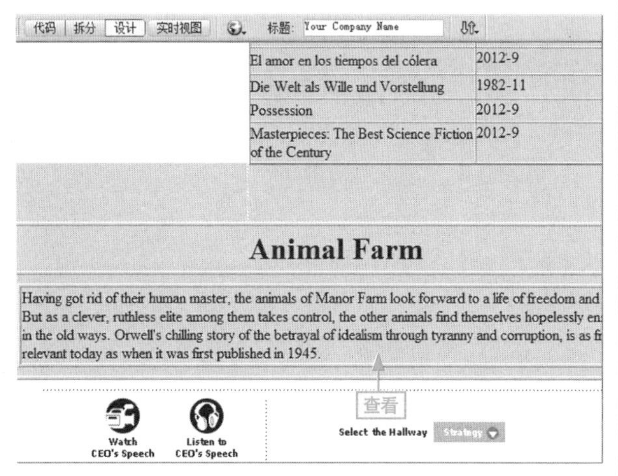

图4-50　查看效果

4.4.2　表格排序

Dreamweaver CC还提供了表格的排序功能，可以对表格的数据进行排序，但该功能主要是针对具有数据格式的表格，其具体操作方法如下。

本节素材	DVD/素材/Chapter04/图书网7/
本节效果	DVD/效果/Chapter04/图书网7/
学习目标	掌握如何对表格中数据进行排序
难度指数	★★

步骤01 打开index素材文件，❶选择需要排序的表格，❷在菜单栏中选择"命令/排序表格"命令，如图4-51所示。

步骤02 在打开的"排序表格"对话框中，❶在"排序按"下拉列表框中选择"列2"选项，❷在"顺序"下拉列表框中分别选择"按数字顺序"和"升序"选项，❸单击"确定"按钮，如图4-52所示。

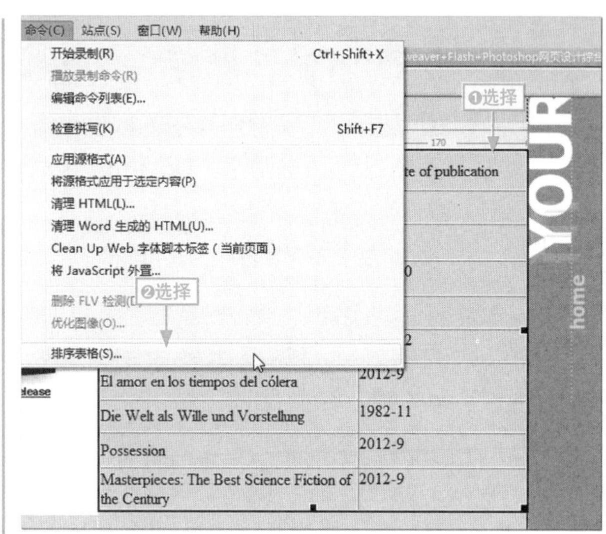

图4-51　选择"排序表格"命令

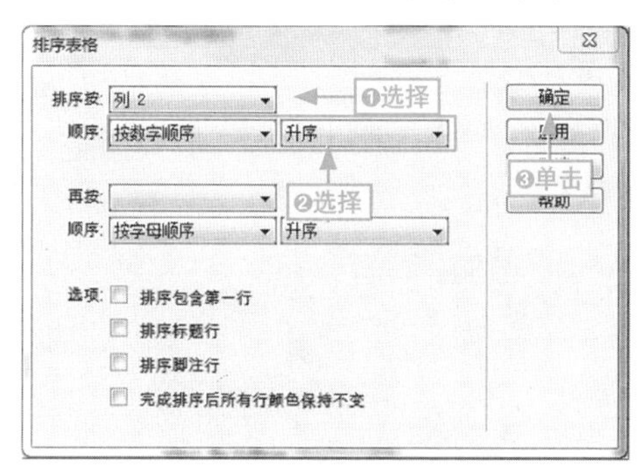

图4-52　设置排序参数

步骤03 在网页中即可查看到表格中第2列已经按升序排列，如图4-53所示。

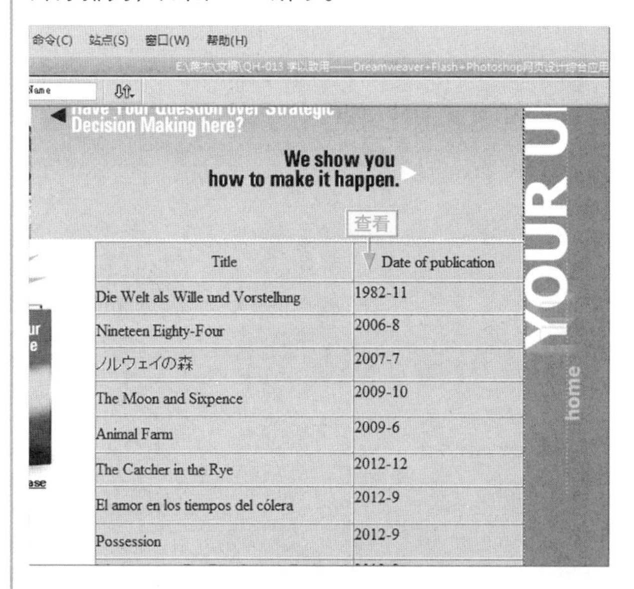

图4-53　查看效果

4.5 使用jQuery UI构件布局对象

除了使用HTML和CSS外，许多网页设计师还使用JavaScript增加网页效果，如可折叠的面板及其他互动功能，可以开启和关闭，而不用重新加载一个网页，而jQuery就是一种比较受欢迎的创建交互式功能的JavaScript库，下面对其进行讲解。

4.5.1 关于jQuery UI构件

jQuery UI是以JQuery为基础的开源JavaScript网页用户界面代码，它包含了许多小构件(Widget)，在Dreamweaver CC中可以使用的小构件如图4-54所示。

专家提醒 | 关于jQuery UI插件

jQuery UI不是jQuery，它实际上是jQuery的一个插件，在jQuery的基础上，利用jQuery的扩展性，提供一些常用的界面元素。

学习目标	了解jQuery UI构件的概念
难度指数	★

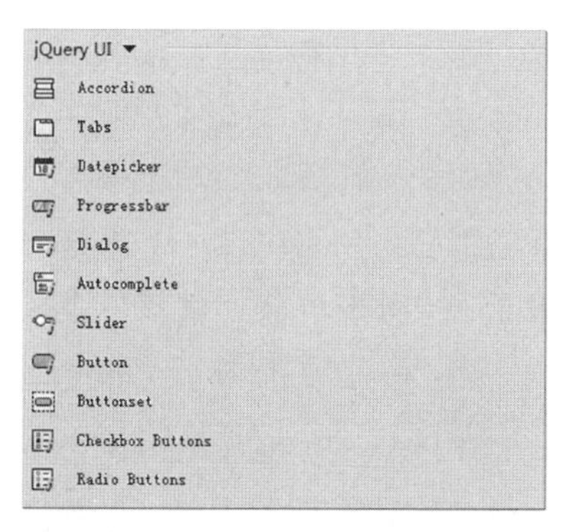

图4-54 jQuery UI的Widget

4.5.2 jQuery UI可折叠式面板

jQuery UI Accordion是由多个panel面板组成的手风琴小器件，可以实现展开/折叠效果，从而达到节省页面空间的效果，其具体操作方法如下。

本节素材	DVD/素材/Chapter04/图书网8/
本节效果	DVD/效果/Chapter04/图书网8/
学习目标	掌握折叠式面板的操作方法
难度指数	★★

步骤01 打开index素材文件，在页面中将文本插入点定位到需要插入可折叠式面板的位置，如图4-55所示。

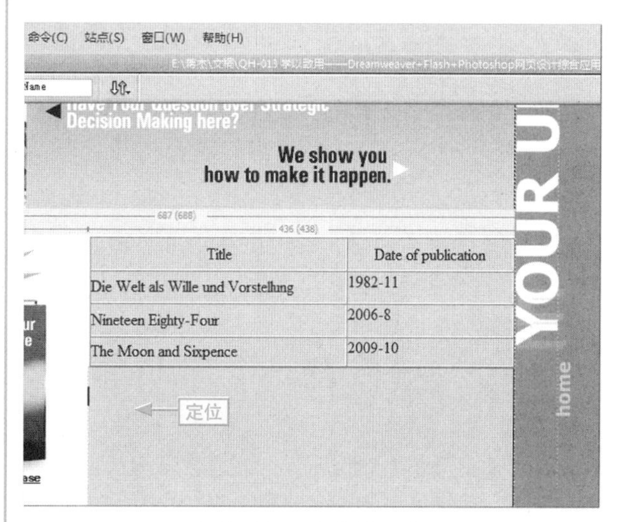

图4-55 定位插入点

步骤02 在“插入”面板的jQuery UI选项卡中单击Accordion按钮，如图4-56所示。

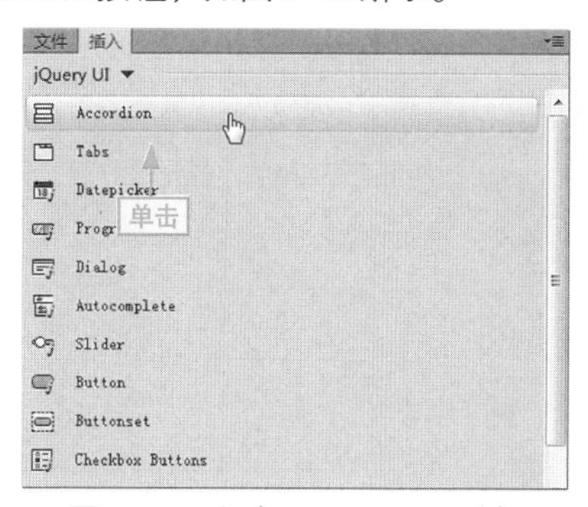

图4-56 添加Accordion对象

步骤03 在页面中即可出现一个可折叠式面板，打开Animal Farm素材文件，分别将该文件中的标题和内容输入到可折叠式面板的“部分1”和“内容1”中，如图4-57所示。

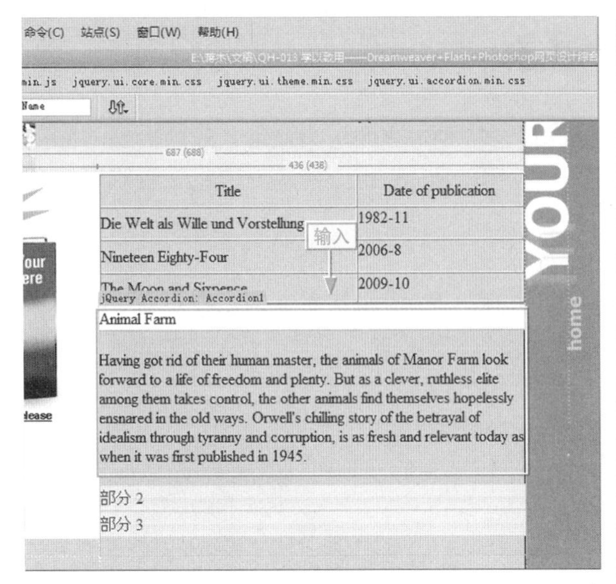

图4-57　输入文本

步骤04 保存页面后，在浏览器中即可查看到添加的可折叠式面板，如图4-58所示。

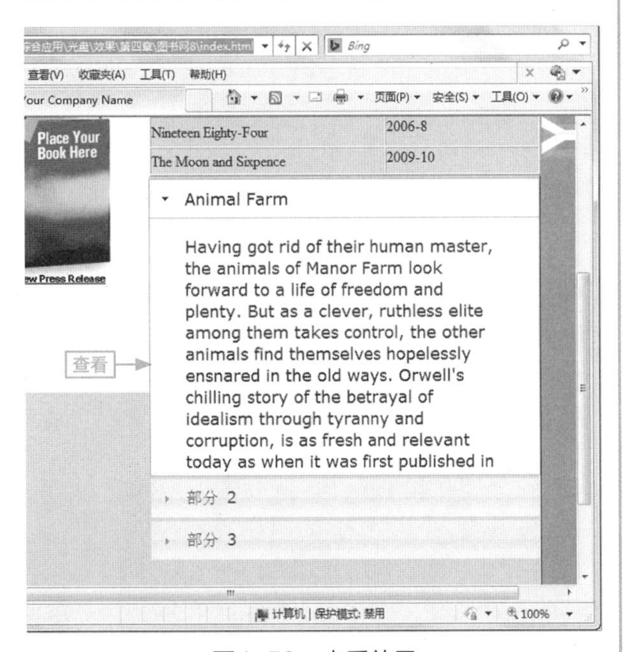

图4-58　查看效果

4.5.3 jQuery UI选项卡式面板

jQuery UI Tabs可以在页面中创建一个水平方向上的多个选项卡集合，其具体操作方法如下。

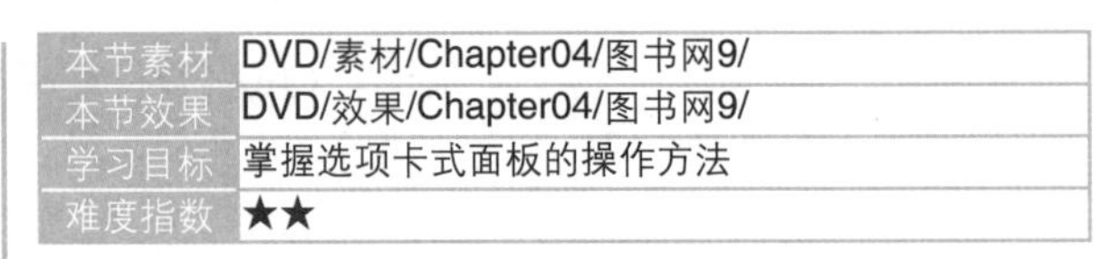

本节素材	DVD/素材/Chapter04/图书网9/
本节效果	DVD/效果/Chapter04/图书网9/
学习目标	掌握选项卡式面板的操作方法
难度指数	★★

步骤01 打开index素材文件，❶将文本插入点定位到需要插入选项卡式面板的位置，❷在“插入”面板的jQuery UI选项卡中单击Tabs按钮，如图4-59所示。

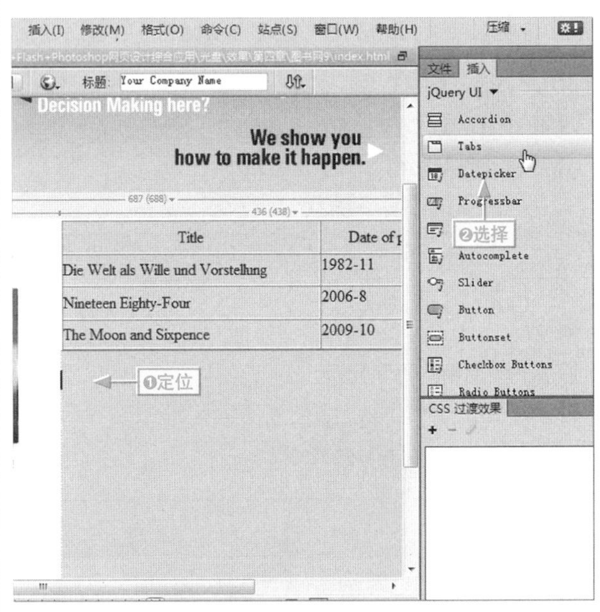

图4-59　添加Tabs对象

步骤02 在页面中即可出现一个选项卡式面板，打开Animal Farm素材文件，分别将该文件中的标题和内容输入到可折叠式面板的Tab1和“内容1”中，如图4-60所示。

专家提醒 | 自动创建CSS样式表

在新建一个jQuery UI小组件时，系统会自动在文件根目录中创建一个文件夹，里面是与构件相关的CSS样式表，可以通过更改这些样式表，而改变构件样式。

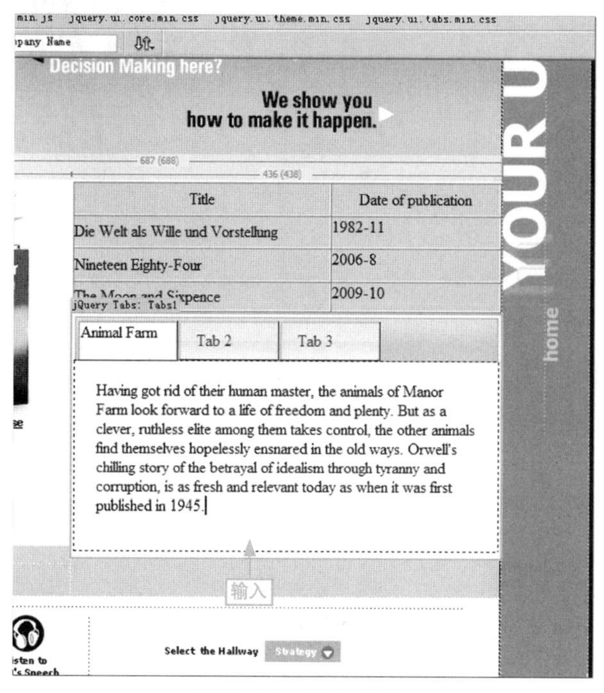

图4-60　输入文本

步骤03 保存页面后，在浏览器中即可查看到添加的选项卡式面板，如图4-61所示。

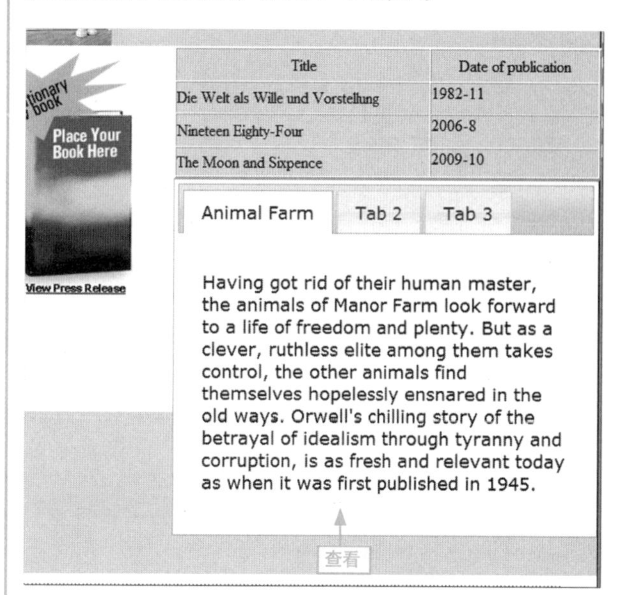

图4-61　查看效果

4.6 实战问答

?! NO.1 | 如何通过命令一次性插入多行或多列

元芳：可以在表格中插入单行或单列，那么是否可以在表格中插入多行或者多列呢？具体应该如何操作？

大人：可以基于所选表格插入多行或多列。若是需要插入多行或多列，除了在属性面板中更改行或列的值外，还有一种简单安全的方式，其具体操作方法如下。

步骤01 ❶选择需要插入行或列的单元格，右击，❷选择“表格/插入行或列”命令，如图4-62所示。

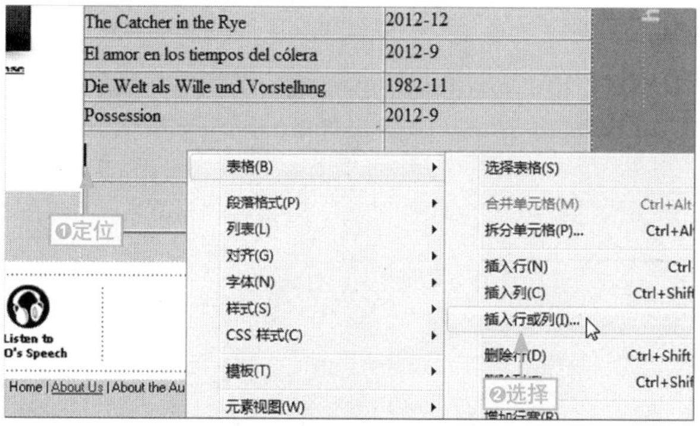

图4-62　选择“插入行或列”命令

步骤02 ❶在打开的“插入行或列”对话框中设置相应的参数，❷单击“确定”按钮完成操作，如图4-63所示。

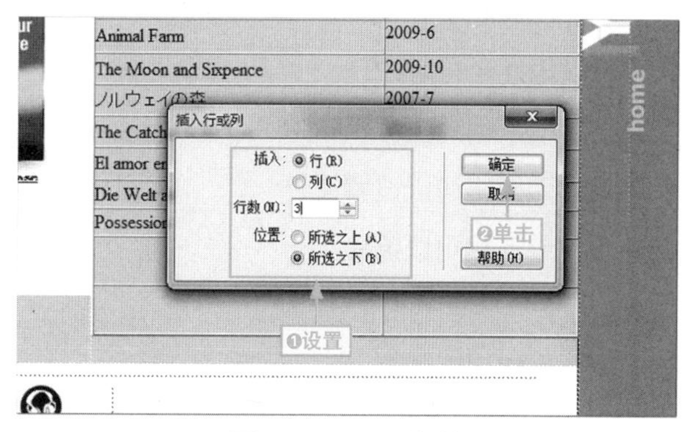

图4-63　设置行数

?! NO.2 | 表格布局和Div+CSS布局有何优缺点

元芳：现在网页设计中最常用的布局技术有表格布局和Div+CSS布局，这两种布局各有什么优点和缺点呢？

大人：表格布局容易上手，形式多变，简单快速，表现上更加“严谨”，在不同的浏览器中也能很好地兼容，但如果网站有布局变化的需要时，表格布局的网页会重新设计，工序较复杂。Div+CSS布局可以使内容和形式分离，网页前台只需要显示内容就行，形式上的美工交给CSS来处理，它生成的HTML文件代码精简，打开速度更快，但浏览器兼容性相对较差。

?! NO.3 | jQuery UI和jQuery有何区别

元芳：jQuery UI使用的功能，jQuery也可以使用，那么它们到底有什么本质上的区别呢，哪个使用范围更广？

大人：jQuery是一个js库，主要提供的功能是选择器、属性修改和事件绑定等。jQuery UI则是在jQuery的基础上，利用jQuery的扩展性设计的插件。提供了一些常用的界面元素，如对话框等，所以jQuery的使用范围更广。

4.7 思考与练习

填空题

1. 单击文档窗口下的____________标签可以选择表格。

2. 设置表格的宽度有两种数值单位，分别是____________和百分比。

选择题

1. 关于单元格的说法错误的是(　　)。

A. 单元格可以合并

B. 单个单元格可以删除

C. 单元格可以设置属性

D. 单元格可以拆分

2. 关于表格的说法错误的是(　　)。

A. 表格可以嵌套

B. 表格可以导入数据但不能导出

C. 表格可以进行排序

D. 表格可以修改宽度

判断题

1. 默认情况下，调整行高将更改所有受影响的单元格的高度。　(　　)

2. 在表格中添加数据时，都必须手动加入相关数据。　(　　)

3. jQuery UI Accordion可以在页面中创建一个水平方向上的多个选项卡集合。　(　　)

操作题

【练习目的】在表格中插入行和列并设置属性

下面将通过插入行和列并设置index文档中表格属性为例，让读者亲自体验在表格中插入属性、设置表格属性的操作，巩固本章的相关知识和操作。

【制作效果】

本节素材	DVD/素材/Chapter04/图书网10/
本节效果	DVD/效果/Chapter04/图书网10/

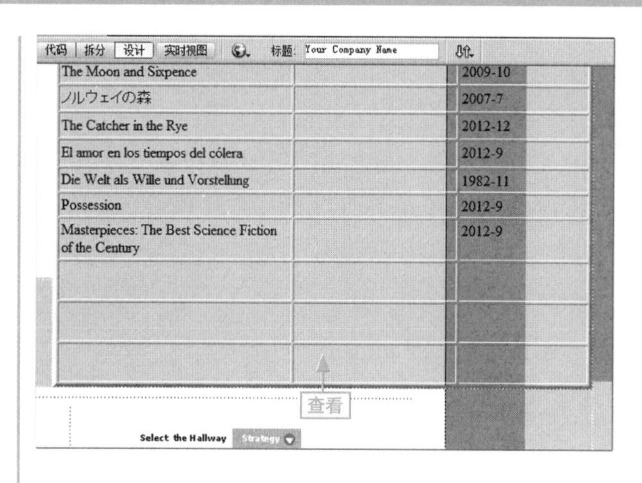

表单元素、模板和库的运用

本章要点

★ 插入表单域
★ 插入按钮
★ 从现有文档中创建模板
★ 插入可编辑区域
★ 基于模板创建页面
★ 分离页面中所使用的模板
★ 创建库项目
★ 插入库项目

学习目标

在网页中，存在着许多表单元素，表单元素主要负责数据采集，可以使网页与后台服务器进行信息交互。在网页设计时，可以利用模板和库制作出风格相似的网页，这样不仅节约时间，还有利于后期的维护，在本章中将会主要介绍到在网页中插入表单元素、模板的使用以及库的创建和使用等相关知识。

知识要点	学习时间	学习难度
插入表单元素	40分钟	★★
使用模板	60分钟	★★★
创建和应用库项目	45分钟	★★★

重点实例

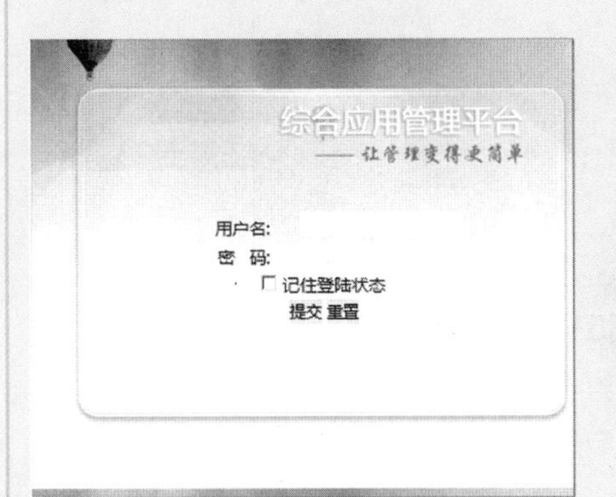

使用表单

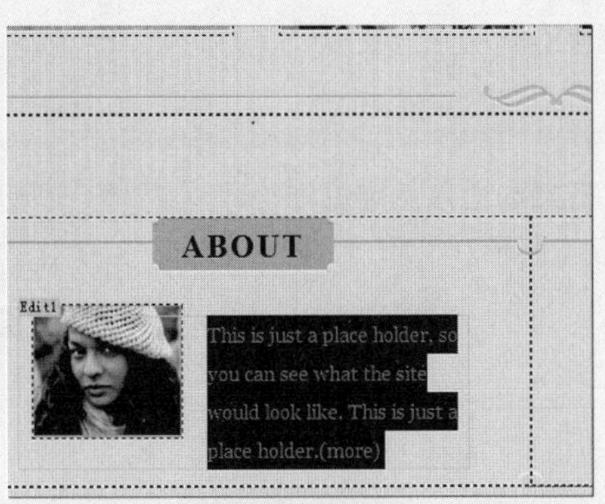

可编辑区域

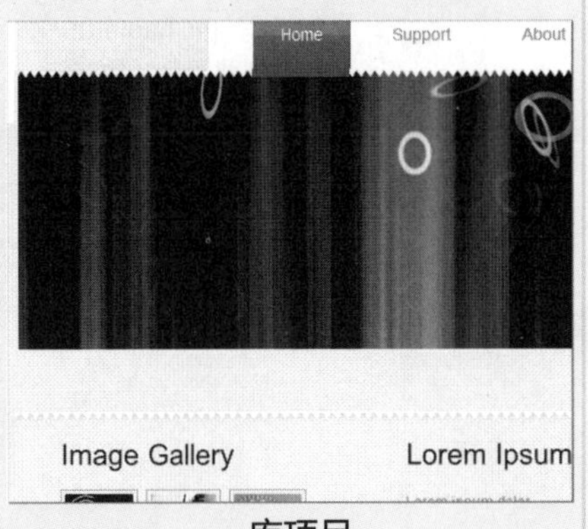

库项目

5.1 插入表单元素

表单在网页中主要是给用户填写相关信息，然后将收集信息提交给服务器，它以各种各样的形式广泛地应用于网页设计中，从而实现了网页与服务器的交互。

5.1.1 什么是表单

表单在网页中主要负责数据采集功能，一个表单有3个基本组成部分：表单标签、表单域、表单按钮，如图5-1所示。

学习目标	了解表单的概念
难度指数	★

图5-1 表单元素

5.1.2 插入表单域

表单域是表单中非常重要的元素，其他表单元素只能在表单域创建后的基础上才能创建，表单域的具体创建方法如下。

本节素材	DVD/素材/Chapter05/登录页面1/
本节效果	DVD/效果/Chapter05/登录页面1/
学习目标	掌握创建表单域的方法
难度指数	★★

步骤01 打开index素材文件，将文本插入点定位到需要插入表单域的位置，如图5-2所示。

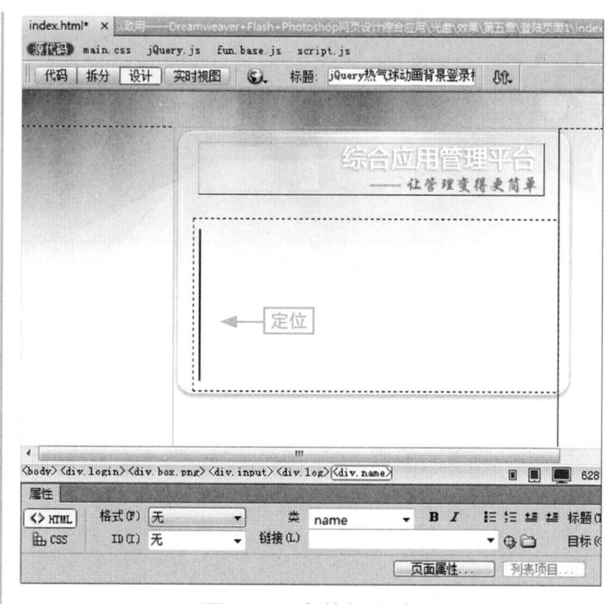

图5-2 定位插入点

步骤02 在“插入”面板的“表单”选项卡中单击“表单”按钮，如图5-3所示。

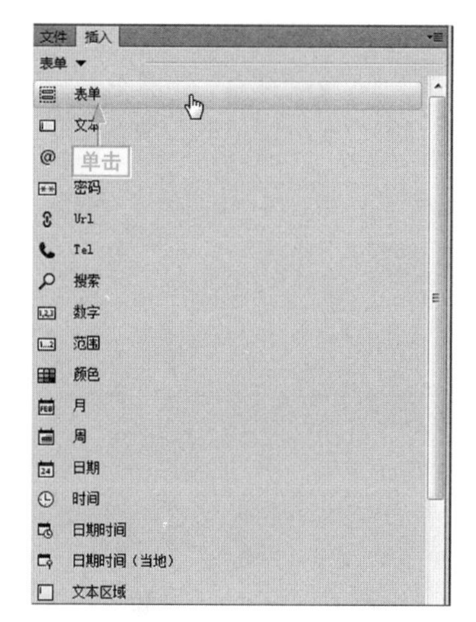

图5-3 插入表单域

步骤03 在“设计”窗口中即可查看到文本插入点处多了一个红色虚线的表单域，如图5-4所示。

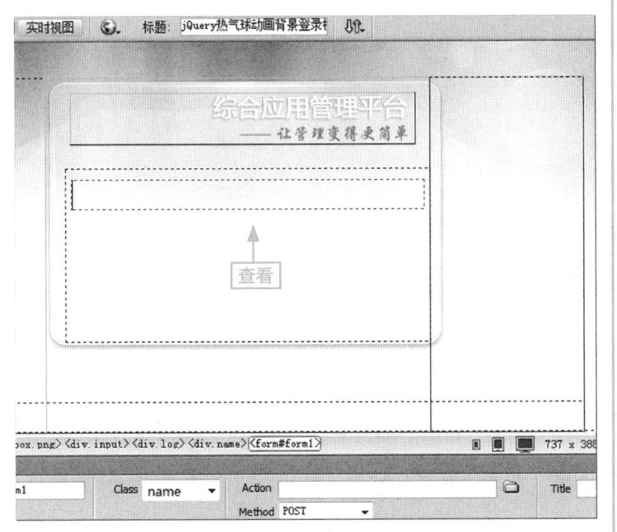

图5-4 查看效果

5.1.3 插入文本域

文本域是可以输入文本的表单元素，它可以接受任何类型字母或数字，在表单域中插入文本域的具体操作方法如下。

本节素材	DVD/素材/Chapter05/登录页面2/
本节效果	DVD/效果/Chapter05/登录页面2/
学习目标	掌握插入文本域的方法
难度指数	★★

步骤01 打开index素材文件，将文本插入点定位在表单域内，如图5-5所示。

图5-5 定位插入点

步骤02 在“插入”面板的“表单”选项卡中单击“文本”按钮，如图5-6所示。

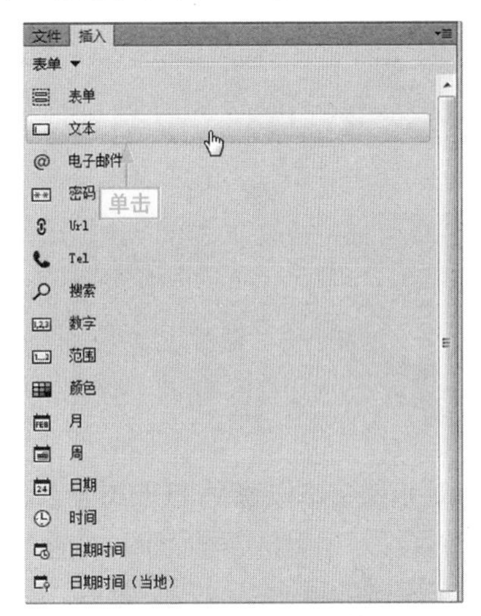

图5-6 插入文本域

步骤03 在“设计”窗口中即可查看到文本插入点处多了一个黑色边框的文本域，将文本域的文本字段更改为“用户名：”，如图5-7所示。

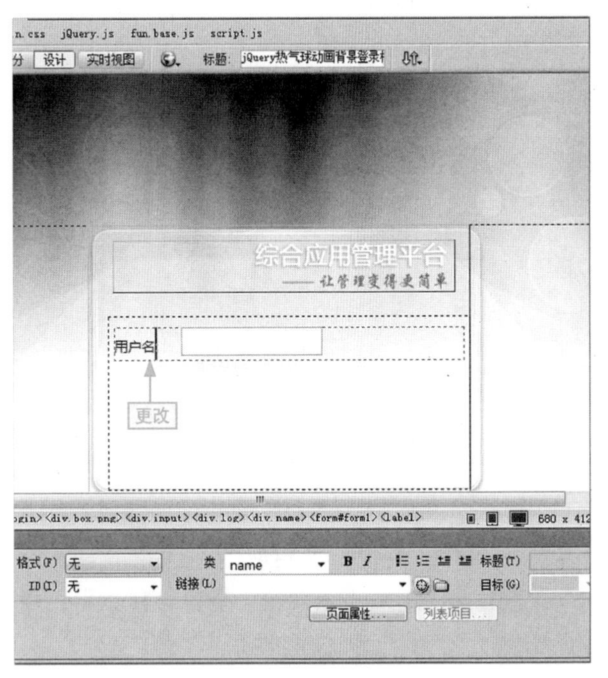

图5-7 更改文本字段

步骤04 保存页面后，在浏览器中预览，即可查看到插入的文本域，如图5-8所示。

图5-8　查看效果

5.1.4　插入密码域

密码域就是文本以密码的方式显示，这种情况下，密码会以其特殊符号显示，如星号或圆点等。插入密码域的具体操作方法如下。

本节素材	DVD/素材/Chapter05/登录页面3/
本节效果	DVD/效果/Chapter05/登录页面3/
学习目标	掌握插入密码域的方法
难度指数	★★

步骤01 打开index素材文件，将文本插入点定位在表单域内，如图5-9所示。

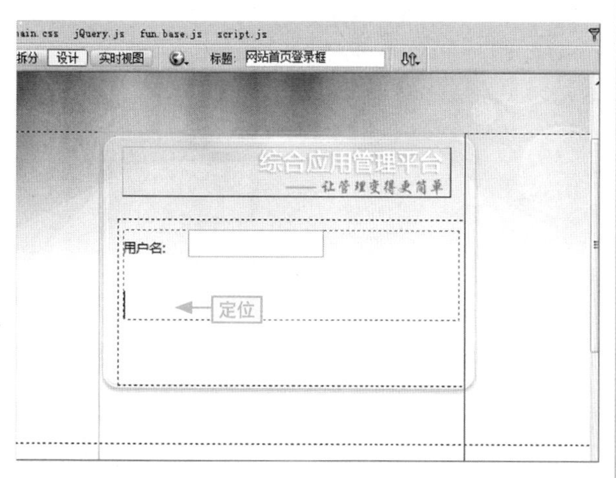

图5-9　定位插入点

步骤02 在“插入”面板的“表单”选项卡中单击“密码”按钮，如图5-10所示。

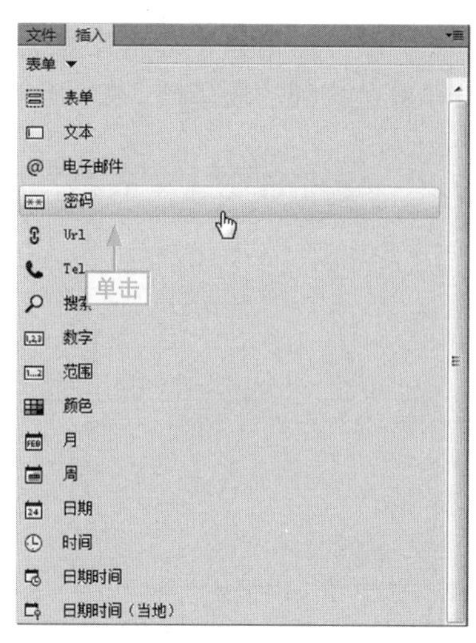

图5-10　单击“密码”按钮

步骤03 在“设计”窗口中即可查看到文本插入点处多了一个黑色边框的密码域，将密码域的文本字段更改为“密码：”，如图5-11所示。

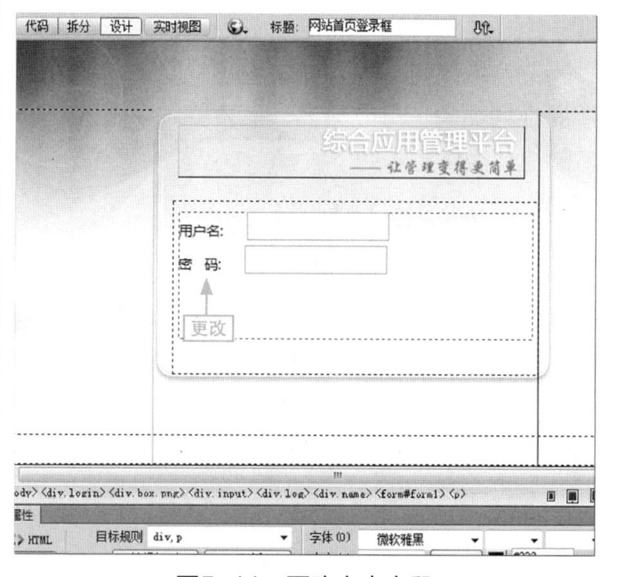

图5-11　更改文本字段

步骤04 保存页面后，在浏览器中预览，即可查看到插入的密码域，在文本框中输入文本，可见密码域是隐藏的，如图5-12所示。

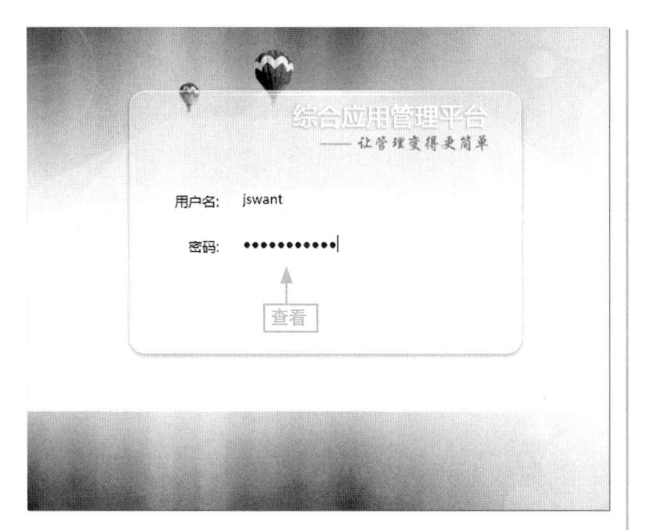

图5-12 查看效果

5.1.5 插入按钮

当用户向网页中输入数据时，需要用到按钮将数据提交给页面来处理。插入按钮的具体操作方法如下。

本节素材	DVD/素材/Chapter05/登录页面4/
本节效果	DVD/效果/Chapter05/登录页面4/
学习目标	掌握插入按钮的方法
难度指数	★★★

步骤01 打开index素材文件，将文本插入点定位在表单域内，如图5-13 所示。

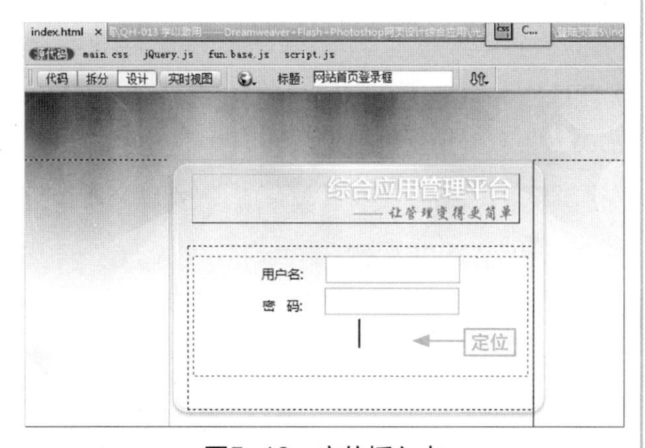

图5-13 定位插入点

步骤02 在“插入”面板的“表单”选项卡中单击“‘提交’按钮”按钮，如图5-14所示。

步骤03 在“插入”面板的“表单”选项卡中单击“‘重置’按钮”按钮，如图5-15所示。

图5-14 插入“提交”按钮 图5-15 插入“重置”按钮

步骤04 保存页面后，在浏览器中预览，即可查看到插入的“提交”与“重置”两个按钮，如图5-16所示。

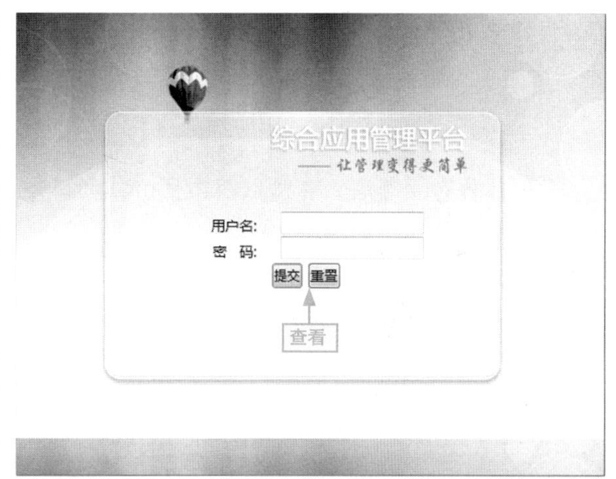

图5-16 查看效果

5.1.6 插入复选框

复选框为用户提供多种选择，可以多选也可以不选，复选框控件表示选中或取消某个项目。插入复选框的具体操作方法如下。

本节素材	DVD/素材/Chapter05/登录页面5/
本节效果	DVD/效果/Chapter05/登录页面5/
学习目标	掌握插入复选框的方法
难度指数	★★

步骤01 打开“index”素材文件，❶将文本插入点定位表单域内，❷在“插入”面板的“表单”选项卡中单击“复选框”按钮，如图5-17所示。

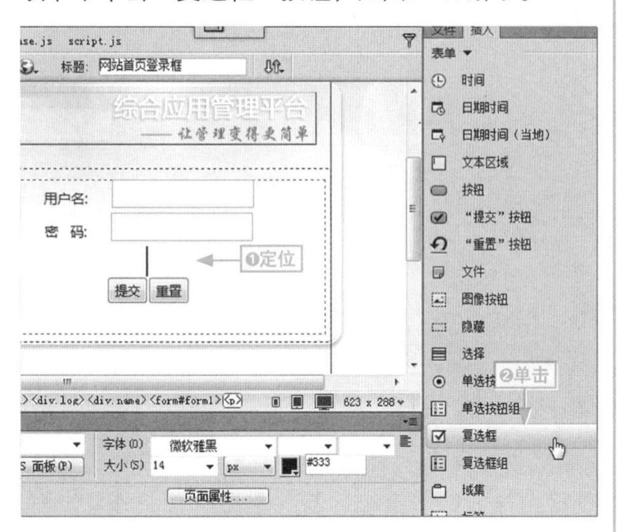

图5-17 插入复选框

步骤02 在“设计”窗口中即可查看到文本插入点处多了一个复选框，将复选框的文本字段更改为“记住登录状态”，如图5-18所示。

步骤03 保存页面后，在浏览器中预览，即可查看到插入的复选框，如图5-19所示。

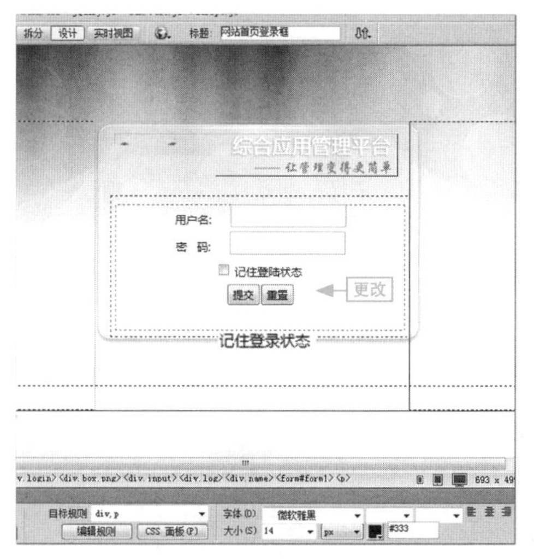

图5-18 更改文本字段

图5-19 查看效果

5.2 使用模板

模板是一种特殊的文档类型，网站设计过程中需要建立大量风格和布局一致的网页，为了避免网页设计人员重复制作网页中相同的部分，Dreamweaver CC提供了创建模板的功能。

5.2.1 创建模板

1. 创建空白模板

创建模板有两种方式，一种是创建空白模板；另一种是将现有的文档创建为模板。创建空白模板的具体操作方法如下。

本节素材	DVD/素材/Chapter05/无
本节效果	DVD/效果/Chapter05/Templates/Untitled-1.dwt
学习目标	掌握创建空白模板的方法
难度指数	★

步骤01 ❶单击“文件”菜单项，❷选择“新建”命令，如图5-20所示。

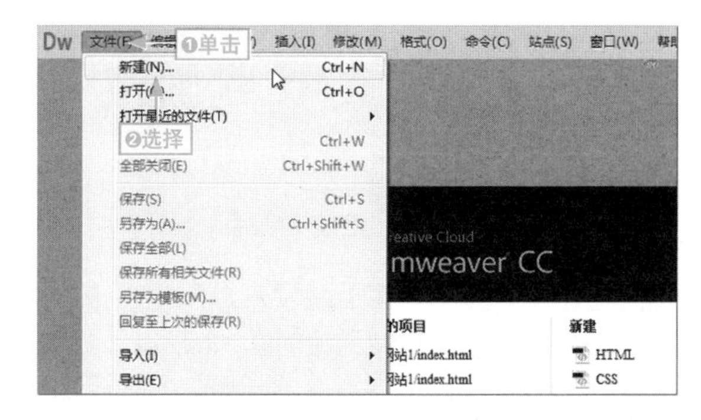

图5-20 准备新建内容

步骤02 ❶在打开的“新建文档”对话框中选择“空白页”选项卡，❷在“页面类型”栏中选择“HTML模板”选项，❸在“布局”栏中选择“无”选项，单击“创建”按钮，如图5-21所示。

专家提醒 | 模板的特点

模板的扩展名是.dwt，创建的模板存放在站点的根目录的Templates文件夹中，开始不存在该文件夹，当我们第一次创建模板时，系统会自动创建它。

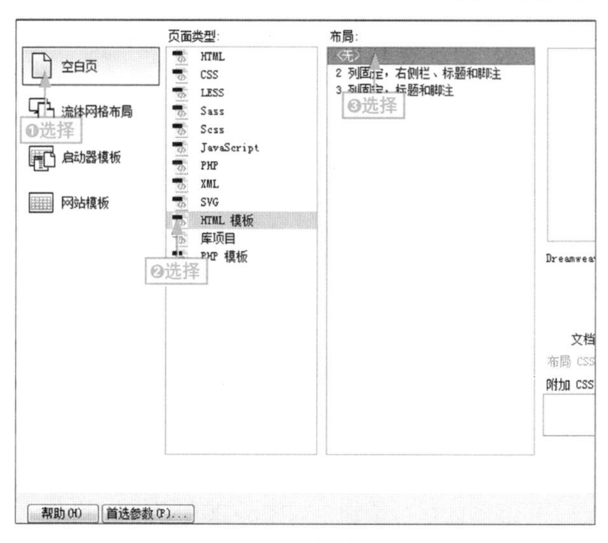

图5-21　新建模板

步骤03 操作完成后，❶即可在“设计”窗口查看到一个空白模板页面，❷在“文件”菜单中选择“另存为”命令，如图5-22所示。

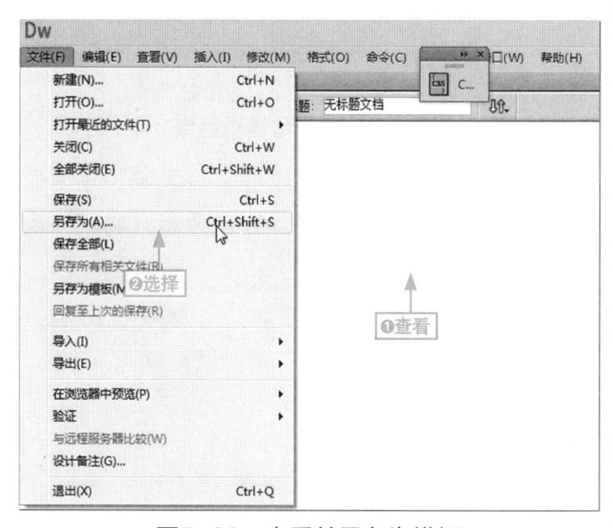

图5-22　查看并另存为模板

步骤04 在打开的Dreamweaver对话框中单击“确定”按钮，如图5-23所示。

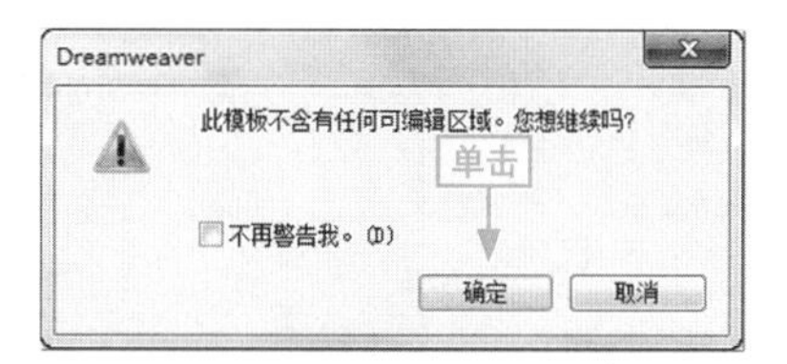

图5-23　无可编辑区域警告

步骤05 在打开的“另存为”对话框中，❶设置模板的存储路径，❷在“文件名”文本框中输入名称，❸单击“保存”按钮即可，如图5-24所示。

图5-24　保存模板

2. 根据现有文档创建模板

可以将现有的文档创建为模板，然后再根据需要进行修改，其具体操作方法如下。

本节素材	DVD/素材/Chapter05/个人网站1/
本节效果	DVD/效果/Chapter05/Templates/个人网页.dwt
学习目标	创建包含特定内容的模板
难度指数	★★

步骤01 打开index素材文件，在菜单栏的“文件”菜单中选择“另存为模板”命令，如图5-25所示。

图5-25　启动另存模板的功能

步骤02 ❶在打开的“另存模板”对话框中的“另存为”文本框中输入名称，❷单击“保存”按钮，如图5-26所示。

图5-26　设置另存模板

步骤03 在打开的Dreamweaver对话框中，单击“是”按钮即可，如图5-27所示。

图5-27　确认更新链接

5.2.2　插入可编辑区域

创建完模板后，可为模板中创建可编辑区域，用以控制页面中哪些区域可以编辑，哪些区域不可以编辑，其具体操作方法如下。

本节素材	DVD/素材/Chapter05/Templates/个人网页1.dwt
本节效果	DVD/效果/Chapter05/Templates/个人网页1.dwt
学习目标	掌握如何在模板中设置可编辑区域
难度指数	★★

步骤01 打开“个人网页1”素材文件，选择需要定义为可编辑区域的文本，如图5-28所示。

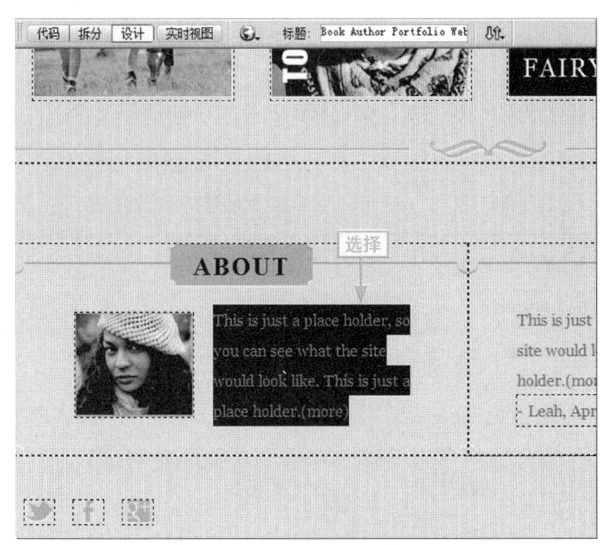

图5-28　选择可编辑文本

步骤02 在“插入”面板的“模板”选项卡中单击“可编辑区域”按钮，如图5-29所示。

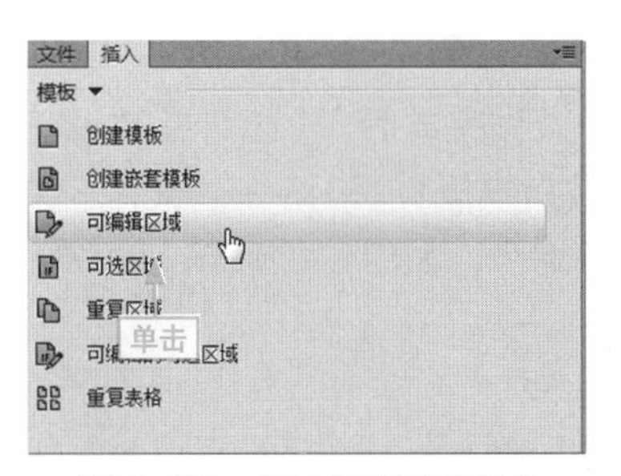

图5-29　插入可编辑区域

步骤03 ❶在打开的“新建可编辑区域”对话框的“名称”文本框中输入名称，❷单击“确定”按钮，如图5-30所示。

图5-30　新建可编辑区域

步骤04 在文档窗口中即可查看到绿色边框的可编辑区域，如图5-31所示。

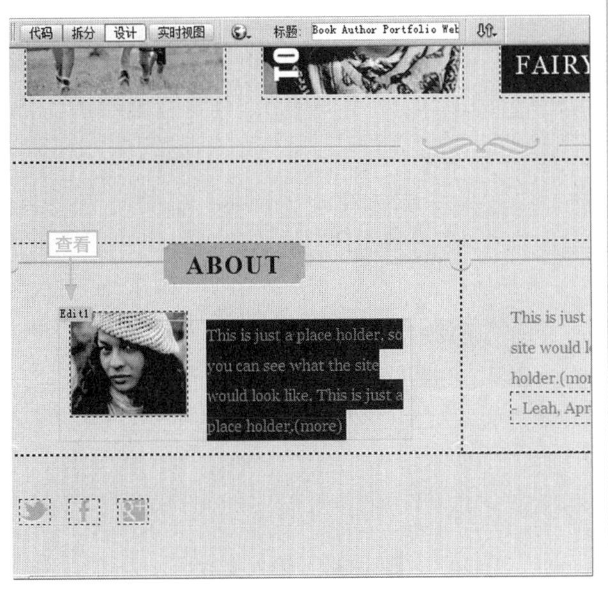

图5-31 查看效果

5.2.3 删除可编辑区域

若要取消可编辑区域的标记，让它成为普通模板，可按如下操作进行。

本节素材	DVD/素材/Chapter05/Templates/个人网站2.dwt
本节效果	DVD/效果/Chapter05/Templates/个人网站2.dwt
学习目标	掌握如何删除模板可编辑区域
难度指数	★★

步骤01 打开“个人网站2”素材文件，选择需要删除的可编辑区域标记，如图5-32所示。

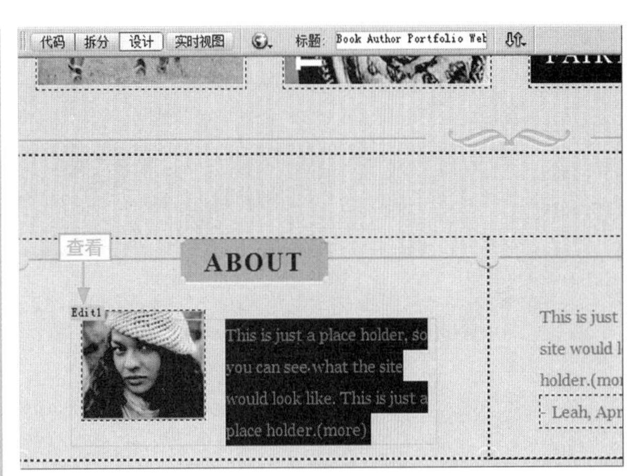

图5-32 选择可编辑区域

步骤02 在菜单栏中选择“修改/模板/删除模板标记”命令，如图5-33所示，即可删除可编辑区域。

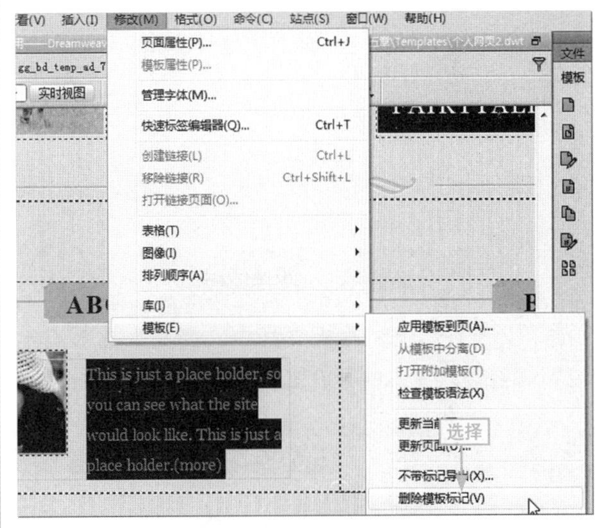

图5-33 删除可编辑区域

5.3 模板的应用

在Dreamweaver CC中创建大量风格统一的网页时，通过统一的模板来创建页面，可以大大提高工作效率。

5.3.1 基于模板创建页面

基于模板可快速创建页面，下面以创建个人网站2为例讲解相关操作。

本节素材	DVD/素材/Chapter05/Templates/个人网站3.dwt
本节效果	DVD/效果/Chapter05/个人网站2/index.html
学习目标	掌握使用模板创建网页的方法
难度指数	★★★

步骤01 在菜单栏的“文件”菜单中选择“新建”命令，如图5-34所示。

步骤02 ❶单击“网站模板”选项卡，❷在“站点”栏中选择“个人网站”选项，❸在“站点‘个人网站’的模板”区域中选择“个人网站3”选项，❹单击“创建”按钮，如图5-35所示。

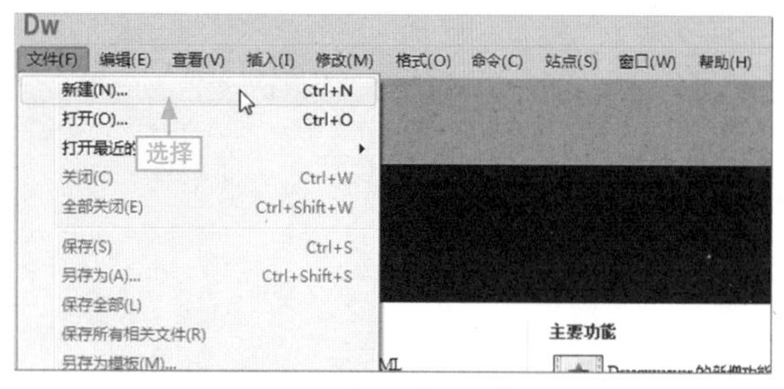

图5-34 选择“新建”命令

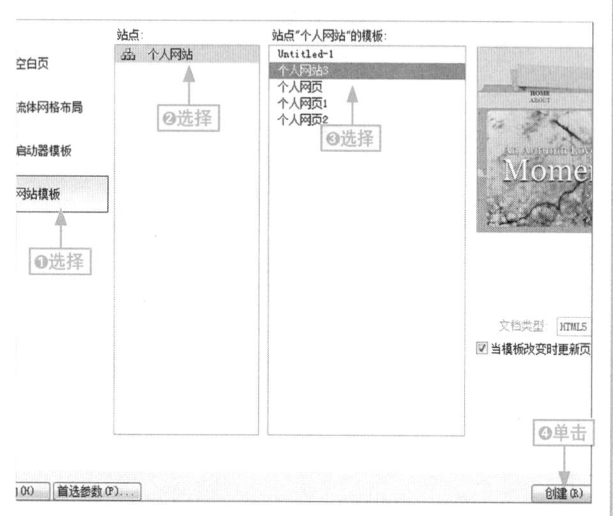

图5-35 选择模板

步骤03 在打开的模板文档中，将文本插入点定位到需要输入文本的可编辑区域，如图5-36所示。

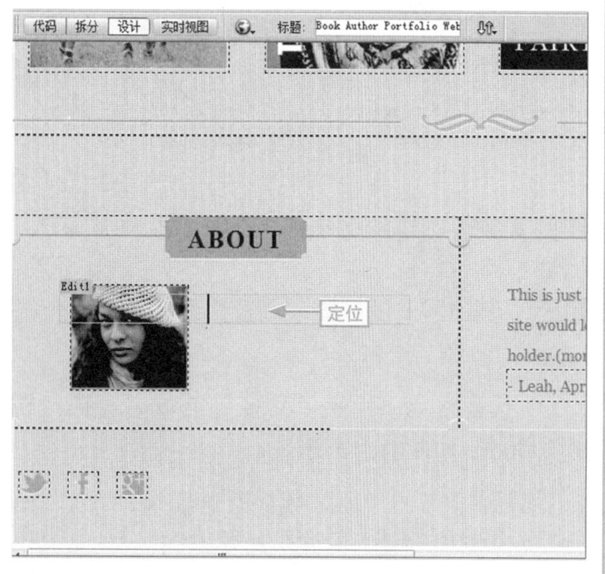

图5-36 文本插入点定位

步骤04 在可编辑区域输入相应的文本，如图5-37所示。

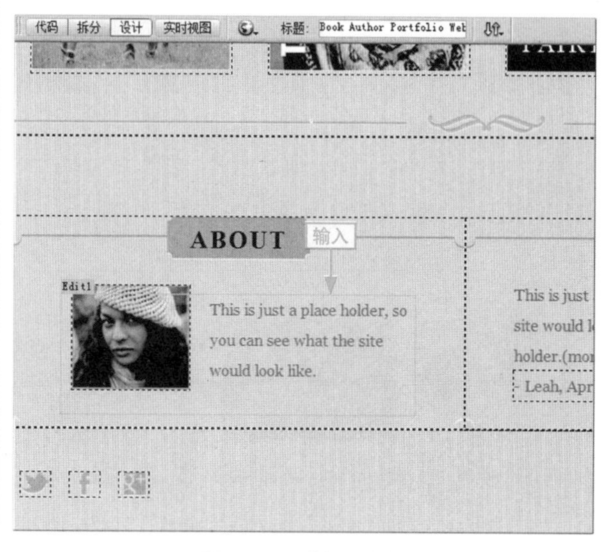

图5-37 输入文本

步骤05 保存页面后，在浏览器中可查看到使用模板编辑的网页，如图5-38所示。

图5-38 查看效果

5.3.2 分离页面中所使用的模板

若是不希望创建的网页随模板的更新而更新，或想更改非可编辑区域的元素，则需要将页面从模板中分离出来，其具体操作方法如下。

本节素材	DVD/素材/Chapter05/个人网站3/
本节效果	DVD/效果/Chapter05/个人网站3/
学习目标	熟悉分离网页和模板的方法
难度指数	★★★

步骤01 打开index素材文件，在菜单栏的“修改”菜单中选择“模板/从模板中分离”命令，如图5-39所示。

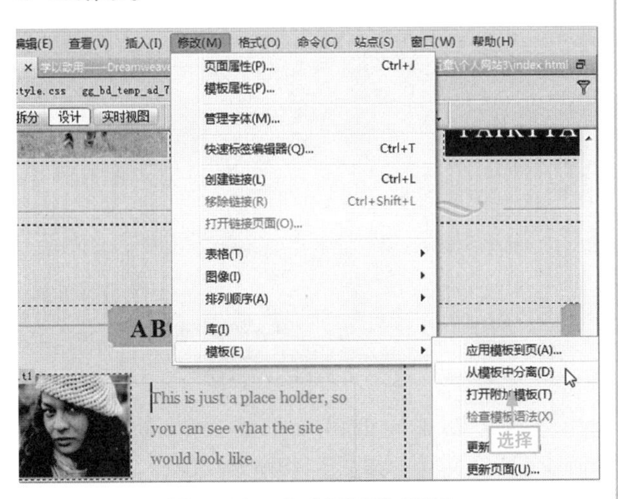

图5-39 分离网页和模板

步骤02 保存页面后，该页面已经和模板分离，此时查看到右上角模板名称和边框消失，而且文档任何位置都可编辑，如图5-40所示。

核心妙招 | 批量更新页面

若是大量网页使用相同模板创建的，可在“修改”菜单中选择“模板/更新页面”命令，在打开的对话框中设置页面更新范围，单击“开始”按钮批量更新使用相同模板的页面。

图5-40 查看效果

5.4 创建和应用库项目

在Dreamweaver中，库是一种特殊的文件，它和模板的作用与使用方法相似，不同的是模板是为了方便用户统一创建页面与更新页面，库则是方便用户对网页局部进行更新。

5.4.1 创建库项目

库是一些网页元素的集合，同一个库可以被站点中的多个页面重复使用，在Dreamweaver CC中创建库项目的具体操作方法如下。

本节素材	DVD/素材/Chapter05/Library/image/
本节效果	DVD/效果/Chapter05/Library/top.lbi
学习目标	掌握创建库项目的方法
难度指数	★★

步骤01 在菜单栏的“文件”菜单中选择“新建”命令，如图5-41所示。

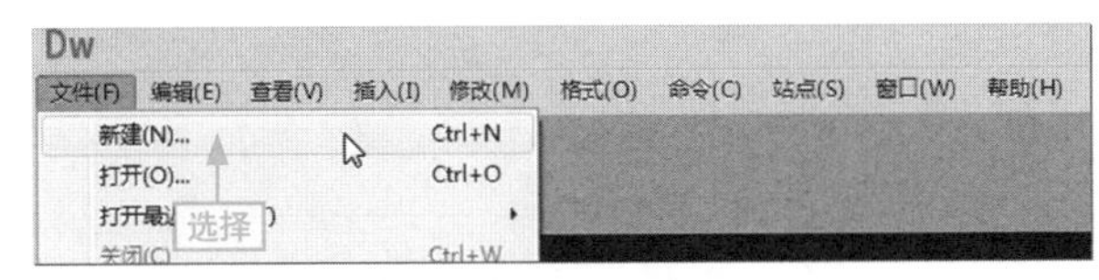

图5-41 选择“新建”命令

步骤02 ❶在打开的对话框中单击“空白页”选项卡，❷在“页面类型”栏中选择“库项目”选项，❸单击“创建”按钮，如图5-42所示。

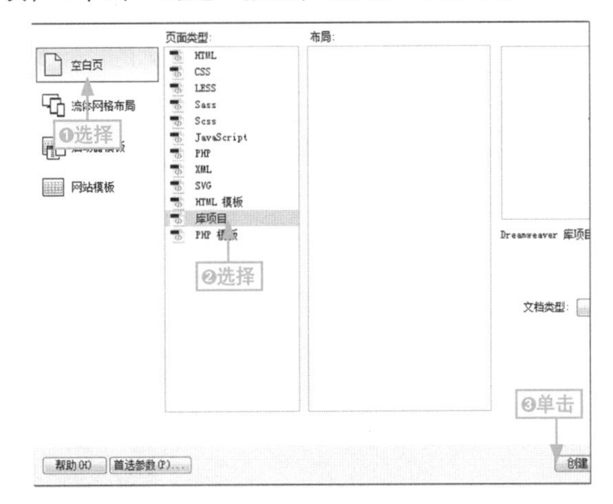

图5-42 创建库项目

步骤03 ❶在打开的“另存为”对话框中选择文件路径，❷在“文件名”文本框中输入名称，❸单击“保存”按钮，如图5-43所示。

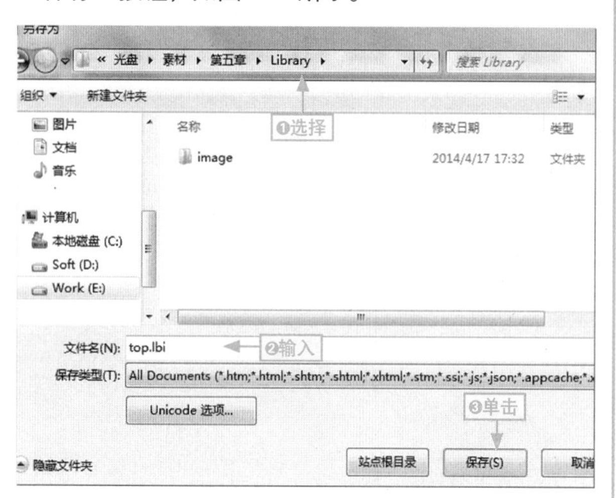

图5-43　设置另存文件

步骤04 在“插入”面板中单击“表格”按钮，如图5-44所示。

步骤05 ❶在打开的“表格”对话框中设置相关参数，❷单击“确定”按钮，如图5-45所示。

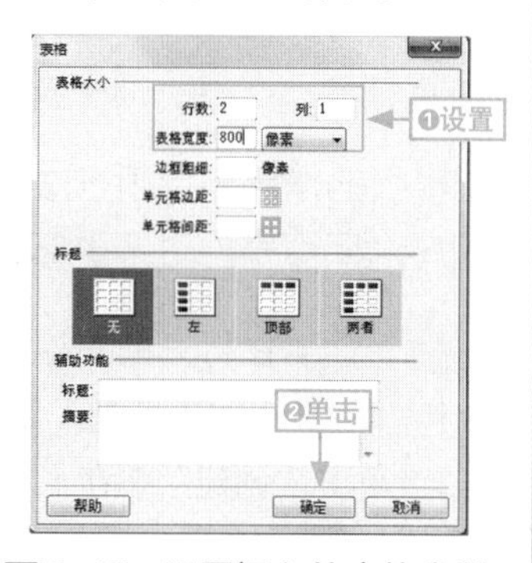

图5-44　插入表格　图5-45　设置插入的表格参数

步骤06 ❶将文本插入点定位到表格的第一行中，❷在“插入”面板中单击“图像”按钮，如图5-46所示。

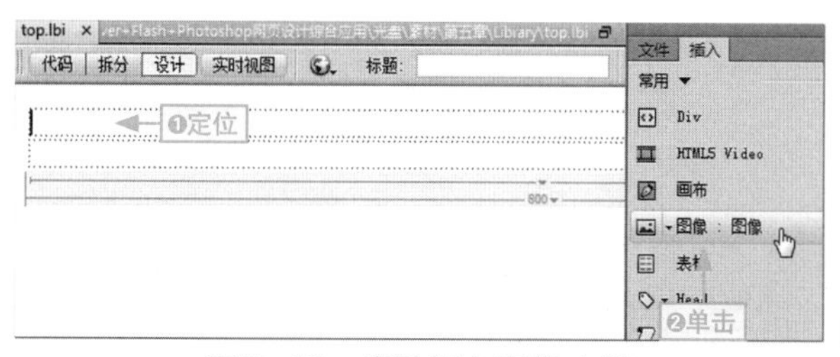

图5-46　启动插入图像功能

步骤07 ❶在打开的“选择图像源文件”对话框中选择home1图像文件，❷单击“确定”按钮，如图5-47所示。

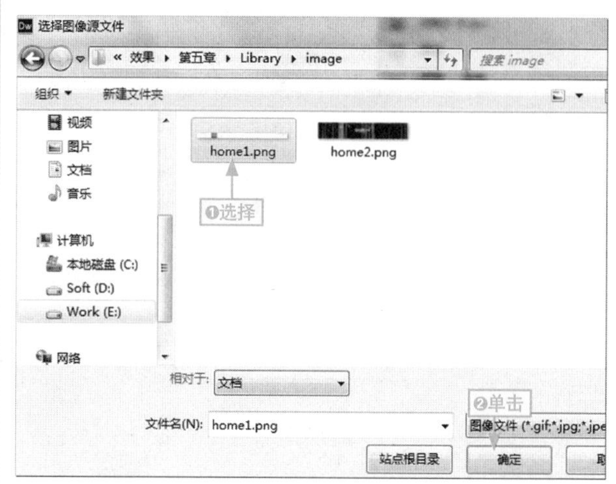

图5-47　插入图像

步骤08 以相同的方法在表格第二行中插入home2图像文件，如图5-48所示。

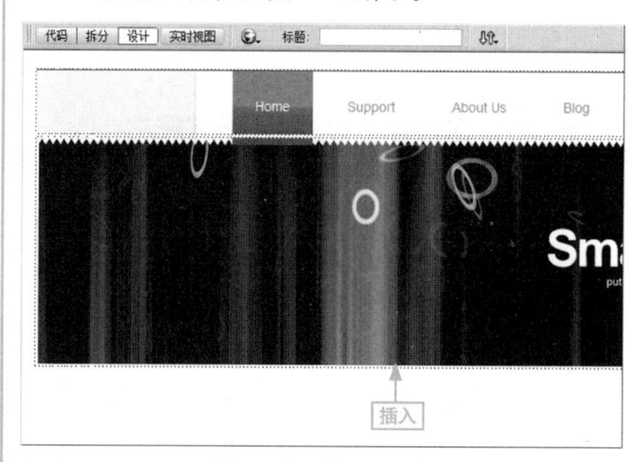

图5-48　插入图像

步骤09 ❶选择整个表格，❷在表格“属性”面板中，将CellPad与CellSpace属性的值分别设置为“0”，如图5-49所示。

步骤10 保存库项目文档，在“实时视图”窗口中预览效果，如图5-50所示。

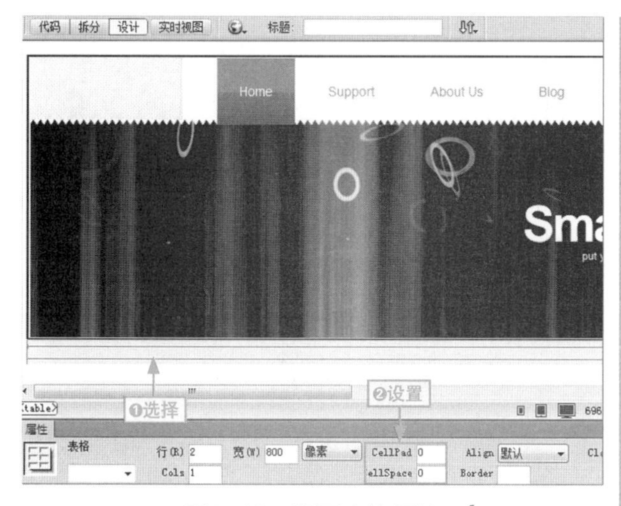

图5-49 设置表格属性

专家提醒 | 项目库默认保存位置

在Dreamweaver 中，库项目文件建立完成后，会自动在站点根目录下建立一个Library文件夹，将库项目文件放置在该文件夹中。

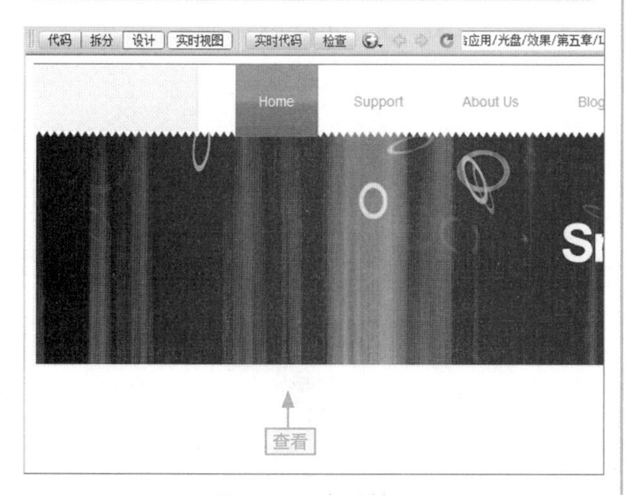

图5-50 查看效果

5.4.2 插入库项目

库项目创建完成后，就可以添加到相应的页面中，这样既方便又节省时间，其具体操作方法如下。

本节素材	DVD/素材/Chapter05/个人网站4/
本节效果	DVD/效果/Chapter05/个人网站4/
学习目标	掌握向页面中添加库项目的方法
难度指数	★★

步骤01 打开index素材文件，将文本插入点定位在文档的头部，如图5-51所示。

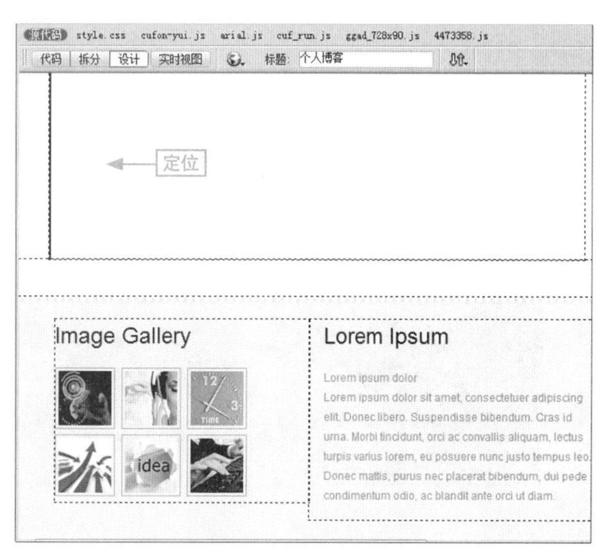

图5-51 定位插入点

步骤02 在“窗口”菜单项中选择“资源”命令，如图5-52所示。

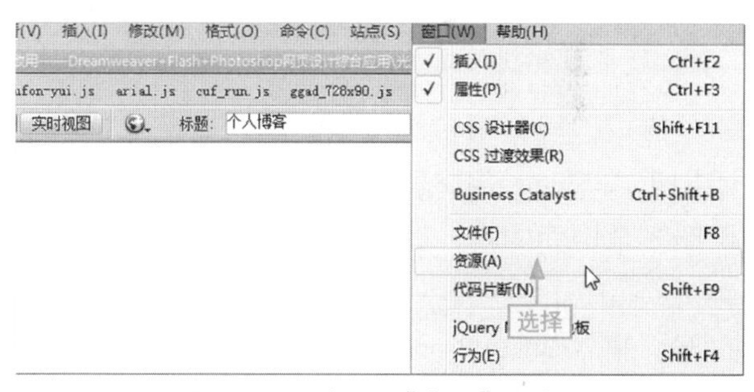

图5-52 打开“资源”面板

步骤03 ❶在“资源”面板中单击“库”按钮，❷选择top库项目文件，❸单击“插入”按钮，如图5-53所示。

步骤04 保存页面后，在浏览器中预览时即可查看效果，如图5-54所示。

图5-53　插入库项目

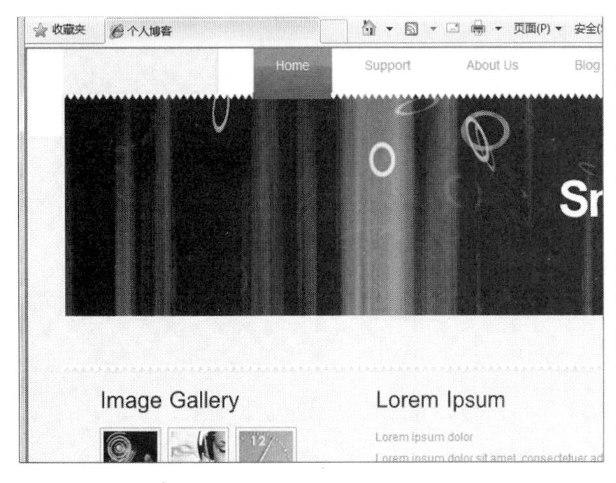

图5-54　查看效果

5.4.3　更新库项目

库项目经常被多个页面使用，当在库项目中添加了内容时，只需要更新库项目，就可以同时更新多个页面内容，其具体操作方法如下。

本节素材	DVD/素材/Chapter05/个人网站5/
本节效果	DVD/效果/Chapter05/个人网站5/
学习目标	掌握库项目的更新方法
难度指数	★★★

步骤01 打开index素材文件，通过“窗口/资源”命令打开“资源”面板，如图5-55所示。

步骤02 ❶在“资源”面板中单击“库”按钮，❷选择top库项目文件，❸右击，选择“编辑”命令，如图5-56所示。

步骤03 ❶在文档窗口中选择图像，❷在“属性”面板中更改图像的相关属性，图5-57所示。

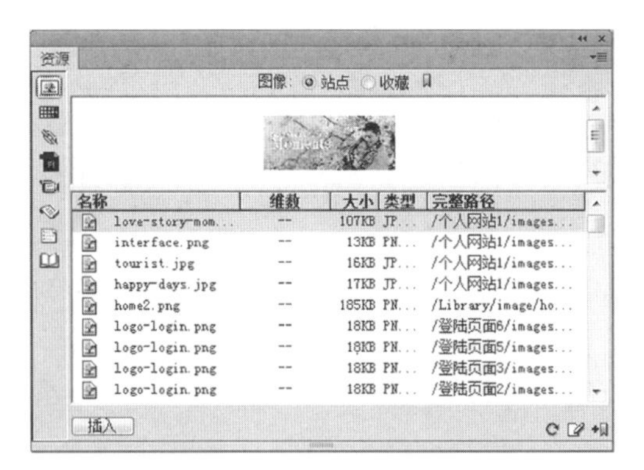

图5-55　打开“资源”面板

图5-56　准备编辑库项目

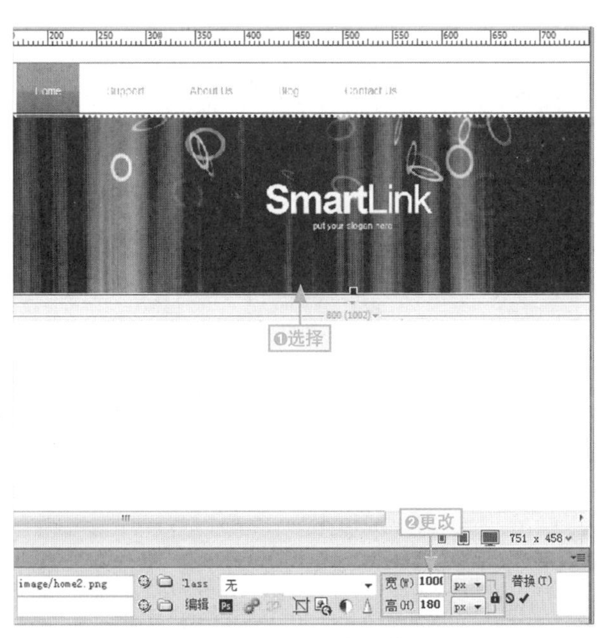

图5-57　更改属性

步骤04 保存库项目文档，❶在打开的“更新库项目”对话框中选择需要更新的页面，❷单击“更新”按钮，如图5-58所示。

图5-58　选择更新范围

步骤05 在打开的“更新页面”对话框中等待自动更新完成后，单击“关闭”按钮即可，如图5-59所示。

图5-59　更新页面

步骤06 保存页面后，在浏览器中预览效果，如图5-60所示。

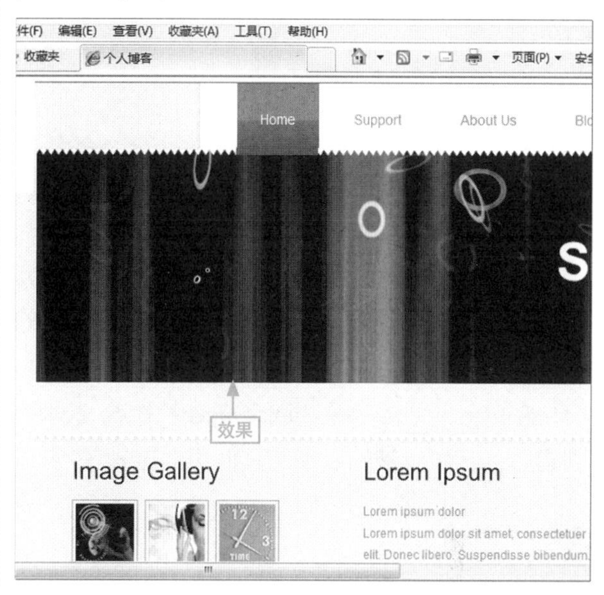

图5-60　预览效果

5.5 实战问答

?! NO.1 | 有没有什么方法可以调整表单的大小

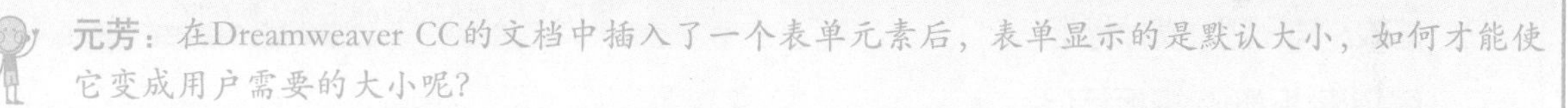

元芳： 在Dreamweaver CC的文档中插入了一个表单元素后，表单显示的是默认大小，如何才能使它变成用户需要的大小呢?

大人： 更改表单的大小的方法有多种，最简单直接的方法就是在文档代码窗口中，找到该表单元素的代码标签<input>，在其中设置Width和Height参数的值即可，还有一种方法就是通过外联CSS样式表来调整表单的大小。

?! NO.2 | 怎么才不会出现库项目找不到路径的问题

元芳： 如果新建立了一个库项目后，那在别的文档中插入库项目文件会不会出现路径出错的问题，如图片不能正常显示、超链接出错等这类问题?

大人： 在Dreamweaver CC中创建的库项目，若是链接了其他元素，如图像、文字或动画等，那么库中将只存储对该元素的一个引用，只要用户不修改元素的相对位置，让该元素保存在指定的路径，就不会出现以上的问题。

5.6 思考与练习

填空题

1. 一个表单主要由________、________和________3部分组成

2. ________是一种特殊的文档类型，它为网站设计过程中需要建立大量风格和布局一致的网页提供了方便。

3. ________是一些网页元素的集合文件，创建后，它可以被站点中的其他页面重复使用。

选择题

1. 下列选项中不是表单元素的是(　　)。

A. 复选框　　B. 文本框

C. 单元格　　D. 标签

2. (　　)是删除模板标记的命令。

A. 插入/模板/删除模板标记

B. 修改/模板/删除模板标记

C. 编辑/模板/删除模板标记

D. 以上3种都不是

3. (　　)不是对库项目的操作。

A. 分离库项目　　B. 插入库项目

C. 更新库项目　　D. 创建库项目

判断题

1. 文本域就是文本以密码的方式显示，这种情况下，文本会以其特殊符号显示，如星号或圆点等。　(　　)

2. 若是不希望创建的网页随模板的更新而更新，或想更改非可编辑区域的元素，可将页面从模板中分离出来。　(　　)

3. 库项目更新时，可以在站内更新部分页面，也可以更新站内所有页面。　(　　)

操作题

【练习目的】在个人网站中插入文本区域

下面将通过在“个人网站6”文档中插入文本区域为例，让读者亲自体验在Dreamweaver CC的文档中插入文本区域的相关操作，巩固本章的相关知识和操作。

【制作效果】

本节素材	DVD/素材/Chapter05/个人网站6/
本节效果	DVD/效果/Chapter05/个人网站6/

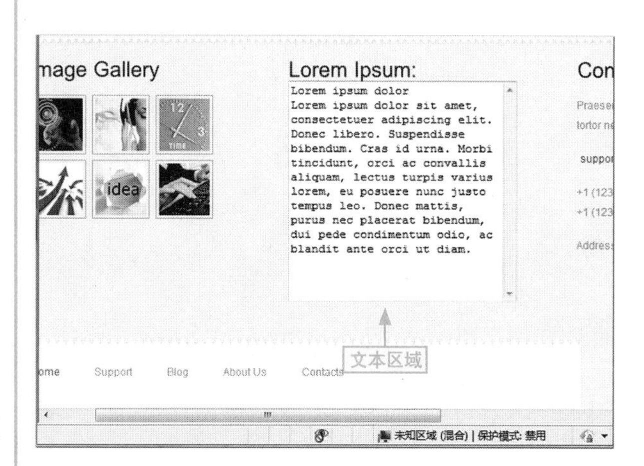

Chapter 06

运用行为制作交互网页

本章要点

- ★ 事件
- ★ 熟悉动作类型
- ★ 设置图像的动作
- ★ 打开浏览器窗口
- ★ 设置浏览器环境
- ★ 设置文本域文字
- ★ 晃动效果
- ★ 滑动效果

学习目标

行为是用来动态地响应用户的某些操作的一种方法。在页面中使用行为可以让不懂编程的人也能制作出具有动态效果与交互效果的网页。本章将详细讲解网页中如何利用行为实现网页的特效。

知识要点	学习时间	学习难度
行为的概念	30分钟	★★
网页添加行为的过程	60分钟	★★★
设置网页特殊效果	40分钟	★★★★

重点实例

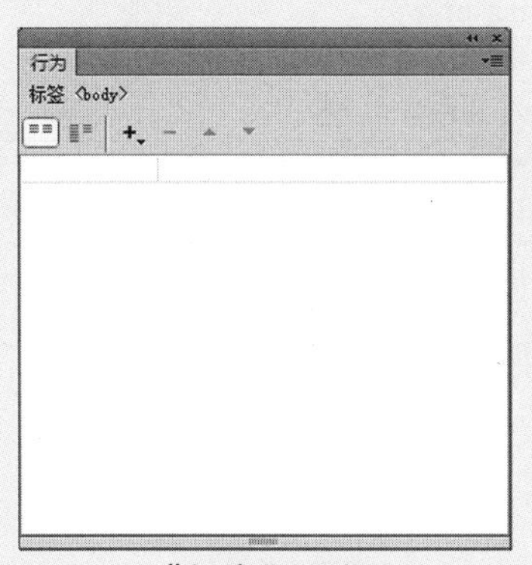

"行为"面板

调用JavaScript

设置文本域文字

6.1 行为的概念

行为是Dreamweaver中内置的JavaScript程序库，当发生某事件时执行某动作的过程就是行为，它是事件和动作的组合。

6.1.1 认识“行为”面板

在Dreamweaver中，主要通过“行为”面板来将行为添加到页面的标签上，并可以对以前添加的行为参数进行修改，“行为”面板如图6-1所示。

学习目标	了解“行为”面板的概念
难度指数	★

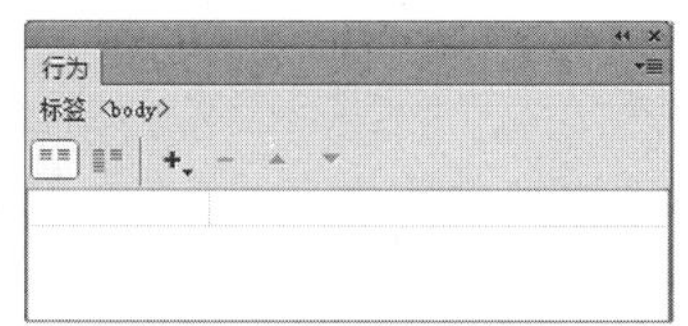

图6-1 “行为”面板

6.1.2 事件

当用户访问网页时，浏览器产生事件，从而导致动作的发生，Dreamweaver提供了许多常用的能够触发的事件，如表6-1所示。

学习目标	了解事件的概念
难度指数	★

表6-1 Dreamweaver中常见的事件

类型	注释
onload	当浏览器完成装入一个窗口或一个帧集合中所有的帧时，产生该事件
onunload	当Web页面退出时引发该事件
onsubmit	在完成信息输入，准备将信息提交给服务器处理时发生该事件
onReset	当一个表单对象被提交以及被重置时，触发该事件
onmousedown	当按下鼠标上一个键时，发生该事件
onmousemove	鼠标移动时发生该事件
onmouseover	鼠标悬停在一个界面对象时发生该事件
onmouseout	当鼠标滑出一个界面对象时，发生该事件
onmouseup	释放鼠标上一个键时发生该事件
onclick	当用户单击鼠标按钮时，产生该事件
onfocus	当表单对象中的文本输入框、文本输入区或者选择框获得焦点时，引发该事件

6.1.3 熟悉动作类型

动作是一段预先编写好的JavaScript代码，这些代码可以实现一些特定的功能，如改变属性、检查插件等，Dreamweaver中常见的动作如表6-2所示。

学习目标	了解常见的动作类型
难度指数	★

表6-2 Dreamweaver中常见的动作

类型	注释
调用JavaScript	让用户可以使用“行为”面板指定当事件发生时要执行的JavaScript代码
改变属性	可以改变对象属性中的某一项值
检查插件	根据用户是否安装了指定插件来将它们导向到不同的页面
转到URL	在当前窗口或指定框架中打开一个新页面
弹出消息	将使用用户指定的消息显示一条Java Script警告
预载入图像	将那些暂时不出现在页面上的图像提前载入到浏览器缓存中
设置导航条图像	将一幅图像转换为导航条图像，或者改变导航条中图像的显示和动作
检查表单	检查指定文本域内容的合法性以确保用户输入的是正确的数据类型

6.2 网页添加行为

在Dreamweaver CC中内置了许多行为，每种行为可实现一种网页特效，即使用户不熟悉JavaScript代码，也可以构建交互式网页。

6.2.1 设置图像的行为

1. 交换图像

“交换图像”行为就是当鼠标光标经过图像时，原图就变成了另外一幅图像，该行为可以创建转滚按钮和其他图像效果，其具体操作方法如下。

本节素材	DVD/素材/Chapter06/个人网站1/
本节效果	DVD/效果/Chapter06/个人网站1/
学习目标	掌握“交换图像”行为的设置方法
难度指数	★★

步骤01 打开index素材文件，❶选择页面中需要添加交换图像行为的图像，❷在菜单栏的“窗口”菜单中选择“行为”命令，如图6-2所示。

图6-2 选择图像与命令

步骤02 ❶在打开的“行为”面板中单击“添加行为”下拉按钮，❷选择“交换图像”命令，如图6-3所示。

步骤03 在打开的“交换图像”对话框中单击“浏览”按钮，如图6-4所示。

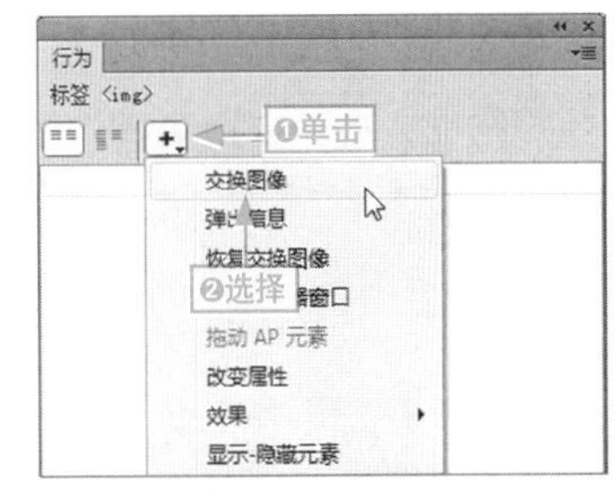

图6-3 选择“交换图像”命令

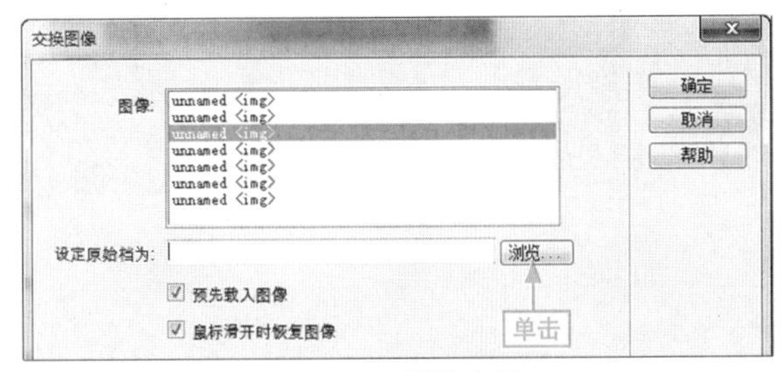

图6-4 浏览文件

步骤04 ❶在打开的对话框中选择所需图像，❷单击“确定”按钮，如图6-5所示。

图6-5 选择交换图像

步骤05 返回到“交换图像”对话框，单击“确定”按钮，如图6-6所示。

步骤06 保存页面后，在浏览器中预览页面，如图6-7上图所示，当鼠标指针移动到交换图像上时，可查看到图像发生变化，如图6-7下图所示。

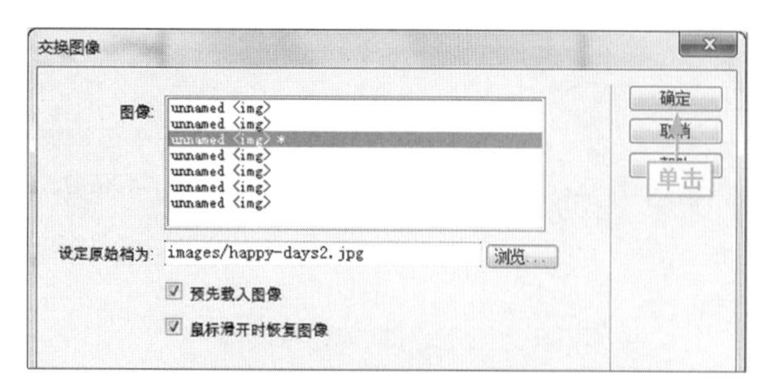

图6-6 确认交换图像

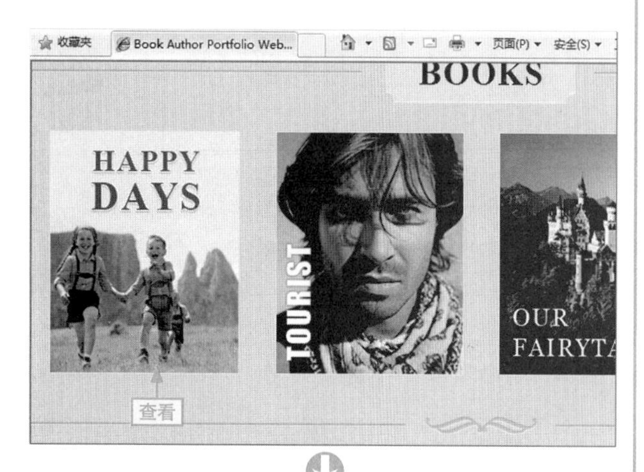

图6-7 查看效果

2. 恢复交换图像

“恢复交换图像”行为只有在使用了“交换图像”行为以后才可以使用，它可以将被替换的图像恢复为原始图像，其具体操作方法如下。

本节素材	DVD/素材/Chapter06/个人网站2/
本节效果	DVD/效果/Chapter06/个人网站2/
学习目标	掌握“恢复交换图像”行为的设置方法
难度指数	★★

步骤01 打开index素材文件，❶选择页面中添加过“交换图像”行为的图像，❷在菜单栏“窗口”菜单中选择“行为”命令，如图6-8所示。

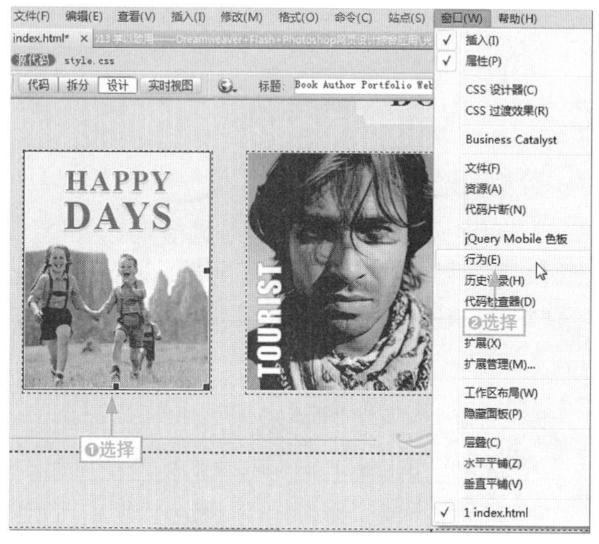

图6-8 选择图像和命令

步骤02 ❶在打开的“行为”面板中单击“添加行为”下拉按钮，❷选择“恢复交换图像”命令，如图6-9所示。

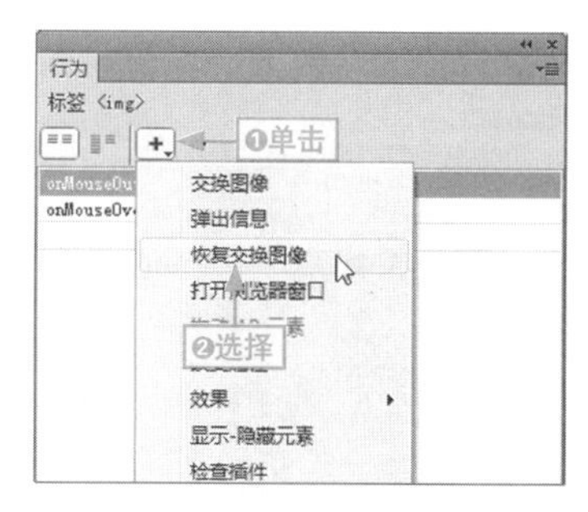

图6-9 恢复交换图像

步骤03 在打开的“恢复交换图像”对话框中单击“确定”按钮即可，如图6-10所示。

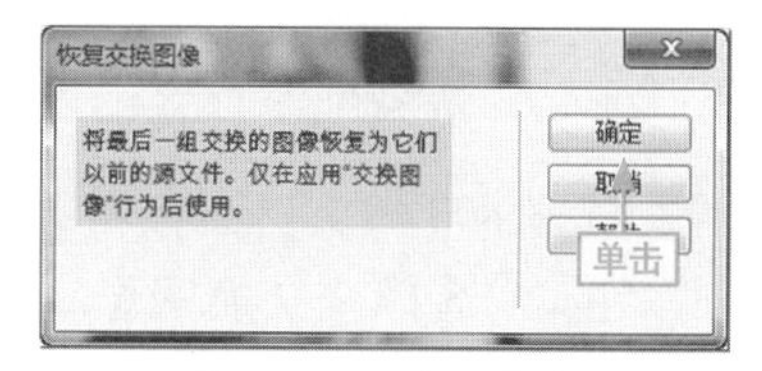

图6-10 确认恢复

专家提醒 | “预先载入图像”行为

“预先载入图像”行为可以提前将需要的图像载入浏览器缓存，在需要时直接显示，这样可以有效预防由于下载延迟导致的图像显示不连贯。

6.2.2　“打开浏览器窗口”行为

“打开浏览器窗口”行为可以在一个新的窗口中打开网页，并可以指定该窗口的属性、名称和特性等，该行为的具体操作方法如下。

本节素材	DVD/素材/Chapter06/个人网站3/
本节效果	DVD/效果/Chapter06/个人网站3/
学习目标	掌握“打开浏览器窗口”行为的设置方法
难度指数	★★

步骤01 打开index素材文件，在“标签选择器”栏中单击<body>标签按钮，如图6-11所示。

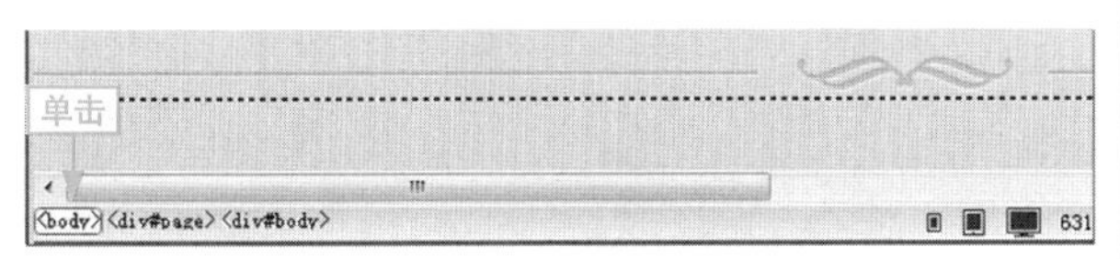

图6-11　选择目标标签

步骤02 在菜单栏的“窗口”菜单中选择“行为”命令，如图6-12所示。

专家提醒 | 预览页面时注意事项

“打开浏览器窗口”行为添加完成后，若预览时页面没有弹出来，而是新建立了一个选项卡，就需要在IE浏览器中选择“Internet 选项/设置/始终在新窗口中打开弹出窗口”选项。

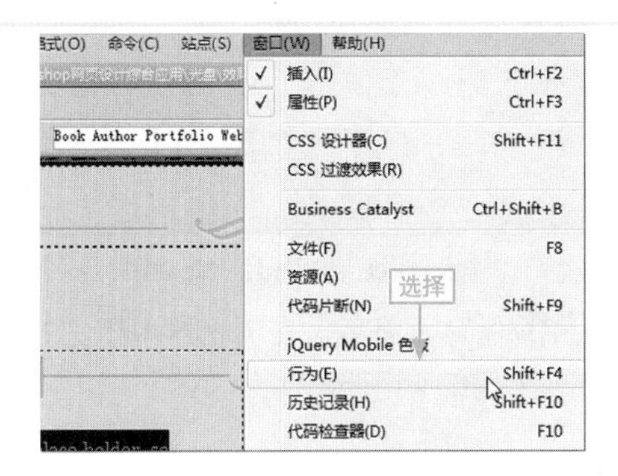

图6-12　选择“行为”命令

步骤03 在打开的“行为”面板中单击“添加行为”下拉按钮，选择“打开浏览器窗口”命令，如图6-13所示。

图6-13　选择“打开浏览器窗口”命令

步骤04 在打开的“打开浏览器窗口”对话框中单击“浏览”按钮，如图6-14所示。

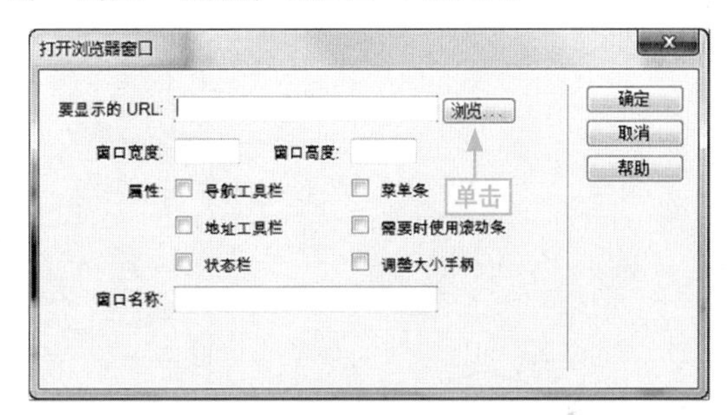

图6-14　单击“浏览”按钮

步骤05 ❶在打开的“选择文件”对话框中选择所需文件，❷单击“确定”按钮，如图6-15所示。

图6-15　选择要打开的页面文件

步骤06 ❶在“打开浏览器窗口”对话框中分别设置“窗口宽度”属性和“窗口高度”属性的值，❷单击“确定”按钮，如图6-16所示。

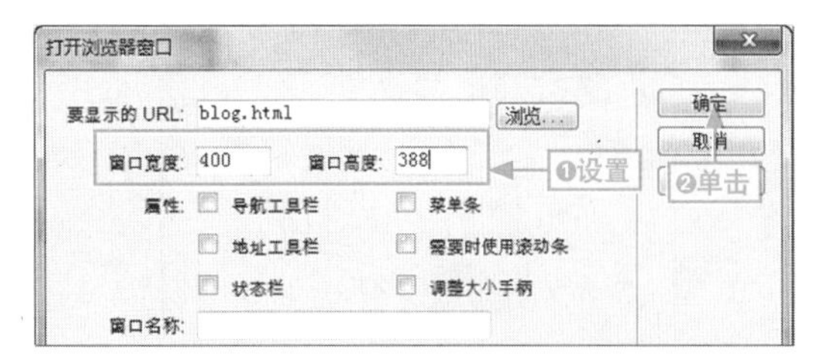

图6-16　设置浏览窗口的属性

步骤07 保存页面后，在浏览器中可预览效果，如图6-17所示。

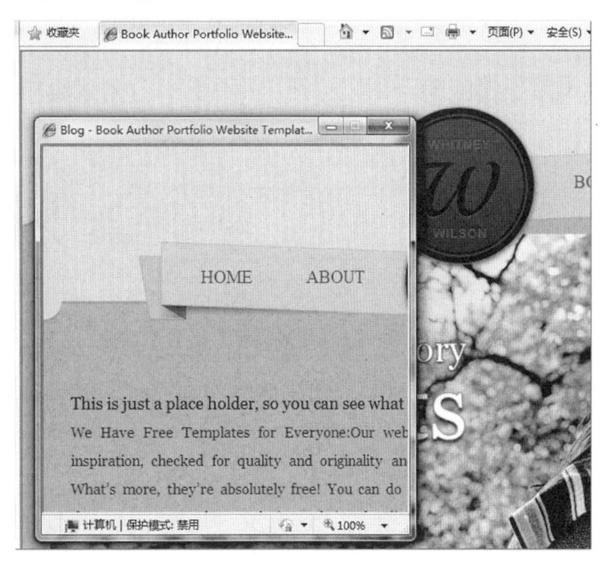

图6-17　预览效果

6.2.3　调用JavaScript

“调用JavaScript”行为可以指定在事件发生时要执行的自定义函数或者JavaScript代码，它可以响应用户单击或输入等事件，该行为的具体操作方法如下。

本节素材	DVD/素材/Chapter06/个人网站4/
本节效果	DVD/效果/Chapter06/个人网站4/
学习目标	掌握“调用JavaScript”行为的使用方法
难度指数	★★

步骤01 打开index素材文件，❶在“标签选择器”栏中单击<body>标签，❷在菜单栏的“窗口”菜单中选择“行为”命令，如图6-18所示。

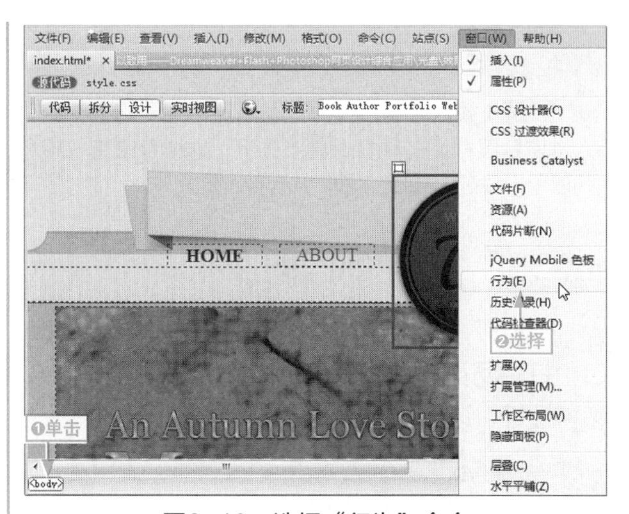

图6-18　选择“行为”命令

步骤02 ❶在打开的“行为”面板中单击“添加行为”按钮，❷选择“调用JavaScript”命令，如图6-19所示。

图6-19　选择“调用JavaScript”命令

步骤03 ❶在打开的对话框的JavaScript文本框中输入需要调用的JavaScript脚本代码，❷单击“确定”按钮，如图6-20所示。

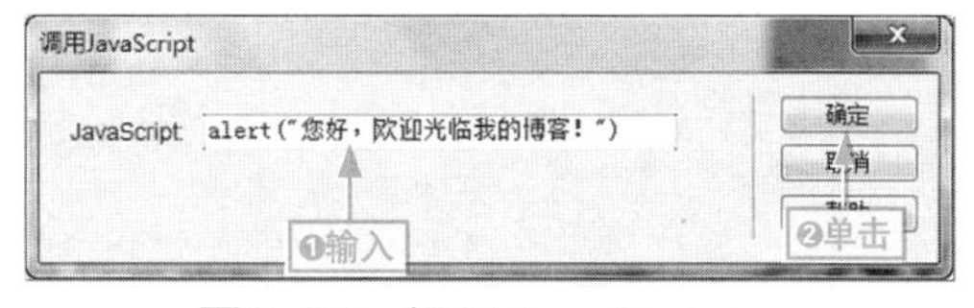

图6-20　调用JavaScript

步骤04 保存页面后，在浏览器中预览时可查看到效果，如图6-21所示。

图6-21　查看效果

6.2.4　设置浏览器环境

1. 检查插件

“检查插件”行为主要检查用户的浏览器中是否安装了浏览网页必需的插件，进而决定为用户显示的内容，该行为的具体操作方法如下。

本节素材	DVD/素材/Chapter06/个人网站5/
本节效果	DVD/效果/Chapter06/个人网站5/
学习目标	掌握“检查插件”行为的使用方法
难度指数	★★★

步骤01 打开index素材文件，❶在“标签选择器”栏中单击<body>按钮，❷在菜单栏的“窗口”菜单中选择“行为”命令，如图6-22所示。

图6-22　选择“行为”命令

步骤02 ❶在“行为”面板的“标签”组中单击“添加行为”按钮，❷选择“检查插件”命令，如图6-23所示。

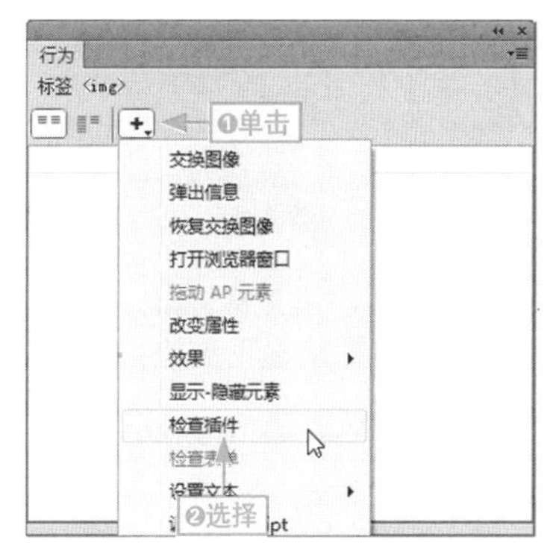

图6-23　启动“检查插件”对话框

步骤03 在打开的“检查插件”对话框中单击“如果有，转到URL”文本框后面的“浏览”按钮，如图6-24所示。

图6-24　浏览插件

步骤04 ❶在打开的“选择文件”对话框中选择所需文件，❷单击“确定”按钮，如图6-25所示。

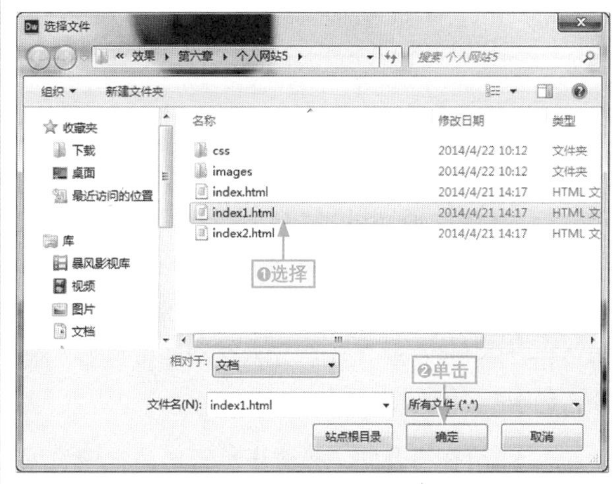

图6-25　选择转到网页文件

步骤05 ❶以相同的方法设置“否则，转到URL”对象，❷选中“如果无法检测，则始终转到第一个URL”复选框，❸单击“确定”按钮，如图6–26所示。

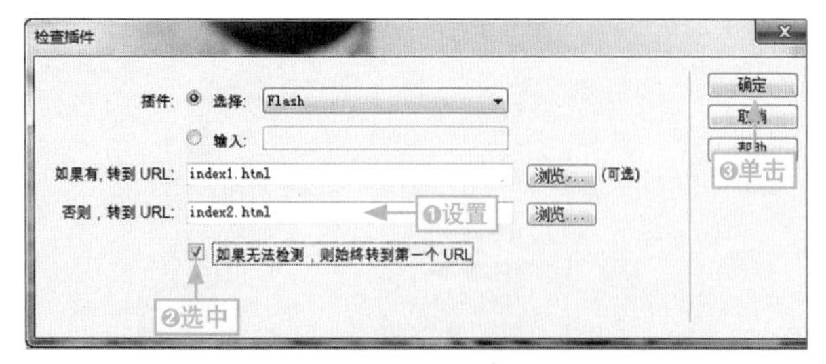

图6–26　设置检查不到插件的跳转

步骤06 保存页面后，在浏览器中预览时查看到URL跳转到index1.html，如图6–27所示，表示检查到Flash插件。

图6–27　查看效果

2. 检查表单

“检查表单”行为主要用于检查文本域内容的合法性，以确保用户输入正确的数据类型，该行为的具体操作方法如下。

本节素材	DVD/素材/Chapter06/登录页面1/
本节效果	DVD/效果/Chapter06/登录页面1/
学习目标	掌握“检查表单”行为的使用方法
难度指数	★★★

步骤01 打开index素材文件，❶在“标签选择器”栏中单击<form#form1>标签按钮，❷在“窗口”菜单中选择“行为”命令，如图6–28所示。

步骤02 ❶在打开的“行为”面板的“标签”组中单击“添加行为”按钮，❷选择“检查表单”命令，如图6–29所示。

步骤03 ❶在打开的“检查表单”对话框中设置textfield文本域的相关参数，如图6–30上图所示，❷再设置password密码域的相关参数，❸完成后单击“确定”按钮，如图6–30下图所示。

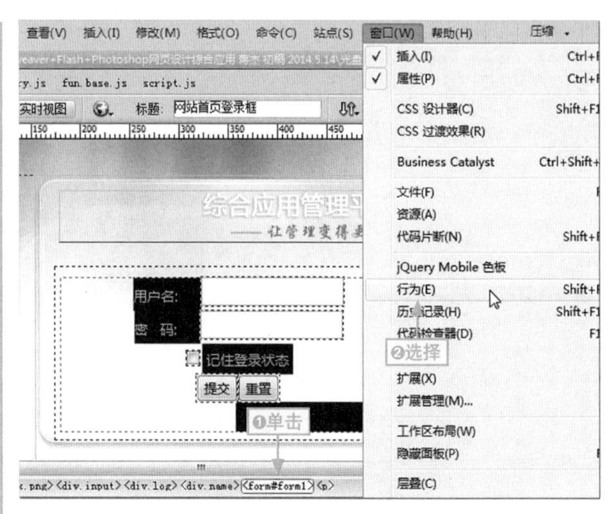

图6–28　选择“行为”命令

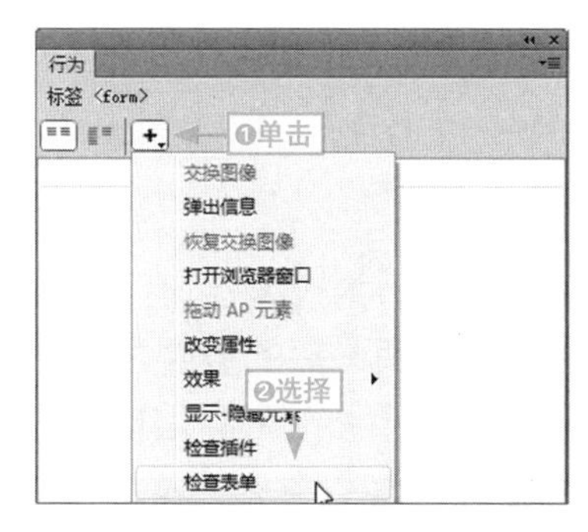

图6–29　选择“检查表单”命令

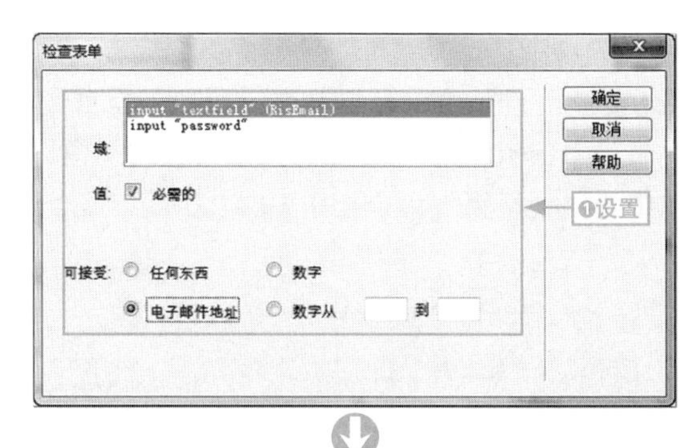

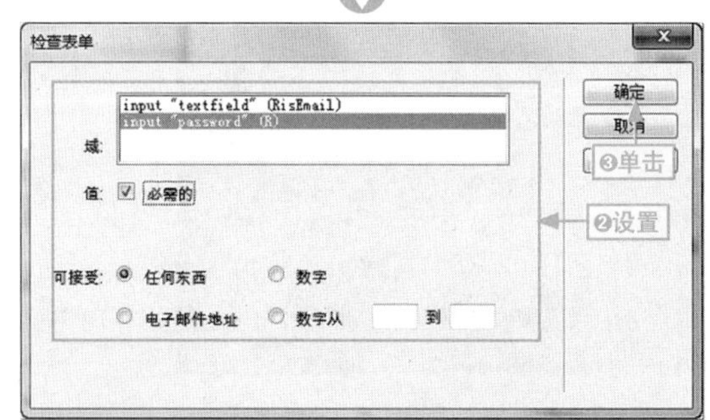

图6–30　“检查表单”对话框

步骤04 保存页面后，在浏览器中预览，输入非法用户名，表单会提示输入内容不合法，如图6-31所示。

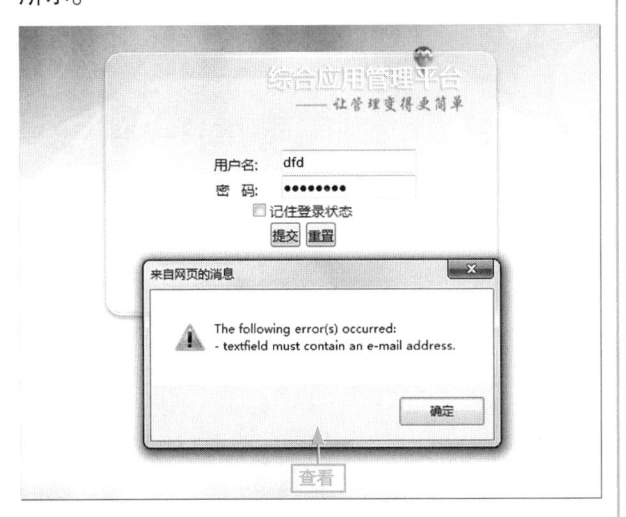

图6-31 查看效果

6.2.5 设置文本域文字

“设置文本域文字”行为可以在表单的文本框域中还未输入内容时，指定一个默认的显示文本，该行为的具体使用方法如下。

本节素材	DVD/素材/Chapter06/登录页面2/
本节效果	DVD/效果/Chapter06/登录页面2/
学习目标	掌握“设置文本域文字”行为的使用方法
难度指数	★★★

步骤01 打开index素材文件，❶在页面中选择“用户名”后面的文本框，❷在菜单栏的“窗口”菜单项中选择“行为”命令，如图6-32所示。

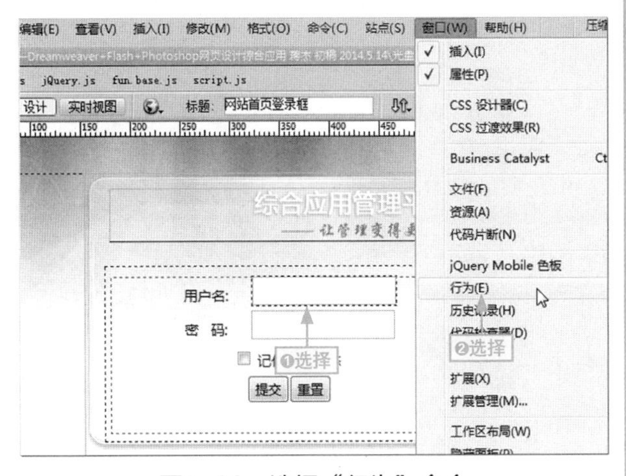

图6-32 选择“行为”命令

步骤02 ❶在打开的“行为”面板中单击“添加行为”下拉按钮，❷选择“设置文本/设置文本域文字”命令，如图6-33所示。

图6-33 选择“设置文本域文字”命令

步骤03 ❶在打开的对话框的“文本域”下拉列表框中选择textfield选项，❷在“新建文本”文本框中输入需要显示的文本内容，❸单击“确定”按钮，如图6-34所示。

图6-34 设置要显示的文本

步骤04 保存页面后，在浏览器中预览时可查看效果，如图6-35所示。

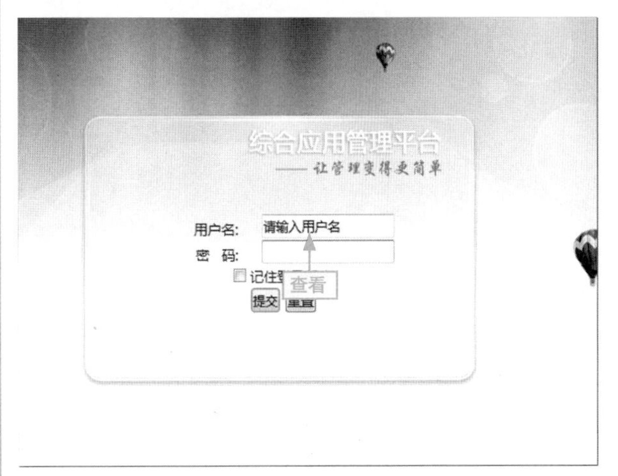

图6-35 查看效果

6.3 设置网页特殊效果

“效果”行为是视觉增强功能，可以将它们应用于使用JavaScript的HTML页面上几乎所有元素，下面介绍几种常用的网页特效的制作方法。

6.3.1 晃动效果

晃动效果可以使网页元素产生左右晃动的效果，此效果适用于div、dl、form、h1及img等HTML元素，晃动效果的具体设置方法如下。

本节素材	DVD/素材/Chapter06/个人网站6/
本节效果	DVD/效果/Chapter06/个人网站6/
学习目标	掌握晃动效果的设置方法
难度指数	★★★

步骤01 打开index素材文件，选择图像，如图6-36所示。

图6-36 选择目标图像

步骤02 打开“行为”面板，❶单击“添加行为”下拉按钮，❷选择“效果/Shake”命令，如图6-37所示。

图6-37 选择Shake命令

步骤03 ❶在打开的Shake对话框中设置相关参数，❷单击“确定”按钮，如图6-38所示。

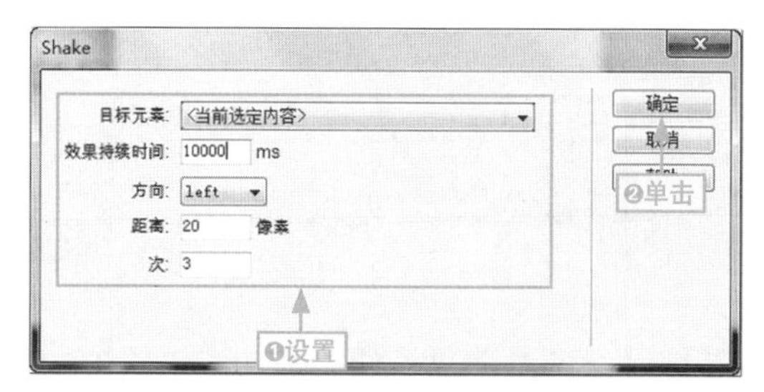

图6-38 设置晃动参数

步骤04 保存页面后，在打开的“复制相关文件”对话框中单击“确定”按钮，如图6-39所示。

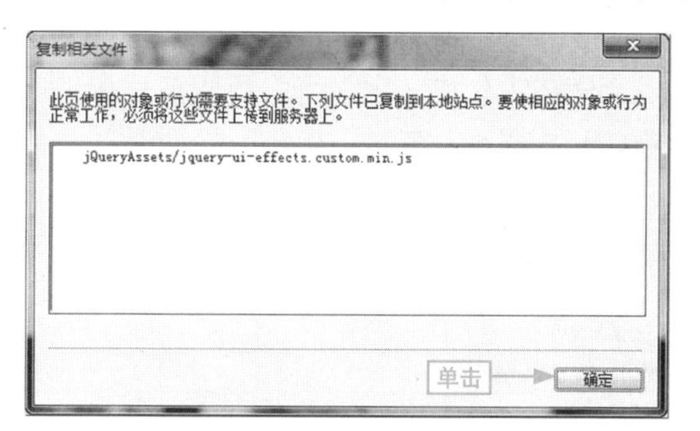

图6-39 复制相关文件

步骤05 在浏览器中预览，单击添加过晃动效果的图像，可查看到图像左右晃动，如图6-40所示。

图6-40 查看效果

6.3.2　渐隐效果

渐隐效果可以使网页元素渐渐消失，此效果可用于除下列元素之外的所有HTML元素：applet、body、iframe、object、tr、tbody 和 th，渐隐效果的具体设置方法如下。

本节素材	DVD/素材/Chapter06/个人网站7/
本节效果	DVD/效果/Chapter06/个人网站7/
学习目标	掌握渐隐效果的设置方法
难度指数	★★★

步骤01 打开index素材文件，❶选择图像，❷在“行为”面板中单击“添加行为”按钮，❸选择“效果/Fade”命令，如图6-41所示。

图6-41　选择Fade命令

步骤02 ❶在打开的“Fade”对话框中设置相关参数，❷单击“确定”按钮，如图6-42所示。

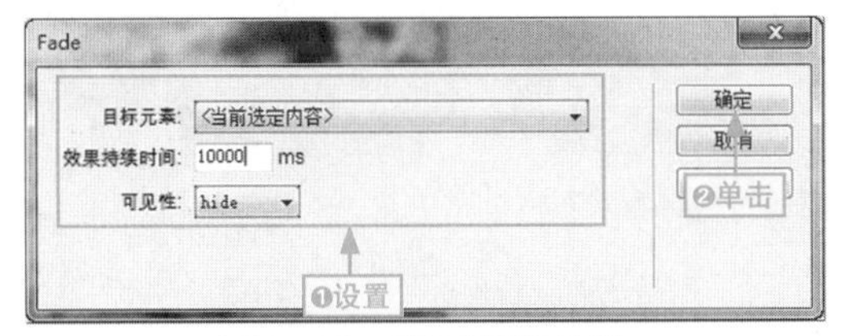

图6-42　设置渐隐参数

步骤03 保存页面后，在打开的“复制相关文件”对话框中单击“确定”按钮，如图6-43所示。

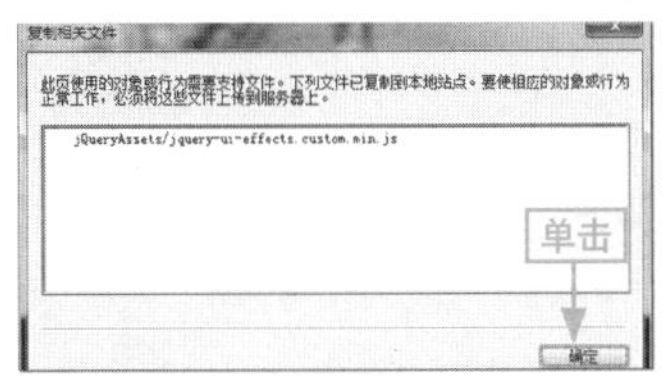

图6-43　复制相关文件

步骤04 在浏览器中预览，单击添加过渐隐效果的图像，可查看到图像渐渐消失，如图6-44所示。

图6-44　查看效果

6.3.3　滑动效果

滑动效果可以使网页元素向着各个方向移动，其具体设置方法如下。

本节素材	DVD/素材/Chapter06/个人网站8/
本节效果	DVD/效果/Chapter06/个人网站8/
学习目标	掌握滑动效果的设置方法
难度指数	★★★

步骤01 打开index素材文件，❶选择图像，❷在“行为”面板中单击“添加行为”按钮，❸选择“效果/Slide”命令，如图6-45所示。

图6-45　选择Slide命令

步骤02 ❶在打开的Slide对话框中设置相关参数，❷单击“确定”按钮，如图6-46所示。

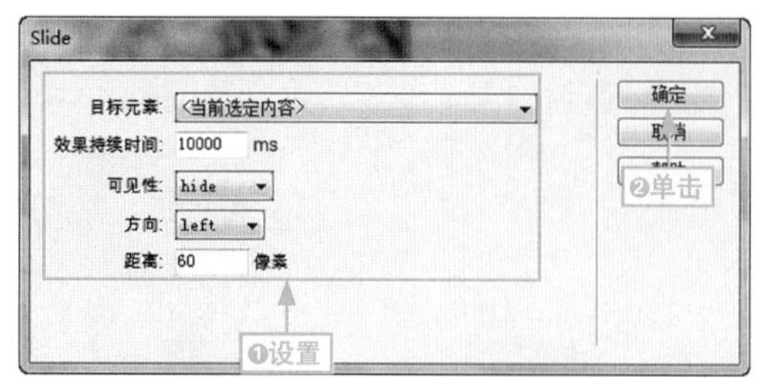

图6-46　设置滑动参数

步骤03 保存页面后，在打开的“复制相关文件”对话框中单击“确定”按钮，如图6-47所示。

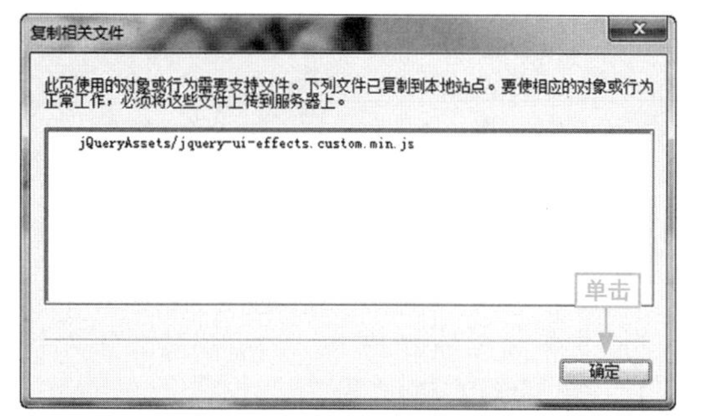

图6-47　复制相关文件

步骤04 在浏览器中预览，单击添加过滑动效果的图像，可查看到图像向左移动，如图6-48所示。

图6-48　查看效果

长知识 | “转到URL”行为

前面讲解了Dreamweaver CC中的多种行为，还有一种比较常见的行为，就是“转到URL”行为，使用它可在当前窗口或指定框架中打开一个新页面，该行为对于一次改变两个或两个以上框架的内容特别有用，并且它还能在指定时间间隔后跳转到一个新页面。其具体操作方法是：①在“行为”面板中单击“添加行为”下拉按钮，②选择“转到URL”命令，③在打开的“转到URL”对话框中设置URL后，④单击“确定”按钮完成操作，如图6-49所示。

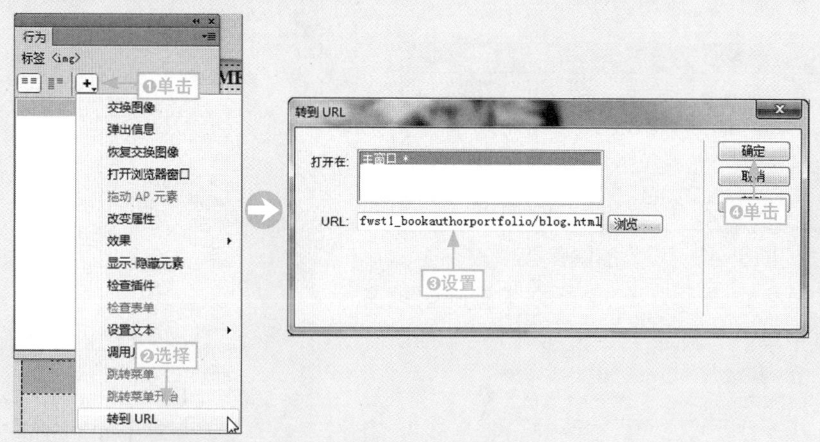

图6-49　添加“转到URL”行为

6.4 实战问答

?! NO.1 | 行为、事件及动作之间有什么联系

元芳：在网页设计的过程中，常常会涉及行为、事件及动作，那么这三者之间到底存在着怎么样的联系呢?

大人：行为是为响应某一具体事件而采取的一个或多个动作。当指定的事件被触发时，将运行相应的JavaScript程序，执行相应的动作。所以在创建行为时，必须先指定一个动作，然后再指定触发动作的事件。

?! NO.2 | 如何设置“打开浏览器窗口”行为的属性

元芳：页面中使用了“打开浏览器窗口”行为后，在浏览器中浏览时弹出的新窗口中为什么没有“导航工具栏”“状态栏”及“菜单栏”等?

大人：设置“打开浏览器窗口”行为时，若是需要状态栏和菜单栏等属性显示在页面上，就需要在打开的“打开浏览器窗口”对话框的“属性”选项栏中选中相应属性的复选框即可。

6.5 思考与练习

填空题

1. ________用于响应用户的某个动作，它与动作相关联。

2. ________是当鼠标光标经过图像时，原图就变成了另外一幅图像。

3. ________效果可以使网页元素产生左右晃动的效果，此效果适用于div、dl、form、h1及img等HTML元素。

选择题

1. 在菜单栏中，通过(　　)菜单项可以显示或隐藏“行为”面板。

A. 文件　　B. 插入

C. 修改　　D. 窗口

2.在Dreamweaver CC的“行为”面板中，不可以添加的行为是(　　)。

A. 交换图像

B. 插入图像

C. 打开浏览器窗口

D. 弹出信息

判断题

1. 行为是一段预先编写好的JavaScript代码，这些代码可以实现一些特定的功能，如打开浏览器窗口、弹出消息等。(　　)

2. “检查插件”行为是检查用户的浏览器中是否安装了浏览网页必需的插件，从而决定是否将用户带到不同页面。(　　)

操作题

【练习目的】设置文本域文字

下面将通过在“Business”页面中使用“文本域文字”行为为例，让读者亲自体验在页面中使用行为的方法，巩固本章的相关知识和操作。

【制作效果】

本节素材	DVD/素材/Chapter06/Business/
本节效果	DVD/效果/Chapter06/Business/

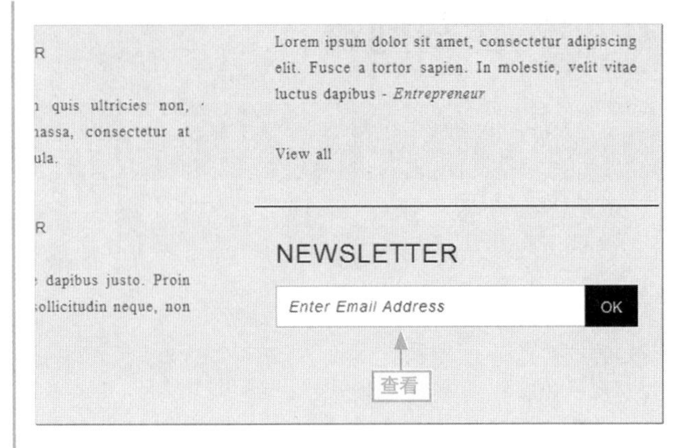

Chapter 07

Photoshop CC入门

本章要点

★ 菜单栏
★ 图像窗口
★ 工具箱
★ 分辨率
★ 图像的类型
★ 使用标尺
★ 使用参考线
★ 使用注释工具

学习目标

Photoshop CC是一款专门用于处理图像及绘画的软件，功能非常强大，涉及了许多领域，包括印刷、广告设计、网页图像制作、封面制作、照片编辑等领域。Photoshop CC凭借着功能强大、界面美观以及操作简单等优点，成为网页设计的最佳助手，在本章中将会带领读者走进Photoshop的世界。

知识要点	学习时间	学习难度
Photoshop CC的操作界面	35分钟	★★
图像的类型和分辨率	40分钟	★★★
掌握页面布局辅助工具	50分钟	★★★★

重点实例

工具选项栏

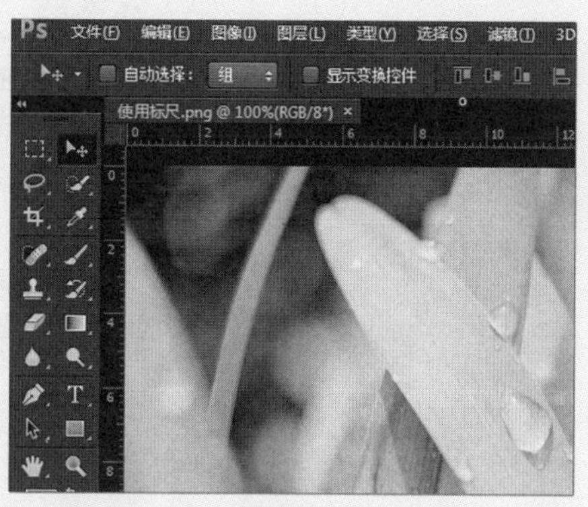
使用标尺

使用网格

7.1 Photoshop CC的操作界面

在使用Photoshop CC处理图像前，需要先对它有一个全新的认识。它的工作界面相较于Dreamweaver CC有部分变化，如图7-1所示，下面将介绍Photoshop CC的基本操作界面。

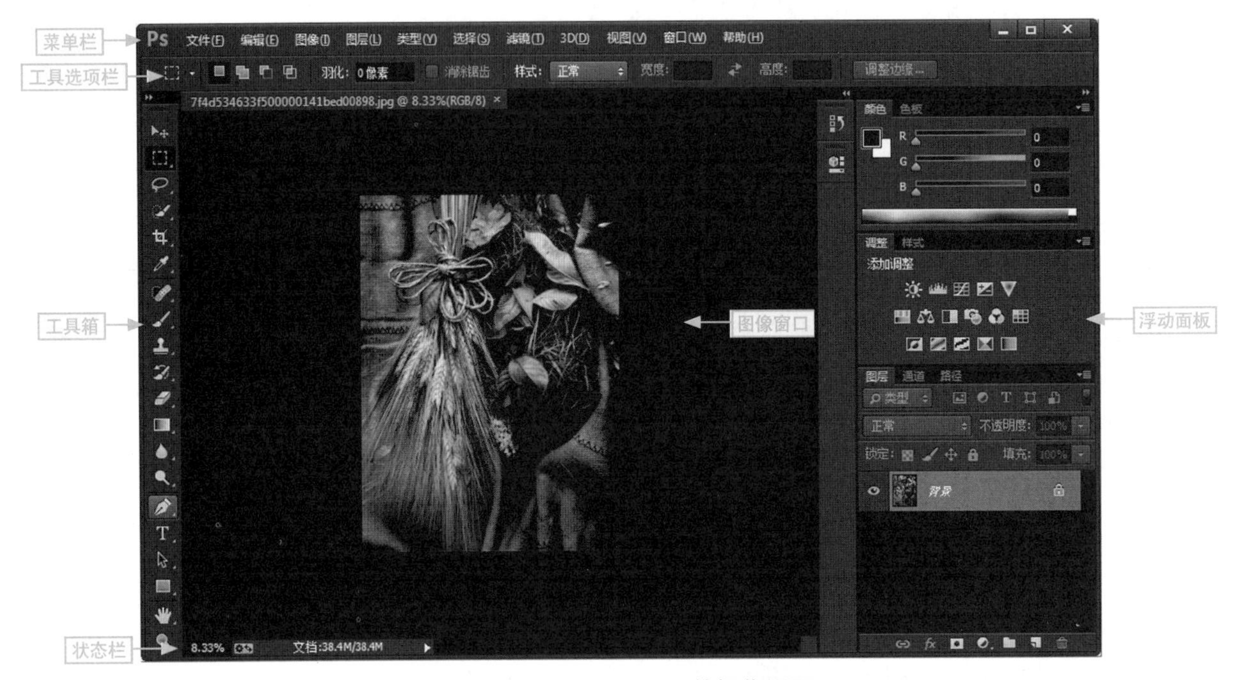

图7-1 Photoshop CC的操作界面

7.1.1 菜单栏

在菜单栏中提供了11个菜单项，这些菜单项分别是文件、编辑、图像、图层、类型、选择、滤镜、3D、视图、窗口和帮助菜单选项，单击各主菜单都会弹出相应的下拉菜单，在Photoshop CC中绝大部分功能都可以通过菜单命令完成，各菜单项如图7-2所示。

学习目标	了解菜单栏的组成部分
难度指数	★

专家提醒 | 更改界面颜色

在启动Photoshop CC时，主界面的颜色默认是深灰色，我们可以选择“编辑/首选项/界面”命令，在“颜色”方案选项中选择需要的颜色，从而改变界面的颜色。

“文件”菜单

“文件”菜单中包含的命令主要用于对文件的属性进行调整和控制，如新建、打开、关闭、保存等命令，这些命令在其他Windows应用程序中也是极为普遍的。

“编辑”菜单

编辑”菜单中的命令主要用于对文件或是文件中的元素进行编辑，如剪切、拷贝、粘贴等基本命令。

“图像”菜单

“图像”菜单中包含的命令主要用于对画面中的图片和元素进行颜色或者尺寸的调整，里面包含的命令也是我们在平时的工作中最为常用的，如图像大小、画布大小以及自动颜色等命令。

“图层”菜单

“图层”菜单中主要提供了给图像合成操作的相关命令，这些命令主要是针对图层中的选项进行设置的，如新建图层、复制图层及合并图层等命令。

图7-2 菜单栏中的各个菜单

“类型”菜单

“类型”菜单中包含了多种针对文字的命令，其中包括面板、创建工作路径及转换为形状等命令，并且还有与文字编辑有关的命令，如转换文本形状类型、文字变形等命令。

“选择”菜单

“选择”菜单中的命令主要用于选定图像的某一区域或整体，如全选、取消选择及反选等编辑命令，修改是其中较为重要的命令。

“滤镜”菜单

“滤镜”菜单中包含的各种用于对图像进行特效处理的滤镜，也是Photoshop的重点所在，如液化、模糊及渲染等基础命令。

3D菜单

3D菜单中所包含的命令主要用于对3D图像的编辑和设置，而且还能操作3D对象，如从文件新建3D图层、从所选图层新建3D模型等。

“视图”菜单

“视图”菜单中所包含的名字主要用于设置图像的显示效果，如校样颜色、放大或缩小、标尺等命令。

“窗口”菜单

“窗口”菜单中所包含的命令主要是用于打开或是隐藏Photoshop的各种功能面板、重新组织窗口的排列、控制状态栏的显示等。

“帮助”菜单

“帮助”菜单中包含了软件的很多信息，还有针对初学者设置的帮助文件，读者在需要的时候随时可以打开帮助文件进行参考。

图7-2 （续）

7.1.2 工具选项栏

工具选项栏一般位于菜单栏的下方，用于对相应的工具进行各种属性的设置。它里面的内容会根据在“工具箱”中选择不同的工具而发生变化，当选择需要的工具后，工具选项栏将显示该工具的相应参数，如图7-3所示。

学习目标	掌握工具选项栏的作用
难度指数	★

图7-3 工具选项栏

7.1.3 图像窗口

在Photoshop CC窗口中呈现灰色的区域为工作区，当Photoshop CC中打开一张图片时，Photoshop CC将会自动创建一个图像窗口。多数时候我们都需要同时对多幅图片进行编辑，以下几种方法可以同时对多幅图片进行编辑。

学习目标	掌握对多幅图片同时编辑的方法
难度指数	★★

◆使用“平铺”命令

在菜单栏中选择“窗口/排列/平铺”命令，如图7-4上图所示，即可在图像窗口中查看到效果，如图7-4下图所示。

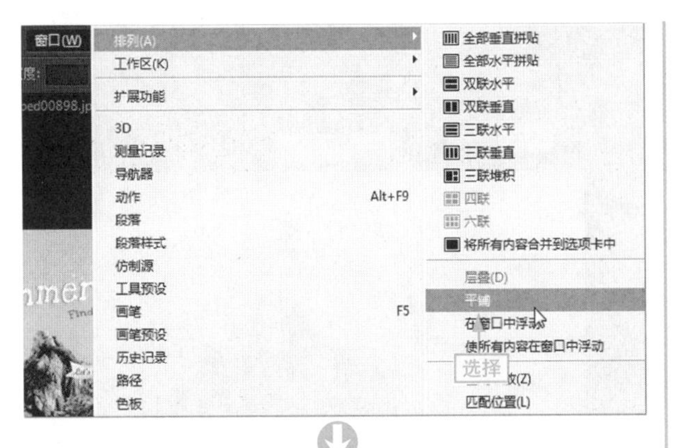

图7-4　平铺窗口

核心妙招 | 多窗口之间的切换

在Photoshop中，多个窗口之间可以自由切换，按Ctrl+Tab组合键可以按照窗口打开的先后顺序依次切换窗口，按Ctrl+Shift+Tab组合键可以按相反的顺序切换窗口。

◆使用“在窗口中浮动”命令

在菜单栏中选择“窗口/排列/在窗口中浮动”命令，如图7-5上图所示，即可在图像窗口中查看到效果，如图7-5下图所示。

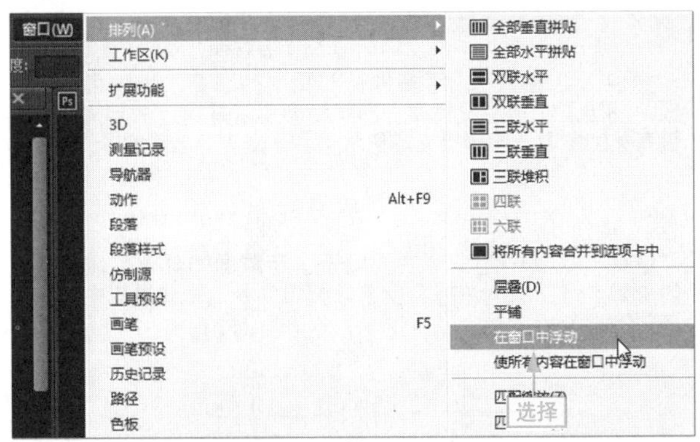

图7-5　浮动窗口

◆将所有内容合并到选项卡

在菜单栏中选择“窗口/排列/将所有内容合并到选项卡中”命令，如图7-6上图所示，即可在图像窗口中查看到效果，如图7-6下图所示。

专家提醒 | 操作窗口

在Photoshop CC中，每个图像会自动创建一个窗口，该窗口也可以像Windows中其他窗口一样最大化和最小化，只是不能脱离Photoshop环境。

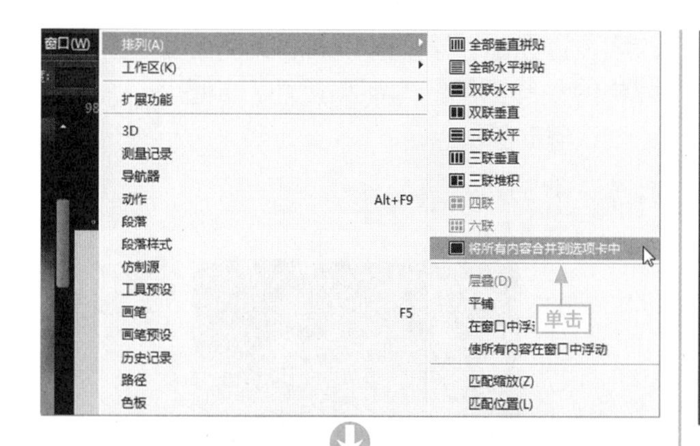

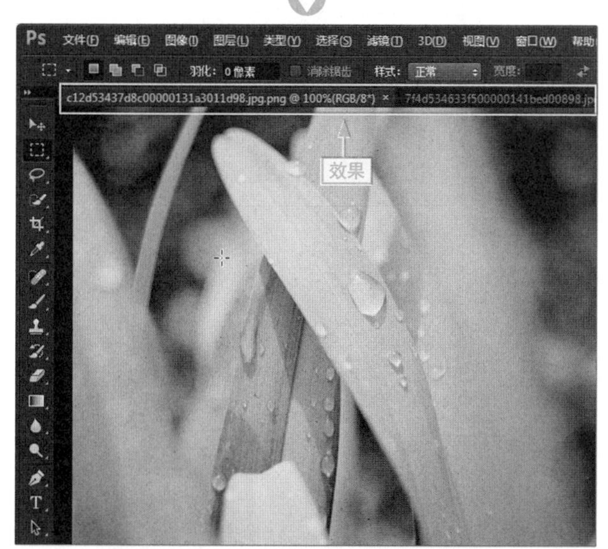

图7-6　将所有内容合并到选项卡中

7.1.4　工具箱

在Photoshop中处理图像时，需要使用到各种工具，常用的工具都放在工具箱内。当工具图标的右下角有一个小三角形时，表示该工具图标中隐藏了其他工具，下面以使用“铅笔工具”为例讲解工具箱的相关操作。

学习目标	掌握工具箱的应用
难度指数	★★

步骤01 将鼠标光标移动到“画笔工具”组的图标上，当图标呈高亮显示时，右击，如图7-7所示。

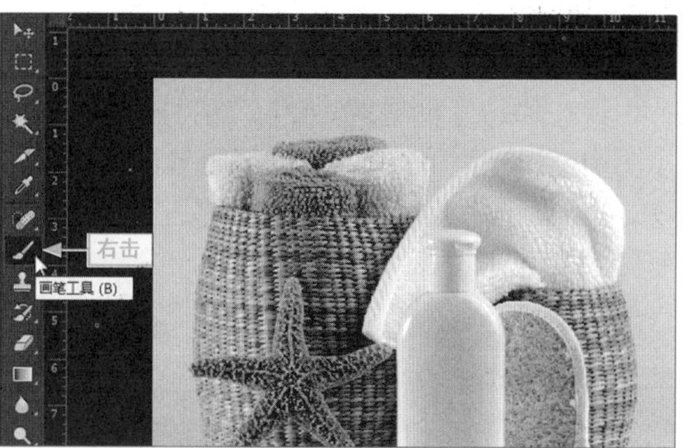

图7-7　单击工具组图标

步骤02 在展开的列表中显示了“画笔工具”组中所有的工具图标，选择“铅笔工具”选项，如图7-8所示。

图7-8　选择工具

步骤03 在图像窗口中可以看到鼠标光标变成了一个虚线的十字形，如图7-9所示。

图7-9　查看工具效果

7.1.5 状态栏

状态栏位于图像窗口的底部，主要用来显示图像窗口的大小、缩放比例及当前使用的工具等。在显示比例区可设置图像窗口的显示比例，单击图像信息区后的小三角可弹出一个显示文件信息的快捷菜单，如图7-10所示。

学习目标	掌握状态栏的操作
难度指数	★★

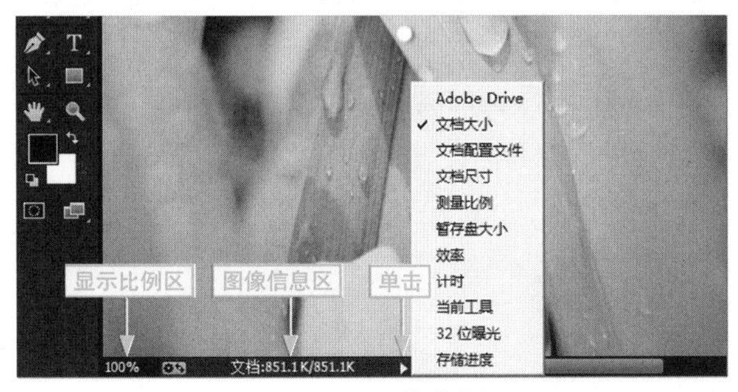

图7-10　状态栏

7.1.6 浮动面板

在Photoshop中具有多个浮动面板，每个浮动面板的功能也各不相同，它主要是帮助用户修改和设置图像，浮动面板上汇集了在编辑图像过程中的一些常用的功能和属性，如图7-11所示为默认浮动面板组。

学习目标	掌握浮动面板组的使用
难度指数	★★

图7-11　浮动面板

专家提醒 | 快速显示和隐藏浮动面板的提示

除了可以选择相应命令来显示或隐藏浮动面板外，还可以使用各种浮动面板的快捷键来显示或隐藏浮动面板，如按F5键可显示或隐藏“画笔”面板，熟悉这些快捷键，有利于提高工作效率。

7.2 图像的分辨率和类型

在学习Photoshop CC前，我们需要了解一些基本常识，如图像的分辨率与类型，认识它们有助于创建、输入、输出编辑和应用数字图像。

7.2.1 分辨率

分辨率就是屏幕图像的精密度，是指显示器所能显示的像素的多少。分辨率有多种类型，如图7-12所示。

学习目标	了解分辨率的类型
难度指数	★

设备分辨率

设备分辨率又称输出分辨率，指的是各类输出设备每英寸上可产生的点数，设置分辨率不可更改，如显示器、扫描仪、激光打印机、绘图仪的分辨率。

图7-12　分辨率类型

图像分辨率

图像分辨率指图像中存储的信息量，在Photoshop CC中以厘米为单位计算分辨率，图像分辨率以比例关系影响着文件的大小，即文件大小与其图像分辨率的平方成正比。

网屏分辨率

网屏分辨率又称网幕频率，指的是打印灰度级图像或分色图像所用的网屏上每英寸的点数，屏幕网屏幕使用每英寸上有多少行来测量的。

扫描分辨率

扫描分辨率指在扫描一幅图像之前所设定的分辨率，它影响所生成的图像文件的质量和使用性能，决定了图像将以何种方式显示或打印。

图7-12　(续)

位分辨率

位分辨率又称位深，是用来衡量每个像素储存信息的位数。这种分辨率决定可以标记为多少种色彩等级的可能性。

图7-12 （续）

7.2.2　图像的类型

计算机的图像分为位图图像和矢量图像两种类型，这两种图像各有优缺点，在绘制和处理时各自的属性也不相同，具体介绍如下。

学习目标	了解位图图像与矢量图像的区别
难度指数	★

◆位图

Photoshop主要功能就是处理位图图像，位图图像由多个像素组成，在屏幕放大显示或以过低的分辨率打印，它就会出现锯齿边缘，位图图像如图7-13上图所示，放大后的效果如图7-13下图所示。

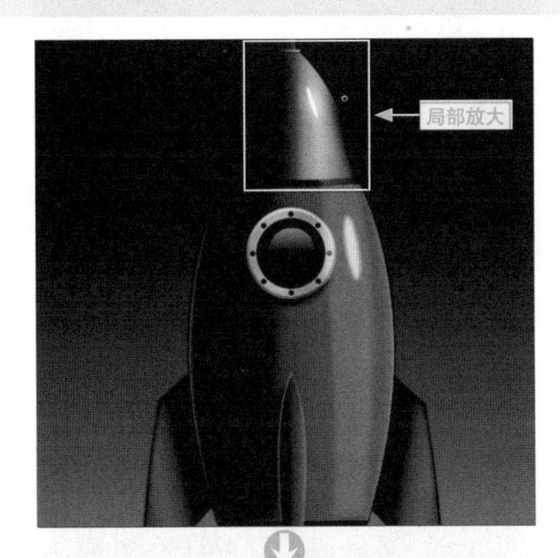

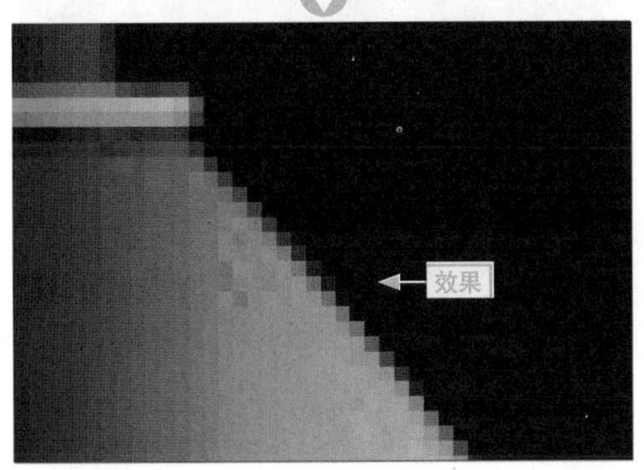

图7-13　位图图像和局部放大效果

◆矢量图

矢量图像也称为面向对象的绘图图像，它是一系列由线连接成的点，可以将它缩放到任意大小和以任意分辨率打印出来，都不会影响清晰度，矢量图图像如图7-14上图所示，放大后的效果如图7-14下图所示。

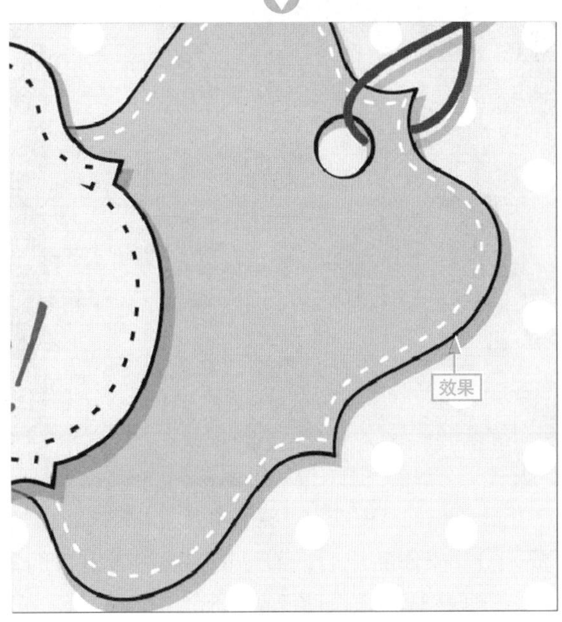

图7-14　矢量图放大前后对比

7.3 掌握页面布局辅助工具

在对图像进行编辑和调整时，可以使用相应的辅助工具，如标尺、参考线、网格和标注等，这些辅助工具可以大大提高工作效率。

7.3.1 使用标尺

标尺显示了当前鼠标光标所在位置的坐标，应用标尺可以测量图像及确定图像的位置，使用标尺的具体操作方法如下。

本节素材	DVD/素材/Chapter07/使用标尺.png
本节效果	DVD/效果/Chapter07/无
学习目标	掌握标尺的使用方法
难度指数	★★

步骤01 打开“使用标尺”素材文件，在菜单栏中选择“视图/标尺”命令，如图7-15所示。

核心妙招 | 标尺的操作技巧

按Ctrl+R组合键可显示或隐藏标尺，双击窗口左上角可将标尺的原点恢复到默认位置。

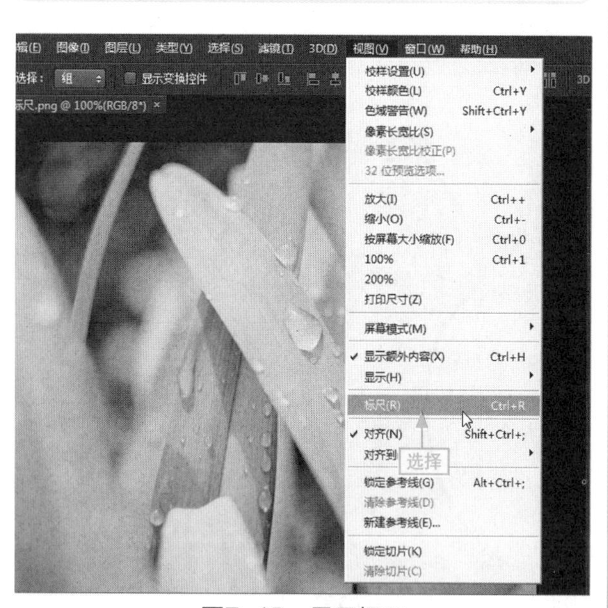

图7-15　显示标尺

步骤02 操作完成后，即可在图像编辑窗口的顶部和左侧看到标尺，如图7-16所示。

步骤03 将鼠标光标移动到标尺相交处，也就是默认的原点，如图7-17所示。

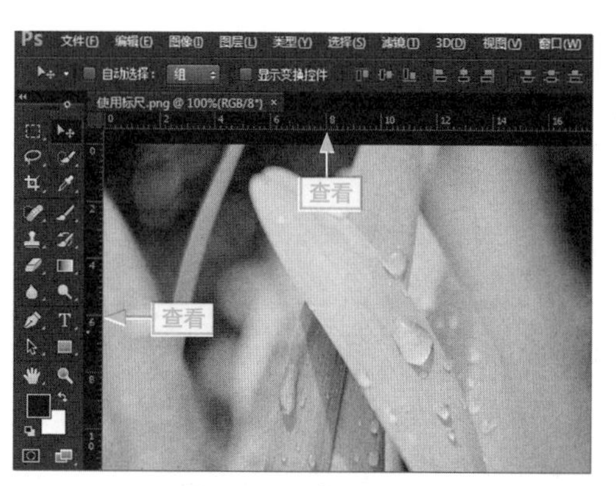

图7-16　查看标尺

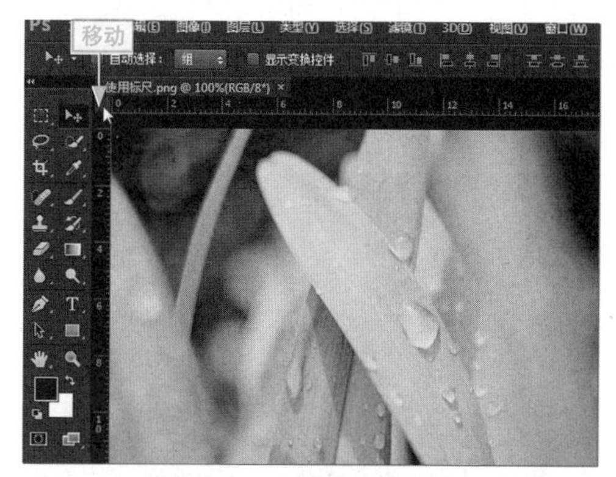

图7-17　移动鼠标光标

步骤04 单击鼠标左键并向右下方拖动鼠标，如图7-18所示，在合适的位置释放鼠标左键。

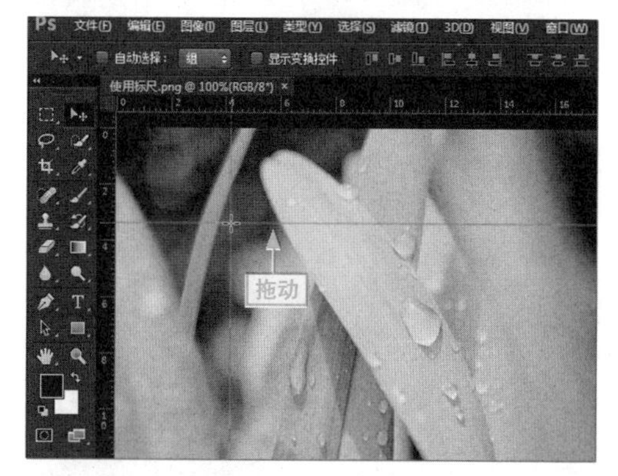

图7-18　拖动鼠标

步骤05 即可看到标尺的原点位置发生了改变，如图7-19所示。

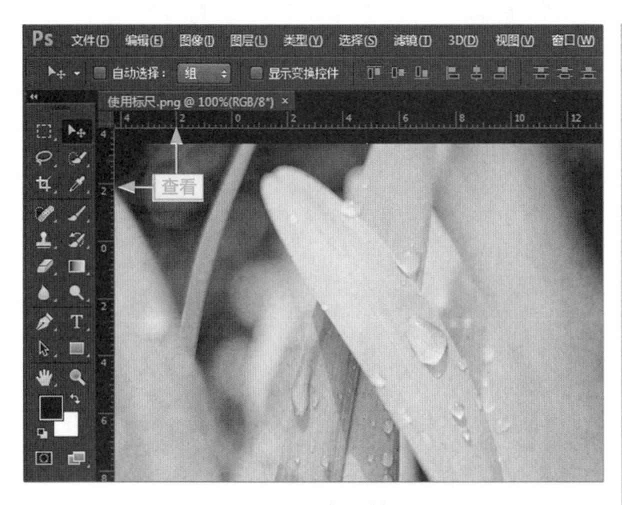

图7-19 查看效果

7.3.2 使用参考线

参考线就是为了在编辑图像时便于参照的线条，它是浮在图像上的，却不会被打印出来，使用参考线的具体操作方法如下。

本节素材	DVD/素材/Chapter07/使用参考线.jpg
本节效果	DVD/效果/Chapter07/无
学习目标	掌握参考线的使用方法
难度指数	★★

步骤01 打开“使用参考线”素材文件，先显示出标尺，然后在菜单栏中选择“视图/新建参考线”命令，如图7-20所示。

图7-20 显示参考线

步骤02 ❶在打开的对话框中选中“垂直”单选按钮，❷在“位置”文本框中输入“2厘米”，❸单击“确定”按钮，如图7-21所示。

图7-21 设置参数

步骤03 在图像编辑窗口即可看到创建的水平参考线，如图7-22所示。

图7-22 查看效果

步骤04 如果要删除不需要的参考线，❶可在菜单栏中单击“视图”菜单项，❷选择“清除参考线”命令，如图7-23所示。

图7-23 选择“清除参考线”命令

步骤05 在图像编辑窗口，即可看到所有的参考线已被删除，如图7-24所示。

图7-24 查看效果

7.3.3 使用网格

在Photoshop CC中，对编辑中的图像应用网格工具可以更加准确地调整它的大小，其具体操作方法如下。

本节素材	DVD/素材/Chapter07/使用网格.jpg
本节效果	DVD/效果/Chapter07/无
学习目标	掌握网格的使用方法
难度指数	★★

步骤01 打开“使用网格”素材文件，在菜单栏中选择“视图/显示/网格”命令，如图7-25所示。

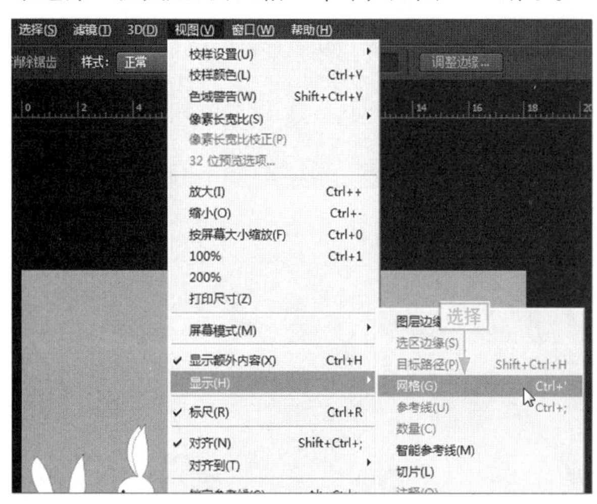

图7-25 显示网格线

步骤02 操作完成后，即可在图像编辑窗口看到网格，如图7-26所示。

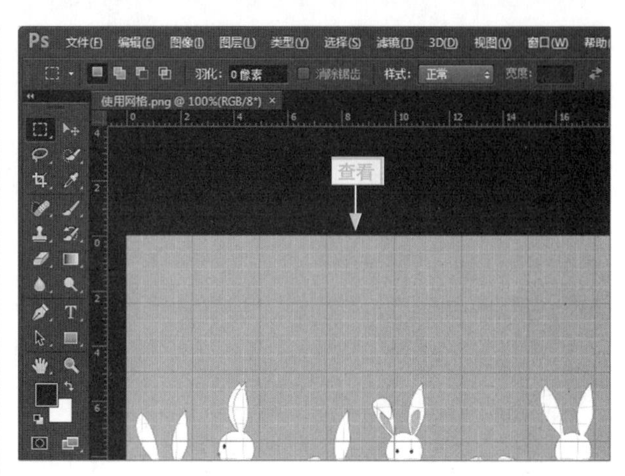

图7-26 查看效果

7.3.4 使用注释工具

注释工具是在图像上添加注释，用来告诉用户一些其他相关信息，其具体操作方法如下。

本节素材	DVD/素材/Chapter07/使用注释工具.jpg
本节效果	DVD/效果/Chapter07/无
学习目标	掌握注释工具的使用方法
难度指数	★★★

步骤01 打开“使用注释工具”素材文件，在工具箱中，❶将鼠标光标移动到“吸管工具”按钮上，❷右击，选择注释工具，如图7-27所示。

图7-27 选择注释工具

步骤02 此时鼠标光标变成一个注释工具的图标，如图7-28所示。

步骤03 在图像窗口中单击，在打开的“注释”面板中输入相应的内容即可，如图7-29所示。

图7-28　启动注释工具

图7-29　输入注释内容

步骤04 若要删除注释，可在需要删除的注释上右击，❶在弹出的菜单中选择“删除注释”命令，如图7-30上图所示，❷在打开的对话框中单击“是”按钮即可，如图7-30下图所示。

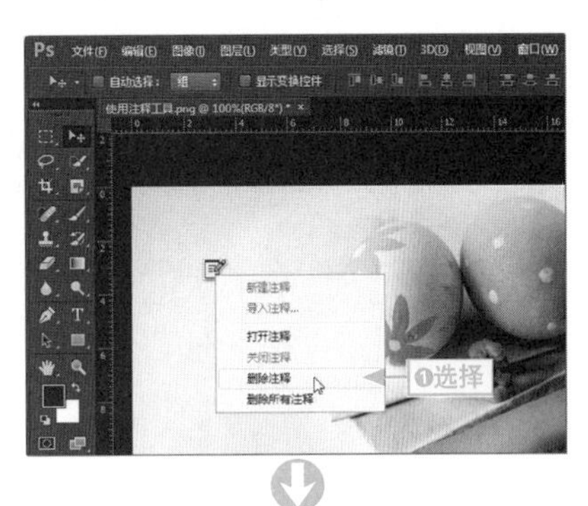

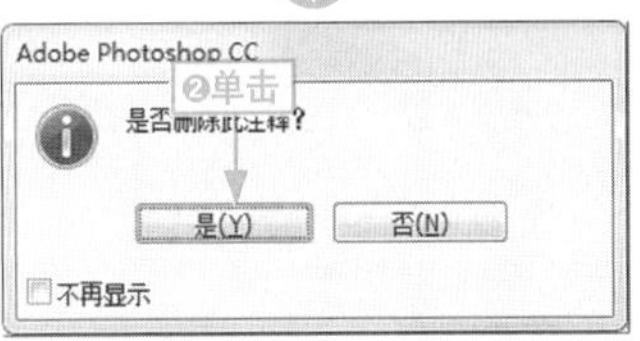

图7-30　删除注释

步骤05 操作完成后，在图像窗口即可看到注释已被删除，如图7-31所示。

图7-31　查看效果

7.4 实战问答

?! NO.1 | 怎样隐藏而不删除文档中的参考线

元芳：在Photoshop中创建了一些参考线，由于显示的需要暂时不想显示这些参考线，但又不想将其删除，可不可以暂时隐藏图像中的参考线呢?

大人：在Photoshop CC的文档中创建的参考线如果暂时不需要显示，是可以将其隐藏起来的，具体可按如下操作进行。

步骤01 激活需要隐藏参考线的文档窗口，在菜单栏中单击“视图”菜单项，选择“显示/参考线”命令，如图7-32所示。

步骤02 在文档窗口中即可看到所有参考线已经被隐藏(再执行相同的操作，又可以再次显示出参考线)，如图7-33所示。

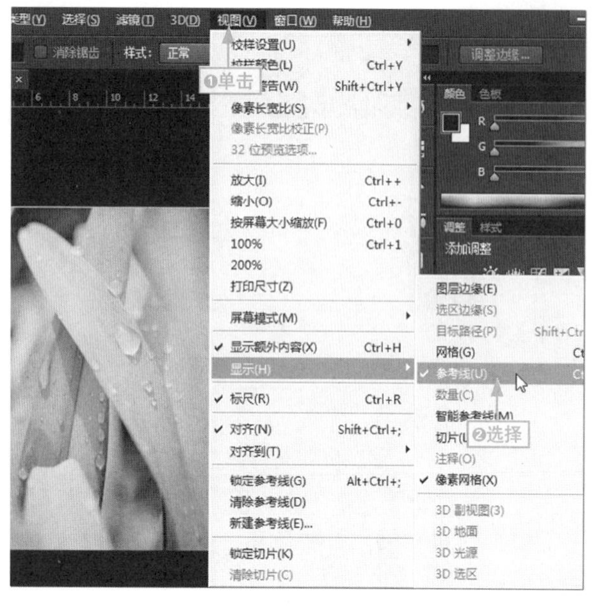

图7-32　隐藏参考线

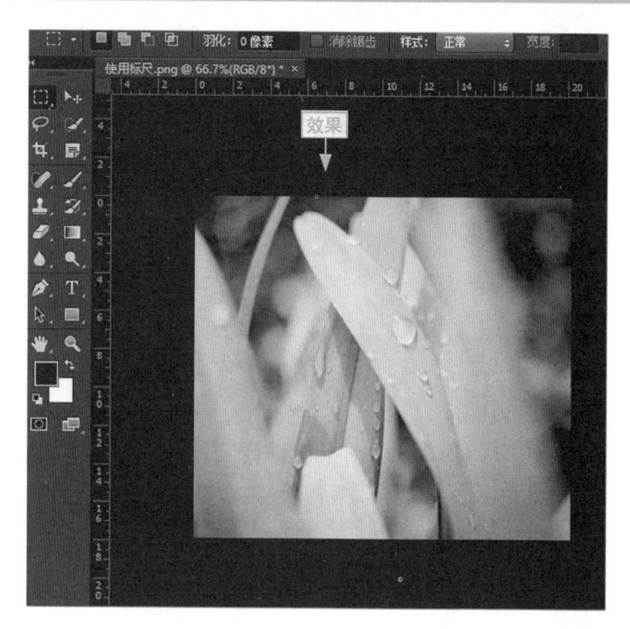

图7-33　查看效果

?! NO.2 | 位图与矢量图的主要区别是什么

元芳：经常在一些书上看到，不管是位图还是矢量图，都称为图形，这样很难分辨它们，那位图和矢量图到底有什么区别呢？

大人：它们的主要区别有以下3点：第一，在放大的情况下位图会失真；第二，网页上的所有图片都是位图，矢量图主要存在于制作图片的源文件中或是Flash中；第三，矢量图可以随意改变形状，而位图只能进行缩放以及扭曲。

7.5 思考与练习

填空题

1. ＿＿＿＿＿＿＿中的属性会随着在工具箱中选择不同的工具而发生改变。

2. 分辨率主要有＿＿＿＿＿＿、＿＿＿＿＿、＿＿＿＿＿＿、＿＿＿＿＿＿、＿＿＿＿＿＿这5种类型。

选择题

1. 关于图像的缩放效果，下列说法正确的是(　　)。

A. 图像放大后，图像的像素数量会减少

B. 图像放大后，图像的像素数量会增加

C. 无论放大或缩小图像，图像的像素数量都不会发生改变。

D. 图像可以被无限地放大，但图像的清晰度始终保持不变。

2. (　　)不是图像分辨率的类型。

A. 设备分辨率　　B. 打印分辨率

C. 位分辨率　　D. 扫描分辨率

判断题

1. 位图图像由大变小时，其显示质量不会降低；但图像由小变大时，其显示质量将会下降。(　　)

2. Photoshop CC具有强大的图像处理功能，但是没有绘画功能。(　　)

操作题

【练习目的】为图像添加注释

下面将通过给“小狗”图片添加注释为例，让读者亲自体验在图像中添加注释的功能，巩固本章的相关知识和操作。

【制作效果】

本节素材	DVD/素材/Chapter07/小狗.jpg
本节效果	DVD/效果/Chapter07/小狗.psd

Chapter 08

使用绘图工具绘制图像

本章要点

- ★ 调整图像与画布大小
- ★ 魔棒工具
- ★ 选框工具
- ★ 铅笔与画笔工具
- ★ 图案图章工具
- ★ 橡皮擦工具
- ★ 矩形工具
- ★ 多边形工具

学习目标

Photoshop CC是一款图像处理软件，绘制图像是它的基本功能，这就需要使用到一些绘制图形的基本工具，学习这些工具可以帮助读者快速了解Photoshop CC的操作原理，本章将主要介绍一些如何调整图片大小、调整画布大小及常用绘图工具的使用等简单操作。

知识要点	学习时间	学习难度
调整图像	20分钟	★★
选择绘图区域	35分钟	★★★
绘图工具	70分钟	★★★★

重点实例

调整图像大小

使用铅笔工具

使用仿制图章工具

8.1 调整图像

在Photoshop中新建文件后，就可以对文件进行一些基本的调整，如调整图像大小及画布的尺寸等，通过这些基本的操作，为后面的更深入编辑做好准备。

8.1.1 调整图像大小

利用“图像/图像大小”命令可以查看和修改文件的像素大小、分辨率和打印尺寸等参数，具体操作方法如下。

本节素材	DVD/素材/Chapter08/图像调整1.jpg
本节效果	DVD/效果/Chapter08/图像调整1.jpg
学习目标	了解调整图像大小的方法
难度指数	★

步骤01 打开“图像调整1”素材文件，在菜单栏的“图像”菜单中选择“图像大小”命令，如图8-1所示。

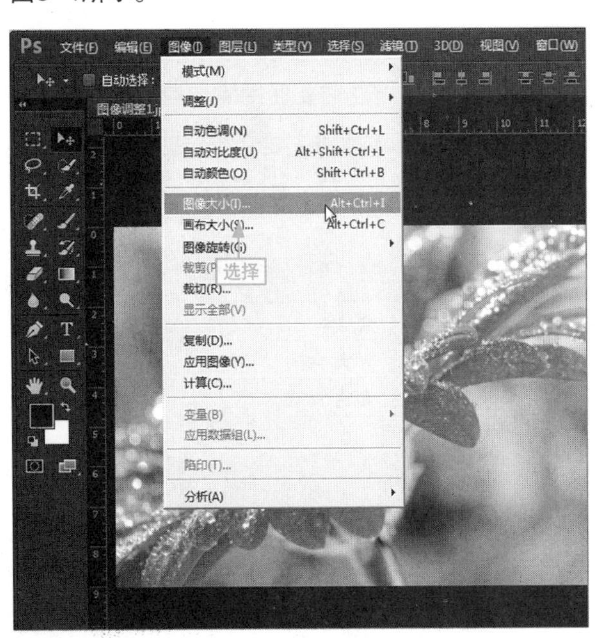

图8-1 选择“图像大小”命令

步骤02 ❶在打开的“图像大小”对话框中设置相关参数，❷单击“确定”按钮，如图8-2所示。

步骤03 保存文件后，在图像窗口可查看效果，如图8-3所示。

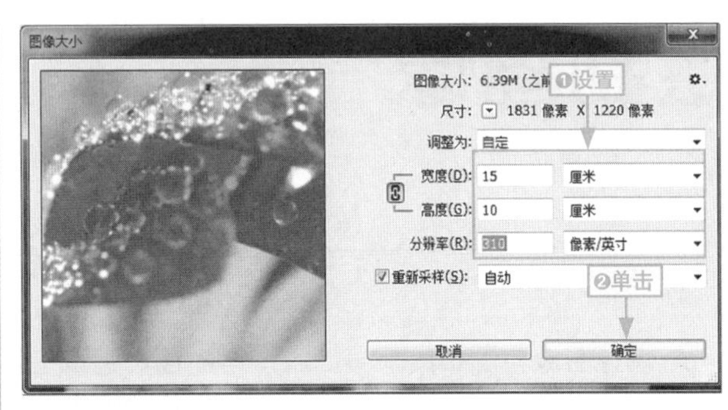

图8-2 设置参数

图8-3 查看效果

8.1.2 调整画布大小

画布就是文件的工作区域，有时需要调整它的大小，其具体操作方法如下。

本节素材	DVD/素材/Chapter08/图像调整2.jpg
本节效果	DVD/效果/Chapter08/图像调整2.jpg
学习目标	了解调整画布大小的方法
难度指数	★

步骤01 打开“图像调整2”素材文件，在菜单栏的“图像”菜单中选择“画布大小”命令，如图8-4所示。

图8-4 选择“画布大小”命令

步骤02 ❶在打开的“画布大小”对话框中设置相关参数，❷单击“确定”按钮，如图8-5所示。

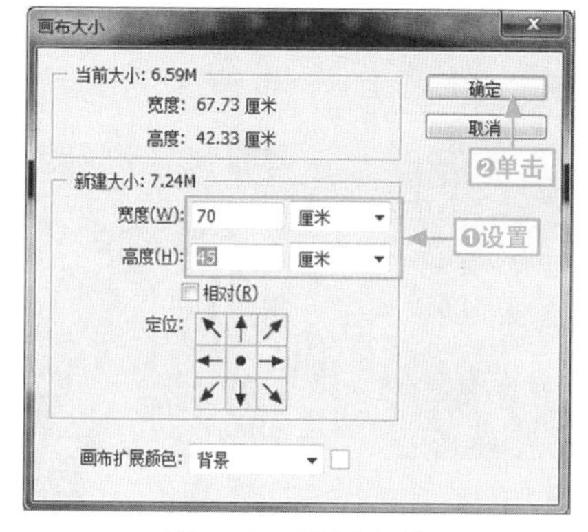

图8-5 设置参数

步骤03 保存文件后，在图像窗口可查看效果，如图8-6所示。

图8-6 查看效果

8.2 选择绘图区域

在Photoshop中处理图像时，首选需要选定图像的编辑范围，即选择绘图区域，它是用户通过选区工具在当前图像文件中选取的图像区域，因此准确地在图像中创建选择区域是非常有必要的。

8.2.1 使用矩形选框工具

矩形选框工具是用来制作矩形和正方形选区的工具，它可以用来制作网页中的一些广告图片的效果，其具体操作方法如下。

本节素材	DVD/素材/Chapter08/手机销售网页/
本节效果	DVD/效果/Chapter08/手机销售网页/
学习目标	掌握矩形选框工具的使用方法
难度指数	★★

步骤01 打开“手机介绍”与“手机视图”两个素材文件，将其平铺在窗口中，如图8-7所示。

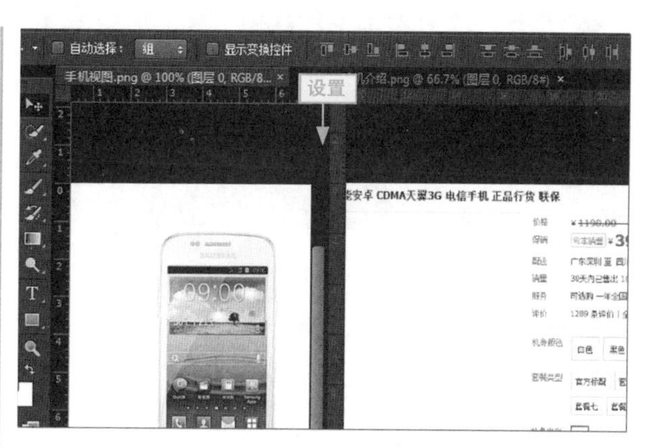

图8-7 平铺图像

步骤02 ❶在工具箱的“矩形选框工具”组中右击，❷选择矩形选框工具，如图8-8所示。

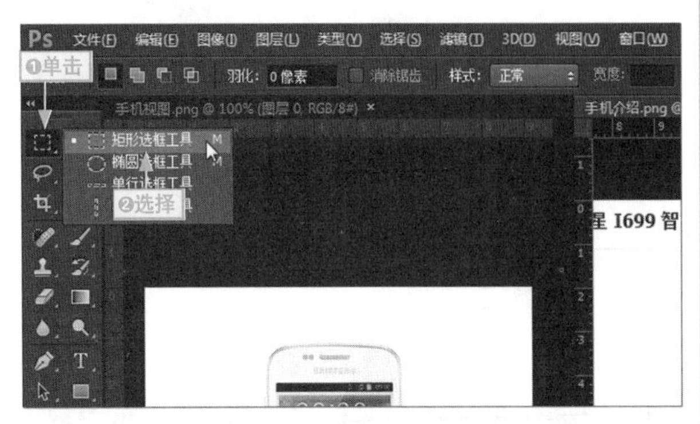

图8-8 选择矩形选框工具

步骤03 ❶激活“手机视图”窗口，❷在图像上按下鼠标左键绘制矩形选区，然后释放鼠标左键，如图8-9所示。

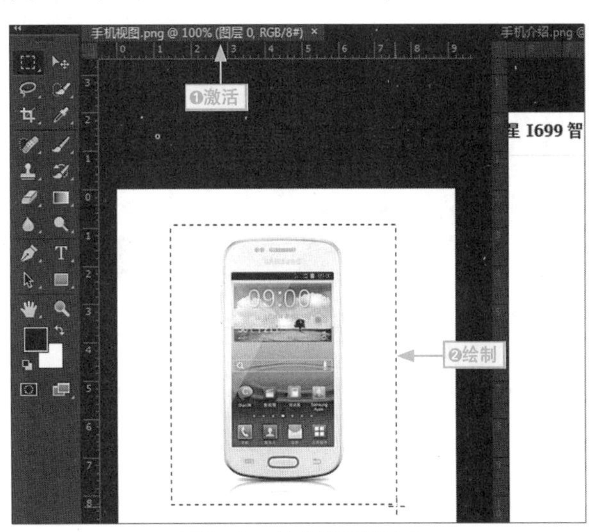

图8-9 绘制矩形选区

步骤04 在工具箱中选择移动工具，如图8-10所示。

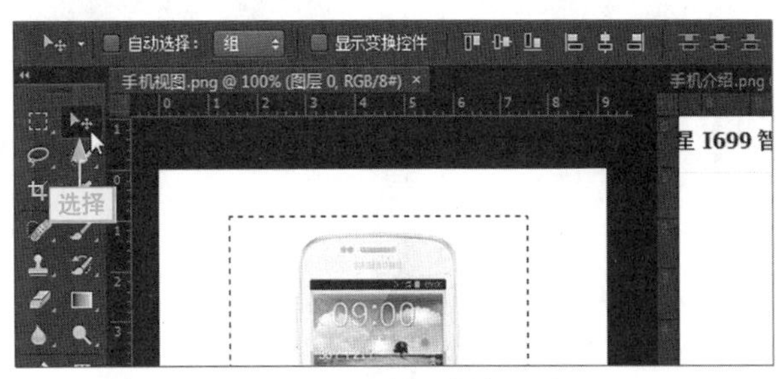

图8-10 选择移动工具

步骤05 将鼠标光标移动到绘制的矩形选区上，按住鼠标左键不放，将矩形选区拖动到“手机介绍”图像中，释放鼠标左键，如图8-11所示。

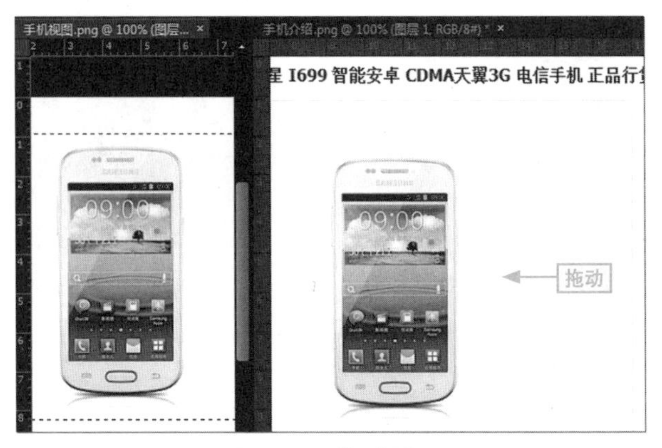

图8-11 拖动选区

步骤06 保存“手机介绍”图像后，可在图像窗口中查看效果，如图8-12所示。

图8-12 查看效果

8.2.2 使用魔棒工具

使用魔棒工具可在图像中通过简单的单击，选择图像中色彩相似的区域，它比较适合颜色单一的图像选区，下面通过使用魔棒工具选中小狗图为例讲解相关操作。

本节素材	DVD/素材/Chapter08/小狗.jpg
本节效果	DVD/效果/Chapter08/无
学习目标	掌握魔棒工具的使用方法
难度指数	★★★

步骤01 打开“小狗”素材文件，❶在工具箱的“魔棒工具”组中右击，❷选择“魔棒工具”选项，如图8-13所示。

图8-13　选择魔棒工具

步骤02 ❶在工具栏中单击“新选区”按钮，❷在“容差”文本框中输入相应的数值，❸选中“连续”复选框，如图8-14所示。

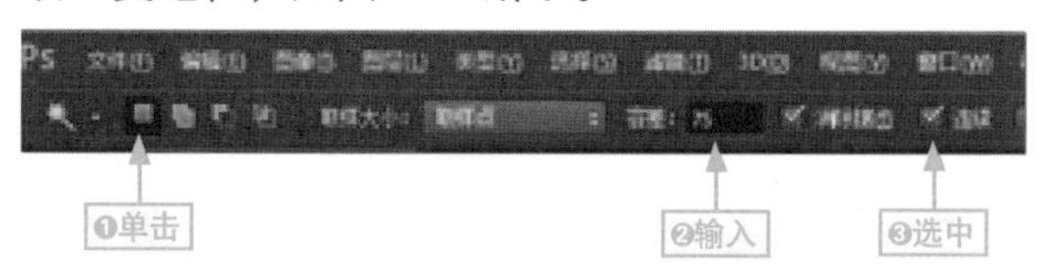

图8-14　设置魔棒工具参数

步骤03 在蓝色背景处单击一下鼠标，可选择图像中颜色相近的区域，如图8-15所示。

图8-15　选择颜色相近区域

步骤04 在选区中右击，选择“选择反向”命令，如图8-16所示。

步骤05 操作完成后，可在图像窗口中查看到只有图像中的小狗被选中，如图8-17所示。

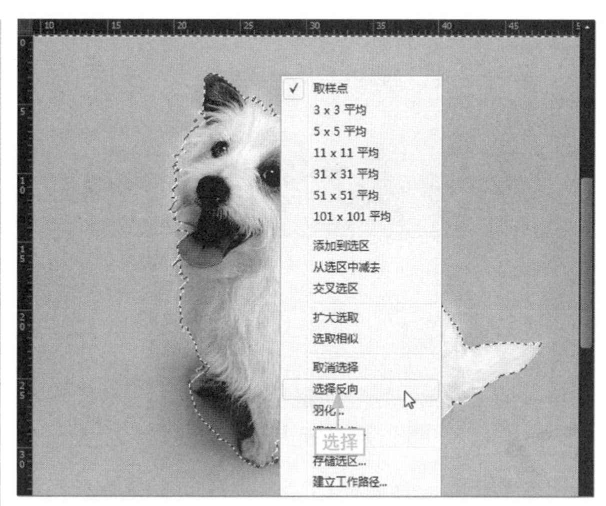

图8-16　反向区域

图8-17　查看效果

专家提醒 | 容差的作用

在魔棒工具中有一个最重要的属性是容差，容差就是魔棒工具在自动选取相似的选区时的近似程度，容差越大，被选取的区域将可能越大。

8.2.3　套索工具

套索工具主要用于手动创建不规则的选区，下面通过手动选取图像中的盘子为例来操作套索工具。

本节素材	DVD/素材/Chapter08/盘子.jpg
本节效果	DVD/效果/Chapter08/无
学习目标	掌握套索工具的使用方法
难度指数	★★★

步骤01 打开"盘子"素材文件，在工具箱中单击"套索工具"按钮，选择套索工具，如图8-18所示。

图8-18 选择套索工具

步骤02 在图像窗口中按下鼠标左键，沿着盘子的边缘拖动，如图8-19所示。

步骤03 当线条闭合后释放鼠标左键，即可查看效果，如图8-20所示。

图8-19 拖动线条

图8-20 查看效果

8.3 基本绘图工具

在Photoshop中，绘画工具一方面被用来绘制图像，另一方面它还可以用来修改图像，使其符合设计的整体要求，所以熟练掌握绘图工具是每一个初学者的必经之路。

8.3.1 铅笔工具

铅笔工具能够绘制一些漂亮的线条纹理，还可以绘制像素画，下面通过使用铅笔工具绘制线条为例讲解相关操作。

本节素材	DVD/素材/Chapter08/照片墙.jpg
本节效果	DVD/效果/Chapter08/照片墙.jpg
学习目标	掌握铅笔工具绘制线条方法
难度指数	★★

步骤01 打开"照片墙"素材文件，❶在工具箱的"画笔工具"组中右击，❷选择"铅笔工具"选项，如图8-21所示。

图8-21 选择铅笔工具

步骤02 ❶在工具栏中单击"画笔预设"下拉按钮，❷设置画笔的"大小"为"4像素"，如图8-22所示。

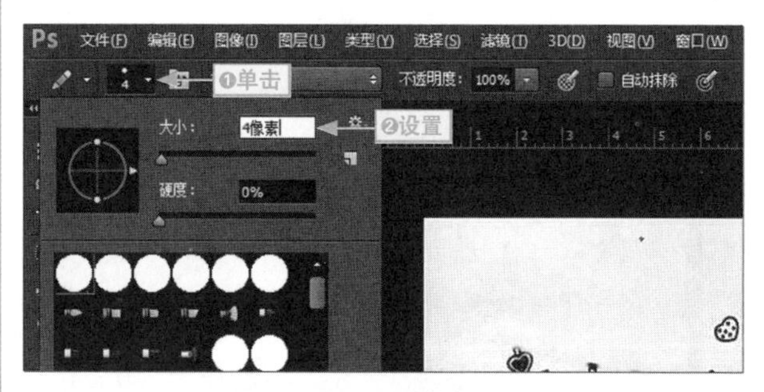

图8-22 设置笔触大小

步骤03 在图像的相应位置按下鼠标左键绘制线条，使照片连接在一起，绘制完成后释放鼠标左键，如图8-23所示。

图8-23 绘制线条

8.3.2 画笔工具

画笔工具可以绘制一些比较柔和的线条，效果类似于毛笔画出的线条，下面通过画笔工具在“枫叶”图中添加枫叶为例来讲解画笔工具的使用方法。

本节素材	DVD/素材/Chapter08/枫叶.jpg
本节效果	DVD/效果/Chapter08/枫叶.jpg
学习目标	掌握在图像中使用画笔工具的方法
难度指数	★★

步骤01 打开“枫叶”素材文件，❶在工具箱的“铅笔工具”按钮上右击，❷选择“画笔工具”选项，如图8-24所示。

图8-24 选择画笔工具

步骤02 ❶在工具栏中单击“画笔预设”下拉按钮，❷在打开的“画笔预设”选取器中选择“散布枫叶”选项，❸单击“设置前景色”按钮，如图8-25所示。

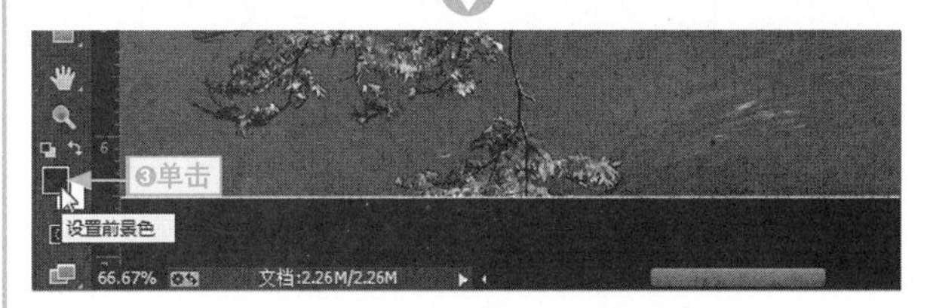

图8-25 设置画笔笔触样式

专家提醒 | 背景色和前景色

在Photoshop中的背景色就相当于图片的底色，前景色就相当于在底色上作画的颜色，如在Photoshop中默认背景色为黑色，前景色为白色。

步骤03 ❶在打开的“拾色器(前景色)”对话框中选择相应的前景色，❷单击“确定”按钮，如图8-26所示。

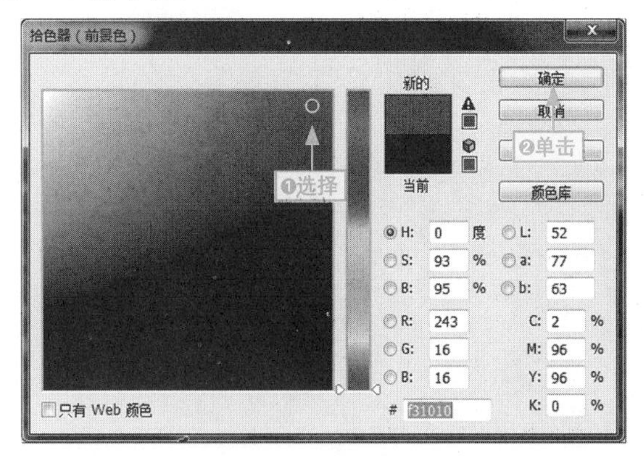

图8-26 选择前景色

步骤04 在文档中的适当位置连续多次单击鼠标，可查看到效果，如图8-27所示。

图8-27 查看效果

8.3.3 图案图章工具

图案图章工具可以复制定义好的图案，它能够在图像上多次连续的使用，下面通过复制蒲公英为例来讲解图案图章工具的使用。

本节素材	DVD/素材/Chapter08/蒲公英.jpg
本节效果	DVD/效果/Chapter08/蒲公英.jpg
学习目标	掌握在图像中使用图案图章工具的方法
难度指数	★★★

步骤01 打开“蒲公英”素材文件，在工具箱中单击选择矩形选框工具，如图8-28所示。

图8-28 选择矩形选框工具

步骤02 在文档中选取需要复制的区域，如图8-29所示。

图8-29 选取区域

步骤03 在菜单栏的“编辑”菜单中选择“定义图像”命令，如图8-30所示。

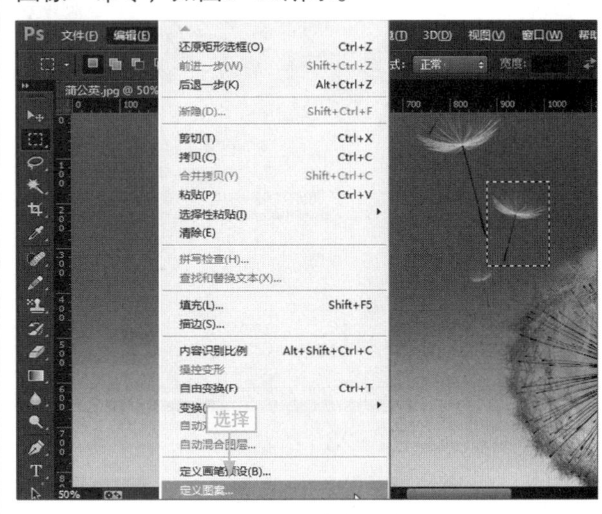

图8-30 定义图案

步骤04 ❶在打开的“图案名称”对话框的“名称”文本框中输入名称，❷单击“确定”按钮，如图8-31所示。

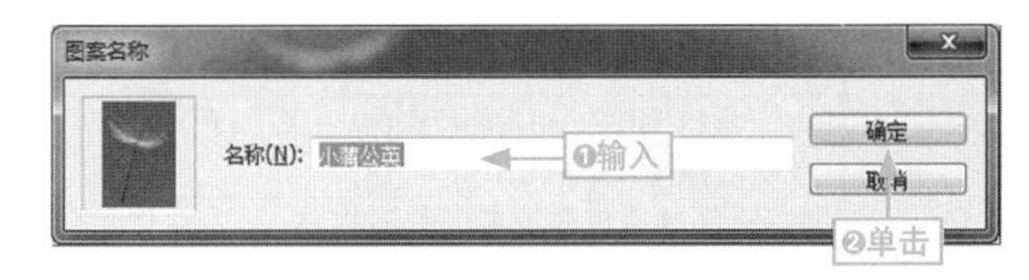

图8-31 输入名称

步骤05 在需要复制图像的位置绘制一个矩形区域，如图8-32所示。

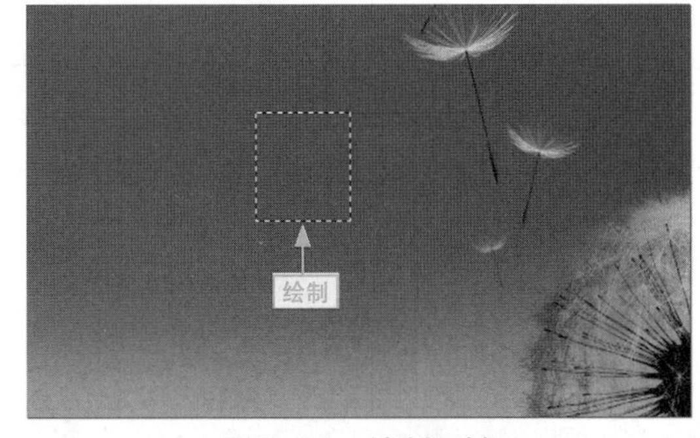

图8-32 绘制区域

步骤06 ❶在工具箱的“仿制图章工具”组中右击，❷选择“图案图章工具”选项，如图8-33所示。

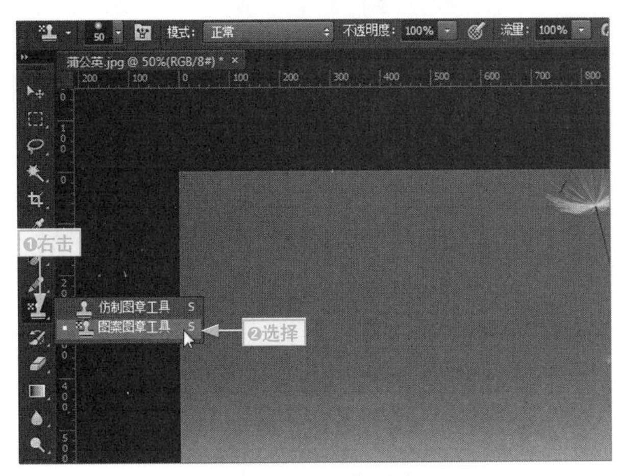

图8-33　选择图案图章工具

步骤07 ❶在工具栏中单击“画笔预设”下拉按钮，❷在打开的“画笔预设”选取器中选择样式，❸在“大小”文本框中输入“100像素”，如图8-34所示。

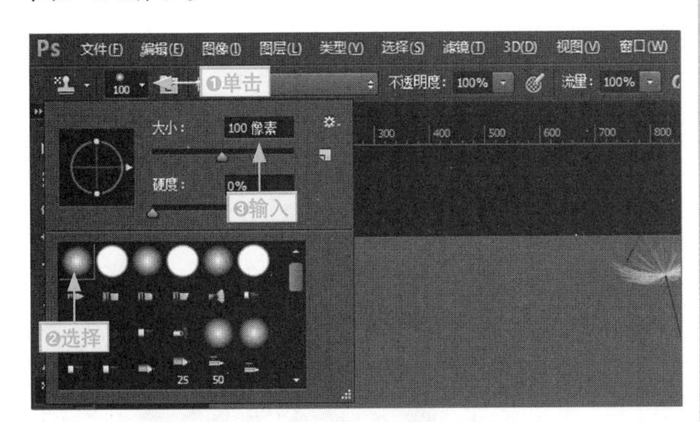

图8-34　设置图案图章工具笔触

步骤08 单击“颜色”拾色器下拉按钮，选择“小蒲公英”选项，如图8-35所示。

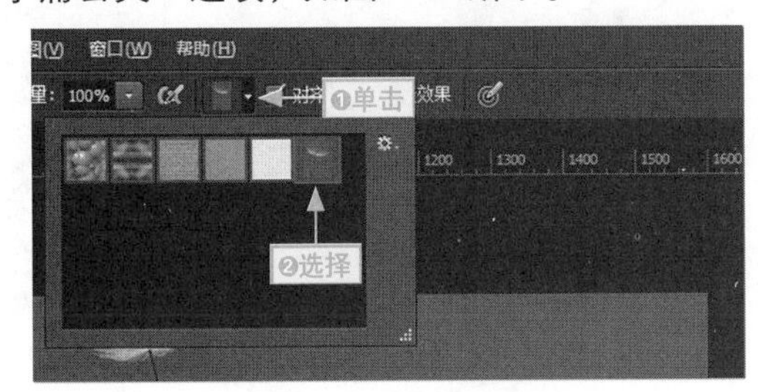

图8-35　选择图像

步骤09 将鼠标光标移动到绘制的区域中，按住鼠标左键不放，绘制图形，操作完成后释放鼠标，如图8-36所示。

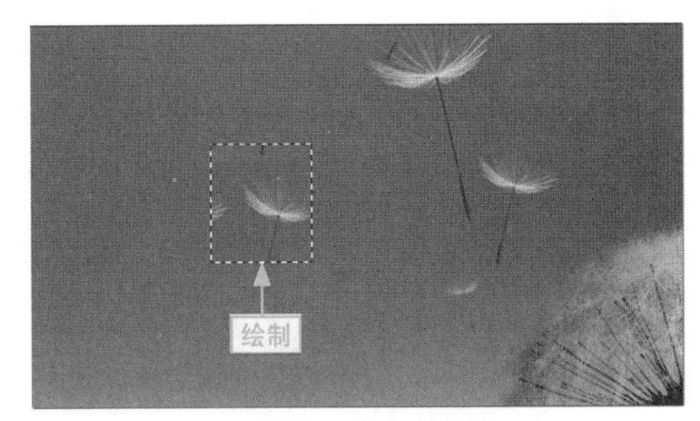

图8-36　绘制图像

步骤10 ❶在“选择”菜单中选择“取消选择”命令，如图8-37上图所示，❷即可在图像中查看到最终绘制的图像效果，如图8-37下图所示。

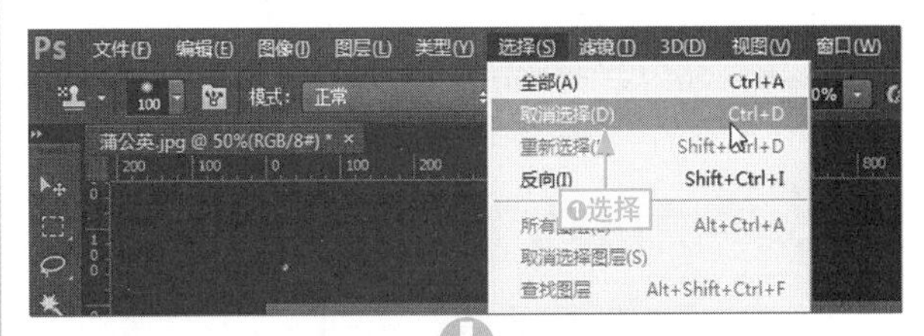

图8-37　取消选区并查看效果

8.3.4　仿制图章工具

仿制图章工具可以使用图像中一个区域的像素替换另一个区域的像素，下面通过增加桃花为例来讲解仿制图章工具的使用方法。

本节素材	DVD/素材/Chapter08/桃花.jpg
本节效果	DVD/效果/Chapter08/桃花.jpg
学习目标	掌握在图像中使用仿制图章工具的方法
难度指数	★★★

步骤01 打开“桃花”素材文件，在工具箱中选择“仿制图章工具”选项，如图8-38所示。

图8-38　选择仿制图章工具

步骤02 ❶在“画笔预设”选取器中选择图章样式，❷设置大小与硬度，如图8-39所示。

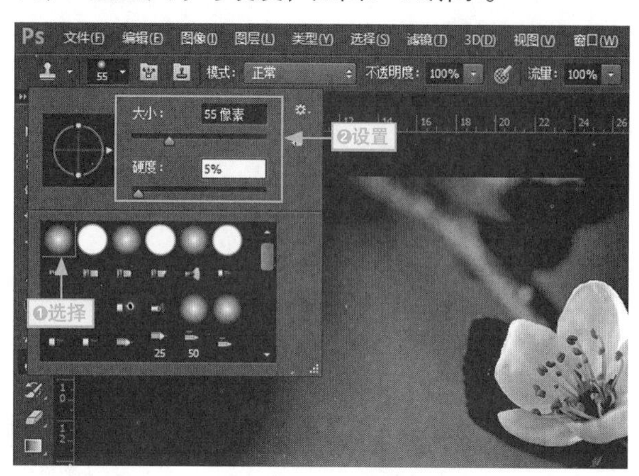

图8-39　设置画笔

专家提醒 | 笔触硬度的设置

硬度就是指生硬的程度，若硬度高，则使用画笔画出来的图像就与背景泾渭分明；若硬度低，则与背景之间就有一个渐变的过程，这样看起来更能与背景自然地融合。

步骤03 将鼠标光标移动到需要被仿制的区域上按住Alt键，同时单击鼠标左键拾取取样点，如图8-40所示。

图8-40　拾取取样点

专家提醒 | 取样点注意事项

每次单击仿制图案工具时，都将使用新的取样点，且单击点与取样点的相对关系始终与首次仿制时相同。

步骤04 将鼠标光标移动到需要仿制的区域按下鼠标左键仿制，完成后释放鼠标，如图8-41所示。

图8-41　仿制图像

8.3.5 橡皮擦工具

橡皮擦工具在图像中涂抹可以将图像擦除，下面通过擦除图像中的金鱼为例来讲解橡皮擦工具的使用。

本节素材	DVD/素材/Chapter08/小猫与金鱼.jpg
本节效果	DVD/效果/Chapter08/小猫与金鱼.jpg
学习目标	掌握在图像中使用橡皮擦工具的方法
难度指数	★★★

步骤01 打开“小猫与金鱼”素材文件，在工具箱中单击“橡皮擦工具”按钮，如图8-42所示。

图8-42　选择橡皮擦工具

步骤02 ❶在“画笔预设”选取器中选择橡皮擦样式，❷设置大小与硬度，如图8-43所示。

步骤03 将鼠标光标移动到需要擦除的图像上，按住鼠标左键并拖动擦除，完成后释放鼠标即可，如图8-44所示。

图8-43　设置橡皮擦参数

图8-44　擦除图像

长知识 | 背景橡皮擦工具

橡皮擦工具中包含一种背景橡皮擦工具，它是一种智能橡皮擦，可将图像中的颜色擦除成透明，同时保留对象边缘，其使用方法是：❶在工具箱中选择“背景橡皮擦工具”选项，❷在“画笔预设”选取器中设置相应参数，❸按住鼠标左键擦除图像，完成后释放鼠标即可，如图8-45所示。

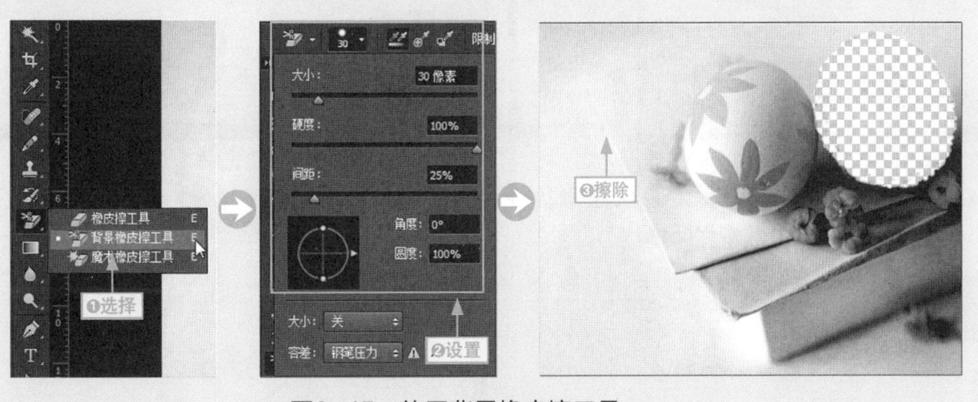

图8-45　使用背景橡皮擦工具

8.4 矢量绘图工具

通过Photoshop CC中的形状工具组可以绘制一些特殊的形状路径，该组中包括矩形工具、圆角矩形工具、椭圆工具和多边形工具等，下面就来认识并使用它们。

8.4.1 矩形工具

矩形工具可以画出一个矩形，并且可以控制矩形区域的形状和颜色，下面就通过在图像窗口中创建矩形为例来讲解矩形工具的用法。

本节素材	DVD/素材/Chapter08/无
本节效果	DVD/效果/Chapter08/矩形.psd
学习目标	掌握在图像中使用矩形工具的方法
难度指数	★★

步骤01 在“文件”菜单中选择“新建”命令，如图8-46所示。

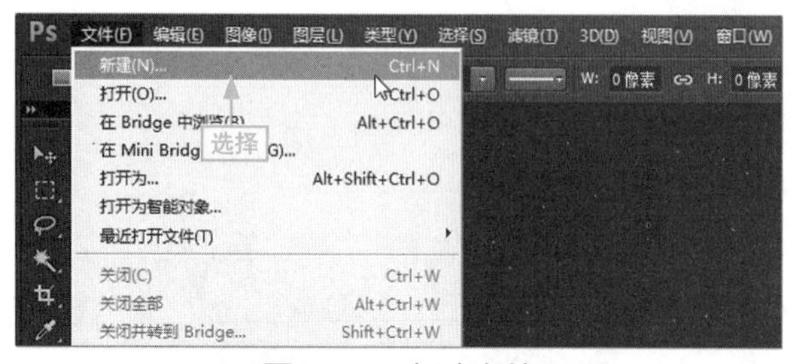

图8-46 新建文件

步骤02 ❶在打开的“新建”对话框中设置相应参数，❷单击“确定”按钮，如图8-47所示。

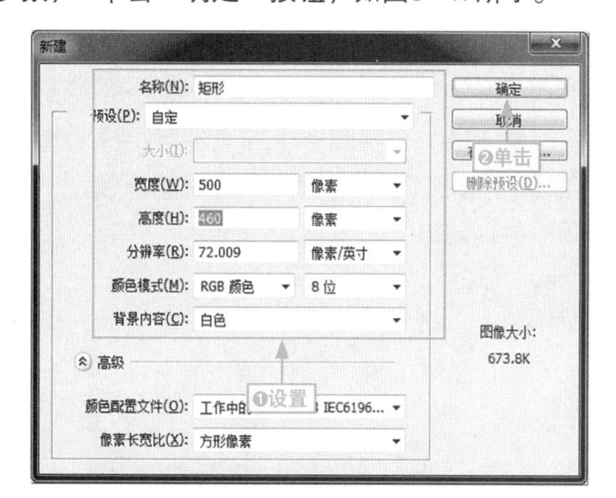

图8-47 设置新文件参数

步骤03 在工具箱中单击“矩形工具”按钮，如图8-48所示。

图8-48 选择矩形工具

步骤04 在新建的空白文档中按住鼠标左键绘制矩形，完成后释放鼠标，如图8-49所示。

步骤05 ❶在打开的“属性”面板中单击“填充”下拉按钮，❷在弹出的拾色器中选择相应的填充颜色，如图8-50所示。

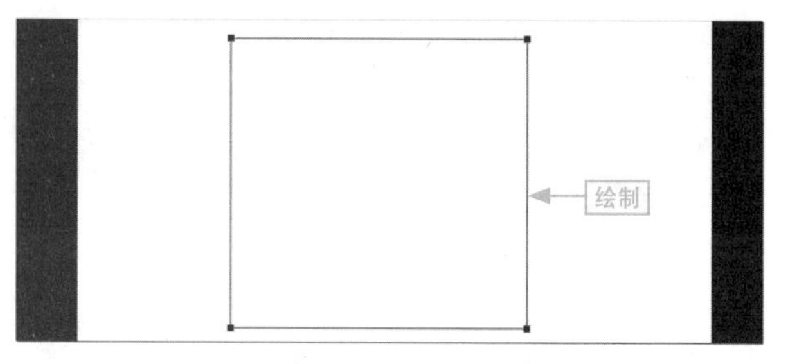

图8-49 绘制矩形

图8-50 设置填充色

步骤06 在图像窗口中可查看到绘制的矩形，如图8-51所示，最后保存文档即可。

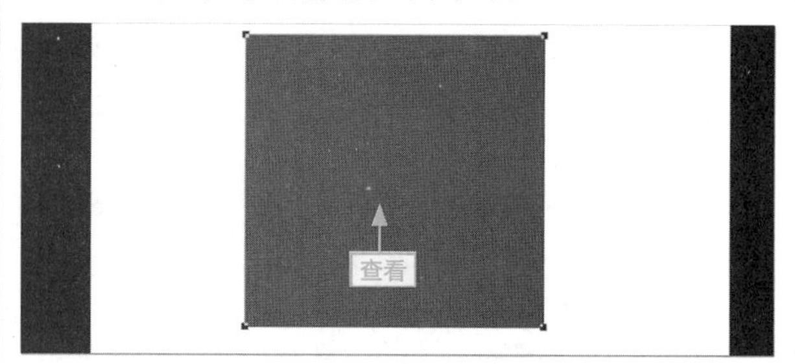

图8-51 查看效果

8.4.2 圆角矩形工具

圆角矩形工具就是可以用来绘制边缘平滑的矩形路径，下面就通过选取小兔子为例来操作圆角矩形工具。

本节素材	DVD/素材/Chapter08/小白兔.jpg
本节效果	DVD/效果/Chapter08/小白兔.psd
学习目标	掌握在图像中使用圆角矩形工具的方法
难度指数	★★★★

步骤01 打开“小白兔”素材文件，在工具箱选择“圆角矩形工具”选项，如图8-52所示。

图8-52 选择圆角矩形工具

步骤02 ❶拖动鼠标绘制圆角矩形区域以选中左侧的兔子和萝卜，❷在“属性”面板中将形状的填充类型设置为“无颜色”，如图8-53所示。

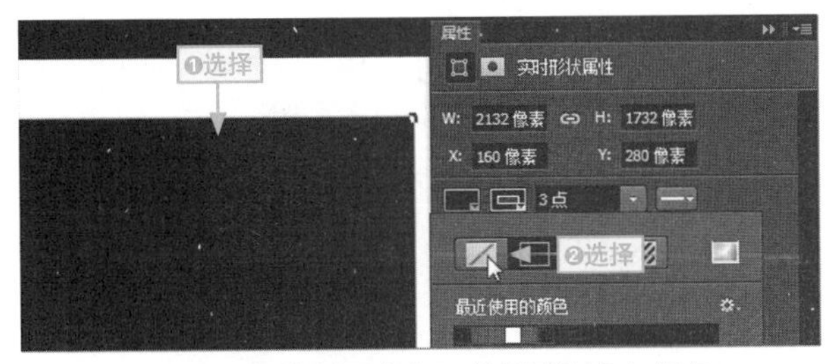

图8-53 绘制圆角矩形并取消填充颜色

步骤03 ❶在右下角的图层面板中选择“路径”面板，❷在“工作路径”选项上右击，❸选择“建立选区”命令，如图8-54所示。

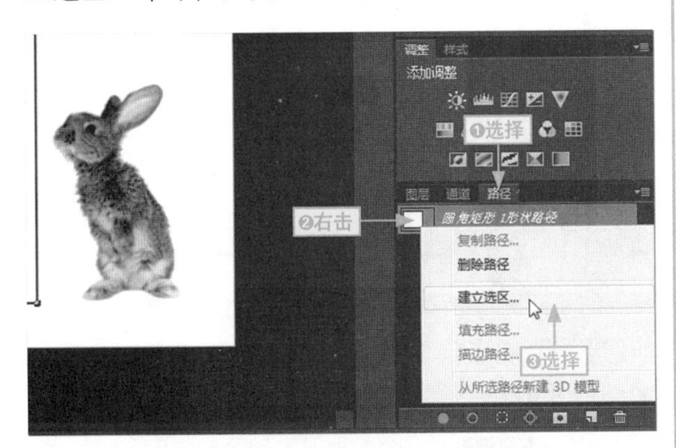

图8-54 选择“建立选区”命令

步骤04 ❶在打开的“建立选区”对话框中设置相应参数，❷单击“确定”按钮，如图8-55所示。

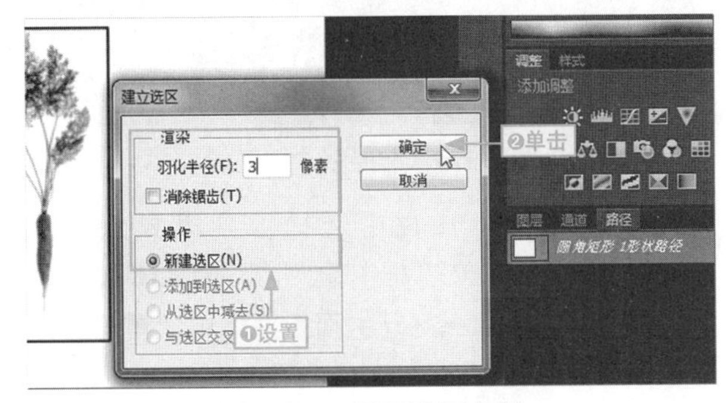

图8-55 设置选区参数

步骤05 在“选择”菜单中选择“反向”命令，如图8-56所示。

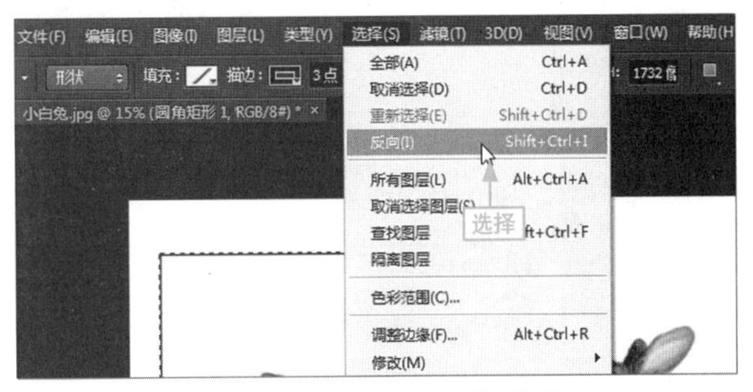

图8-56 执行“反向”命令

步骤06 切换到“图层”面板，选择“背景”图层，如图8-57所示。

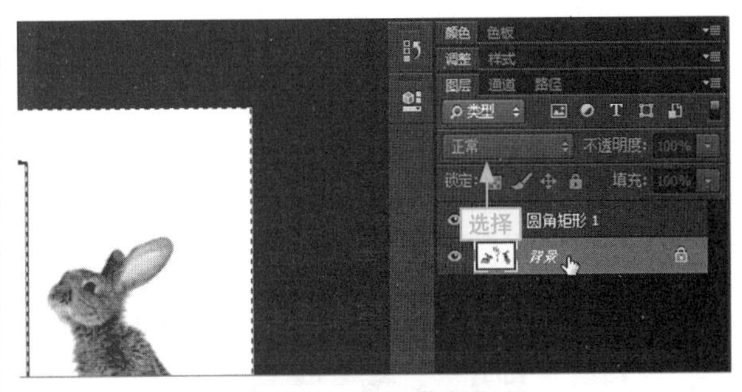

图8-57 选择背景图层

步骤07 按Delete键，❶在打开对话框的“使用”下拉列表框中选择“背景色”选项，❷单击“确定”按钮，如图8-58所示。

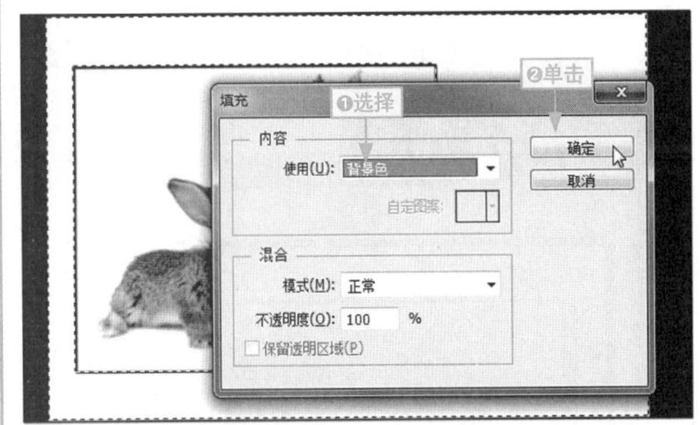

图8-58 删除选区并用背景色填充删除部分

步骤08 再次执行“反向”命令，在“编辑”菜单中选择“描边”命令，如图8-59所示。

步骤09 ❶在打开的“描边”对话框中设置宽度与颜色，❷单击“确定”按钮，如图8-60所示。

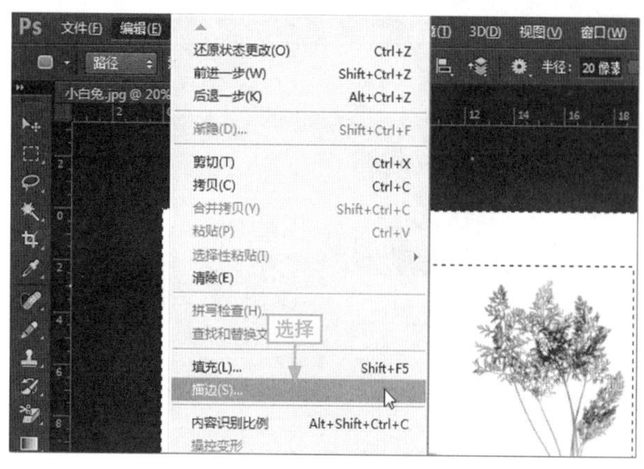

图8-59　选择“描边”命令

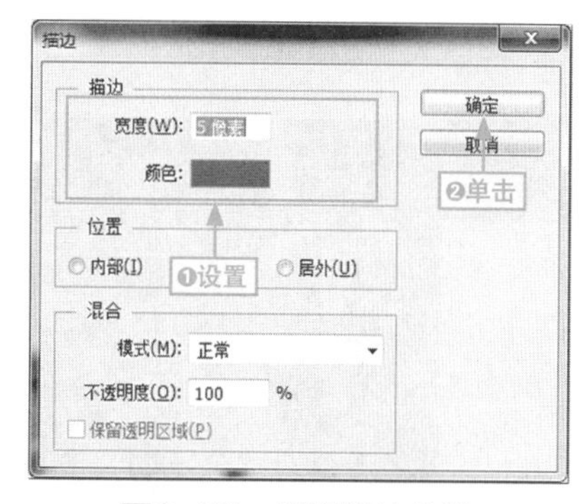

图8-60　设置描边参数

步骤10 在“选择”菜单中选择“取消选择”命令，即可查看到使用圆角矩形工具绘制的图像效果，如图8-61所示。

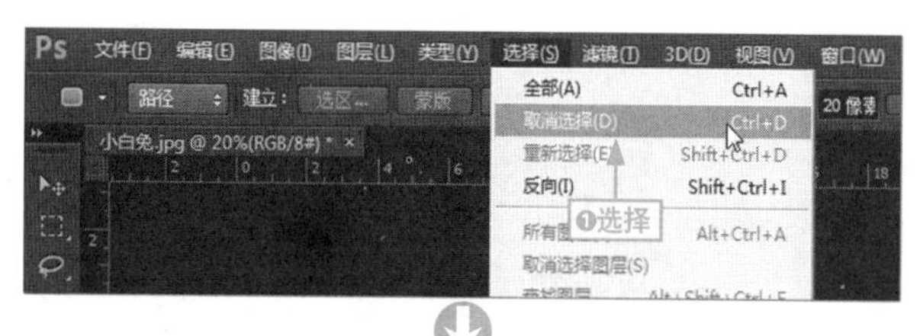

图8-61　查看效果

专家提醒 | 路径的含义

路径是由一条或几条相交或不相交的直线或曲线组合而成的，它可以绘制精确的选取框线，也可以通过它存取选区并相互转化。

8.4.3 多边形工具

多边形工具可以绘制具有多条边的图形，通过设置可以控制多边形的边数，下面就通过在文档中绘制五角星为例来操作多边形工具。

本节素材	DVD/素材/Chapter08/无
本节效果	DVD/效果/Chapter08/五角星.psd
学习目标	掌握在文档中使用多边形工具的方法
难度指数	★★★★

步骤01 在Photoshop CC中新建“五角星”文档，在文档中显示参考线以方便多边形定位，如图8-62所示。

图8-62　新建文档和显示参考线

步骤02 在工具箱中选择“多边形工具”选项，如图8-63所示。

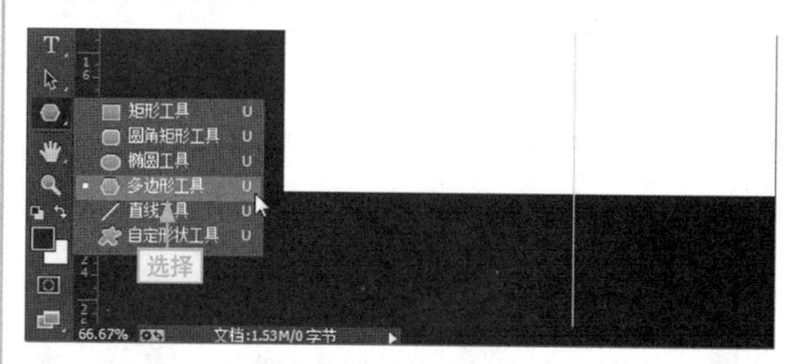

图8-63　选择多边形工具

步骤03 ❶在工具栏中选择工具模式为“路径”，❷在“边”文本框中输入“5”，❸单击“设置”下拉按钮，❹在打开的面板中选中“星形”复选框，如图8-64所示。

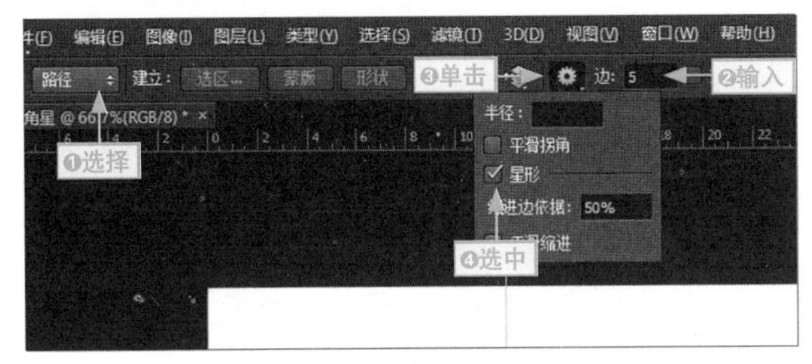

图8-64　设置多边形参数

步骤04 在水平和垂直参考线的交点按下鼠标左键，拖动鼠标绘制图形，到适合大小时释放鼠标左键，如图8-65所示。

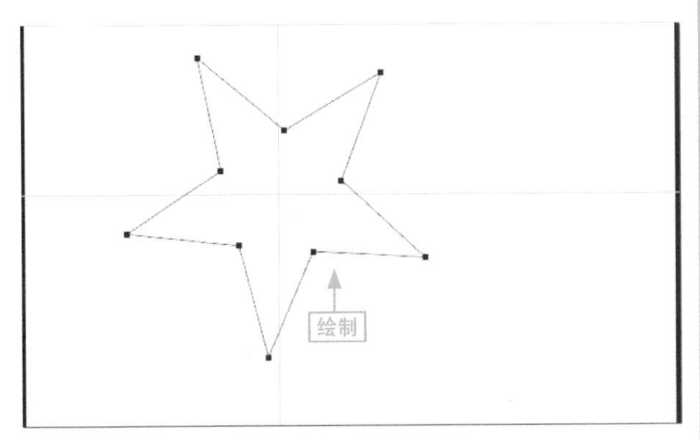

图8-65　绘制图形

步骤05 右击，在弹出的菜单中选择“填充路径”命令，如图8-66所示。

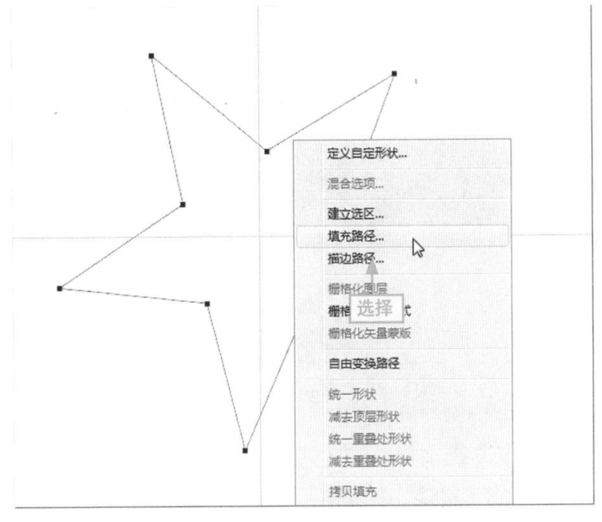

图8-66　选择“填充路径”命令

步骤06 ❶在打开的“填充路径”对话框中单击“使用”下拉按钮，❷在下拉列表中选择“颜色”选项，如图8-67所示。

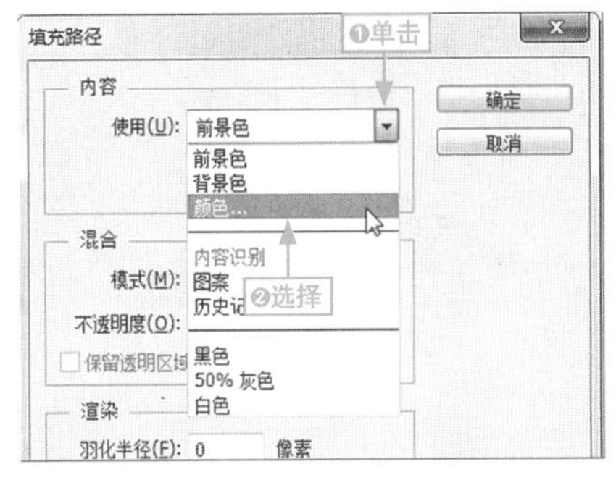

图8-67　设置填充参数

步骤07 ❶在打开的“拾色器(填充颜色)”面板中选择相应颜色，❷单击“确定”按钮，如图8-68所示。

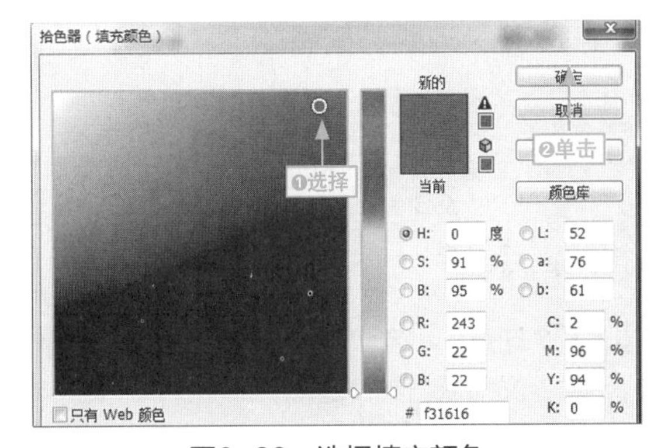

图8-68　选择填充颜色

步骤08 返回到“填充路径”对话框中，单击“确定”按钮，如图8-69所示。

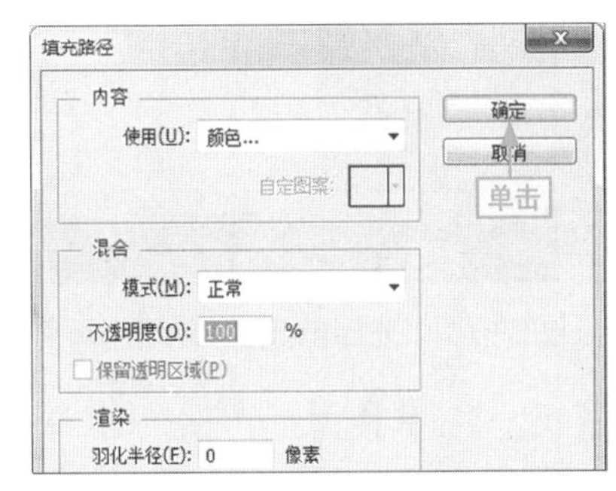

图8-69　确认设置

步骤09 在文档中即可查看到绘制的五角星，如图8-70所示。

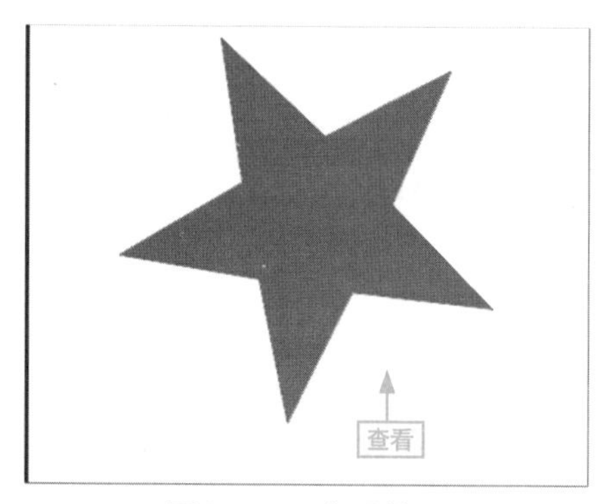

图8-70 查看效果

8.4.4 自定义形状工具

自定义形状工具可以绘制多种不同类型的形状，下面就通过在文档中添加自定义形状为例来操作自定义形状工具。

本节素材	DVD/素材/Chapter08/小宝贝.jpg
本节效果	DVD/效果/Chapter08/小宝贝.psd
学习目标	掌握在文档中使用自定义形状工具的方法
难度指数	★★★★

步骤01 打开"小宝贝"素材文件，在工具箱中选择"自定义形状工具"选项，如图8-71所示。

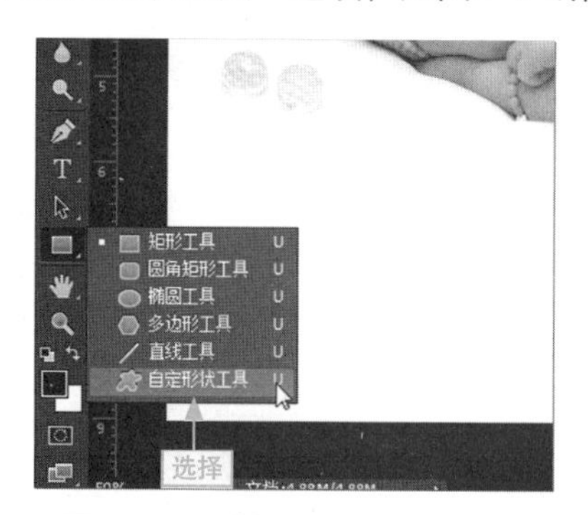

图8-71 选择自定义形状工具

步骤02 ❶选择工具模式为"路径"，❷单击"填充"下拉按钮，❸在打开的"颜色"面板中选择相应的颜色并取消描边效果，如图8-72所示。

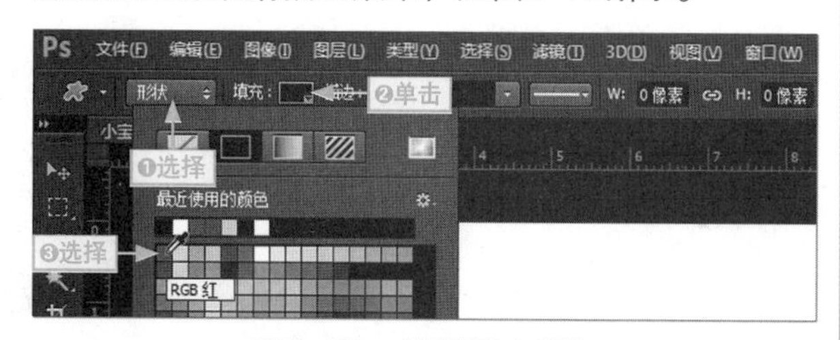

图8-72 选择填充颜色

步骤03 ❶单击"形状"下拉按钮，❷在打开的"形状"面板中单击"设置"按钮，❸在弹出的菜单中选择"全部"命令，如图8-73所示。

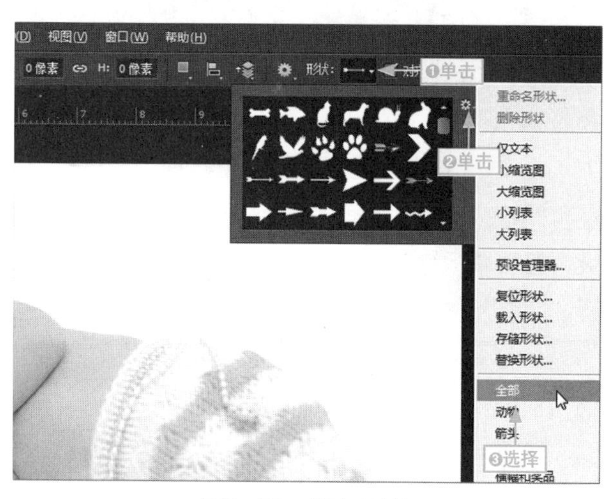

图8-73 添加形状

步骤04 在弹出的提示对话框中单击"确定"按钮，如图8-74所示。

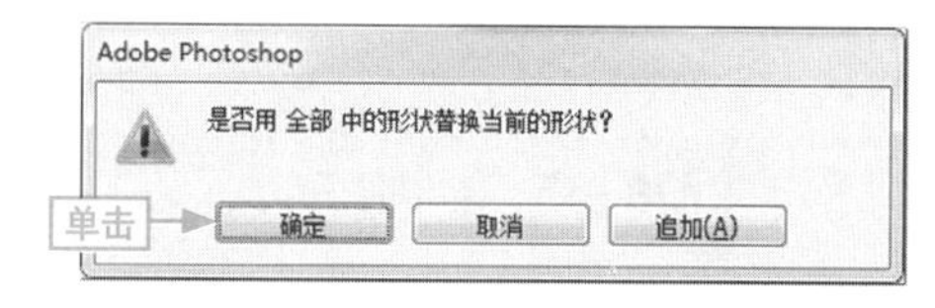

图8-74 单击"确定"按钮

步骤05 在"形状"面板中选择相应的形状选项，如图8-75所示。

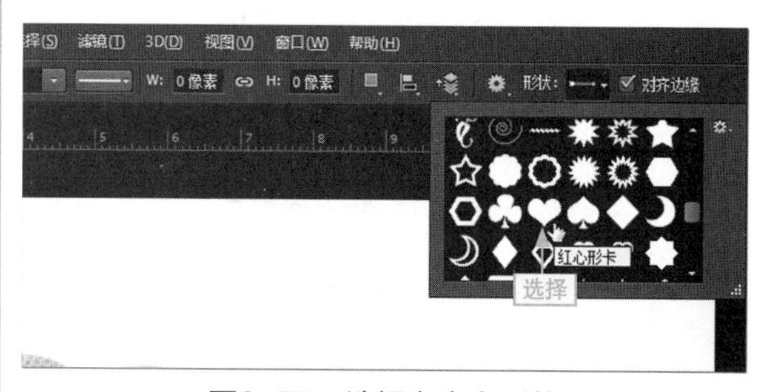

图8-75 选择自定义形状

步骤06 在文档中按住鼠标左键绘制图形，完成后释放鼠标左键，如图8-76所示。

步骤07 以相同的方法在文档中绘制多个形状，在文档中可查看效果，如图8-77所示。

图8-76 绘制形状

图8-77 查看效果

长知识 | 直线工具的用法

前面讲解了一些矢量绘图工具，还有一种矢量工具就是直线工具，它可以绘制出任意长短的直线段，也可以在直线上添加上箭头效果，下面使用直线工具绘制带箭头的直线，其操作是：❶在工具箱中右击“矩形工具”下拉按钮，❷在弹出的下拉列表中选择“直线工具”选项，❸在工具选项栏中单击“设置”下拉按钮，❹在弹出的下拉列表中选中“终点”复选框，❺在文档中按住鼠标左键绘制图像，完成后释放鼠标左键，如图8-78所示。

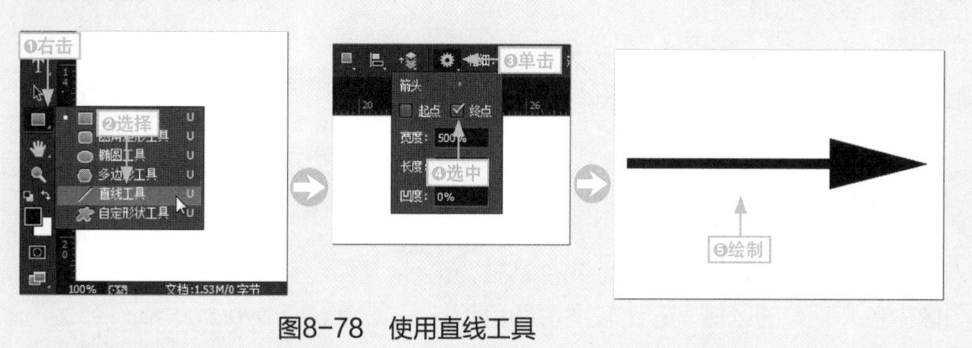

图8-78 使用直线工具

8.5 实战问答

NO.1 | 铅笔工具和画笔工具有何区别

元芳：在Photoshop中绘制图像时，最常用的工具就是铅笔工具和画笔工具，那么它们具体有什么区别呢？

大人：铅笔工具和画笔工具属于相同的工具组，它们都主要是对图像进行局部的修饰。铅笔工具比较粗糙，绘制出的线条比较生硬，而画笔工具比较细腻，绘制的线条与真实画笔绘制线条类似，比较柔和与自然。

?! NO.2 | 如何绘制圆形

元芳：在Photoshop中可以使用“椭圆工具”绘制椭圆，如果要绘制圆形应该使用什么绘图工具与方法进行绘制呢？

大人：在Photoshop中有多种绘制圆形的方法，最常用的一种是选择椭圆工具，同时按住Shift键和鼠标左键拖动鼠标，即可在选区中绘制出一个圆形。

8.6 思考与练习

填空题

1．利用菜单栏的“图像”菜单中的______命令可以查看和修改文件的像素大小、分辨率和打印尺寸等参数。

2．________可以复制定义好的图案，它能够在图像上多次连续使用。

3．_________可以在图像中快捷地画出一个矩形，并且可以控制矩形区域的形状和颜色。

选择题

1．(　　)可在图像中通过简单的单击，选择图像中色彩相似的区域，它比较适合颜色单一的图像选区。

A．仿制图章工具　B．图案图章工具

C．魔棒工具　　　D．橡皮擦工具

2．(　　)能够绘制出硬边的线条，它不仅可以绘制一些漂亮的线条纹理，还可以绘制像素画。

A．钢笔工具　　　B．画笔工具

C．毛笔工具　　　D．铅笔工具

3．(　　)不是矢量绘制工具。

A．圆形工具　　　B．矩形工具

C．多边形工具　　D．自定形状工具

操作题

【练习目的】通过多边形工具绘制六边形

下面将通过多边形工具在文档中绘制六边形为例，让读者亲自体验在Photoshop中设置与使用多边形工具的相关操作，巩固本章的相关知识和操作。

【制作效果】

本节素材	DVD/素材/Chapter08/无
本节效果	DVD/效果/Chapter04/六边形.psd

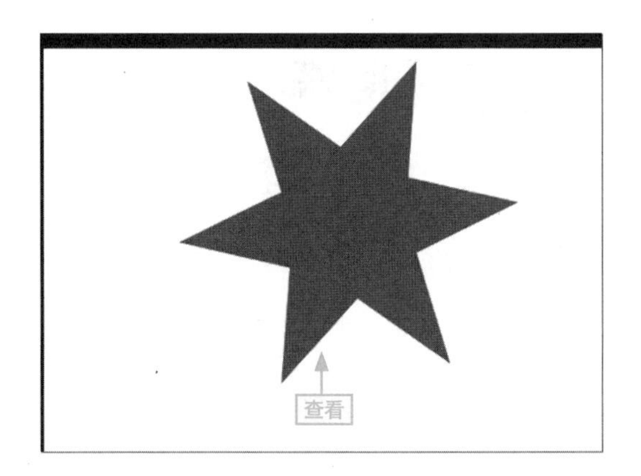

Chapter 09

图层和文本的使用

本章要点

★ 了解“图层”面板
★ 新建与删除图层
★ 复制与调整图层
★ 斜面和浮雕图层样式
★ 投影与外发光图层样式
★ 横排和直排文字工具
★ 设置文字格式
★ 创建变形与路径文字

学习目标

本章主要讲解图层和文本的基础操作，如图层的删除、调整文本的格式和变形等，用以帮助用户更好地使用Photoshop来制作网页中所需要的图像。

知识要点	学习时间	学习难度
认识图层	40分钟	★★★
应用图层样式	25分钟	★★
创建和编辑文字	60分钟	★★★★

重点实例

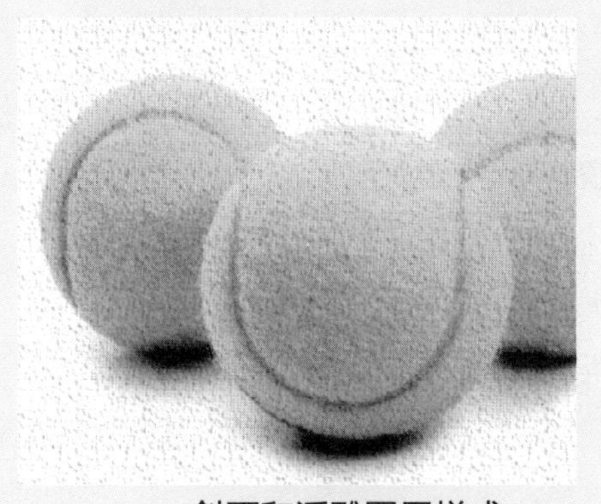
斜面和浮雕图层样式

投影图层样式

创建变形文字

9.1 认识图层

图层如同是包含有文字或图形等元素的透明玻璃纸，一张张按顺序叠放在一起，组合起来形成页面的最终效果。图层中可以加入文本、图片、表格、插件，也可以在里面再嵌套图层。

9.1.1 了解“图层”面板

Photoshop中的所有图层都依次放在“图层”面板中，可以通过“图层”面板去操作它们，“图层”面板如图9-1所示。

学习目标	了解“图层”面板的组成部分
难度指数	★★

图9-1 “图层”面板

专家提醒 | 图层分类

在图层中，根据功能和作用的不同，可划分多种类型，最常用的有以下几种类型：背景图层、图像图层、蒙版图层、调整图层、填充图层、形状图层、文字图层和图层组。

9.1.2 新建图层

新建图层的方法有很多，可以通过命令新建图层，也可以通过“图层”面板来新建图层，下面通过命令在图像上新建图层为例来讲解相关操作。

本节素材	DVD/素材/Chapter09/蝴蝶兰.jpg
本节效果	DVD/效果/Chapter09/蝴蝶兰.psd
学习目标	掌握新建图层的具体方法
难度指数	★★

步骤01 打开“蝴蝶兰”素材文件，在菜单栏中选择“窗口/图层”命令，如图9-2所示。

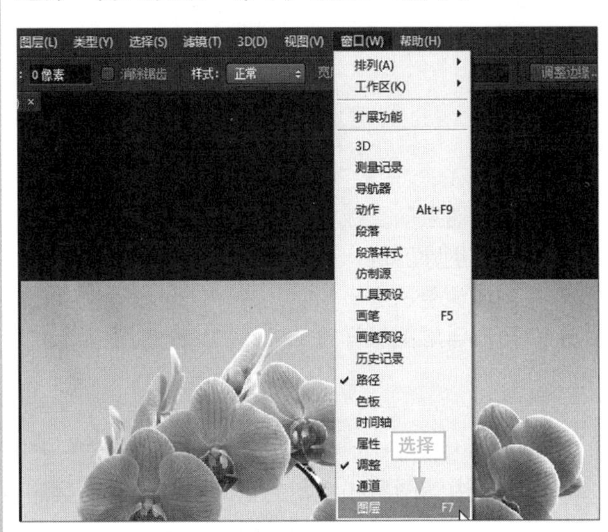

图9-2 打开“图层”面板

步骤02 在菜单栏中选择“图层/新建/图层”命令，如图9-3所示。

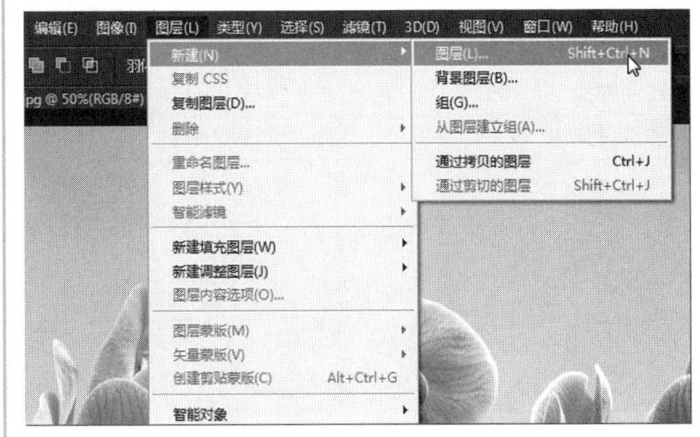

图9-3 新建图层

步骤03 ❶在打开的“新建图层”对话框的“名称”文本框中输入名称，❷设置“颜色”“模式”和“不透明度”等属性，❸单击“确定”按钮，如图9-4所示。

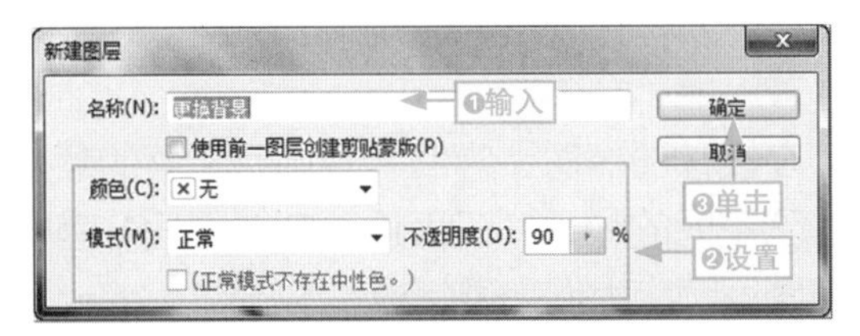

图9-4 设置新图层属性

专家提醒 | 图层混合模式

模式就是图层混合模式，它决定着当前图层中的像素与其下面图层中的像素以何种模式进行混合。

步骤04 操作完成后保存文档，可查看到在“图层”面板中生成了一个新图层，如图9-5所示。

图9-5 查看效果

核心妙招 | 通过“图层”面板新建图层

打开“图层”面板，在“图层”面板的右下角中单击“创建新图层”按钮即可，如图9-6所示。

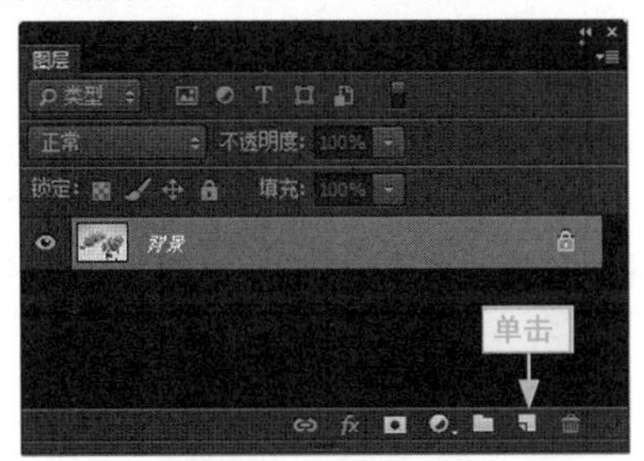

图9-6 新建图层

9.1.3 删除图层

在图像的编辑过程中，常常会删除不需要的图层，下面通过命令在图像上删除图层为例来讲解相关的操作。

本节素材	DVD/素材/Chapter09/蝴蝶兰1.psd
本节效果	DVD/效果/Chapter09/蝴蝶兰1.psd
学习目标	掌握删除图层的具体方法
难度指数	★★

步骤01 打开“蝴蝶兰1”素材文件，❶在“图层”面板中选择需要删除的图层，右击，❷选择“删除图层”命令，如图9-7所示。

图9-7 删除图层

步骤02 在打开的提示对话框中单击“是”按钮，如图9-8所示。

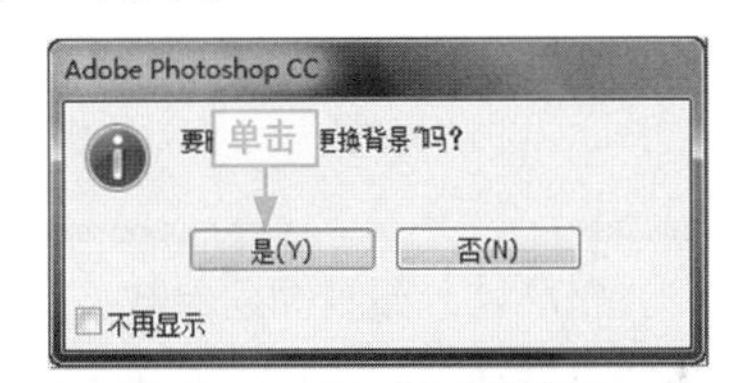

图9-8 确认删除图层

专家提醒 | 通过“删除图层”按钮删除

打开“图层”面板，在“图层”面板的右下角中单击“删除图层”按钮，即可快速删除图层。

9.1.4 复制图层

复制图层不仅可以通过“图层”面板进行复制操作，还可以通过命令进行复制操作，下面通过在“图层”面板上复制图层为例来讲解相关的操作。

本节素材	DVD/素材/Chapter09/芦荟.jpg
本节效果	DVD/效果/Chapter09/芦荟.psd
学习目标	掌握复制图层的具体方法
难度指数	★★

步骤01 打开“芦荟”素材文件，❶在“图层”面板中选择需要复制的图层，❷右击，选择“复制图层”命令，如图9-9所示。

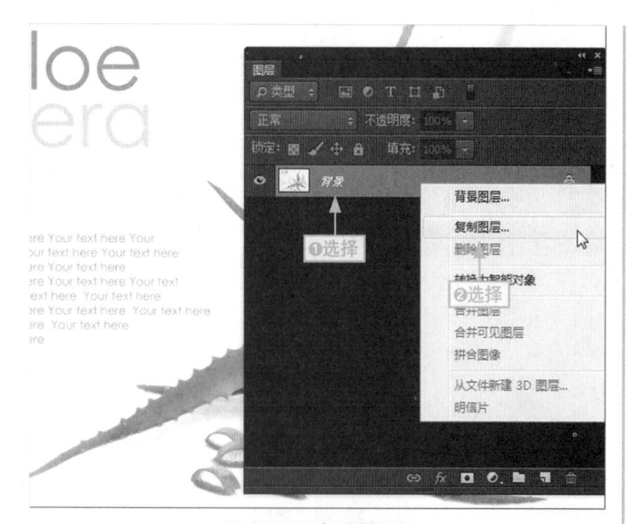

图9-9　复制图层

步骤02 ❶在打开的“复制图层”对话框的“为”对话框中输入名称，❷单击“确定”按钮，如图9-10所示。

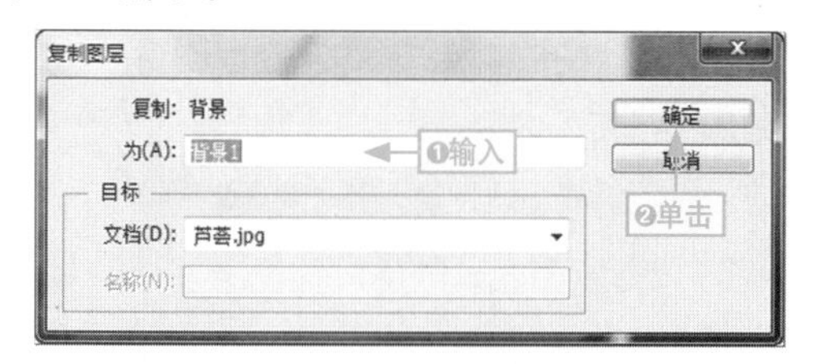

图9-10　设置图层参数

步骤03 在“图层”面板中即可查看到复制的图层，如图9-11所示。

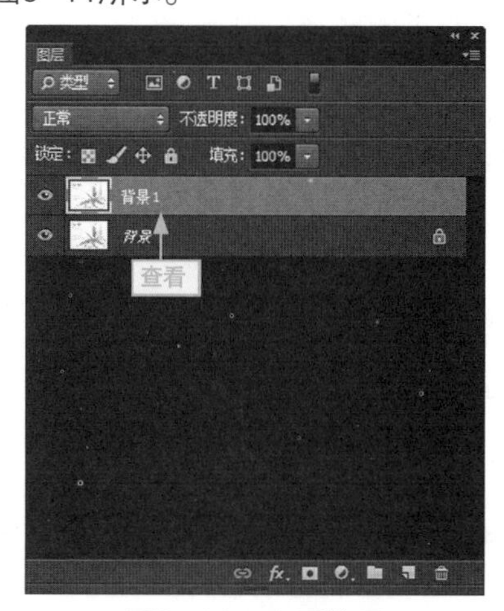

图9-11　查看效果

9.1.5　调整图层

在设计图像时，常常需要调整图层的顺序，以达到不同的效果，下面通过在“图层”面板上调整图层顺序为例来讲解相关的操作。

本节素材	DVD/素材/Chapter09/Login.psd
本节效果	DVD/效果/Chapter09/Login.psd
学习目标	掌握调整图层的具体方法
难度指数	★★

步骤01 打开Login素材文件，在“图层”面板中选择需要调整的图层，在该图层上按住鼠标左键拖动图层，如图9-12所示。

步骤02 在合适的位置释放鼠标，即可查看到图层的位置发生了改变，如图9-13所示。

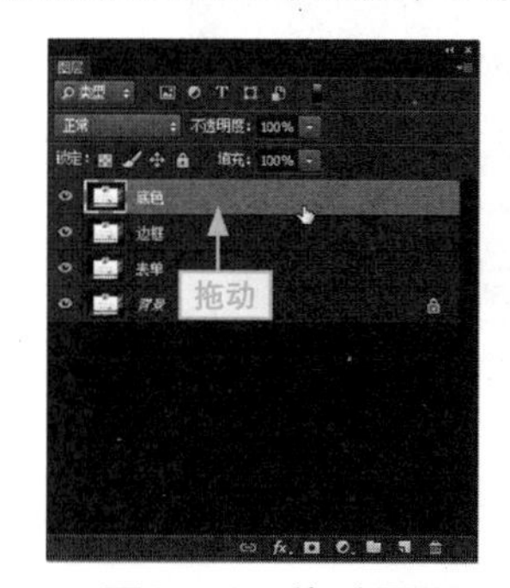

图9-12　拖动图层

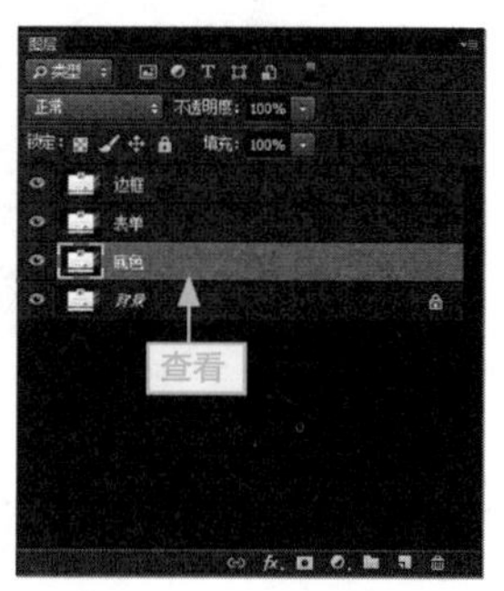

图9-13　查看效果

专家提醒 | 通过命令调整图层

在Photoshop中还可以通过命令调整图层，具体操作是：选择需要调整的图层，然后在菜单栏中选择“图层/排列”命令，在弹出的子菜单中选择相应的命令即可，如图9-14所示。

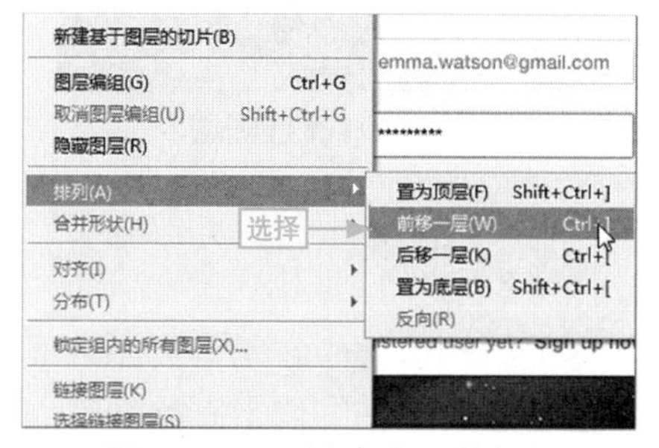

图9-14　通过命令调整图层

9.2 应用图层样式

为了增强图像的外观，需要给创建的对象应用效果。因此，Photoshop提供了不同的图层混合选项即图层样式，它有助于为特定图层上的对象应用效果。

9.2.1 斜面和浮雕图层样式

“斜面和浮雕”样式可以在图像上应用高光和阴影效果，从而创建出立体感或浮雕效果，下面通过在图像中设置斜面和浮雕的属性为例来讲解相关的操作。

本节素材	DVD/素材/Chapter09/网球.psd
本节效果	DVD/效果/Chapter09/网球.psd
学习目标	掌握斜面和浮雕样式的具体设置方法
难度指数	★★★

专家提醒 | 斜面和浮雕的样式

斜面和浮雕是Photoshop图层样式中最复杂的，其中包括内斜面、外斜面和描边浮雕等样式，虽然每一种样式的设置选项都一样，但是制作出来的效果却是大相径庭。

步骤01 打开“网球”素材文件，❶在“图层”面板中选择“图层 0”选项，❷单击“添加图层样式”下拉按钮，❸在弹出的菜单中选择“斜面和浮雕”命令，如图9-15所示。

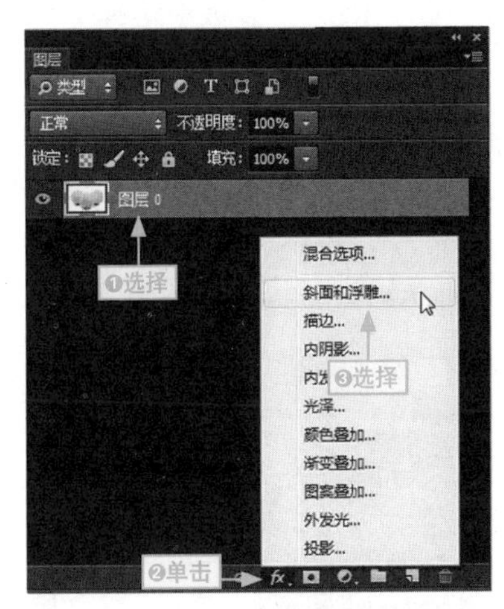

图9-15 选择“斜面和浮雕”命令

步骤02 在打开的“图层样式”对话框左侧选中“等高线”和“纹理”复选框，如图9-16所示。

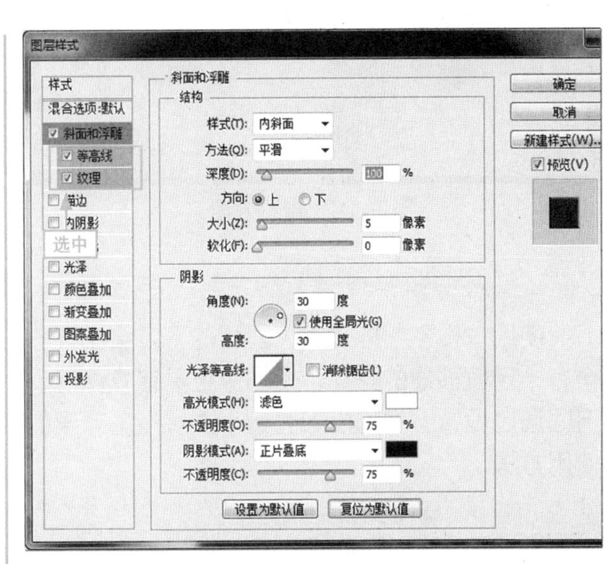

图9-16 添加图层样式

步骤03 ❶在“结构”栏的“样式”下拉列表中选择“浮雕效果”选项，❷设置相应的参数，❸单击“确定”按钮，如图9-17所示。

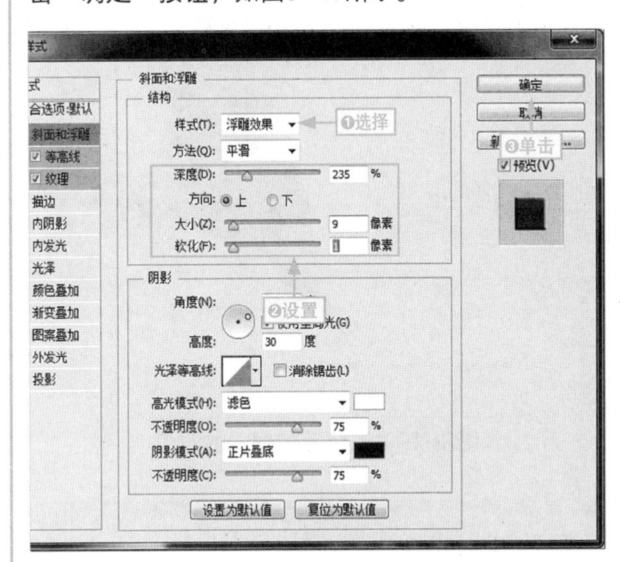

图9-17 设置斜面和浮雕参数

步骤04 在文档中可查看到设置的效果，如图9-18所示。

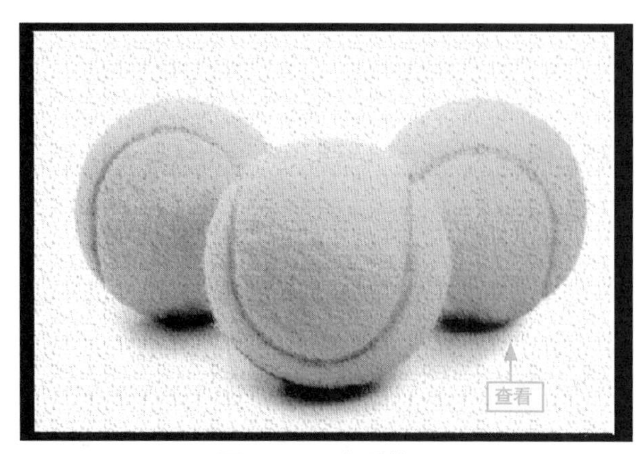

图9-18　查看效果

9.2.2　投影图层样式

使用“投影”样式后，图层的下方会出现一个有一定偏移量的轮廓，使图像更具有立体感，下面通过设置图像的投影为例来讲解投影效果的使用方法。

本节素材	DVD/素材/Chapter09/鹦鹉.jpg
本节效果	DVD/效果/Chapter09/鹦鹉.psd
学习目标	使用投影图层样式设置图像
难度指数	★★★

步骤01 打开“鹦鹉”素材文件，使用“魔棒工具”将文档中的鹦鹉选中，如图9-19所示。

图9-19　选择添加样式的对象

核心妙招 | 背景图层解锁

在Photoshop中对文档进行操作时，需要将背景图层进行解锁，可将鼠标指针移动到“图层”面板的“背景”图层上，双击鼠标左键，在打开的“新建图层”对话框中单击“确定”按钮即可。

步骤02 打开“新建”对话框，❶设置新文档的参数，❷单击“确定”按钮，如图9-20所示。

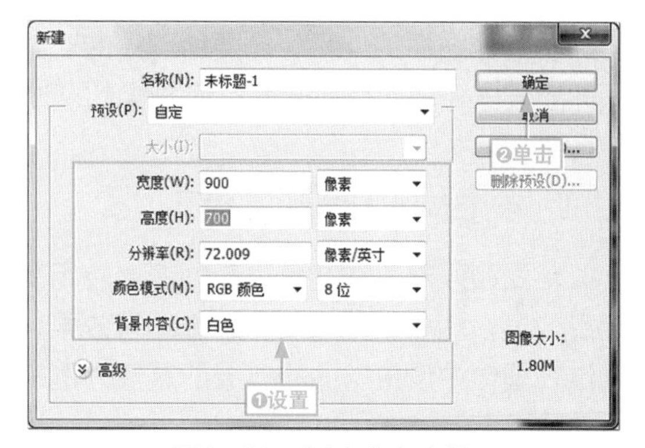

图9-20　新建空白文档

步骤03 在“鹦鹉”文档中使用“移动工具”将选中的图像拖到空白文档中，如图9-21所示。

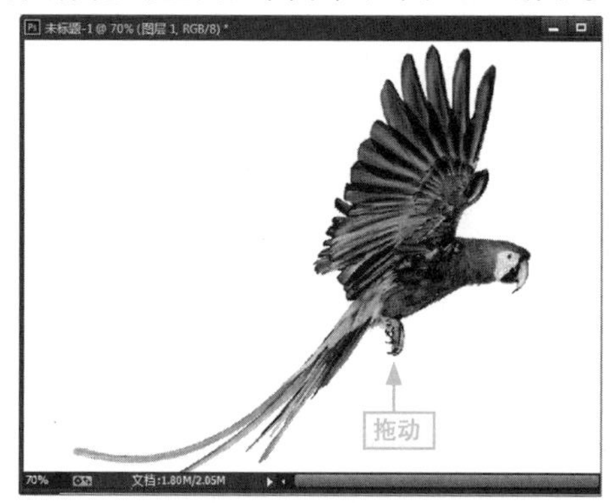

图9-21　移动图像

步骤04 ❶在“图层”面板中选择“图层 1”选项，❷单击“添加图层样式”下拉按钮，❸选择“投影”命令，如图9-22所示。

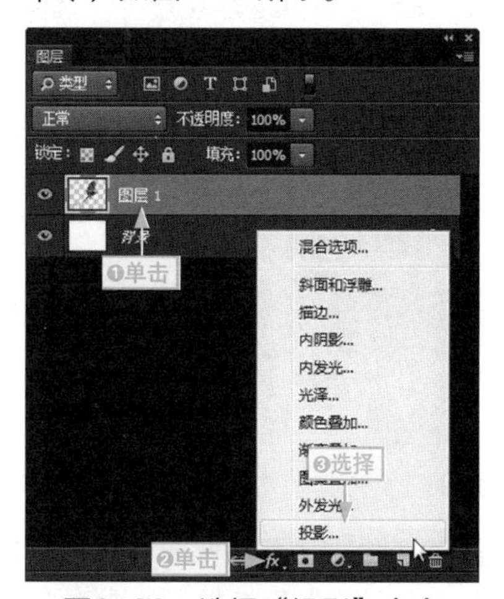

图9-22　选择“投影”命令

步骤05 ❶在打开的“图层样式”对话框的“结构”栏中设置“混合模式”的模式和颜色，❷设置相应的参数，如图9-23所示。

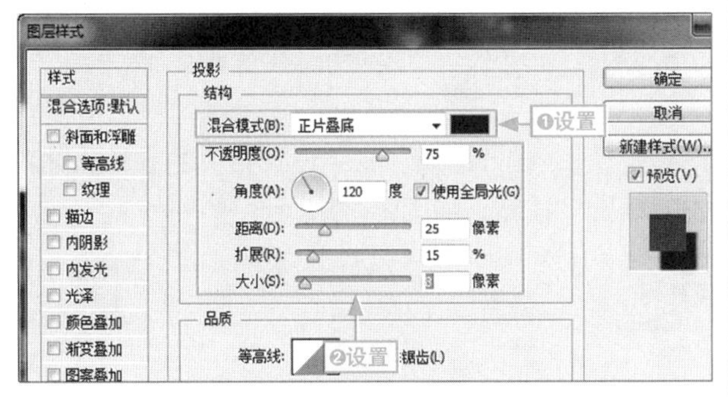

图9-23 设置投影结构参数

步骤06 ❶在“品质”栏中设置“杂色”的百分比，❷单击“确定”按钮，如图9-24所示。

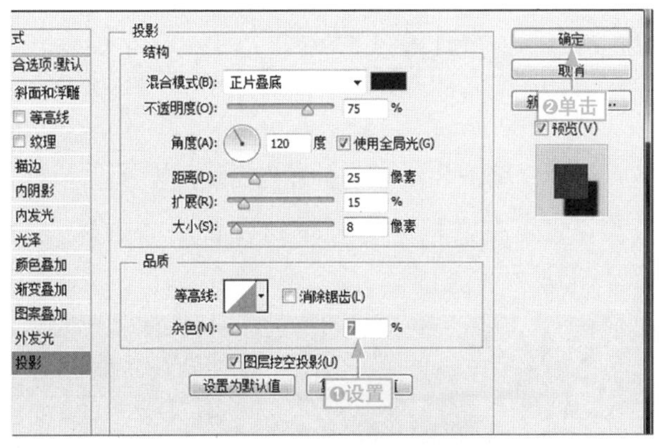

图9-24 设置杂色品质

步骤07 在文档中可查看到设置的效果，如图9-25所示，保存文档并将名称设置为“鹦鹉”。

图9-25 查看效果

专家提醒 | 内阴影图层效果

内阴影的参数设置和投影基本是一样的，投影是在图层对象背后产生阴影，从而产生投影的视觉；而内阴影则是内投影，即在图层以内区域产生一个图像阴影，使图层具有凹陷外观。

9.2.3 外发光图层样式

“外发光”图层样式可以为图像边缘添加发光效果，下面通过为新建的图像添加外发光效果为例来讲解相关的操作。

本节素材	DVD/素材/Chapter09/月光.psd
本节效果	DVD/效果/Chapter09/月光.psd
学习目标	使用外发光图层样式为图像添加效果
难度指数	★★★★

步骤01 打开“月光”素材文件，❶在“图层”面板中选择“椭圆 1”图层，❷单击“添加图层样式”下拉按钮，❸选择“外发光”命令，如图9-26所示。

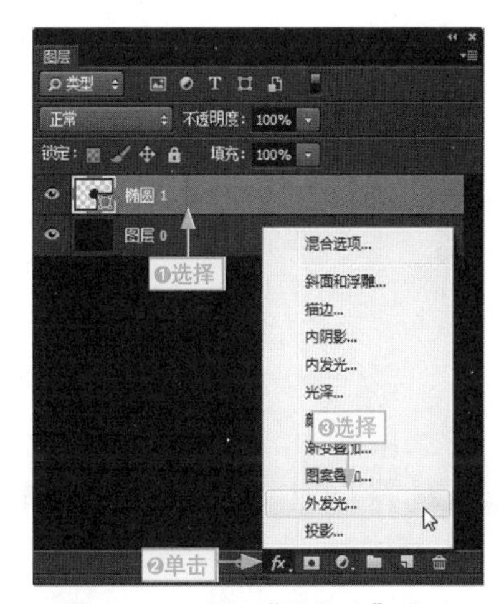

图9-26 选择“外发光”命令

步骤02 ❶在打开的“图层样式”对话框的“结构”栏中设置“混合模式”为“变亮”，❷设置相应的参数，❸选中“设置发光颜色”单选按钮，❹单击“设置发光颜色”按钮，如图9-27所示。

步骤03 ❶在打开的“拾色器”对话框中选择相应的颜色，❷单击“确定”按钮，如图9-28所示。

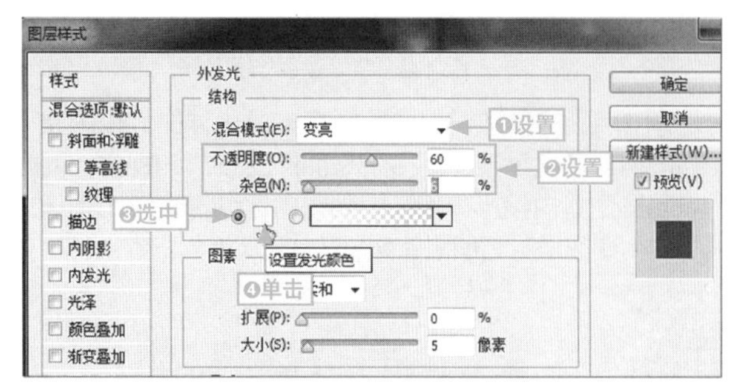

图9-27 设置外发光参数

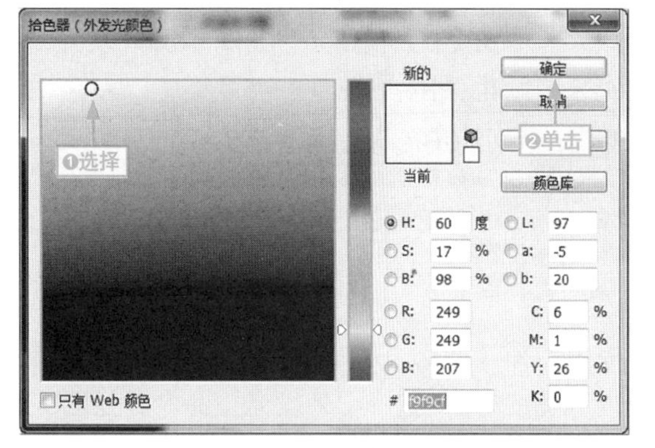

图9-28 选择发光颜色

专家提醒 | 设置外发光需注意

光线通常都具有一定的透明效果，所以“不透明度”选项设置的值要小于100%。不透明度的值设置得越大，光线就越强，也就越刺眼。

步骤04 ❶在“图素”栏的“方法”下拉列表中选择“精确”选项，❷设置相关的参数，如图9-29所示。

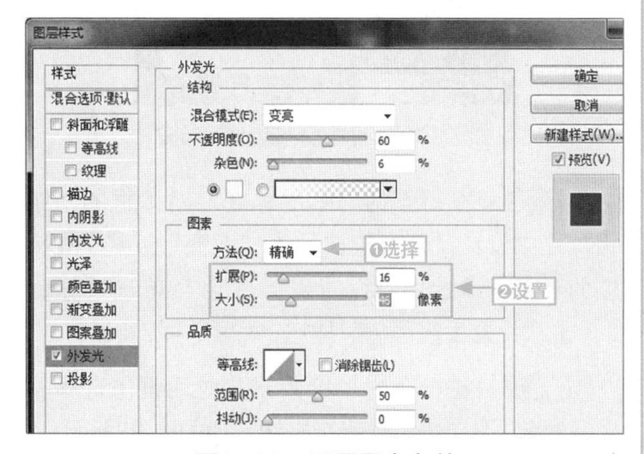

图9-29 设置图素参数

专家提醒 | 图素方法的使用

“方法”下拉列表中有两个选项，分别是“柔和”与“精确，“柔和”一般用于较淡的对象，“精确”可用于一些发光较强的对象，或者棱角分明反光效果比较明显的对象。

步骤05 ❶在“品质”栏中设置相关的参数，❷单击“确定”按钮，如图9-30所示。

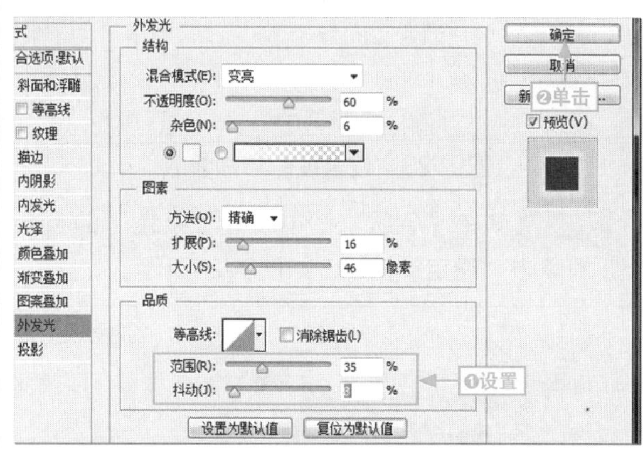

图9-30 设置外发光品质参数

步骤06 在文档中可查看到设置后的效果，如图9-31所示。

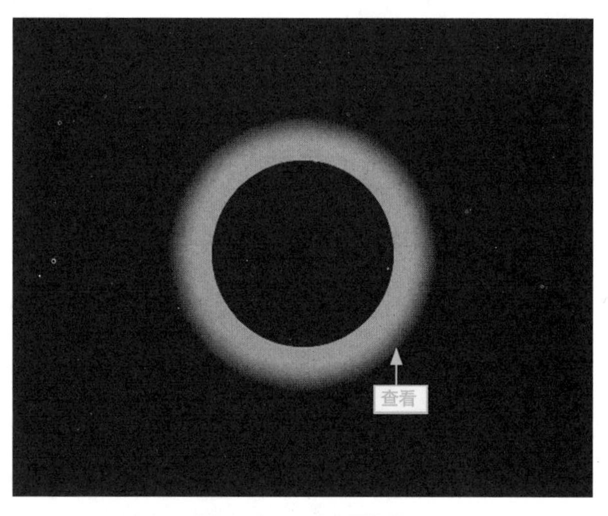

图9-31 查看效果

专家提醒 | 内发光图层样式

内发光图层样式和外发光图层样式的设置基本相同，只是“外发光”是为图像边缘的外部添加发光的效果，而“内发光”是为图像边缘的内部添加发光的效果。

9.3 创建文字

文字可以非常直观地描述出图像所要表达的含义，在Photoshop中有多种设计文字的工具，它们可以快速地完成文字的创建。

9.3.1 横排文字工具

横排文字工具是最常用的文字工具，它主要是在画布中输入横排的文字，下面通过在图像中输入横排文字为例来讲解相关的操作。

本节素材	DVD/素材/Chapter09/春天.psd
本节效果	DVD/效果/Chapter09/春天.psd
学习目标	使用横排文字工具输入横排文字
难度指数	★★★

步骤01 打开"春天"素材文件，❶在工具箱中右击"文字工具"下拉按钮，❷选择"横排文字工具"选项，如图9-32所示。

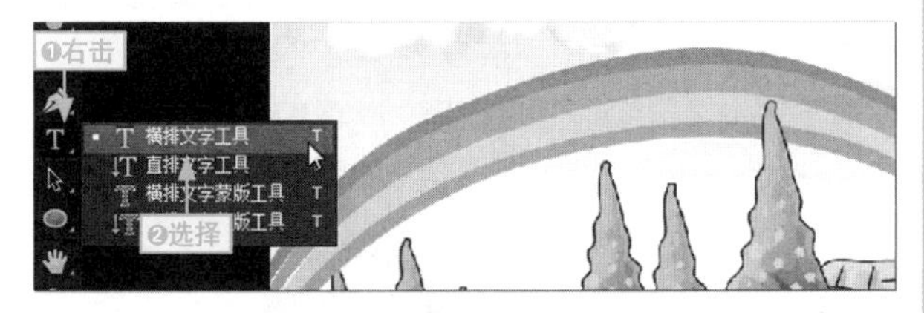

图9-32 选择横排文字工具

步骤02 ❶将文本插入点定位到需要输入文本的位置，❷在菜单栏的"窗口"菜单中选择"字符"命令，如图9-33所示。

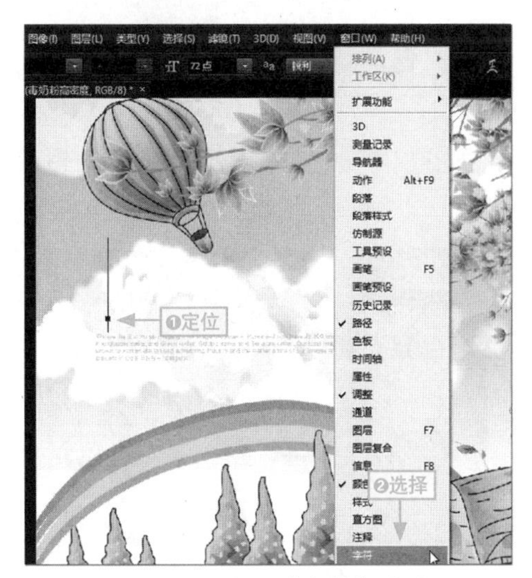

图9-33 选择"字符"命令

步骤03 ❶在打开的"字符"面板中单击"设置字号大小"下拉按钮，❷选择"24点"选项，❸单击"颜色"按钮，如图9-34所示。

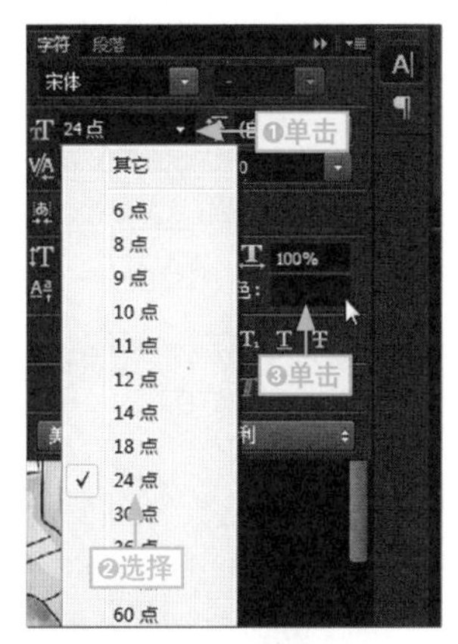

图9-34 设置字号大小

步骤04 ❶在打开的"拾色器"对话框中选择相应的颜色，❷单击"确定"按钮，如图9-35所示。

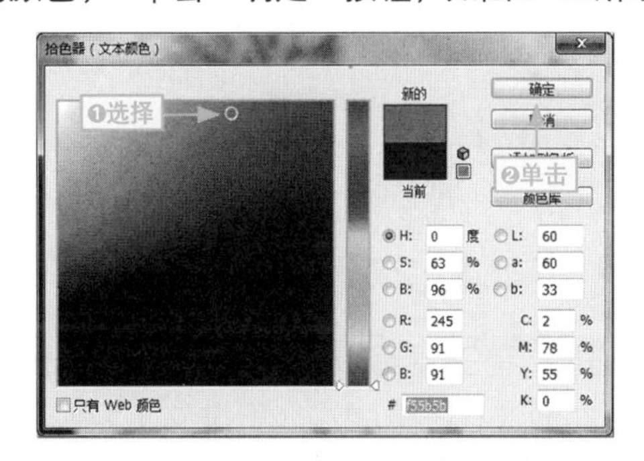

图9-35 设置颜色

步骤05 ❶在"字符"面板中单击"设置字体系列"下拉按钮，❷在弹出的下拉列表框中选择"黑体"选项，如图9-36所示。

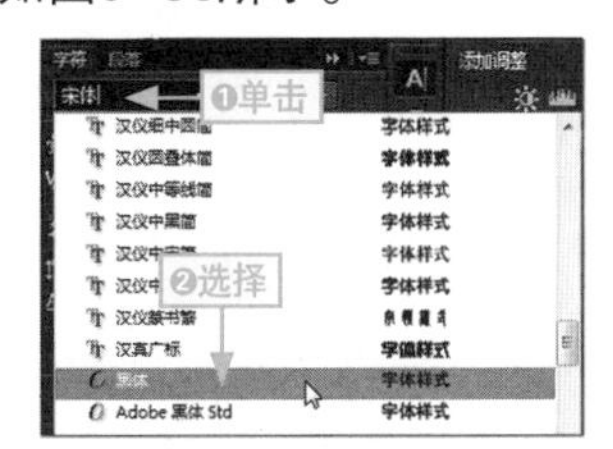

图9-36 设置字体系列

步骤06 在文本插入点处输入相应的文字，如图9-37所示。

图9-37 输入文字

步骤07 操作完成后，保存文档，可查看横排文字效果，如图9-38所示。

图9-38 查看效果

9.3.2 直排文字工具

直排文字工具可以创建垂直方向的直排文字，下面通过在图像中输入直排文字为例来讲解相关的操作。

本节素材	DVD/素材/Chapter09/红叶.psd
本节效果	DVD/效果/Chapter09/红叶.psd
学习目标	使用直排文字工具输入直排文字
难度指数	★★★

步骤01 打开“红叶”素材文件，❶在工具箱中右击“文字工具”下拉按钮，❷在弹出的下拉列表中选择“直排文字工具”选项，如图9-39所示。

步骤02 ❶将文本插入点定位到需要输入文本的位置，❷打开“字符”面板，如图9-40所示。

图9-39 选择直排文字工具

图9-40 打开“字符”面板

步骤03 在“字符”面板中设置相应的参数，如图9-41所示。

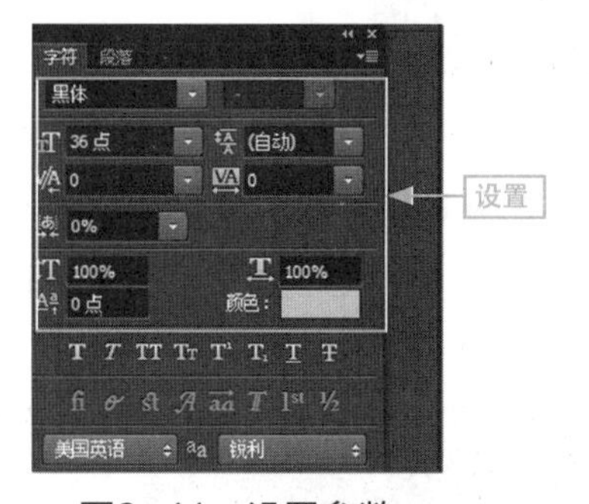

图9-41 设置参数

步骤04 在文档的文本插入点处输入相应的文字，如图9-42所示。

图9-42 输入文字

步骤05 操作完成后，保存文档，可查看直排文字效果，如图9-43所示。

图9-43 查看效果

9.3.3 横排文字蒙版工具

横排文字蒙版工具创建的文字在最后仅形成文字所在的选择区，而不是真正的文字，通过在图像中使用横排文字蒙版工具为例来讲解相关的操作。

本节素材	DVD/素材/Chapter09/玫瑰.jpg
本节效果	DVD/效果/Chapter09/玫瑰.psd
学习目标	熟悉横排文字蒙版工具的具体操作方法
难度指数	★★★★

步骤01 打开“玫瑰”素材文件，在工具箱中选择“横排文字蒙版工具”选项，如图9-44所示。

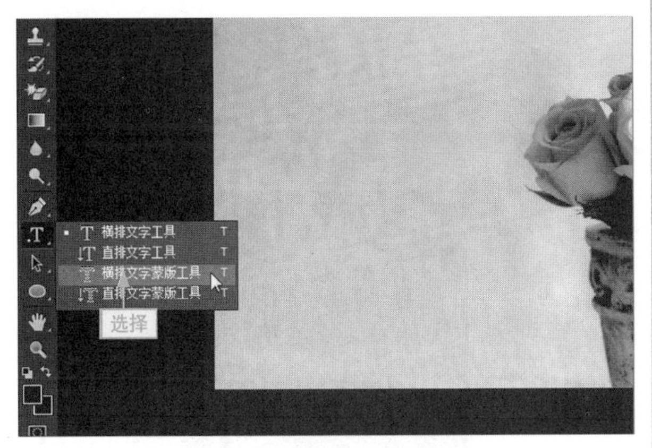

图9-44 选择横排文字蒙版工具

步骤02 ❶将文本插入点定位到需要输入文本的位置，❷打开“字符”面板，如图9-45所示。

步骤03 在“字符”面板中设置“字体类型”“字号大小”和“字体间距”，如图9-46所示。

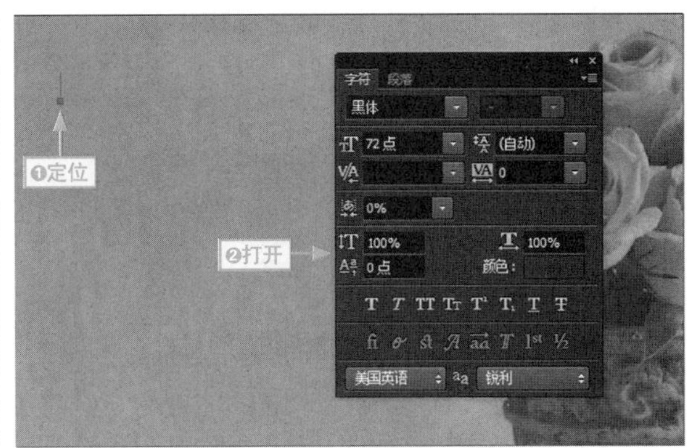

图9-45 打开“字符”面板

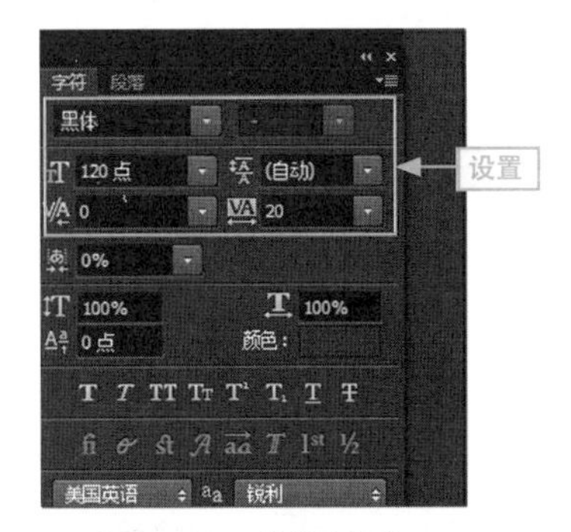

图9-46 设置参数

步骤04 ❶在文档的文本插入点处输入相应的文字，❷在工具箱中单击“移动工具”按钮，如图9-47所示。

步骤05 ❶在“图层”面板中选择“背景”图层，❷按Ctrl+C组合键进行复制，再按Ctrl+V组合键进行粘贴，创建一个背景图层的复件，如图9-48所示。

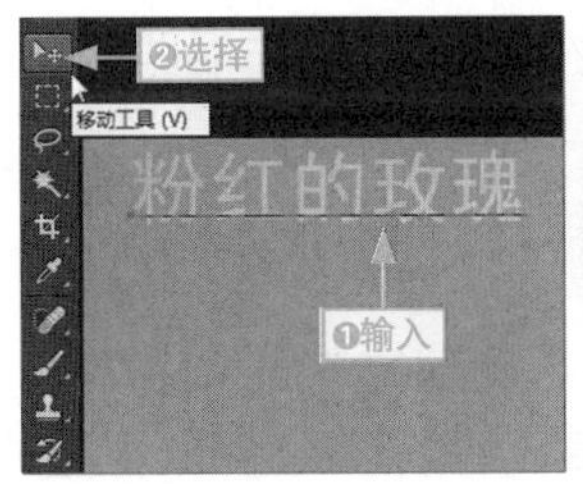

图9-47 输入文字

❷新增
❶选择

图9-48 增加图层

步骤06 ❶在“图层”面板中单击“添加图层样式”下拉按钮，❷选择“斜面和浮雕”命令，图9-49所示。

步骤07 ❶在打开的“图层样式”对话框的“样式”栏中选择相应的样式，❷单击“确定”按钮，如图9-50所示。

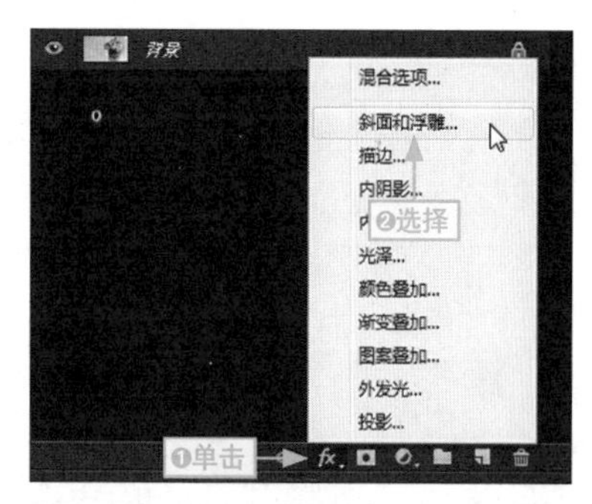

图9-49　选择“斜面和浮雕”命令

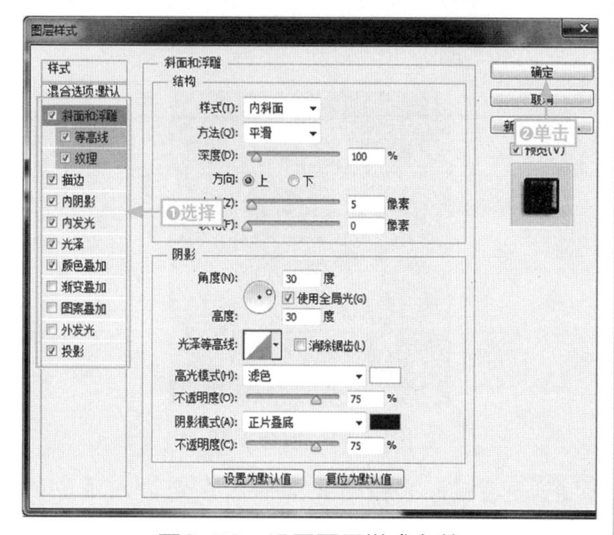

图9-50　设置图层样式参数

步骤08 在文档中可查看到最终的效果，如图9-51所示。

图9-51　查看效果

专家提醒 | 直排文字蒙版工具

直排文字蒙版工具的效果和横排文字蒙版工具基本一样，只是创建的文字是纵向排列的。

9.4 编辑文字

在Photoshop中除了使用文字创建工具创建文字外，还可以在“字符”面板和“段落”面板中更改文字的属性，或对文字进行变形与沿路径排列等，使文字的效果更加艺术化。

9.4.1 认识“字符”面板

“字符”面板可以在创建文字时设置文字的字体、大小、颜色与间距等属性，也可以在创建文字后用来更改文字的属性，“字符”面板如图9-52所示。

学习目标	了解“字符”面板上的各个属性
难度指数	★★

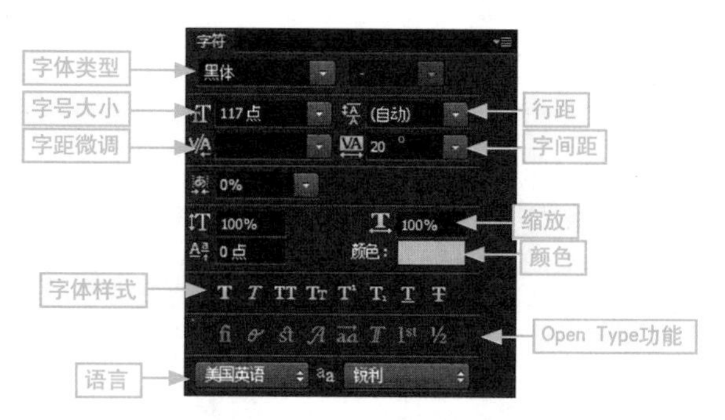

图9-52　“字符”面板

> **专家提醒 | Open Type字符**
>
> Open Type是由Microsoft和Adobe公司开发的另外一种字体格式，它的主要功能是用于设置文字的各种特殊效果。

9.4.2 创建变形文字

变形文字是指对创建的文字进行变形处理以产生不同的效果，通过在文档中创建变形文字为例来讲解相关的操作。

本节素材	DVD/素材/Chapter09/啤酒广告.jpg
本节效果	DVD/效果/Chapter09/啤酒广告.psd
学习目标	掌握如何对文字进行变形处理
难度指数	★★★

步骤01 打开“啤酒广告”素材文件，在工具箱中选择“横排文字工具”选项，如图9-53所示。

图9-53 选择横排文字工具

步骤02 ❶将文本插入点定位到需要输入文本的位置，❷打开“字符”面板，如图9-54所示。

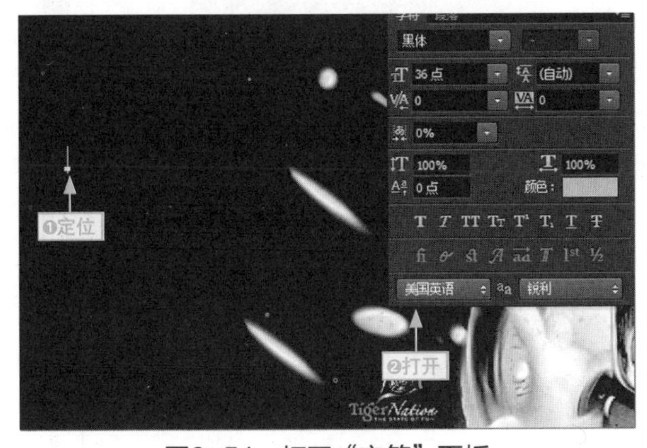

图9-54 打开“字符”面板

步骤03 在“字符”面板中设置“字体类型”“字号大小”“字体间距”和“颜色”，如图9-55所示。

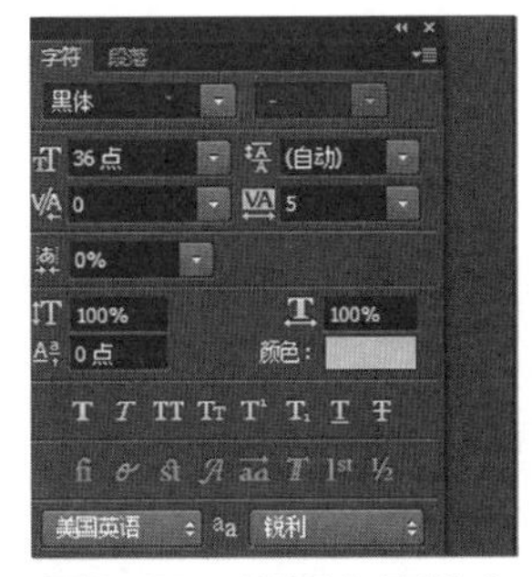

图9-55 设置字符样式

步骤04 在文档的文本插入点处输入相应的文字，如图9-56所示。

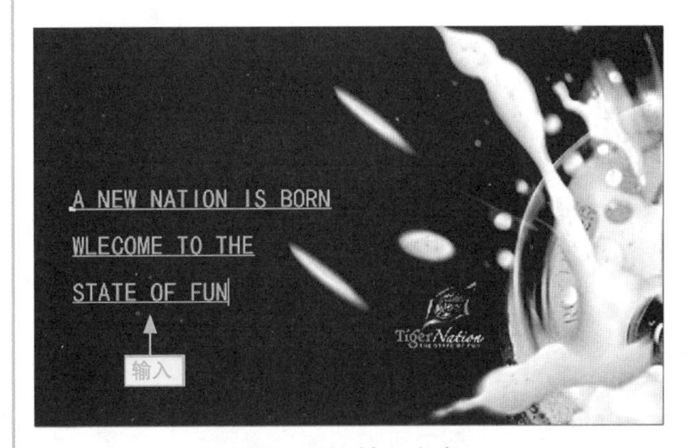

图9-56 输入文字

步骤05 在工具选项栏中单击“创建变形文字”按钮，如图9-57所示。

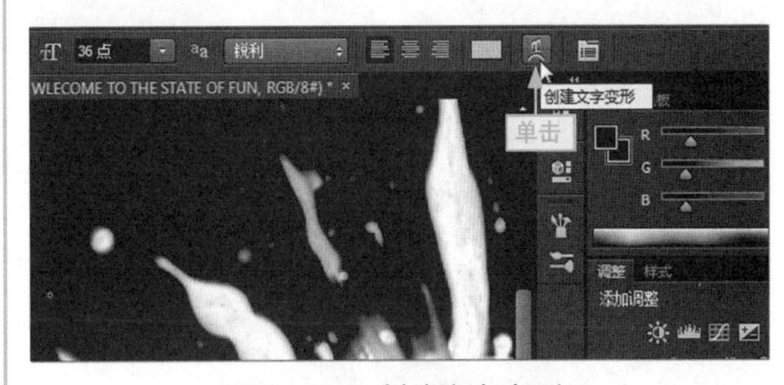

图9-57 创建文字变形

步骤06 ❶在打开的“变形文字”对话框中单击“样式”下拉列表，❷在弹出的下拉列表中选择“旗帜”选项，如图9-58所示。

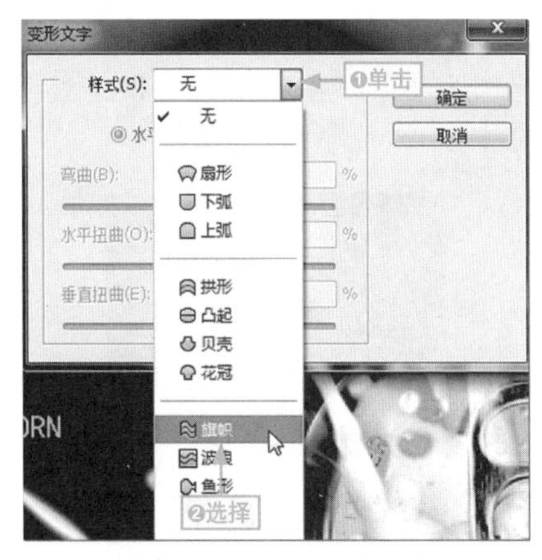

图9-58 选择文字变形样式

步骤07 ❶设置“弯曲”“水平扭曲”和“垂直扭曲”的百分比值，❷单击“确定”按钮，如图9-59所示。

图9-59 设置文字变形参数

步骤08 在文档中可查看文字变形后的效果，如图9-60所示。

图9-60 查看效果

9.4.3 创建路径文字

路径文字可以使文字沿路径排列，让文字的排列效果更加灵活，通过在文档中创建路径文字为例来讲解相关的操作。

本节素材	DVD/素材/Chapter09/心形.jpg
本节效果	DVD/效果/Chapter09/心形.psd
学习目标	掌握如何使文字沿路径排列
难度指数	★★★★

步骤01 打开“心形”素材文件，在工具箱中选择“钢笔工具”选项，如图9-61所示。

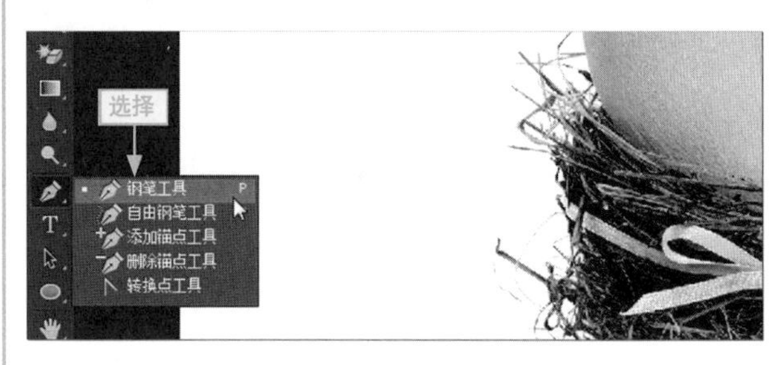

图9-61 选择钢笔工具

步骤02 ❶在选项工具栏中单击“工具模式”下拉按钮，❷选择“路径”选项，如图9-62所示。

图9-62 更改工具类型

步骤03 在图像中的相应位置绘制路径，如图9-63所示。

图9-63 绘制文字路径

步骤04 在工具箱中选择“横排文字工具”选项，如图9-64所示。

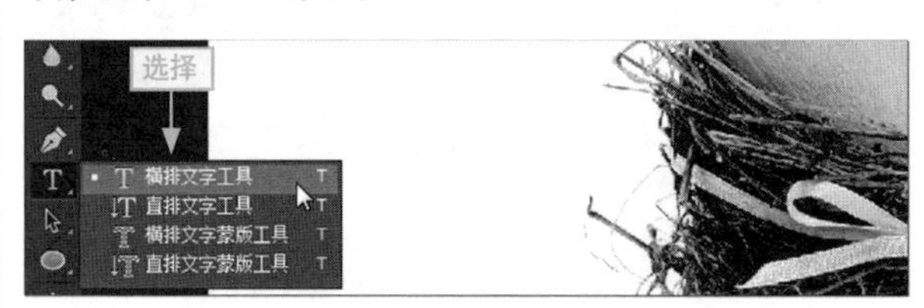

图9-64 选择横排文字工具

步骤05 打开“字符”面板并设置相应的属性，如图9-65所示。

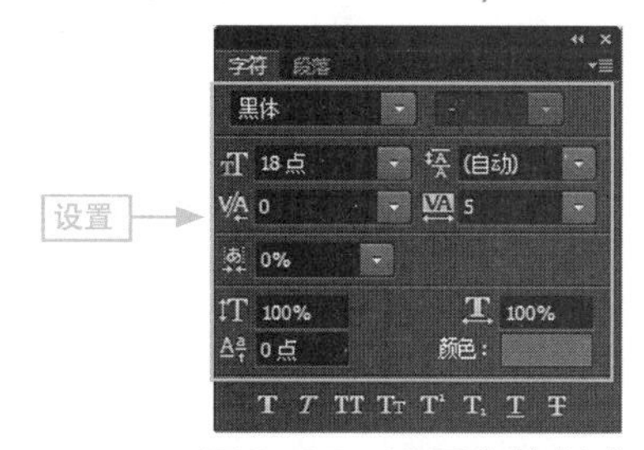

图9-65 设置字符样式

步骤06 将鼠标指针移到路径的末端，单击鼠标插入文本插入点，如图9-66所示。

步骤07 输入相应的文字，即可查看到效果，如图9-67所示。

图9-66 定位文本插入点

图9-67 查看效果

9.5 实战问答

NO.1 可不可以为文字图层添加描边效果

元芳：在Photoshop中添加了文字图层以后，想让文字更加漂亮，可不可以直接对文字图层添加描边效果呢？

大人：任何图层都可以添加描边效果，为文字图层添加描述效果是对图层中所有文字添加描边效果，其具体操作方法如下。

步骤01 ❶选择需要添加描边样式的图层，❷单击“添加图层样式”按钮，❸选择“描边”命令，如图9-68所示。

图9-68 选择“描边”命令

步骤02 ❶在“图层样式”对话框的“描边”栏中设置相应的参数，❷单击“确定”按钮完成操作，如图9-69所示。

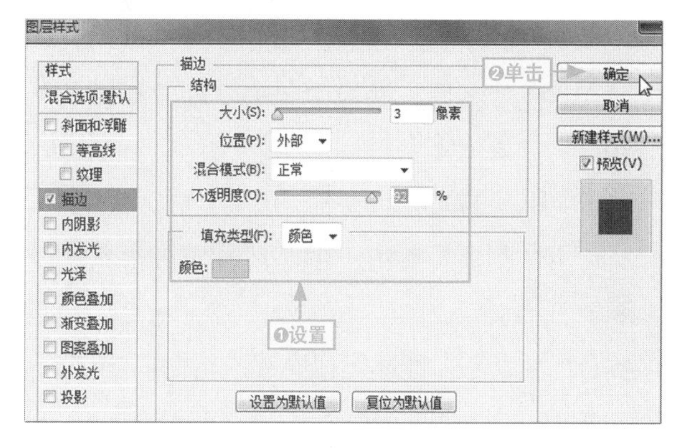

图9-69 设置图层描边效果

?! NO.2 | 横排文字工具和横排文字蒙版工具有何区别

元芳：在Photoshop中有横排文字工具和横排文字蒙版工具，它们都能创建横排文字，那它们具体有什么区别呢？

大人：使用横排文字工具创建文本后，文档将自动创建一个文字图层，而使用横排文字蒙版工具创建文本后只能形成选择区，即不会自动创建新的图层。

?! NO.3 | 如何重置文字变形

元芳：创建了文字变形后，若是需要重置它的变形样式，应该如何操作？

大人：在工具箱中选择一种文字工具，在工具选项栏中单击“创建文字变形”按钮，在打开的“变形文字”对话框的“样式”下拉列表中重新选择一种样式，然后修改相应的参数，即可重置文字变形。

9.6 思考与练习

填空题

1. 在Photoshop中的所有______都依次放在“图层”面板中，可以通过“图层”面板去操作它们。

2. ______图层样式可以在图像上应用高光和阴影效果，从而创建出立体感或浮雕效果。

选择题

1. 下面对图层描述错误的是(　　)。

A. 在“图层”面板中单击“创建新图层”按钮即可新建一个图层

B. 所有的图层都放在“图层”面板上的

C. “图层”面板上的图层都可以进行删除和复制

D. “背景”图层可以直接进行任何操作

2. (　　)不是图层样式。

A. 描边　　B. 投影

C. 外阴影　　D. 斜面和浮雕

判断题

1. 使用“投影”样式后，图层的下方会出现一个有一定偏移量的轮廓，它和图层的内容相同，从而创建出立体感或浮雕效果。(　　)

2. 直排文字工具可以创建垂直方向和水平方向的直排文字。(　　)

操作题

【练习目的】使用斜面和浮雕图层样式

下面将通过给图像添加斜面和浮雕图层样式为例，让读者亲自体验在文档中使用和设置图层样式的相关操作，巩固本章的相关知识和操作。

【制作效果】

本节素材	DVD/素材/Chapter09/足球.jpg
本节效果	DVD/效果/Chapter09/足球.psd

Chapter 10

创建网页动画特效

本章要点

★ 优化和输出图像
★ 认识“时间轴”面板
★ 创建和保存动画
★ 切片的类型
★ 创建和编辑切片
★ 选择、移动和调整切片
★ 转换和锁定切片
★ 将切片输出到网页

学习目标

随着网络技术的飞速发展，网页图像制作已经成为图像软件的一个重要的应用方向。在Photoshop中不仅可以制作平面图像，还可以制作动态图像，若是要将这些图像应用于网页制作中，需要先对这些图像进行切片。本章将讲解在Photoshop中如何处理Web图形以及动画的制作。

知识要点	学习时间	学习难度
图像的优化和输出	25分钟	★★
创建动态图像	40分钟	★★★
创建、编辑和管理切片	70分钟	★★★★

重点实例

优化图像

创建切片

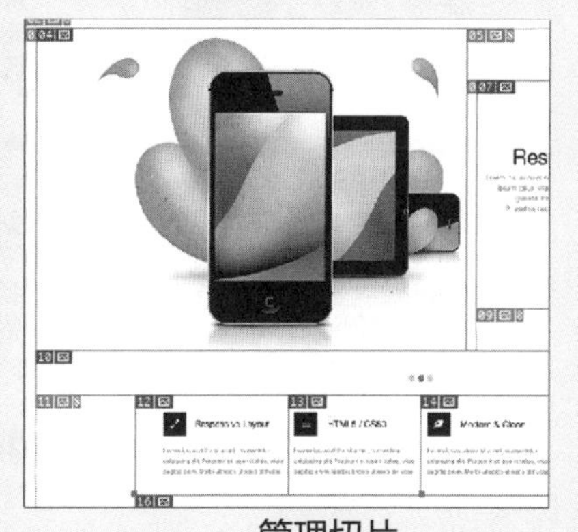

管理切片

10.1 图像的优化与输出

在Photoshop CC中可以对图像进行优化和输出，图像优化一般是针对网页的，它的主要目的是最小限度地损伤图像品质，同时最大限度地减小图像的大小。

10.1.1 图像的格式

图像文件格式是记录和存储影像信息的格式，图像文件有多种格式，常见的有以下几种，如图10-1所示。

学习目标	了解图像文件的格式类型
难度指数	★

BMP格式

位图(简称BMP)是一种与硬件设备无关的图像文件格式，使用非常广。它采用位映射存储格式，除了图像深度可选以外，不采用其他任何压缩，因此，BMP文件所占用的空间很大。

GIF格式

图形交换格式(简称GIF)是CompuServe公司在 1987年开发的图像文件格式。GIF是一种基于LZW算法的连续色调的无损压缩格式。几乎所有相关软件都支持它，公共领域有大量的软件在使用GIF图像文件。

JPEG格式

联合照片专家组(简称JPEG)也是最常见的一种图像格式，文件后缀名为".jpg"或".jpeg"，它由一个软件开发联合会组织制定，是一种有损压缩格式，能够将图像压缩在很小的储存空间，图像中重复或不重要的资料会被丢失，因此容易造成图像数据的损伤。

PSD格式

PSD是Photoshop图像处理软件的专用文件格式，扩展名是.psd，是一种非压缩的原始文件保存格式。PSD文件有时容量会很大，但由于可以保留所有原始信息，在图像处理中对于尚未制作完成的图像，选用 PSD格式保存是最佳的选择。

PNG格式

便携式网络图形(简称PNG)是网上接受的最新图像文件格式，它能够提供长度比GIF小30%的无损压缩图像文件。由于PNG非常新，所以并不是所有的程序都可以用它来存储图像文件，但Photoshop可以处理PNG图像文件，也可以用PNG图像文件格式存储。

图10-1　图像的常见格式

10.1.2 优化图像

优化图像可以选择菜单栏的“文件/存储为Web所用格式”命令打开“存储为Web所用格式”对话框，使用该对话框的优化功能对图像进行优化，该对话框主要由以下几个部分组成。

学习目标	熟悉对图像的优化过程
难度指数	★★

◆工具

在“存储为Web所用格式”对话框的工具栏中有6种工具，分别是“抓手工具”“切片选择工具”“缩放工具”“吸管工具”“吸管颜色”“切换切片可见性”，如图10-2所示。

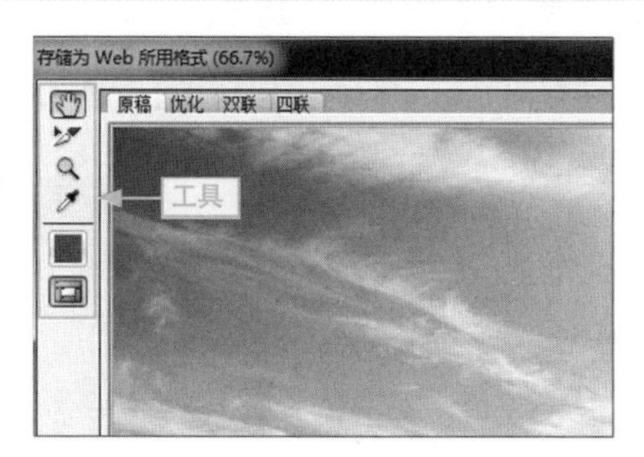

图10-2　优化工具

◆显示选项

显示选项中有4个标签，“原稿”标签表示窗口中显示的是没有优化的图像，“优化”标签表示窗口中显示的是优化过的图像，还有“双联”与“四联”标签，“优化”标签如图10-3所示。

图10-3 “优化”标签

专家提醒 | “四联”标签

“四联”标签可显示除原稿外的其他3个可以进行不同优化的图像，每个图像下面都提供了优化信息，可以通过对比选择最佳优化方案，如图10-4所示。

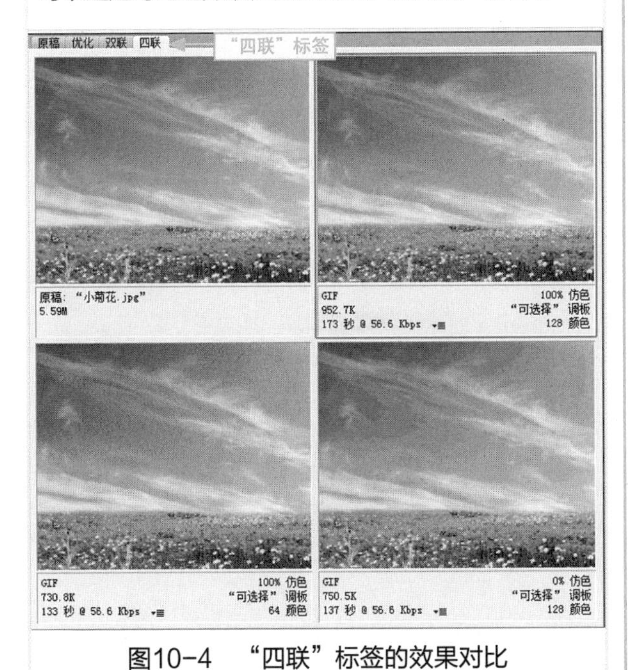

图10-4 “四联”标签的效果对比

◆状态栏

在状态栏中显示的是鼠标光标当前所在位置的图像的相关信息，如颜色值、缩放比例等，如图10-5所示。

R: 102 G: 165 B: 208 | Alpha: 255 十六进制: 66A5D0 索引: 56

图10-5 状态栏

◆在浏览器中预览图像

单击“浏览”按钮，可在预设的Web浏览器中浏览优化后的图像，如图10-6上图所示。在浏览器中还会列出图像的相关信息，如文件类型、文件大小等，如图10-6下图所示。

图10-6 在浏览器中预览图像

◆优化的文件格式

该下拉菜单中有5种文件格式，每种文件格式都有相应的参数，通过设置参数优化图像，如图10-7所示。

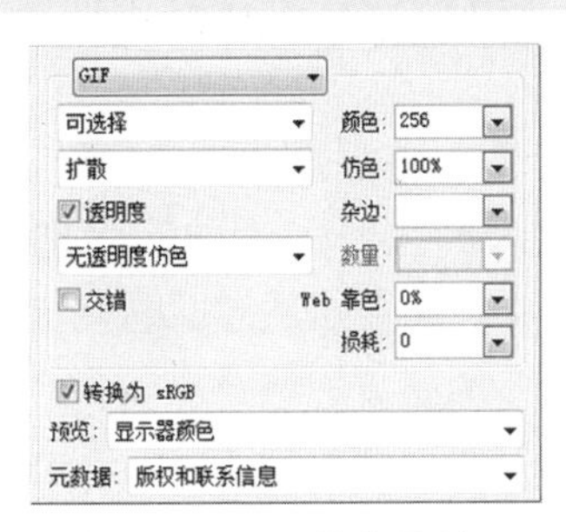

图10-7 GIF的优化选项

◆颜色表

颜色表中包含许多与颜色有关的命令，如选择全部颜色、删除颜色等，如图10-8所示。

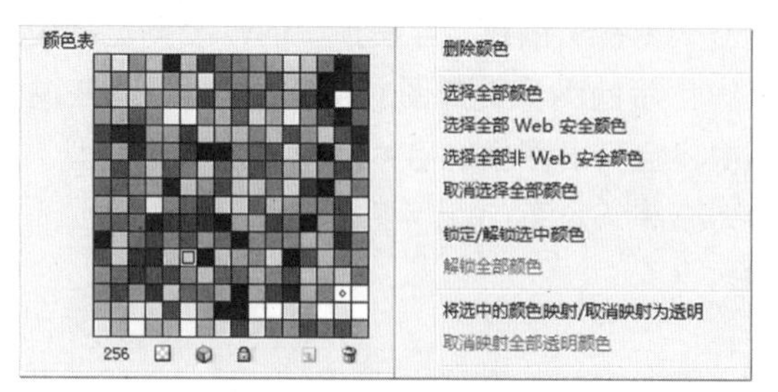

图10-8　颜色表

◆图像大小

可以通过设置“图像大小”栏中的参数来调整图像的像素或相对原稿大小的百分比，如图10-9所示。

图10-9　调整图像大小

10.1.3　输出图像

在Photoshop CC中，对图像进行优化后，可以输出图像，其具体操作方法如下。

学习目标	熟悉输出图像的具体操作方法
难度指数	★★

步骤01 在“文件”菜单中选择“存储为Web所用格式”命令，❶在打开的对话框中单击“优化菜单”下拉按钮，❷选择“编辑输出设置”命令，如图10-10所示。

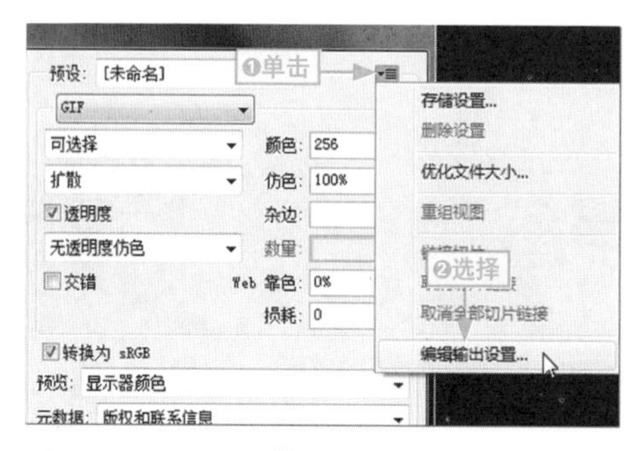

图10-10　打开“编辑输出设置”对话框

步骤02 ❶在打开的“输出设置”对话框中设置相应的参数，❷单击“确定”按钮，如图10-11所示。

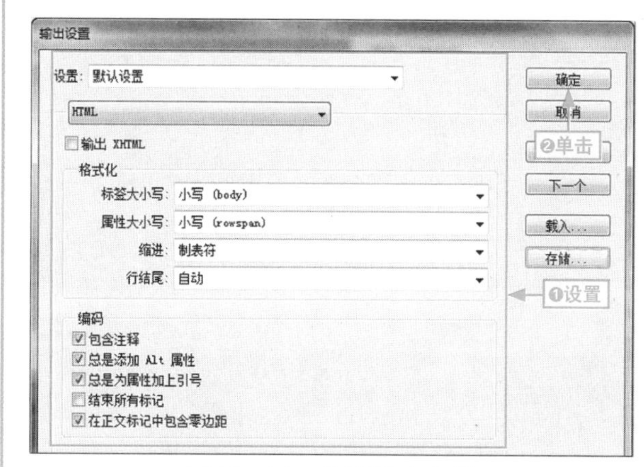

图10-11　设置输出参数

10.2　创建动态图像

动态图像也就是所谓的动画，它是由一系列图像帧组成，通过使每一帧与下一帧有稍微的不同，让人产生一种运动的错觉，在图像中构成动画的所有元素都放置在不同的图层中。在Photoshop中，主要是通过“时间轴”面板来制作动画的。

10.2.1　认识“时间轴”面板

在Photoshop中，“时间轴”面板以帧的形式出现，显示每帧的缩略图，它是Photoshop动画的主要编辑器，如图10-12所示。

学习目标	了解“时间轴”面板的组成部分
难度指数	★★

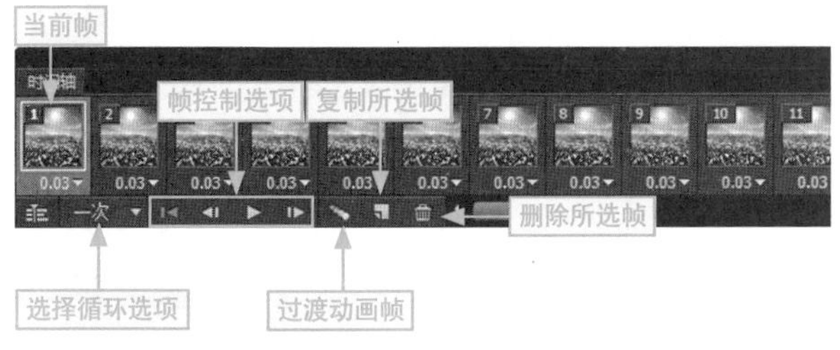

图10-12 “时间轴”面板

10.2.2 创建动态图像

动画的原理和电影播放比较相似，就是将静止的图像以较快的速度播放出来，达到动态变化的目的，创建动画的具体操作如下。

本节素材	DVD/素材/Chapter10/动态蝴蝶/
本节效果	DVD/效果/Chapter10/动态蝴蝶.psd
学习目标	掌握创建动态图像的具体方法
难度指数	★★★

步骤01 打开“小菊花”素材文件，❶在菜单栏中单击“窗口”菜单项，❷选择“时间轴”命令，如图10-13所示。

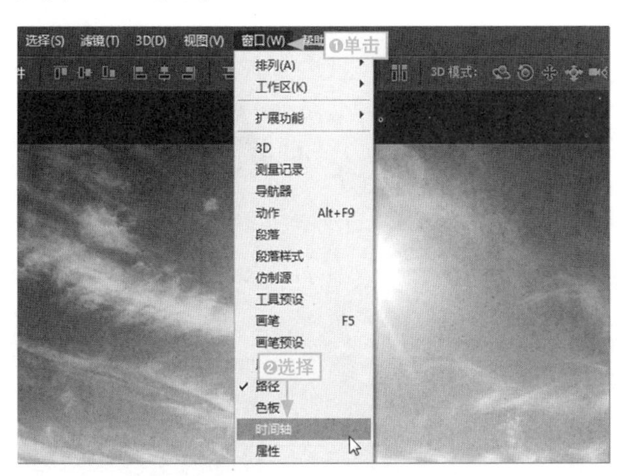

图10-13 打开“时间轴”面板

步骤02 ❶在打开的“时间轴”面板上单击“创建视频时间轴”下拉按钮，❷选择“创建帧动画”选项，如图10-14所示。

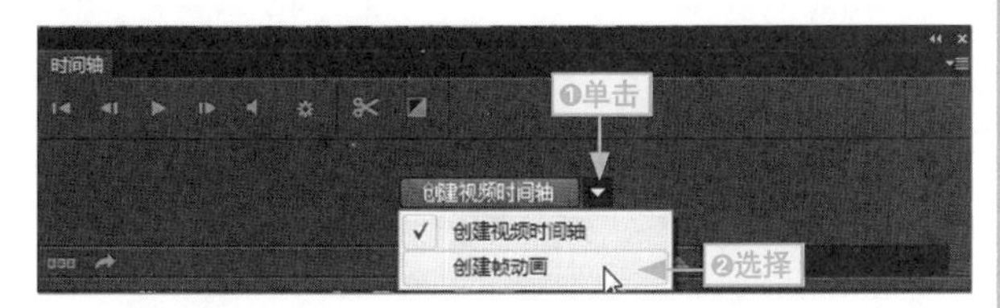

图10-14 选择“创建帧动画”选项

步骤03 在“时间轴”面板上单击“创建帧动画”按钮，如图10-15所示。

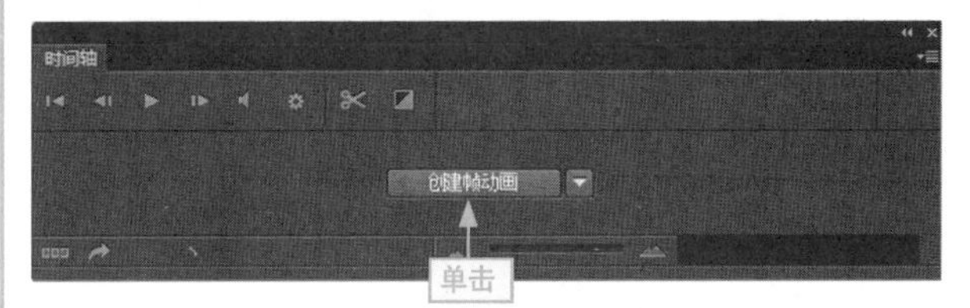

图10-15 单击“创建帧动画”按钮

步骤04 打开“图层”面板和hd1素材文件，如图10-16所示。

图10-16 打开面板和文件

步骤05 在“时间轴”面板中单击“复制所选帧”按钮，如图10-17所示。

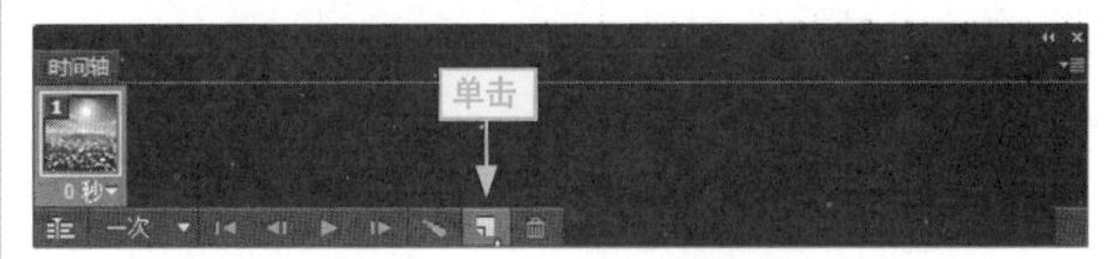

图10-17 复制所选帧

步骤06 ❶将打开的hd1素材文件中的图像拖入到设计文档的相应位置，❷“图层”面板中自动增加一个图层，如图10-18所示。

图10-18 拖动图像

步骤07 在“时间轴”面板中单击“复制所选帧”按钮，如图10-19所示。

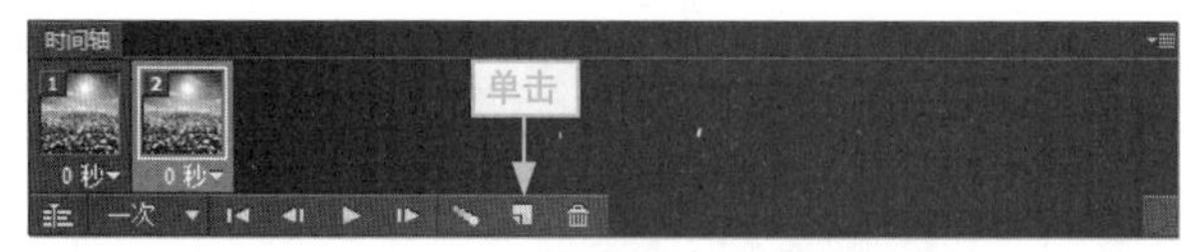

图10-19 复制所选帧

步骤08 ❶打开hd2素材文件，将图像拖入到设计文档的相应位置，❷在“图层”面板中取消选中“图层 1”的可见性，如图10-20所示。

图10-20 设置图层可见性

步骤09 ❶以相同的方法添加其他动画帧，❷打开hd3素材文件并拖动图像到文档中，❸取消选中其他图层的“指示图层可见性”按钮，如图10-21所示。

图10-21 添加动画帧(一)

步骤10 以相同的方法，❶添加动画帧，❷打开hd4素材文件并拖动图像到文档中，❸取消选中其他图层的“指示图层可见性”按钮，如图10-22所示。

图10-22 添加动画帧(二)

步骤11 以相同的方法，❶添加动画帧，❷打开hd5素材文件并拖动图像到文档中，❸取消选中其他图层的“指示图层可见性”按钮，如图10-23所示。

图10-23 添加动画帧(三)

步骤12 ❶在“时间轴”面板上选择第一帧，❷单击“帧延迟时间”下拉按钮，❸选择“0.2”选项，如图10-24所示。

步骤13 以相同的方法，设置其他帧的“帧延迟时间”为“0.2”，如图10-25所示。

步骤14 ❶单击“循环选项”下拉按钮，❷选择“永远”选项，如图10-26所示。

图10-24　设置帧延迟时间(一)

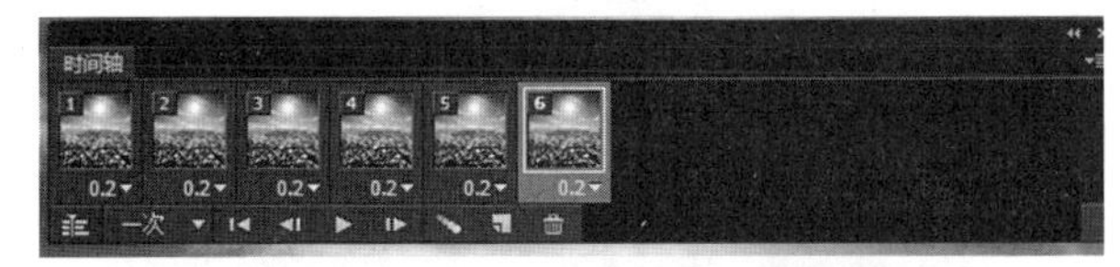

图10-25　设置帧延迟时间(二)

图10-26　设置循环方式

步骤15 ❶单击“播放动画”按钮，❷可查看到蝴蝶开始运动，如图10-27所示。

图10-27　播放动画

10.2.3　保存动态图像

前面讲解了创建动态图像，创建完成后还需要将它保存为GIF格式的图像，保存动画的具体操作方法如下。

本节素材	DVD/素材/Chapter10/动态蝴蝶.psd
本节效果	DVD/效果/Chapter10/动态蝴蝶.gif
学习目标	掌握保存动画的具体方法
难度指数	★★★

步骤01 打开“动态蝴蝶”素材文件，❶在菜单栏中单击“文件”菜单项，❷选择“存储为Web所用格式”命令，如图10-28所示。

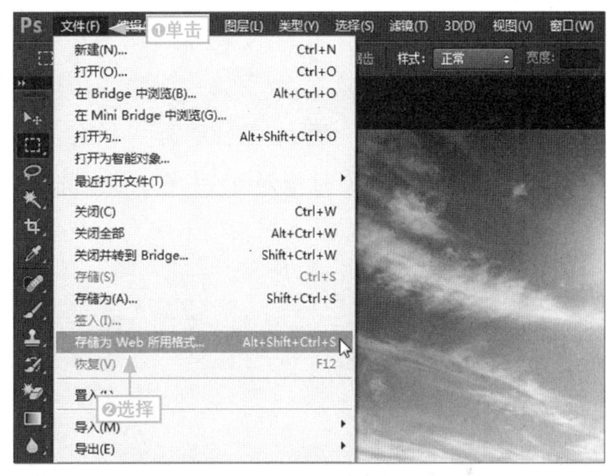

图10-28　存储为Web对象

步骤02 ❶在打开的“存储为Web所用格式”对话框的右侧单击“优化的文件格式”下拉按钮，❷选择GIF选项，如图10-29所示。

图10-29　选择存储格式类型

步骤03 ❶在打开的“存储为Web所用格式”对话框中单击“播放动画”按钮，❷预览动画效果，❸单击“存储”按钮，如图10-30所示。

专家提醒 | 位图与分辨率

Web图像可以是位图，也可以是矢量图。位图格式有GIF、JPEG、PNG和WBMP，它与分辨率有关，这就说明位图图像会随分辨率的变化而变化，图像的品质也就会发生变化。

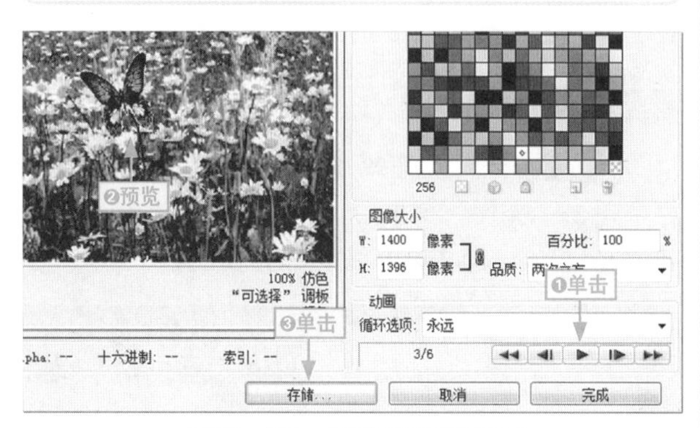

图10-30 预览并存储动画

步骤04 ❶在打开的对话框中选择动画的存储路径，❷在“文件名”文本框中输入名称，❸单击“保存”按钮，如图10-31所示。

步骤05 打开保存的动画图像，在浏览器中可预览效果，如图10-32所示。

图10-31 设置存储参数

图10-32 预览效果

10.3 创建和编辑切片

在Photoshop中的网页设计工具可以帮助用户设计和优化单个网页图形或整个页面布局，通过使用切片工具来定义图像的指定区域，这些指定区域可以用于模拟动画或其他图像效果。

10.3.1 切片的类型

切片是图像的一块矩形区域，可以用于在Web页面中创建链接、翻转和动画，切片可分为以下3种类型，如图10-33所示。

学习目标	了解切片的种类
难度指数	★

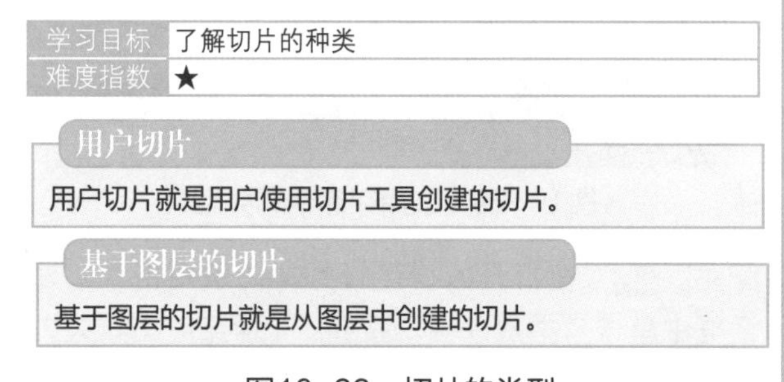

用户切片
用户切片就是用户使用切片工具创建的切片。
基于图层的切片
基于图层的切片就是从图层中创建的切片。

图10-33 切片的类型

自动切片

创建新的用户切片或基于图层的切片时，将生成占据图像其余区域的附加切片，就是自动切片。

图10-33 （续）

10.3.2 创建切片

在Photoshop中可以通过切片工具创建切片，也可以通过图层创建切片，通过切片工具来创建切片的具体操作方法如下。

本节素材	DVD/素材/Chapter10/大漠.jpg
本节效果	DVD/效果/Chapter10/大漠.jpg
学习目标	掌握使用切片工具创建切片的方法
难度指数	★★

步骤01 打开“大漠”素材文件，❶右击工具箱的“裁剪工具”下拉按钮，❷选择“切片工具”选项，如图10-34所示。

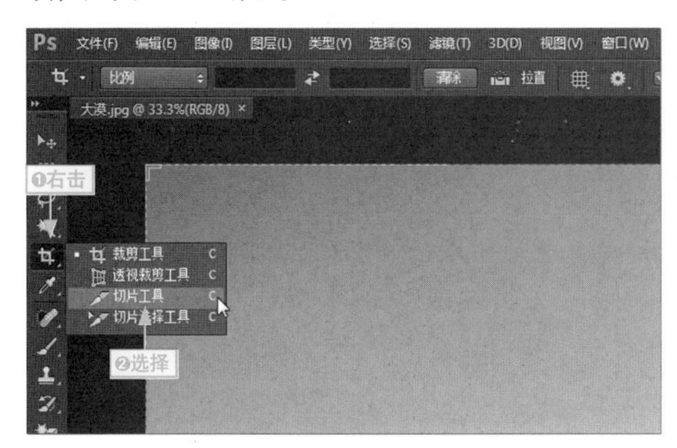

图10-34 选择切片工具

步骤02 在文档中按住鼠标左键，拖动鼠标选择所需图像，释放鼠标左键，即可创建切片，如图10-35所示。

图10-35 创建切片

10.3.3 编辑切片

切片创建完成后，有时候需要更改切片的效果，为了提高工作效率，最简单的方法就是通过切片选择工具编辑切片。

本节素材	DVD/素材/Chapter10/大漠1.jpg
本节效果	DVD/效果/Chapter10/大漠1.psd
学习目标	掌握使用切片选择工具编辑切片的操作
难度指数	★★★

步骤01 打开“大漠1”素材文件，❶右击工具箱的“裁剪工具”下拉按钮，❷选择“切片选择工具”选项，如图10-36所示。

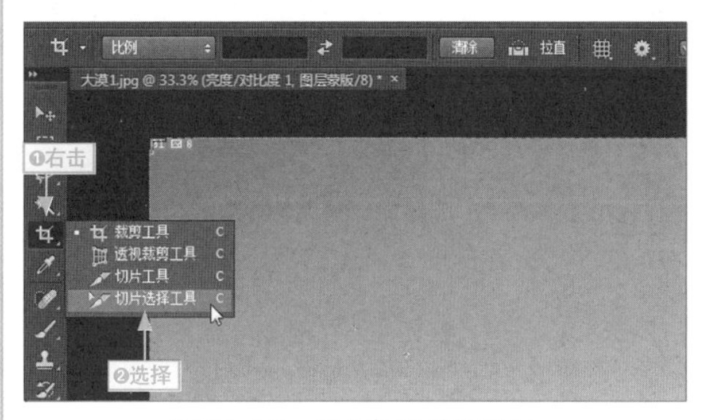

图10-36 选择切片选择工具

步骤02 ❶将鼠标光标移动到自动切片上，单击，❷在工具选项栏中单击“提升”按钮，如图10-37所示。

图10-37 转换切片

专家提醒 | “提升”按钮的用法

单击“提升”按钮，可以将当前选择的自动切片或图层切片转换成用户切片。

步骤03 单击工具选项栏中的“隐藏自动切片”按钮，如图10-38所示。

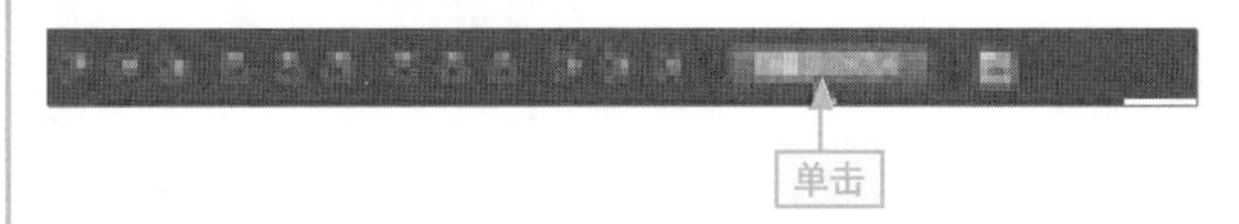

图10-38 隐藏自动切片

专家提醒 | "隐藏自动切片"按钮

单击"隐藏自动切片"按钮，可以将当前文档中的所有自动切片隐藏，而只显示用户切片，再次单击可显示自动切片。

步骤04 操作完成后，可在文档中查看效果，如图10-39所示。

图10-39 查看效果

10.4 管理切片

在Photoshop CC中，用户可根据需要对切片进行管理，管理切片时可进行切片的选择、移动及调整等操作。

10.4.1 选择、移动和调整切片

通常情况下，创建用户切片时都会产生自动切片，可通过切片选择工具对切片进行调整，其具体操作方法如下。

本节素材	DVD/素材/Chapter10/手机页面.jpg
本节效果	DVD/效果/Chapter10/手机页面.jpg
学习目标	掌握调整切片的方法
难度指数	★★★

步骤01 打开"手机页面"素材文件，❶右击工具箱的"裁剪工具"下拉按钮，❷选择"切片工具"选项，如图10-40所示。

图10-40 选择"切片工具"选项

步骤02 将鼠标光标移动到文档中，通过拖动鼠标创建多个用户切片，如图10-41所示。

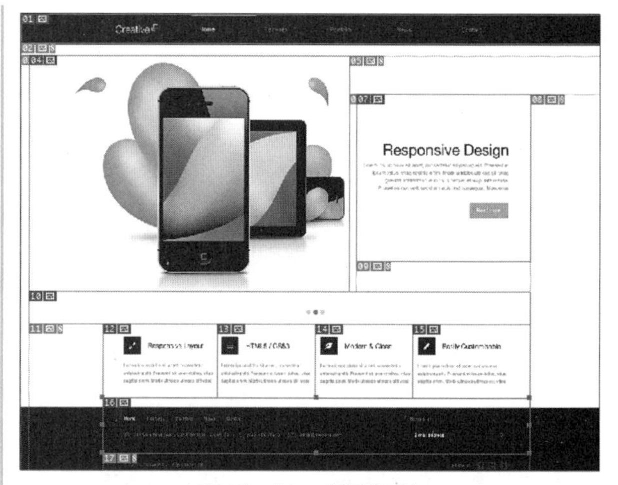

图10-41 创建切片

步骤03 ❶右击"切片工具"下拉按钮，❷选择"切片选择工具"选项，如图10-42所示。

图10-42 选择"切片选择工具"选项

步骤04 单击需要修改的切片，将鼠标光标移动到定界框的控制点上，当鼠标光标变成双向箭头时按下鼠标左键并拖动鼠标，如图10-43所示，以此改变切片的大小。

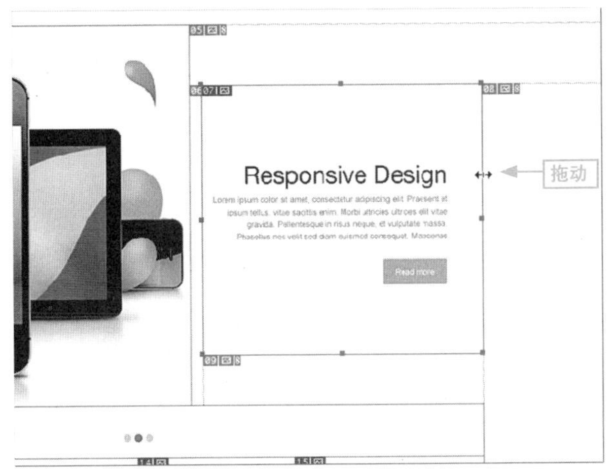

图10-43 调整切片大小

步骤05 将鼠标光标移动到需要调整位置的切片上，按下鼠标左键，将切片拖动到合适的位置即可，如图10-44所示。

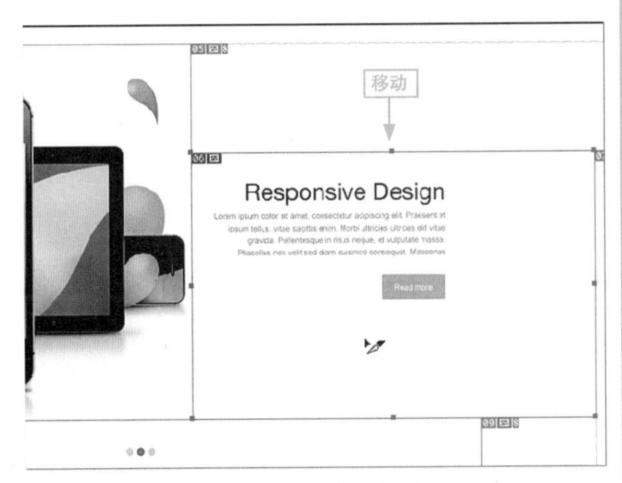

图10-44 移动切片

10.4.2 转换和锁定切片

转换切片就是将自动切片转化为用户切片，而锁定切片就是将切片锁定起来，禁止对该切片进行移动、调整等操作，其具体操作方法如下。

本节素材	DVD/素材/Chapter10/手机页面1.jpg
本节效果	DVD/效果/Chapter10/手机页面1.jpg
学习目标	掌握转换和锁定切片的方法
难度指数	★★★

步骤01 打开“手机页面1”素材文件，在工具箱中选择“切片选择工具”选项，如图10-45所示。

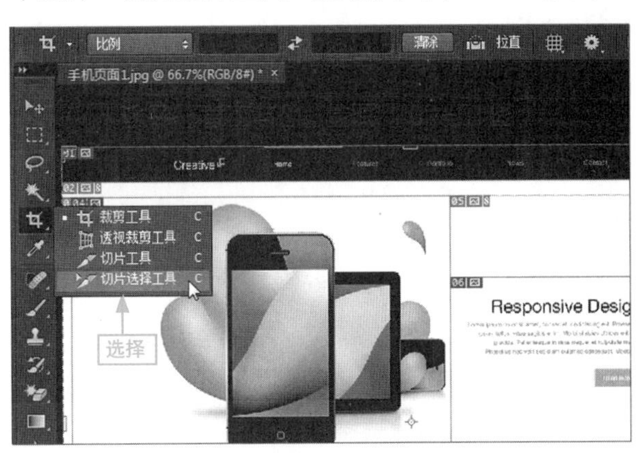

图10-45 选择“切片选择工具”选项

步骤02 将鼠标光标移动到需要转换的自动切片上，右击，选择“提升到用户切片”命令，如图10-46所示。

图10-46 选择“提升到用户切片”命令

步骤03 ❶在菜单栏中单击“视图”菜单项，❷在弹出的下拉菜单中选择“锁定切片”命令，如图10-47所示。

步骤04 在文档中即可查看到所有切片都已被禁止操作，如图10-48所示。

图10-47 选择“锁定切片”命令

专家提醒 | 取消锁定

在菜单栏中再次选择“视图/锁定切片”命令，即可取消锁定切片。

图10-48 查看效果

10.4.3 组合和删除切片

在Photoshop CC中，可以将两个或多个切片组合到一起，也可以将创建的切片删除，其具体操作方法如下。

本节素材	DVD/素材/Chapter10/手机页面2.jpg
本节效果	DVD/效果/Chapter10/手机页面2.jpg
学习目标	掌握组合和删除切片的方法
难度指数	★★★

步骤01 打开“手机页面2”素材文件，在工具箱中选择“切片选择工具”选项，如图10-49所示。

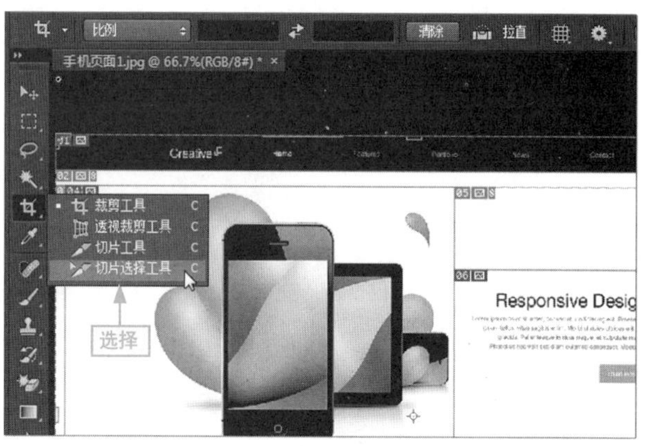

图10-49 选择“切片选择工具”选项

步骤02 将鼠标光标移动到需要组合的切片上，单击，按Shift键，同时选择其他需要组合的切片，如图10-50所示。

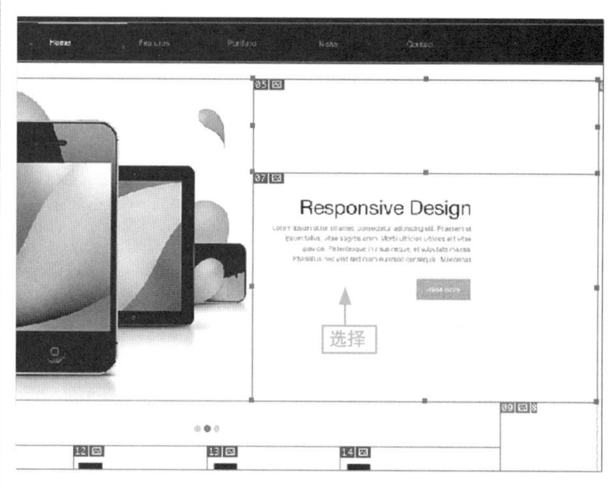

图10-50 选择切片

步骤03 在选择的切片上右击，选择“组合切片”选项，如图10-51所示。

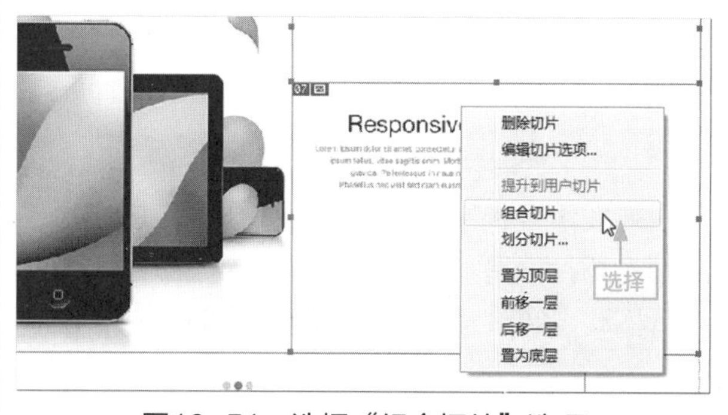

图10-51 选择“组合切片”选项

步骤04 将鼠标光标移动到需要删除的切片上，右击，选择“删除切片”命令，如图10-52所示。

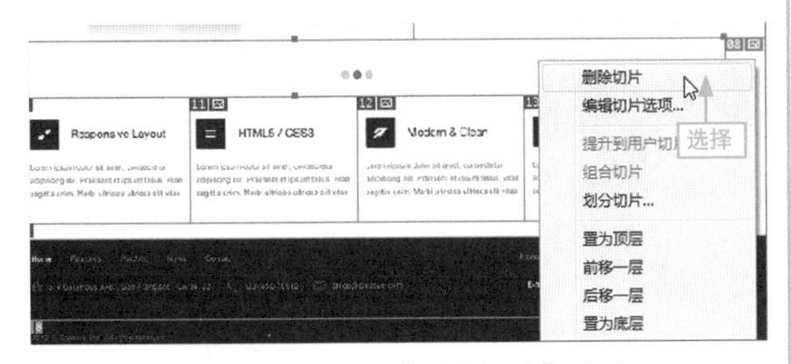

图10-52　选择“删除切片”命令

步骤05 在文档中即可查看到操作后的效果，如图10-53所示。

图10-53　查看效果

10.4.4　将切片输入到网页

在图像中创建并调整好切片后，可对其进行设置并输入到网页中，其具体操作方法如下。

本节素材	DVD/素材/Chapter10/手机页面3.jpg
本节效果	DVD/效果/Chapter10/手机页面3/
学习目标	掌握将切片输入到网页的方法
难度指数	★★★

步骤01 打开“手机页面3”素材文件，在工具箱中选择“切片工具”选项，如图10-54所示。

步骤02 在文档中按下鼠标左键，拖动鼠标创建一个切片，释放鼠标左键，如图10-55所示。

步骤03 在创建的切片上右击，选择“编辑切片选项”命令，如图10-56所示。

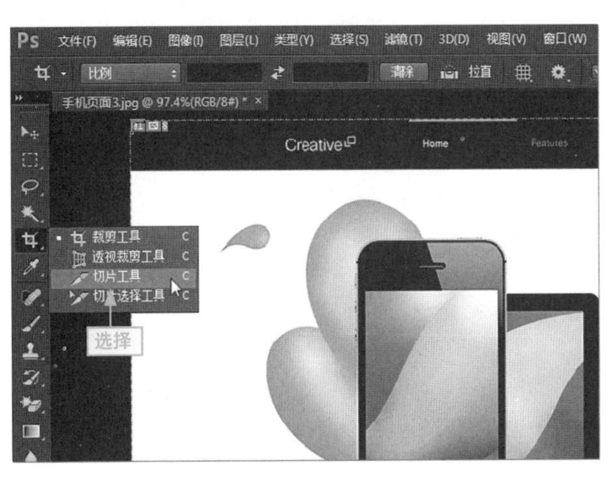

图10-54　选择“切片工具”选项

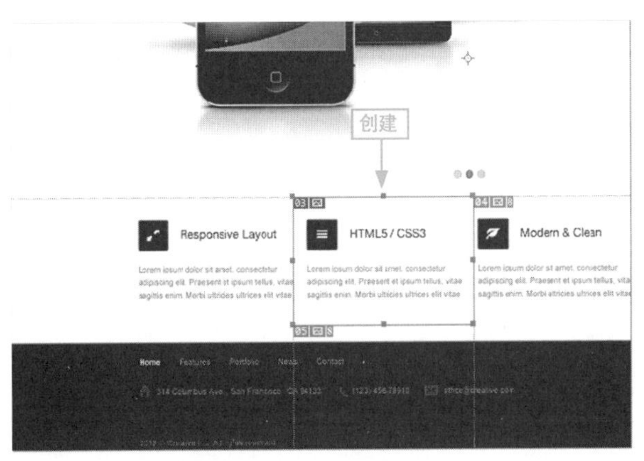

图10-55　创建切片

图10-56　打开“切片选项”对话框

步骤04 ❶在打开的“切片选项”对话框中单击“切片类型”下拉按钮，❷在弹出的下拉列表中选择“图像”选项，如图10-57所示。

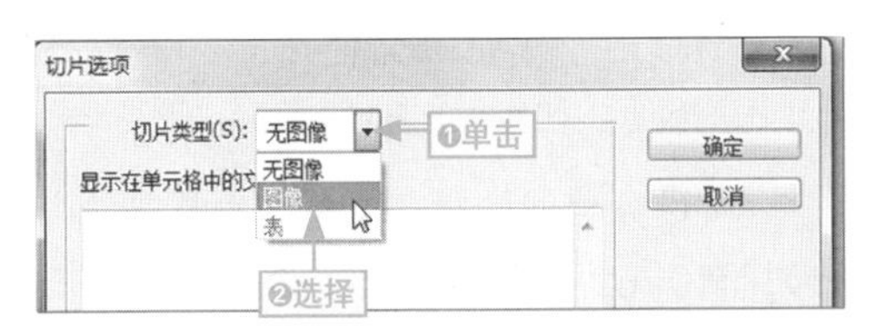

图10-57　更改切片类型

步骤05 ❶设置相应的参数，❷单击“确定”按钮，如图10-58所示。

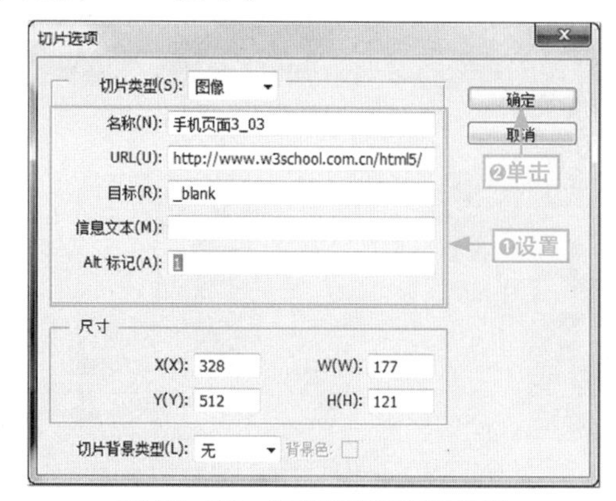

图10-58　设置切片选项参数

步骤06 ❶单击“文件”菜单项，❷选择“存储为Web所用格式”命令，如图10-59所示。

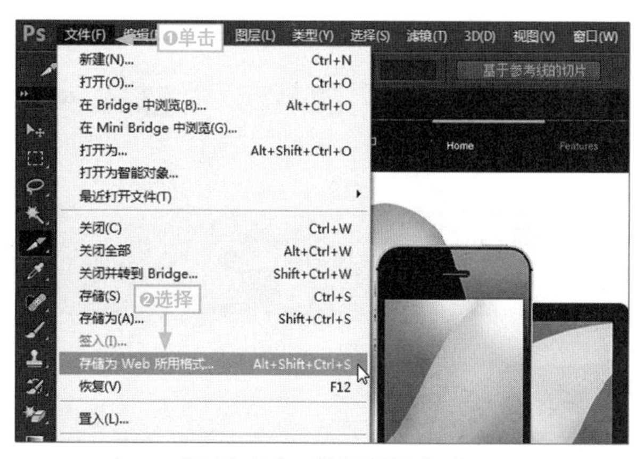

图10-59　选择存储方式

步骤07 ❶在打开的“存储为Web所用格式”对话框中单击“原稿”选项卡，❷选择切片选项，如图10-60所示。

专家提醒 | 优化切片

选择切片并设置参数后，切换到“优化”选项卡中，可以看到对切片进行优化后的效果，包括切片的大小、格式和下载速度等信息。

步骤08 ❶单击“优化的文件格式”下拉按钮，❷选择JPEG选项，如图10-61所示。

步骤09 ❶设置格式的相应参数，❷单击“存储”按钮，如图10-62所示。

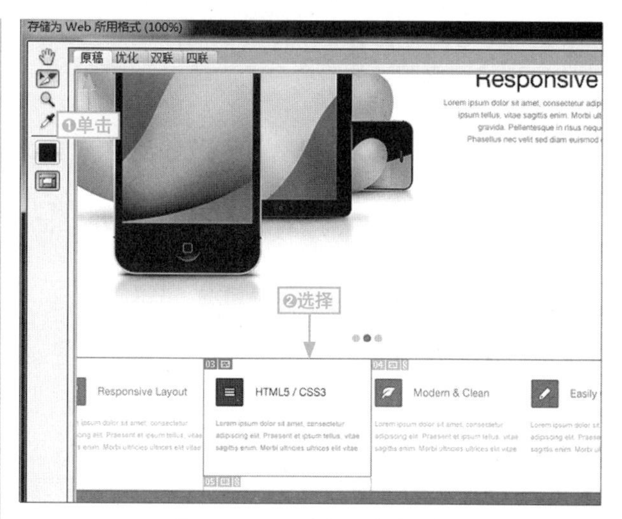

图10-60　选择目标切片

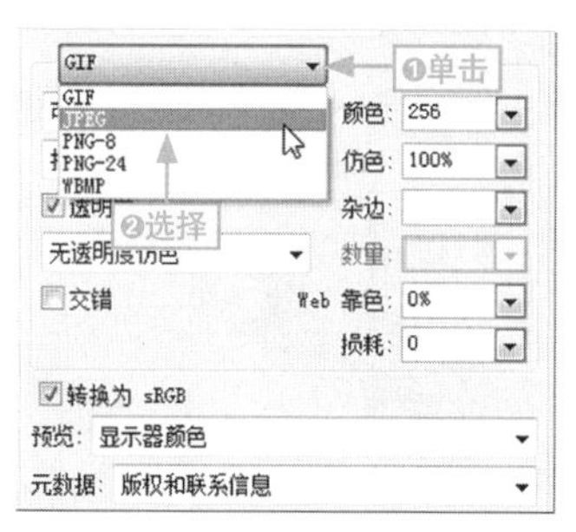

图10-61　选择切片存储格式

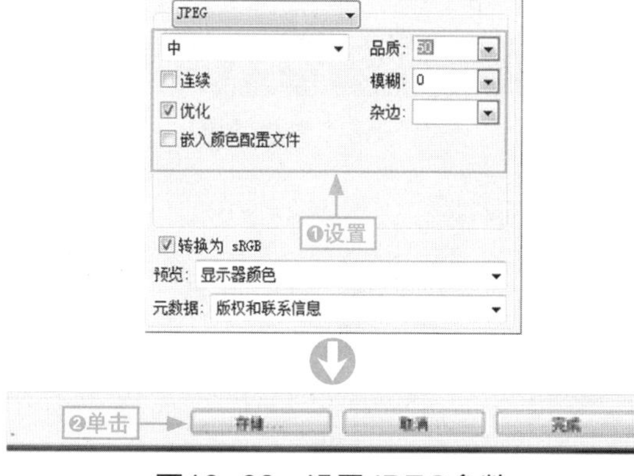

图10-62　设置JPEG参数

步骤10 ❶在打开的“将优化结果存储为”对话框中设置存储路径，❷单击“格式”下拉按钮，❸选择“HTML和图像”选项，如图10-63所示。

步骤11 ❶在“名称”文本框中输入名称，❷单击“保存”按钮，如图10-64所示。

步骤12 在打开的提示对话框中单击“确定”按钮，如图10-65所示。

图10-63 创建切片

图10-64 输入名称并存储

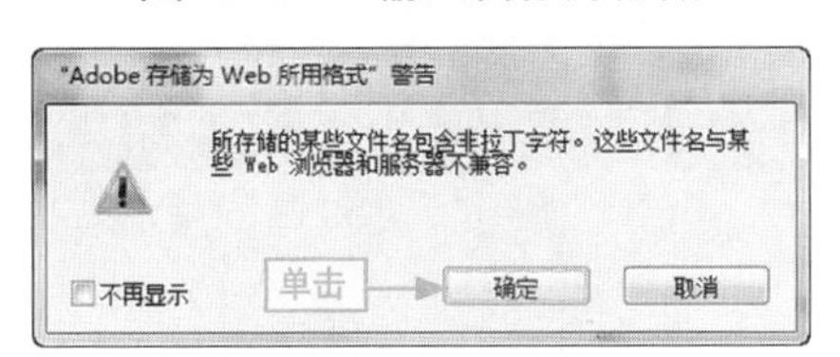

图10-65 确认存储

步骤13 在浏览器中运行保存的文件，单击切片，如图10-66上图所示，可查看到效果，如图10-66下图所示。

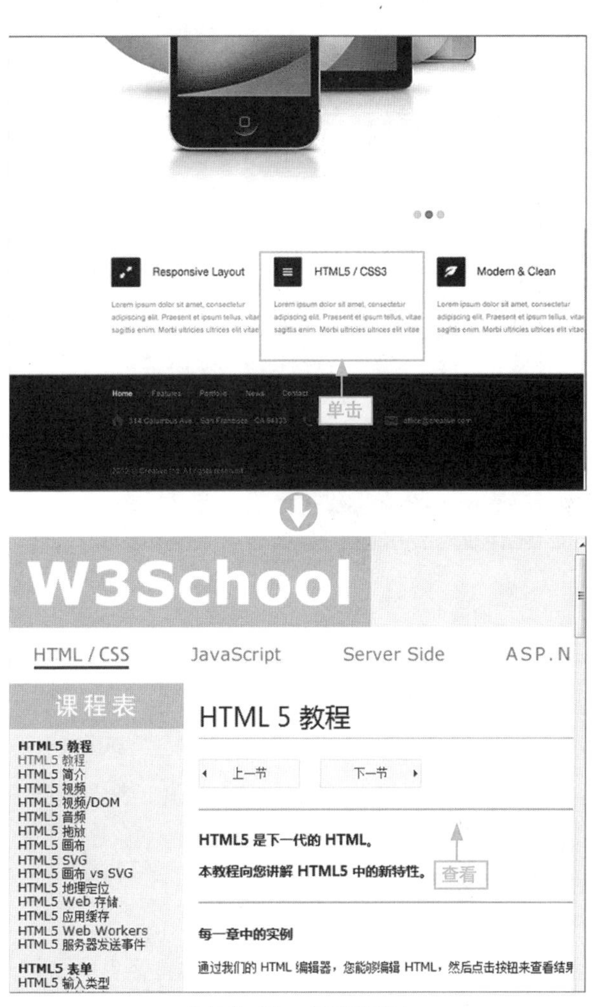

图10-66 查看效果

长知识 | 基于图层创建切片

前面讲解的是通过切片工具创建切片，还可以基于图层创建切片，也就是从图层创建的切片，其操作是：❶在“图层”面板中选择相应的图层，❷在菜单栏中选择“图层/新建基于图层的切片”命令，❸可看到图层中新建了切片，可调整图层，如图10-67所示。

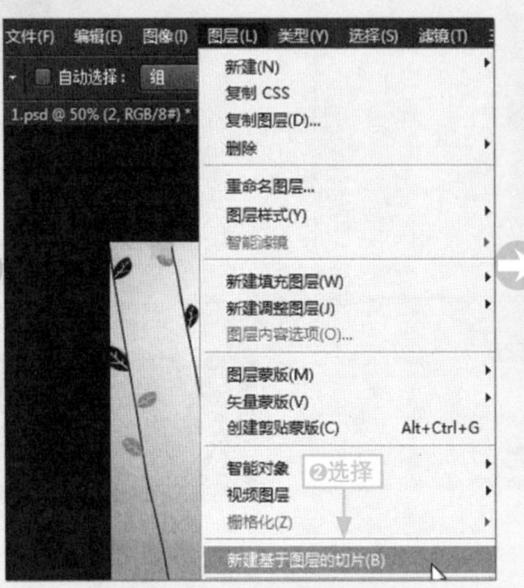

图10-67 基于图层创建切片

10.5 实战问答

?! NO.1 | 浏览器不显示输出的动画怎么办

元芳：在Photoshop CC中创建动画并保存成功后，通过浏览器预览时，浏览器的窗口中却出现空白，并没有显示出动画，该如何处理？

大人：出现这种情况大多数原因是浏览器的编码与输出动画的编码不匹配，可以通过单击浏览器菜单栏中的“查看”菜单，然后选择“编码/Unicode(UTF-8)”命令即可。

?! NO.2 | 怎样删除基于图层创建的切片

元芳：基于图层创建的切片，若不需要该切片时，通过按Delete键删除切片，为什么图层也被删除了？

大人：如要通过按Delete键删除切片，需要先在工具箱中选择“切片选择工具”选项，然后选择需要删除的切片，最后按Delete键即可。

10.6 思考与练习

填空题

1. 在“存储为Web所用格式”对话框的显示工具栏中有4个选项卡，它们分别是________、________、________、________。

2. ________的原理和电影播放比较相似，就是将静止的平面图像以较快的速度播放出来。

3. ________是图像的一块矩形区域，可以用于在Web页面中创建链接、翻转和动画。

选择题

1. 不属于图像文件格式的是(　　)。

A. PSD　　B. DOC

C. GIF　　D. BMP

2.下面不是切片类型的是(　　)。

A. 用户切片

B. 自定义切片

C. 基于图层的切片

D. 自动切片

判断题

1. “时间轴”面板以帧的形式出现，显示每帧的缩略图，它是Photoshop动画的主要编辑器。(　　)

2. 单击“隐藏用户切片”按钮，可以将当前文档中的所有自动切片隐藏，而只显示用户切片，再次单击可显示自动切片。(　　)

3. 通常创建用户切片时都会产生自动切片，可通过切片工具对自动切片进行调整。(　　)

操作题

【练习目的】创建并管理切片

下面将通过在“行政管理制度”文档创建并管理切片为例，让读者亲自体验在Photoshop文档中创建及移动、调整切片等相关操作，巩固本章的相关知识和操作。

【制作效果】

本节素材	DVD/素材/Chapter10/美食网页.jpg
本节效果	DVD/效果/Chapter10/美食网页.jpg

Chapter 11

认识Flash CC

本章要点

- ★ 启动Flash程序
- ★ 新建空白Flash文件
- ★ 根据模板新建Flash文件
- ★ 设置Flash文档属性
- ★ 使用绘图工具绘图
- ★ 使用文本工具
- ★ 分离文本
- ★ 为文本添加超链接

学习目标

在前面几章中我们学习的是Dreamweaver和Photoshop，从本章开始学习网页制作的Flash部分。本章主要讲解在Flash中的一些基本功能和操作，让用户对Flash进行认识和了解，对一些最基础的操作进行学习和掌握，为后面的Flash学习打下基础。

知识要点	学习时间	学习难度
了解Flash CC	30分钟	★★★
Flash CC的基本操作	35分钟	★★
使用和编辑文本	60分钟	★★★

重点实例

绘图

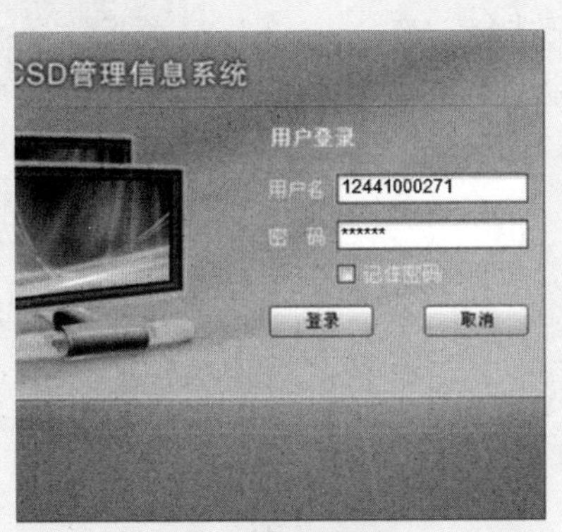

输入文本

文本超链接

11.1 Flash CC的新增功能

Flash CC是Flash版本中最新的版本，它相对于其他Flash版本有了很多改进和升级，下面就简单介绍几项Flash的新增功能。

学习目标	了解Flash CC新增功能的应用
难度指数	★

◆64位架构

Flash CC是采用的64位架构，它能使Flash更加模块化，提供前所未有的速度和稳定性，对多个大型文件实现轻松管理，对动画的发布更加迅速，如图11-1所示。

图11-1　64位架构

专家提醒 | Flash CC支持的操作系统

Flash CC支持Windows 7 X64和Windows 8 X64操作系统及其之后的版本，不再支持XP系列系统，所以用户在安装Flash CC前要先检查电脑的系统是否是Flash CC所支持的。

◆改进HTML的发布

更新的CreateJS工具包增强了HTML5支持，变得更有创意，包括按钮、热区和运动曲线的新功能，如图11-2所示。

图11-2　改进HTML的发布

◆与Adobe Creative Cloud 实现工作区同步

创意云实现了与Behance集成，实现实时灵感和以无缝方式来分享你的工作。创造更多，分享更多，永不停止学习，如图11-3所示。

图11-3　云同步

◆高清导出

Flash CC支持将制作的动画导出为高清晰度显示的视频或音频文件，确保帧不丢失，如图11-4所示为将动画导出的视频文件。

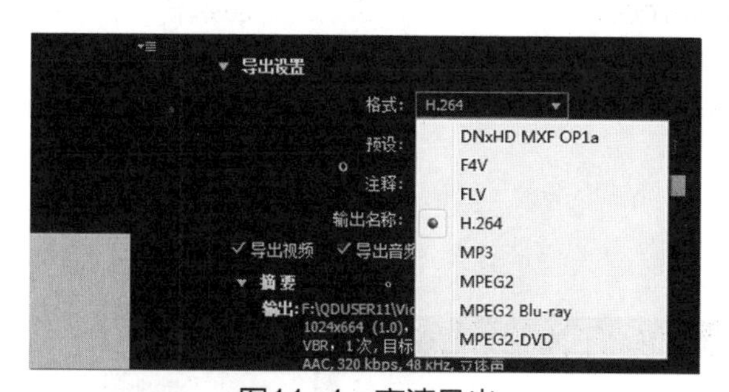

图11-4　高清导出

◆强大的代码编辑器

使用新的代码编辑器更有效地编写代码，内置开源的Scintilla库。使用新的“查找和替换”面板在多个文件中搜索，能更快地更新代码，如图11-5所示。

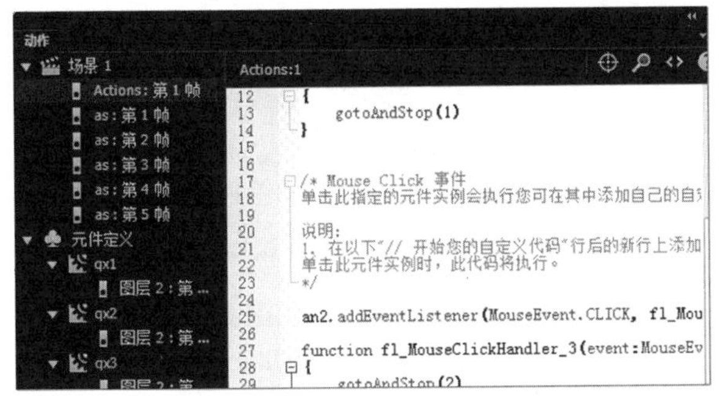

图11-5　强大的代码编辑器

> **专家提醒 | Flash的其他优势**
>
> 在时间轴面板中管理多个选定层的属性，轻松交换舞台上的多个符号或图像。还可以同时选择多个层上的对象，一次单击，就可以将它们分发到不同关键帧上。

11.2 认识Flash CC 的工作界面

认识Flash CC 的工作界面其实也就是对Flash软件有一个最基本的了解，熟悉一下它由哪些结构组成，而且这些组成结构是什么，该怎样用，下面就分别进行介绍，如图11-6所示为Flash CC基本功能界面。

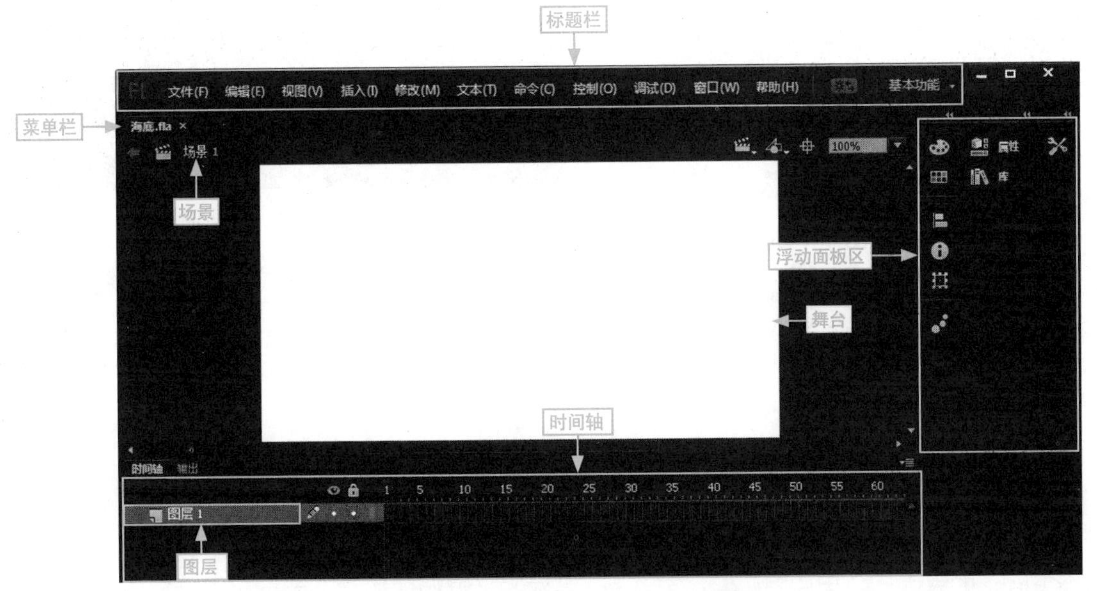

图11-6　Flash CC 的工作界面

◆菜单栏

菜单栏由11个菜单项组成，每一个菜单项为一个大类命令集合，用户通过这些菜单命令来实现相应的命令操作，如图11-7所示。

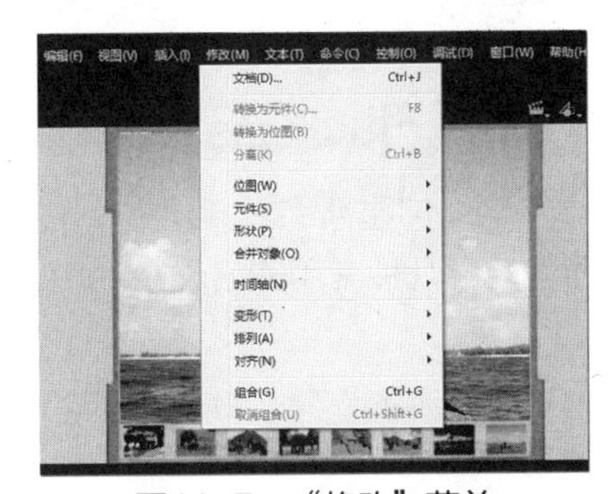

图11-7　“修改”菜单

◆浮动面板

浮动面板区中包含了各种浮动面板，如工具、属性、输出面板等，每一个面板为一个大类工具的集合，如图11-8所示。

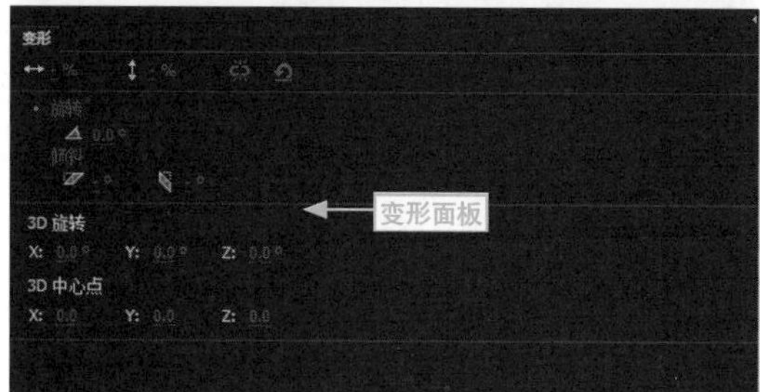

图11-8　浮动面板

◆舞台

舞台就是显示Flash元素的平台，动画元素都只有在舞台上才能在动画播放时显示出来，如图11-9所示。

图11-9　舞台上的动画元素

◆时间轴

时间轴包括两个部分：图层和帧面板，它其实就是贯穿动画的一条时间线，用来控制动画的播放，如图11-10所示。

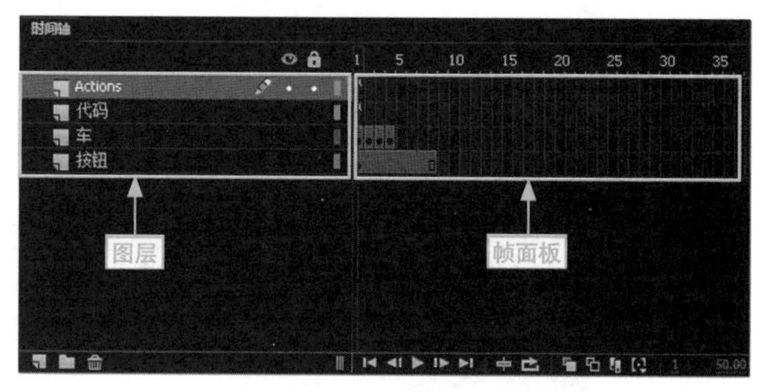

图11-10　时间轴

专家提醒 | 图层的分类

在Flash中图层分为三大类：普通图层、遮罩层和引导层，其中普通图层是最基本的图层也是最重要的图层。

11.3 Flash CC的基本操作

认识了Flash的界面后，用户对Flash有了一个基本的了解和认识，下面就可以学习Flash的基本操作，如新建、打开和储存Flash文档等。

11.3.1　启动Flash程序

启动应用程序是所有软件最基本的操作之一，下面就介绍几种常用的启动Flash程序的操作方法。

学习目标	掌握启动Flash程序的多种方法
难度指数	★

◆通过快捷方式启动

在桌面上双击Flash CC快捷方式，或在Flash CC快捷方式上右击，选择“打开”命令，如图11-11所示。

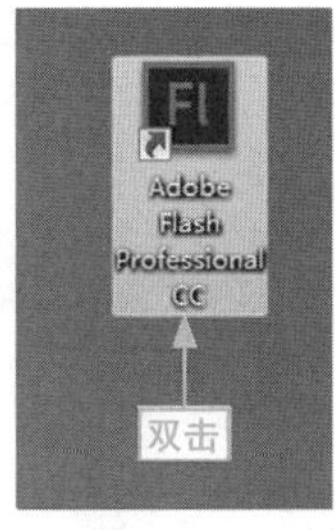

图11-11 通过快捷方式启动

◆通过开始菜单启动

单击“开始”按钮或按Windows键，选择Adobe Flash Professional CC命令即可启动Flash CC 程序，如图11-12所示。

图11-12 通过“开始”菜单启动

◆通过打开Flash文档启动

双击任意Flash文档或相关联的文档同样可以启动Flash CC程序，如图11-13所示。

图11-13 通过打开Flash文档启动

11.3.2 新建空白Flash文件

新建Flash文件其实就是新建一个Flash空白文档，它是在Flash软件已启动的情况下进行的。下面就介绍几种新建Flash文件的方法。

学习目标	掌握新建Flash文件的方法
难度指数	★

◆通过欢迎界面新建

启动Flash软件后，系统自动打开欢迎界面，在新建区域中单击相应的新建按钮完成文件的新建，如图11-14所示。

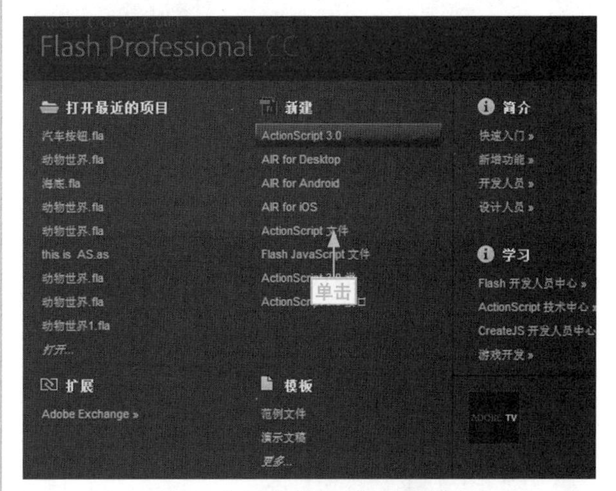

图11-14 通过欢迎界面新建

◆通过对话框新建

单击“开始”菜单项，选择“新建”命令或按Ctrl+N组合键，在打开的“新建文档”对话框中单击相应的选项即可新建文件，如图11-15所示。

专家提醒 | 按Ctrl+N组合键新建

在以往的一些Flash版本中或其他软件中，按Ctrl+N组合键会直接新建一个默认的文档，但在Flash CC中系统会打开“新建文档”对话框。

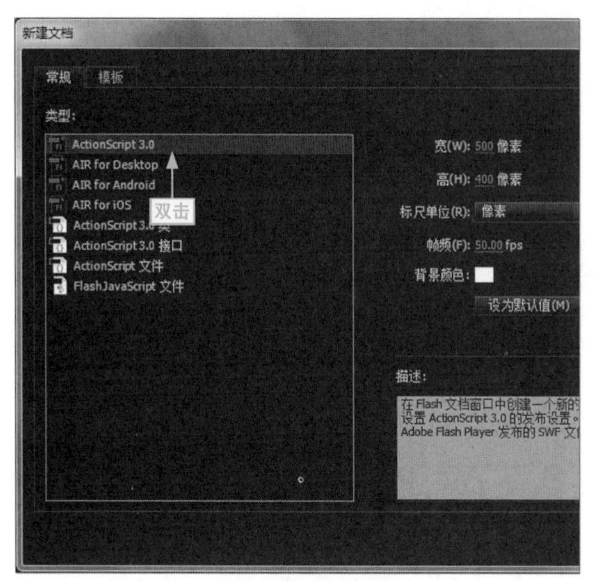

图11-15　通过对话框新建

11.3.3　根据模板新建Flash文件

用户除了新建空白的Flash文件以外，还可以新建一些带有内容的文件，也就是人们常说的根据模板新建文件。

下面通过新建一个“雨景脚本”模板文件为例来讲解相关操作。

本节素材	DVD/素材/Chapter11/无
本节效果	DVD/效果/Chapter11/雨景.fla
学习目标	掌握根据模板新建文件的方法
难度指数	★★

步骤01 启动Flash软件，❶单击“文件”菜单项，❷选择“新建”命令，如图11-16所示。

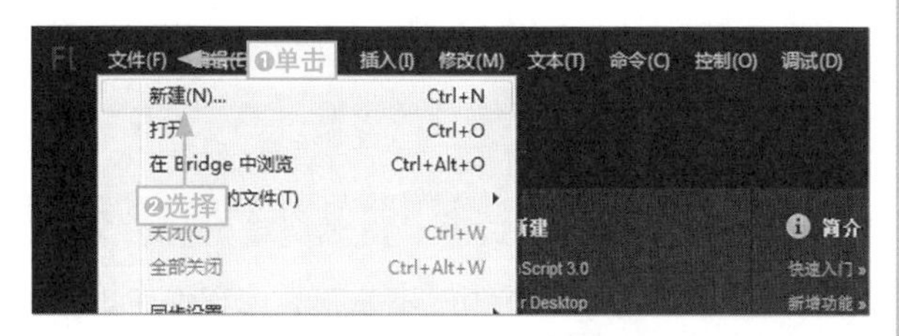

图11-16　新建文档

步骤02 打开“新建文档”对话框中单击“模板”选项卡，此时对话框名称变成“从模板新建”，如图11-17所示。

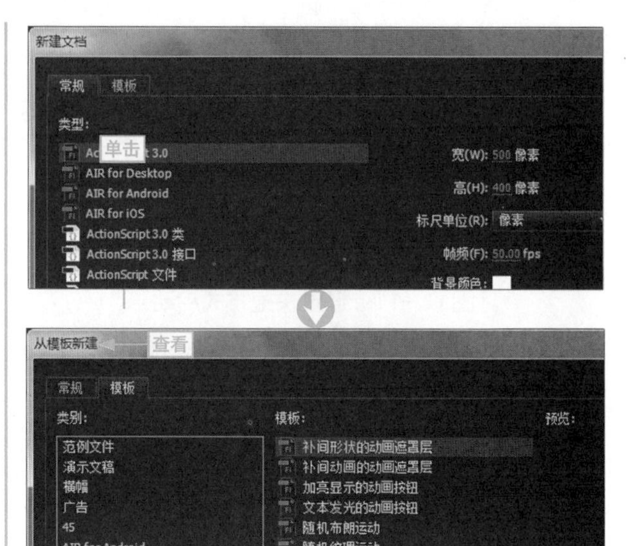

图11-17　切换选项卡

核心妙招 | 快速打开“从模板新建”对话框

在欢迎界面中单击“范例文件”或“演示文稿”或“更多”按钮，如图11-18所示，直接打开“从模板新建”对话框，也就是系统在打开的对话框中直接切换到“模板”选项卡中。

图11-18　快速打开“从模板新建”对话框

步骤03 ❶在“类别”列表框中选择“动画”选项，❷在右侧的“模板”列表框中选择“雨景脚本”选项，❸单击“确定”按钮，如图11-19所示。

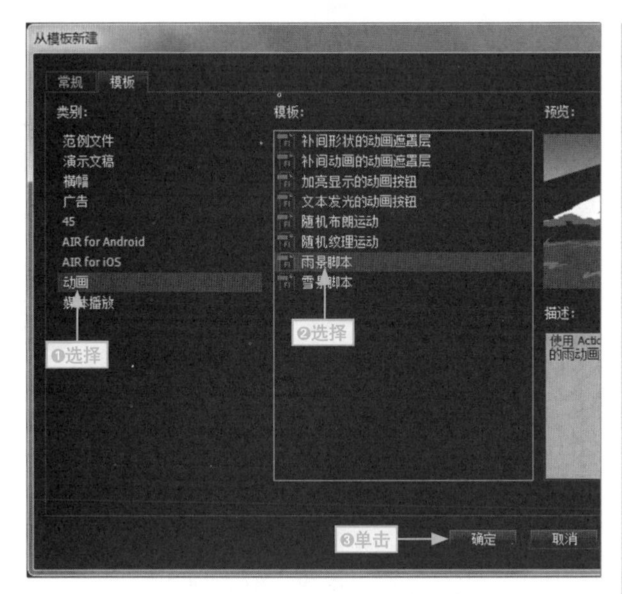

图11-19　选择模板类型

步骤04 系统自动根据相应的模板新建带有内容的Flash文件，如图11-20所示。

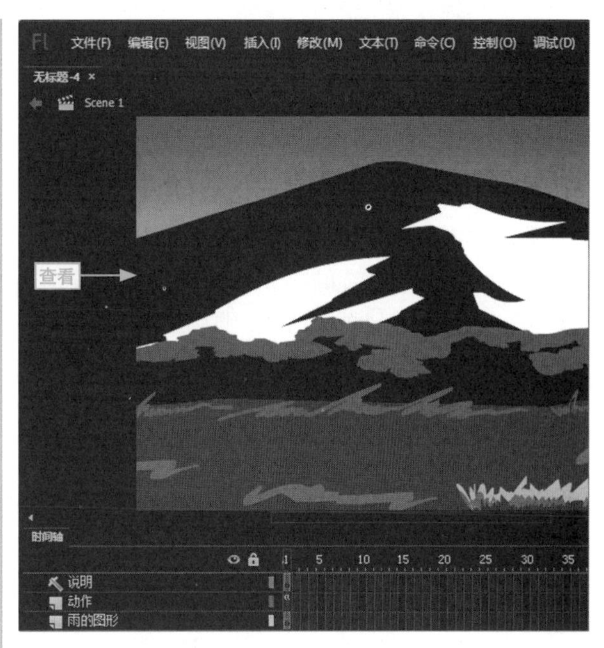

图11-20　查看效果

长知识 | 存储文档

存储文档就是将Flash文档保存在指定的位置，方便再次使用。它包括两方面：一是存储在原有的文档中；二是将其保存在其他位置。

对于已经保存过的文档进行相应的操作后要保存在原有的文档中只需按Ctrl+S组合键进行快速保存；对于将其保存到其他指定位置的操作是：❶单击“文件”菜单项，❷选择“另存为”命令，❸在打开的“另存为”对话框中设置保存路径(对于第一次保存的文档，按Ctrl+S组合键或在“文件”菜单中选择“保存”命令也会打开“另存为”对话框)，❹为另存文档设置名称，❺单击“确定”按钮完成操作，如图11-21所示。

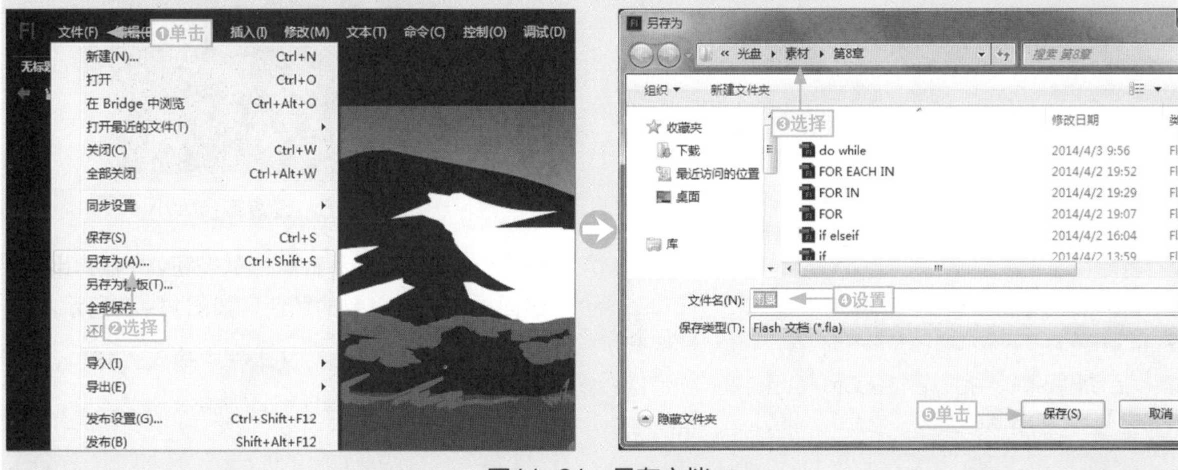

图11-21　另存文档

11.3.4 设置Flash文档属性

设置Flash文档属性就是对Flash文档本身进行设置，如舞台颜色、大小、帧频等。

下面通过打开“卫兵”文档并更改其文档属性为例，讲解最常用的文档属性设置方法。

本节素材	DVD/素材/Chapter11/卫兵.fla
本节效果	DVD/效果/Chapter11/卫兵.fla
学习目标	掌握设置Flash文档属性的方法
难度指数	★★

步骤01 启动Flash软件，❶单击“文件”菜单项，❷选择“打开”命令，如图11-22所示。

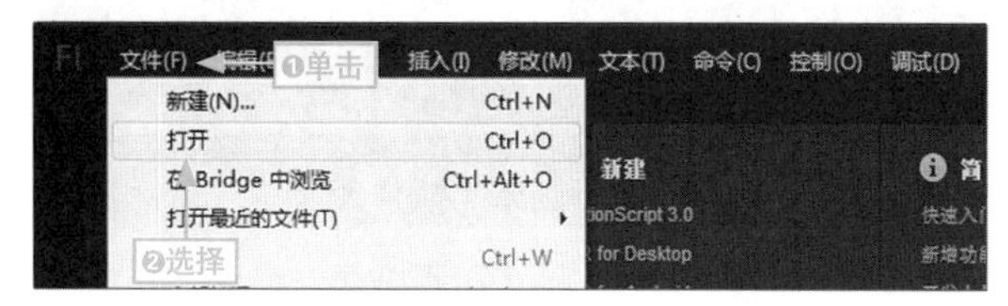

图11-22 选择“打开”命令

步骤02 打开“打开”对话框，❶选择Flash文档所在的路径，❷选择要打开的Flash文档，❸单击“打开”按钮，如图11-23所示。

图11-23 打开Flash文件

核心妙招 | 使用组合键打开“打开”对话框

启动Flash软件后，直接按Ctrl+O组合键可快速打开“打开”对话框。

步骤03 ❶单击“修改”菜单项，❷选择“文档”命令或按Ctrl+J组合键，如图11-24所示。

图11-24 选择“文档”命令

专家提醒 | 通过快捷菜单打开“文档设置”对话框

在场景中或舞台的空白位置上右击，选择“文档”命令，也可以打开“文档设置”对话框。

步骤04 在打开的“文档设置”对话框中分别在“舞台大小”的宽和高文本框上单击鼠标进入其编辑状态，再分别输入“578.7”和“290.15”，如图11-25所示。

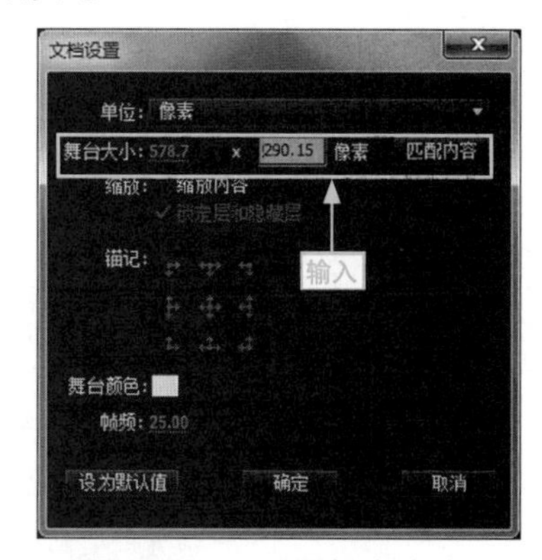

图11-25 设置舞台大小

步骤05 ❶单击“舞台颜色”按钮，❷在弹出的拾色器面板中选择需要的颜色，如图11-26所示。

步骤06 ❶在“帧频”文本框中输入“18”，❷单击“确定”按钮，如图11-27所示。

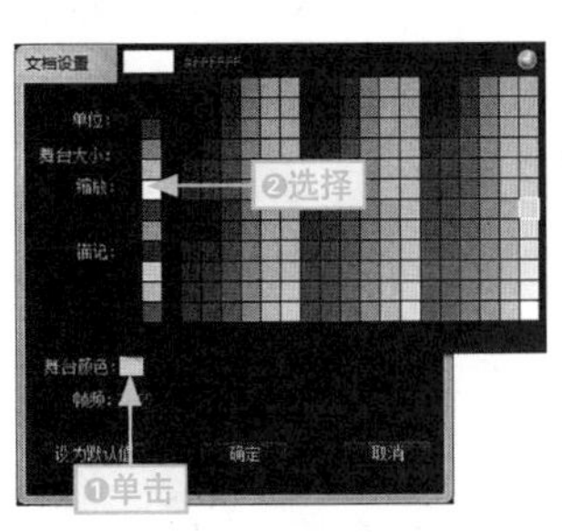

图11-26 设置舞台颜色

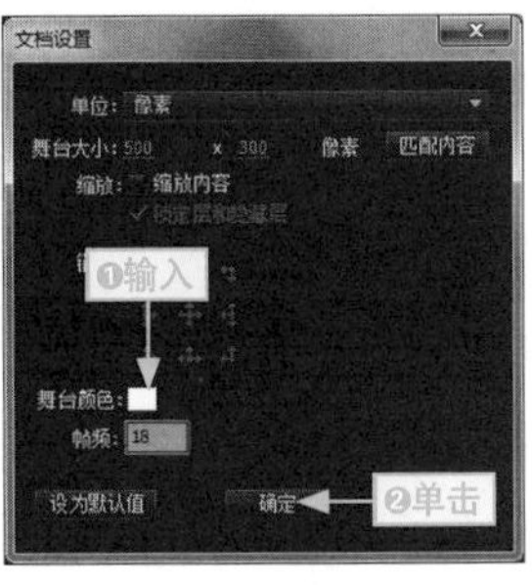

图11-27 设置帧频参数并确认设置

专家提醒 | 设置默认的文档属性参数

在文档中设置文档参数后，用户可在“文档设置”对话框中直接单击“设为默认值”按钮将设置的参数作为文档属性的默认值。

步骤07 返回到舞台中即可查看到舞台大小和颜色都发生了相应的变化，如图11-28所示。

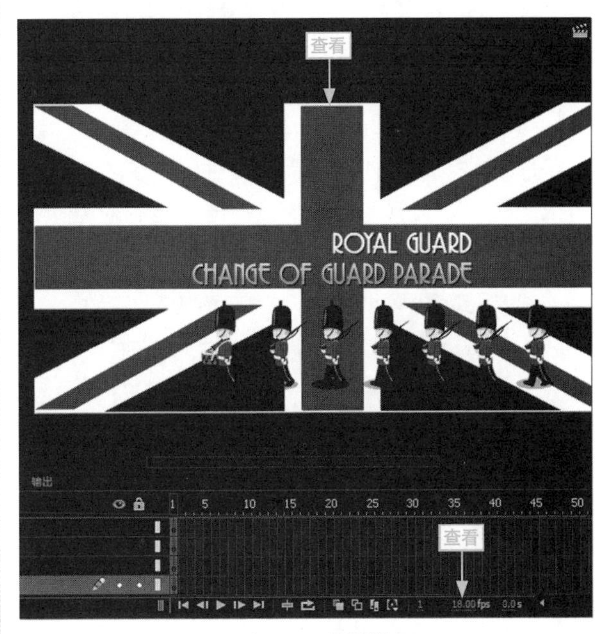

图11-28 查看效果

长知识 | 打开最近的文件

在Flash中系统会将用户最近打开过的文件记住，当用户需要再次打开这些文件时，不需要再次通过“打开”对话框来实现，只需在最近文件记忆中选择即可，其具体操作方法是：①单击“文件”菜单项，②选择“打开最近的文件”命令，③在弹出的子菜单中选择相应的文件选项即可将其打开，如图11-29左图所示。

用户也可在欢迎界面中的“打开最近项目”区域中单击相应的文件选项，如图11-29右图所示。

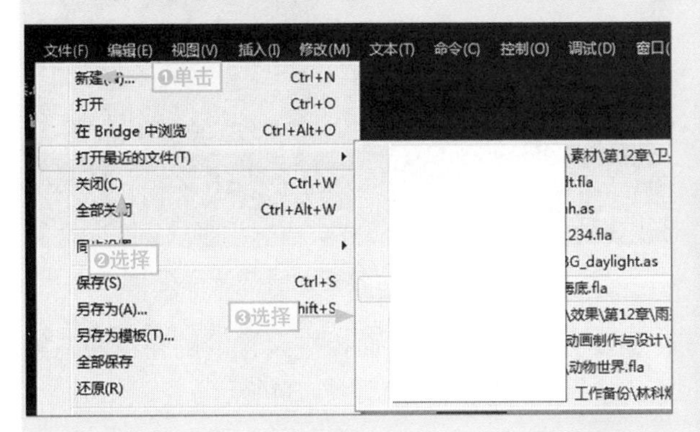

图11-29 打开最近的文件

11.3.5 使用绘图工具绘图

Flash中的绘图工具与Photoshop中的绘图工具的使用方法是完全相同的，所以这里就不再做过多的讲述。

下面通过制作一个时钟为例来讲解相关操作，其具体操作方法如下。

本节素材	DVD/素材/Chapter11/时钟.fla
本节效果	DVD/效果/Chapter11/时钟.fla
学习目标	掌握绘图工具的使用
难度指数	★★★

步骤01 打开“时钟”素材文件，❶在“工具”面板中选择“矩形”工具，❷单击“绘制对象”按钮，如图11-30所示。

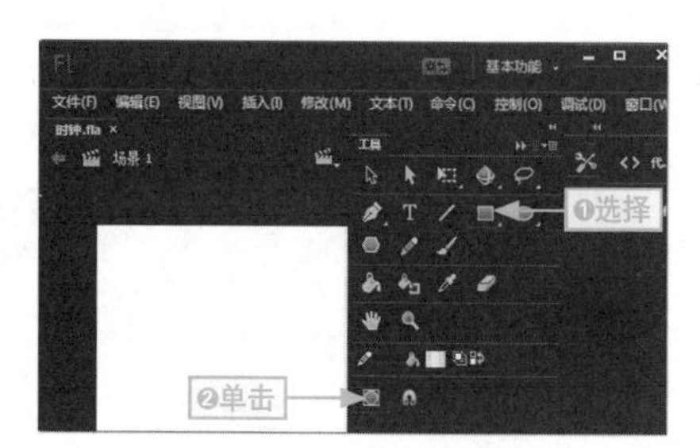

图11-30 选择工具绘制对象

专家提醒 | 绘制对象

绘制对象其实就是绘制一个组，它不会因为与其他对象重叠而不剪切或擦除。

步骤02 ❶打开“属性”面板，❷在其中进行线条粗细、颜色和圆角的设置，如图11-31所示。

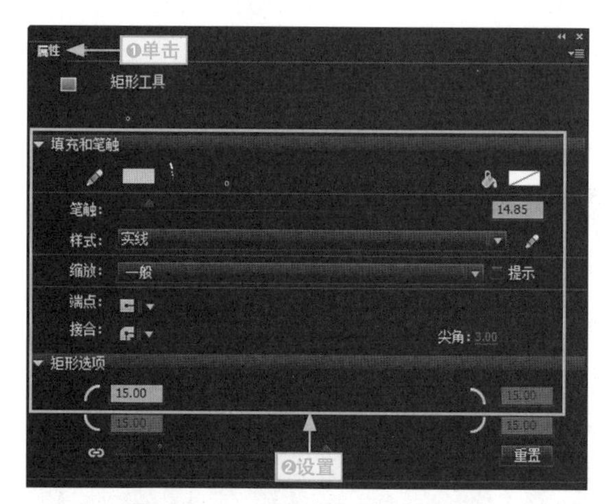

图11-31 设置矩形的绘制样式

步骤03 ❶在舞台绘制圆角矩形，❷在“工具”面板中选择“刷子”工具，❸进行相应的设置，如图11-32所示。

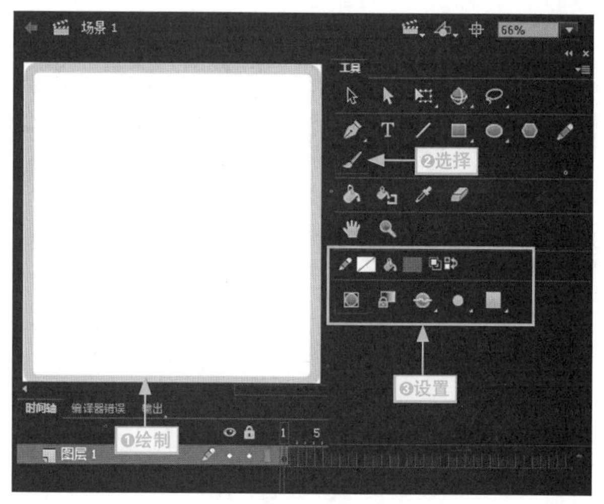

图11-32 选择并设置刷子工具

步骤04 ❶在舞台上合适位置按下鼠标左键绘制时钟刻度，❷在“工具”面板中选择“线条”工具，如图11-33所示。

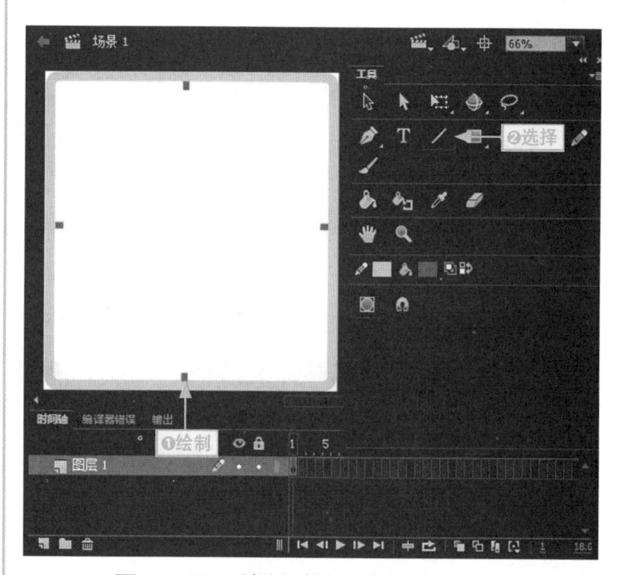

图11-33 绘制时钟刻度并选择工具

步骤05 在“属性”面板中设置笔触颜色和笔触大小以及断点样式，如图11-34所示。

步骤06 在舞台绘制时针并以同样的方法绘制出分针和秒针，如图11-35所示。

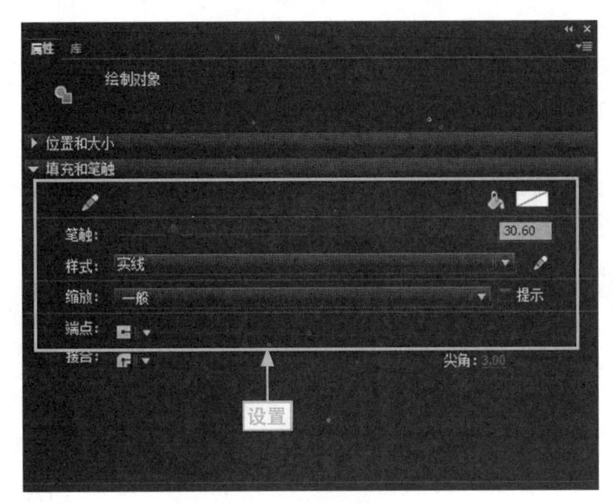

图11-34　设置直线样式

专家提醒 | 绘制分针和秒针需注意

在绘制分针和秒针前要分别设置它们线条笔触的粗细。

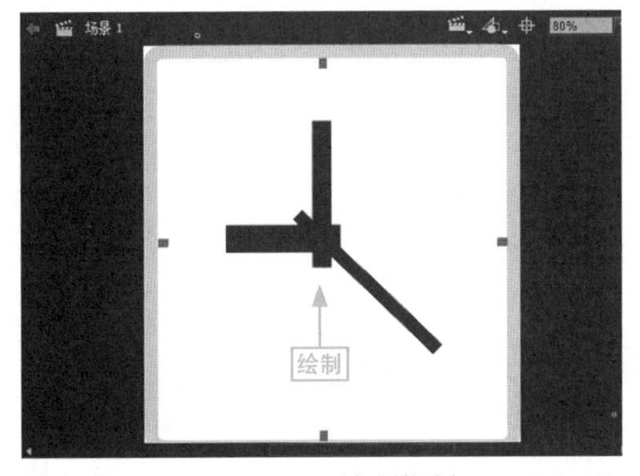

图11-35　绘制指针

步骤07 选择椭圆工具并设置其填充色，在舞台上绘制中心点，如图11-36所示。

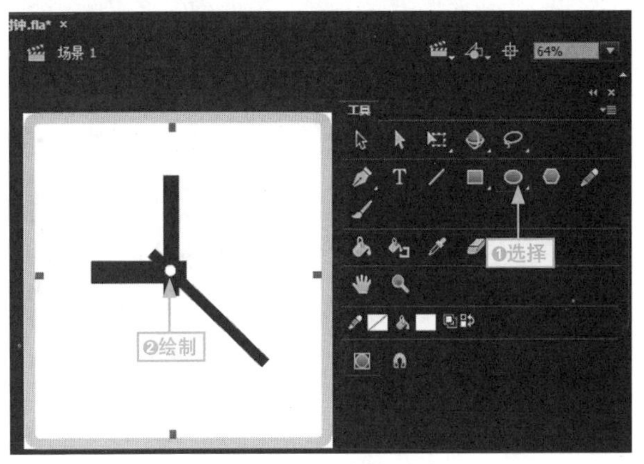

图11-36　绘制圆形

步骤08 按T键后，在舞台上输入相应的数字并调整到合适位置，如图11-37所示。

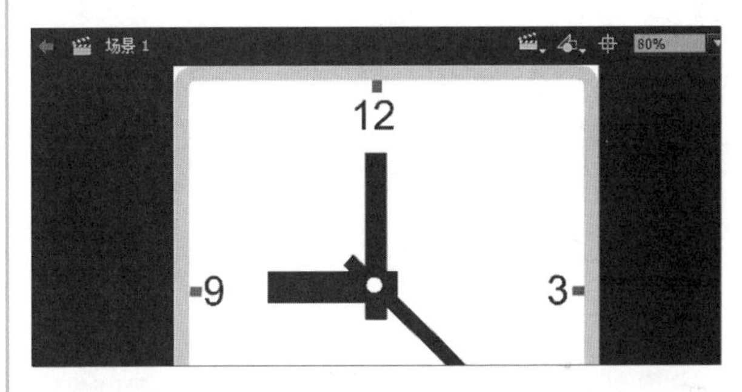

图11-37　完善图形

11.4　使用文本工具

在Flash中经常会使用到文本工具来创建文本，如静态文本、动态文本和输入文本等，不同的文本类型用在不同的环境中，下面就分别介绍这几种文本的使用方法。

11.4.1　使用静态文本

静态文本也就是普通文本，用户只需在选择文本工具后，直接输入文本，然后根据实际需要对其进行属性设置。

下面通过输入静态文本并设置其属性为例来讲解相关操作。

本节素材	DVD/素材/Chapter11/I MISS U.fla
本节效果	DVD/效果/Chapter11/I MISS U.fla
学习目标	掌握创建静态文本的方法
难度指数	★★

步骤01 打开I MISS U素材文件，❶单击“工具”面板，❷选择“文本工具”选项，如图11-38所示。

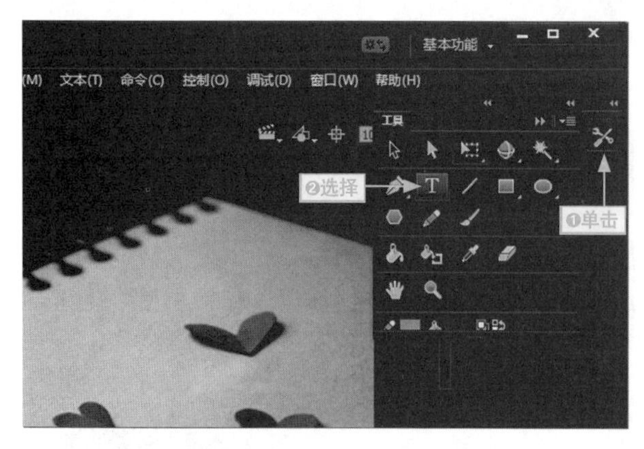

图11-38 选择文本工具

步骤02 此时鼠标光标变成-¦T形状，在舞台上单击鼠标，系统自动生成一个文本框，输入相应的文本，如图11-39所示。

图11-39 输入文本

步骤03 ❶再次单击“工具”面板，❷选择“选择工具”选项，退出文本的输入状态并选择文本框，如图11-40所示。

步骤04 ❶单击“窗口”菜单项，❷在弹出的菜单中选择“属性”命令，如图11-41所示。

步骤05 展开“字符”选项卡，❶单击“系列”下拉列表按钮，❷选择Bradley Hand ITC选项，如图11-42所示。

图11-40 退出文本输入状态并将其选择

图11-41 打开“属性”面板

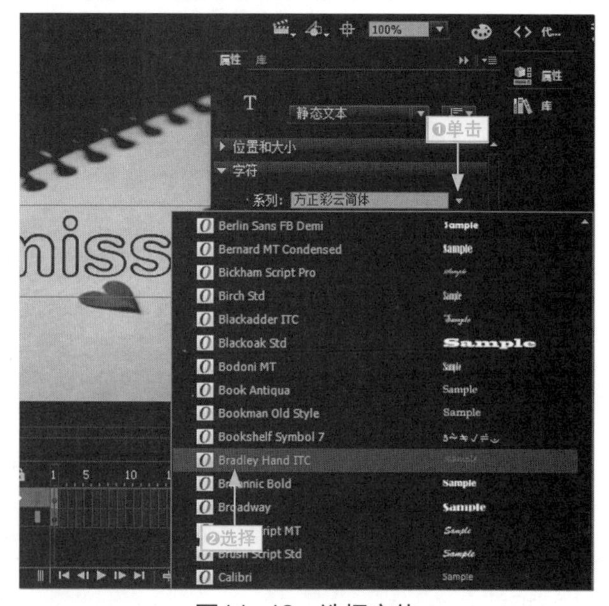

图11-42 选择字体

专家提醒 | 输入字体名称选择字体

用户可直接将文本插入点定位到“字体”文本框中，拖动输入需要的字体名称，按Enter键或单击其他任意位置，也可以快速将所选文本字体设置为输入的字体，如图11-43所示。

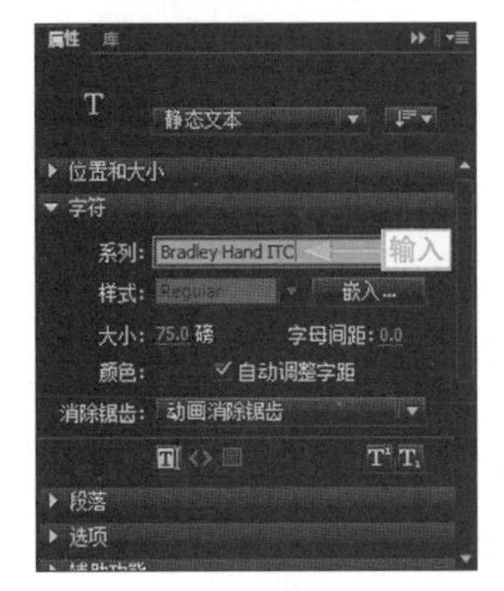

图11-43 输入字体名称

步骤06 ❶在“大小”文本框中输入“60”，❷单击“颜色”拾色器图标，如图11-44所示。

图11-44 设置字号大小

步骤07 ❶弹出“拾色器”面板，此时鼠标光标变成✒形状，将其移到相应的颜色选项上，单击鼠标吸附颜色，❷单击“折叠”按钮折叠“属性”面板，如图11-45所示。

图11-45 设置字体颜色

核心妙招 | 吸附其他颜色

当用户打开“拾色器”面板后，鼠标光标变成✒形状，将鼠标光标移到要吸附的颜色位置上，单击鼠标光标即可吸附该点上的颜色，如图11-46所示。

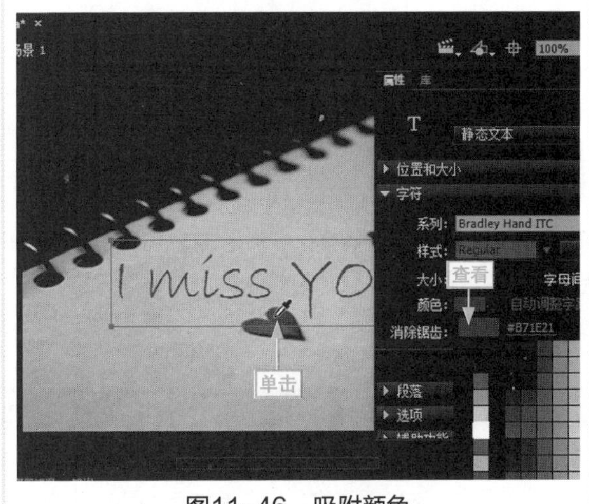

图11-46 吸附颜色

步骤08 按方向键对文本位置进行水平和垂直微调到合适位置，最终效果如图11-47所示。

图11-47　查看效果

11.4.2　使用动态文本

动态文本是指Flash在运行过程中，代码控制显示内容的文本。

下面通过创建和设置动态文本框并为其赋值为例来讲解相关操作。

本节素材	DVD/素材/Chapter11/MISS.fla
本节效果	DVD/效果/Chapter11/MISS.fla
学习目标	掌握创建和设置动态文本的方法
难度指数	★★

步骤01 打开MISS素材文件，❶单击“工具”按钮展开“工具”面板，❷选择“文本工具”选项，如图11-48所示。

专家提醒 | 快速切换文本工具

在输入法关闭状态(默认按Ctrl+Space组合键可打开或关闭输入法)，直接按T键，系统自动切换到文本状态。

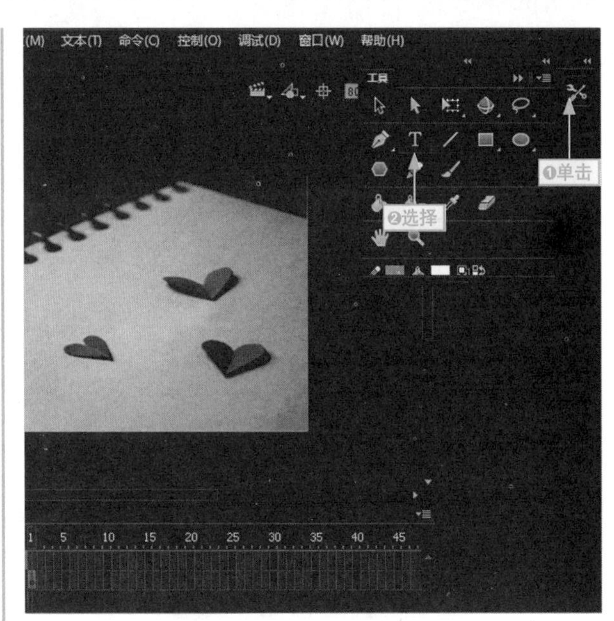

图11-48　选择文本工具

步骤02 展开“属性”面板，❶单击文本类型下拉按钮，❷选择“动态文本”选项，如图11-49所示。

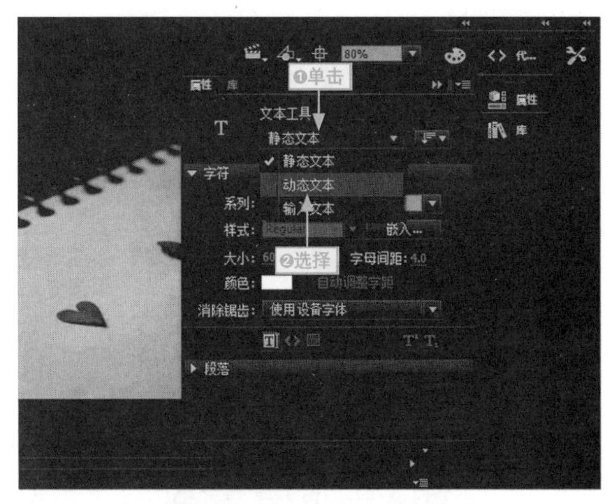

图11-49　选择文本类型

步骤03 分别对动态文本的字体、字号、颜色等进行设置，如图11-50所示。

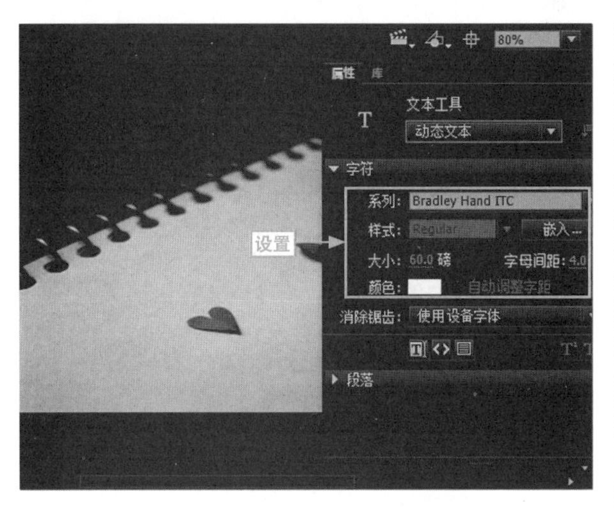

图11-50 设置动态文本字体样式

专家提醒 | 设置文本间距

要设置文本的间距，只需在“属性”面板中的“字母间距”文本框中输入相应的数字，按Enter键或鼠标单击其他位置进行确认，如图11-51所示。

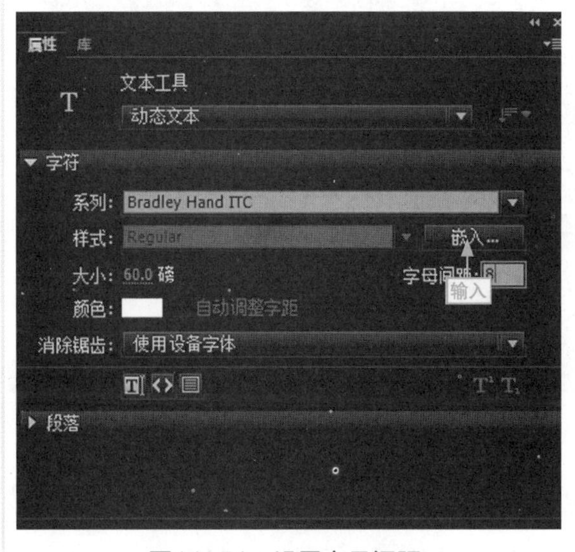

图11-51 设置字母间距

步骤04 将鼠标光标移到舞台上，当鼠标光标变成形状时，按住鼠标左键不放拖动鼠标，绘制动态文本框，如图11-52所示。

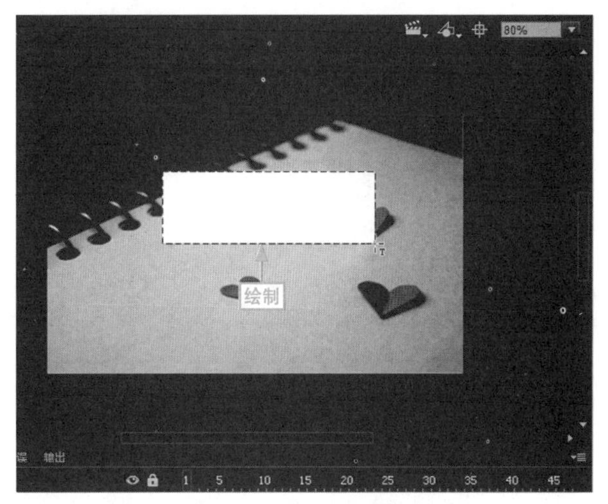

图11-52 绘制动态文本框

步骤05 ❶在“属性”面板中的“实例名称”文本框中输入Mytext，❷单击“折叠”按钮折叠面板，如图11-53所示。

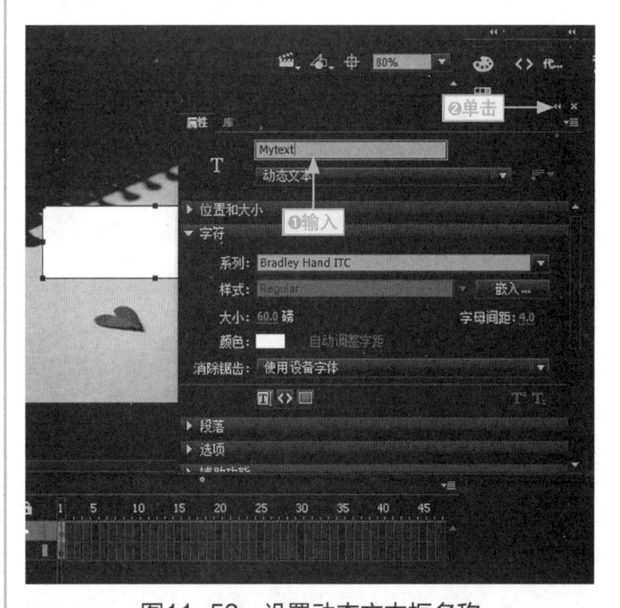

图11-53 设置动态文本框名称

核心妙招 | 使用快捷键打开“属性”面板

直接按Ctrl+F3组合键可快速隐藏或显示“属性”面板。

步骤06 ❶在“文本”图层中的第1帧上右击，❷选择“动作”命令，如图11-54所示。

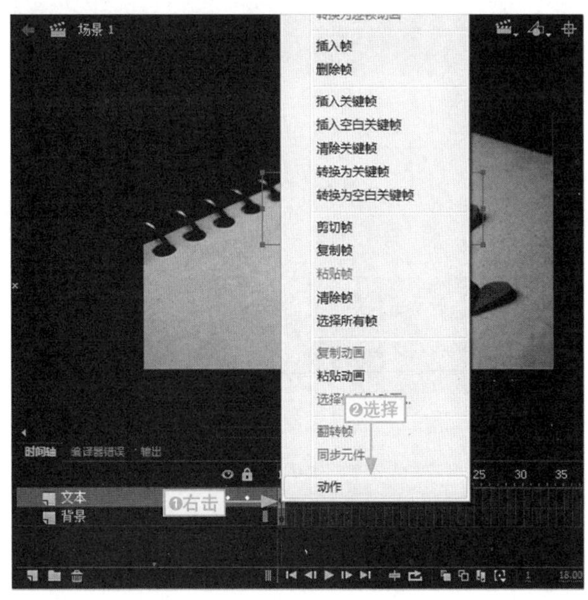

图11-54 选择“动作”命令

步骤07 打开“动作”面板，单击“插入实例路径和名称”按钮，如图11-55所示。

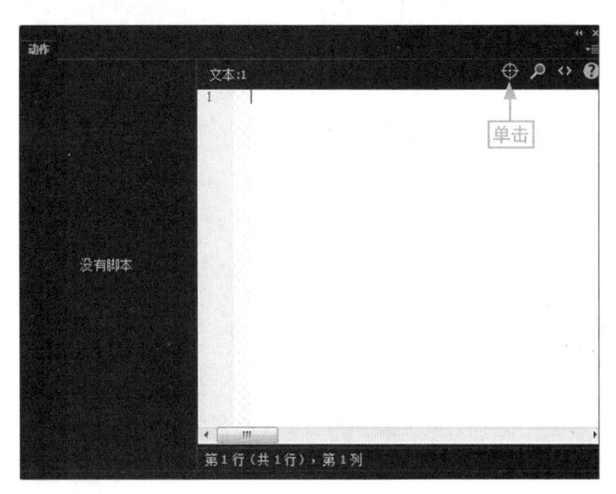

图11-55 插入实例路径

步骤08 打开“插入目标路径”对话框，❶选择Mytext选项，❷单击“确定”按钮，如图11-56所示。

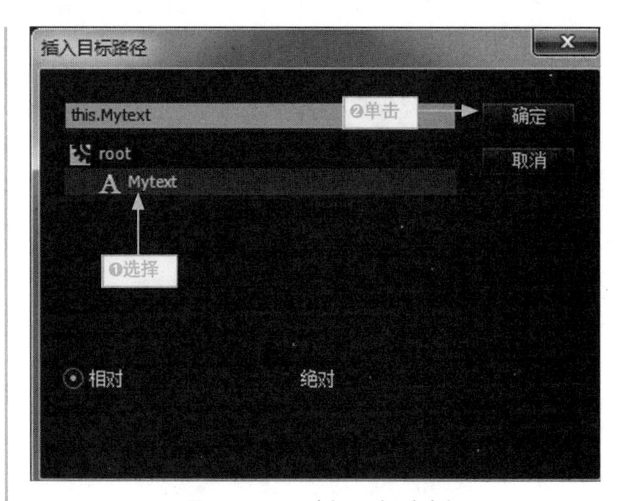

图11-56 选择目标实例

步骤09 系统自动插入舞台上的Mytext动态文本路径，在其后继续输入“.text="I MISS YOU"”，如图11-57所示。

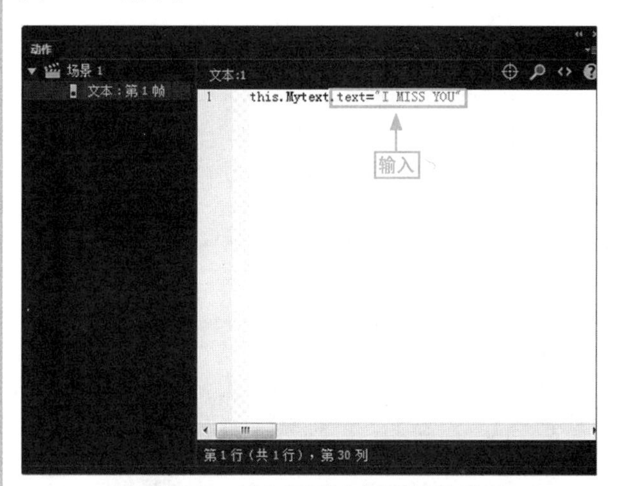

图11-57 输入更改实例属性的代码

专家提醒 | text属性的含义

在本例中的Mytext动态文本框通过text属性为其动态赋值I MISS YOU字符串，即文档在运行时，动态文本框将显示I MISS YOU文本。

步骤10 ❶单击“控制”菜单项，❷选择“测试”命令，如图11-58所示。

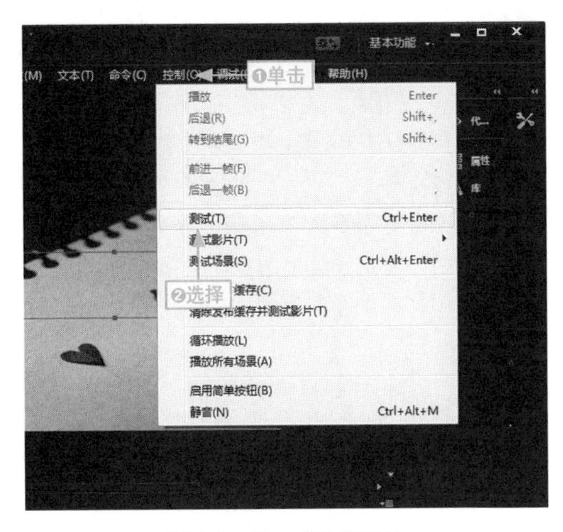

图11-58 测试影片

步骤11 在打开的窗口中即可查看到效果，如图11-59所示。

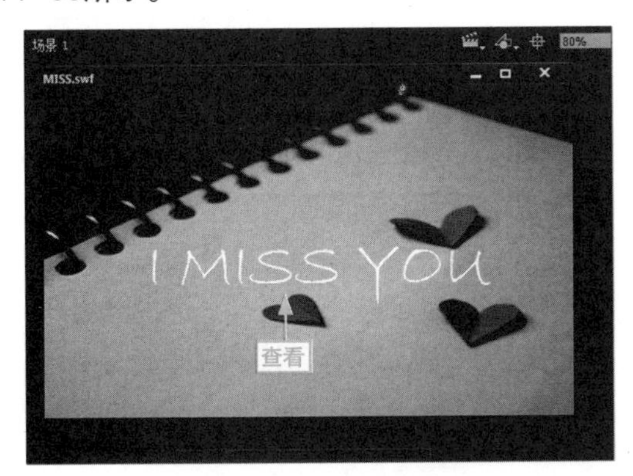

图11-59 查看效果

专家提醒 | 微调动态文本框

通过控制菜单测试影片后，若显示的文本位置或大小不合适等，用户可返回到舞台上再次对其进行相应的设置，直到用户满意为止。

11.4.3 使用输入文本

输入文本顾名思义也就是用户可在影片中进行手动的输入文本，实现简单的人机交互。

下面通过使用输入文本来为登录界面设置账户和密码为例来讲解相关操作。

本节素材	DVD/素材/Chapter11/登录界面.fla
本节效果	DVD/效果/Chapter11/登录界面.fla
学习目标	掌握输入文本的方法
难度指数	★★★

步骤01 打开“登录界面”素材文件，❶按T键切换到文本状态，❷按Ctrl+F3组合键打开“属性”面板，如图11-60所示。

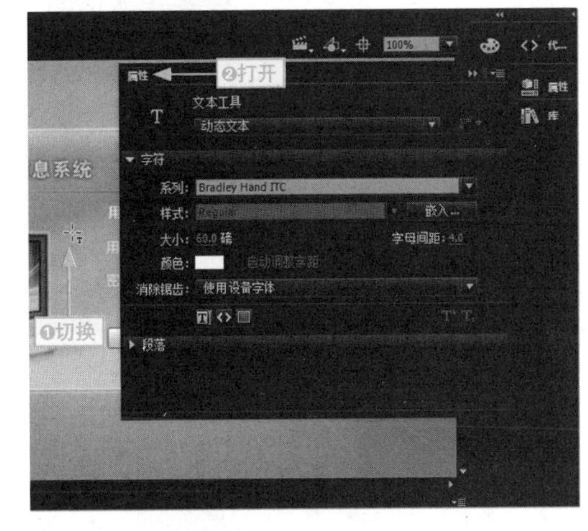

图11-60 打开文本属性面板

步骤02 ❶单击文本类型下拉按钮，❷选择“输入文本”选项，如图11-61所示。

专家提醒 | 滚动设置文本类型

在文本类型下拉按钮上单击鼠标，系统自动弹出下拉选项，用户此时不用选择任何选项，直接滚动鼠标即可进行切换。

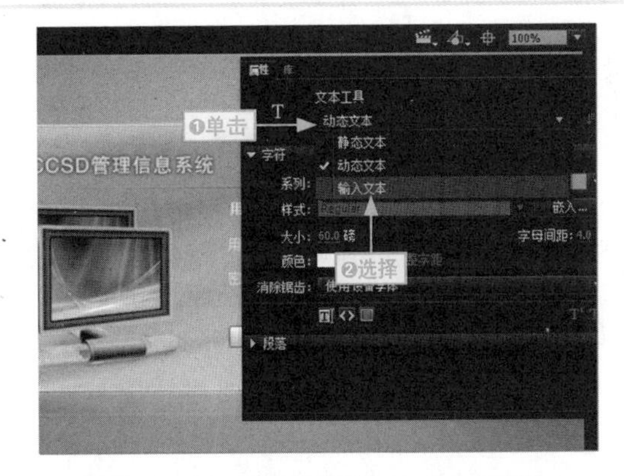

图11-61 选择“输入文本”选项

步骤03 ❶在“字符”选项卡中设置输入文本的字体格式，❷在“大小”文本框中输入“15”，如图11-62所示。

步骤04 ❶单击“拾色器”按钮，❷在弹出的拾色器文本框中输入颜色代码“000000”，系统自动根据颜色代码进行颜色匹配，鼠标单击其他位置完成输入，如图11-63所示。

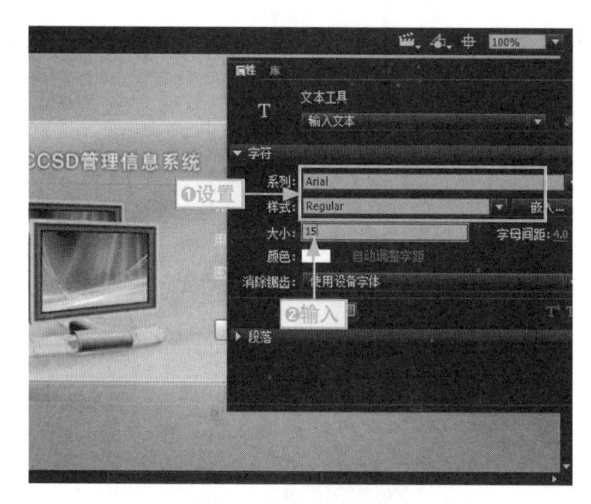

图11-62 设置字体格式和大小

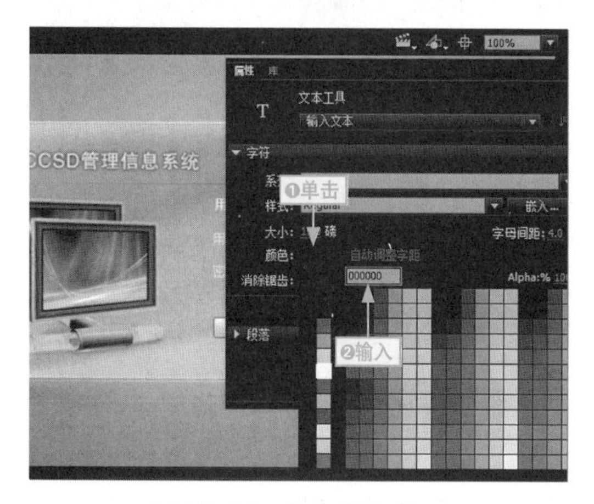

图11-63 输入颜色代码

专家提醒 | RGB颜色代码

在Flash中采用的是RGB颜色体系，也就是光学三原色(红黄绿)混合成的颜色，所以它的代码由6位数组成，每两位的数字表示一种颜色类型，所以若用户在拾色器中输入的颜色代码多于6位，系统会自动提取前6位代码并匹配相应的颜色。

步骤05 在舞台上合适位置绘制两个输入文本框，并将其移动到合适的位置，如图11-64所示。

步骤06 选择"密码"文本框，❶在"属性"面板中展开"段落"选项卡，❷单击"行为"下拉按钮，❸选择"密码"选项，如图11-65所示。

步骤07 ❶单击"选项"选项卡，❷在"最大字符数"文本框中输入"6"来限定输入的字符个数，如图11-66所示。

图11-64 绘制并移动输入文本框

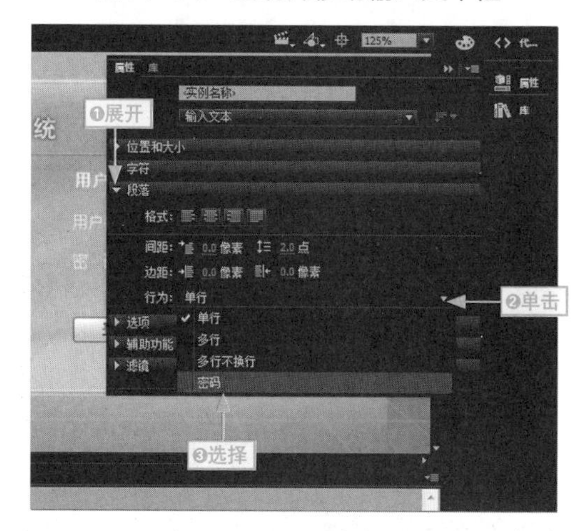

图11-65 设置文本行为

图11-66 设置文本的最大输入个数

步骤08 按Ctrl+Enter组合键测试影片，在窗口中的文本框中输入相应的内容即可查看到效果，如图11-67所示。

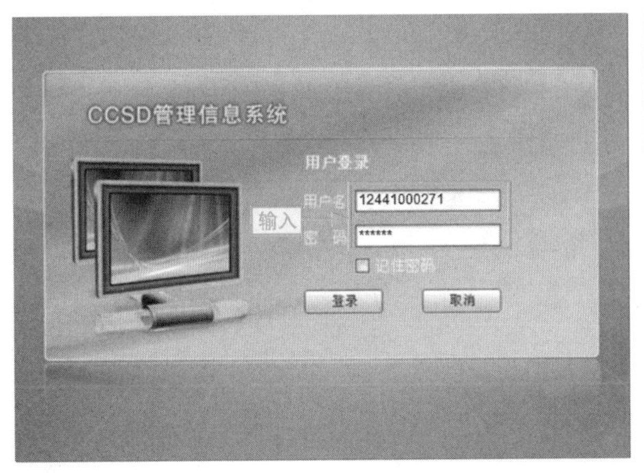

图11-67　查看效果

专家提醒 | 为文本框添加边框

在“字符”选项卡中单击“在文本周围显示边框”按钮，可为文本添加边框线，如图11-68所示。

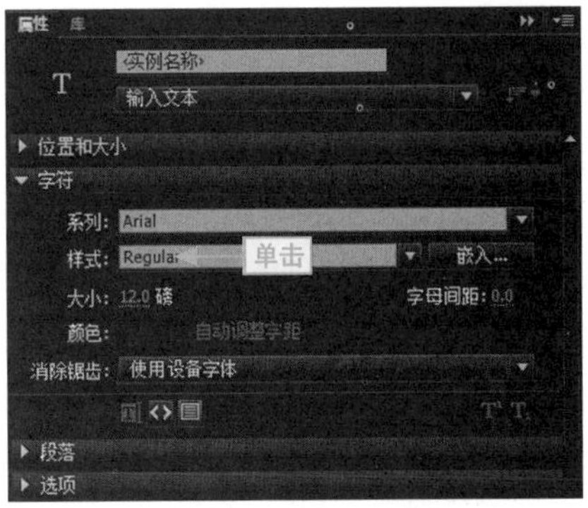

图11-68　为文本添加边框

11.5 文本的编辑处理

在Flash中对文本进行编辑处理不是传统的对其进行属性设置，而是对其进行分离、分散以及添加超链接等，下面就对文本的编辑处理进行讲解。

11.5.1 分离文本

分离文本可分为两种情况：一是对文本进行同层分离，也就是将其打散；二是将文本分离到不同的层中。下面分别介绍分离文本的方法。

学习目标	掌握分离文本的方法
难度指数	★

◆分散文本

分散文本就是将文本分离成单个的个体直到像素，其方法为：选择要分散的文本，单击“修改”菜单，选择“分离”命令或直接按Ctrl+B组合键，如图11-69所示。

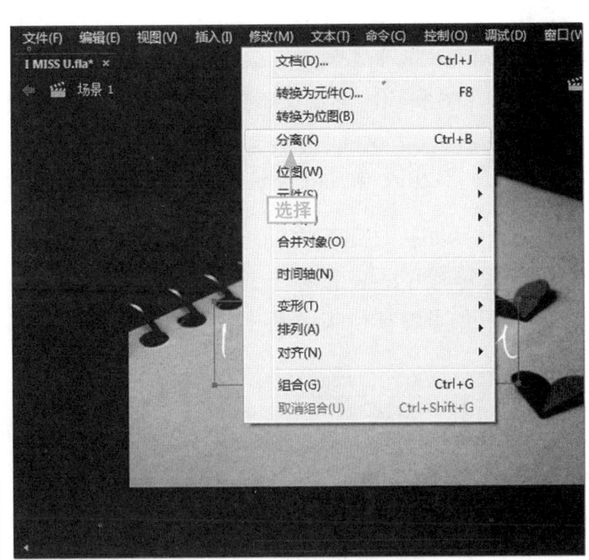

图11-69　准备分离文本

专家提醒 | 多次分离文本

同一文本可以进行多次分离，直到将其分离为单个像素为止。

◆分离文本到图层

分离文本到图层也就是将文本框中的单个字符元素，分散到各个图层中而独立存在，如图11-70所示。

图11-70　分离文本到各个图层

11.5.2　为文本添加超链接

在Flash中为文本添加超链接与在其他软件中添加超链接的目的都是一样的，都是为了实现跳转，下面通过实例来讲解相关操作。

本节素材	DVD/素材/Chapter11/思恋.fla
本节效果	DVD/效果/Chapter11/思恋.fla
学习目标	为文本添加超链接
难度指数	★★

步骤01 打开“思恋”素材文件，❶选择目标文本，❷在“选项”选项卡的“链接”文本框中输入目标路径，如图11-71所示。

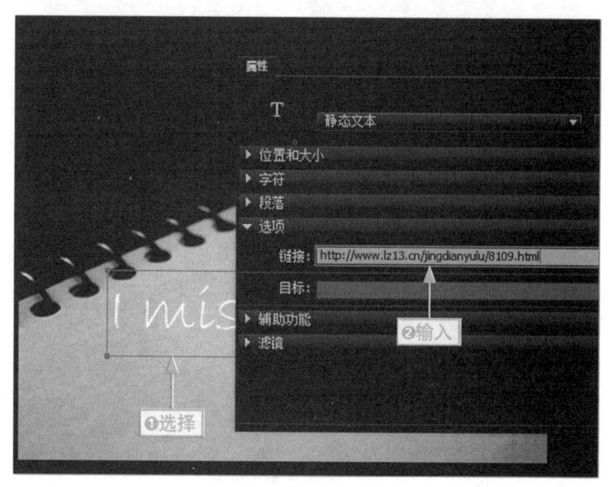

图11-71　为文本添加链接路径

步骤02 ❶单击系统激活的“目标”下拉按钮，❷选择_blank选项，如图11-72所示。

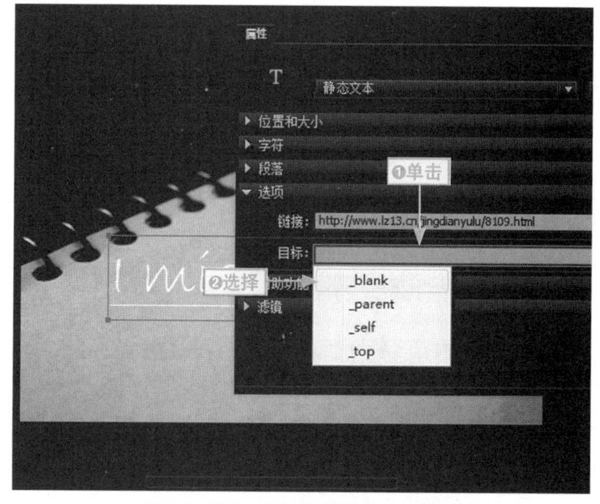

图11-72　设置链接打开方式

专家提醒 | 打开方式含义

_blank表示以一个新网页的方式打开；_self表示在当前网页打开；_parent表示以上级网页方式打开当前网页；_top表示让已有的网页重新再次打开，也就是重新再载入一次，一定程度上有刷新的作用。

步骤03 按Ctrl+Enter组合键测试影片，单击添加超链接的文本，如图11-73所示。

图11-73　单击超链接

步骤04 系统自动链接到指定的位置，如图11-74所示。

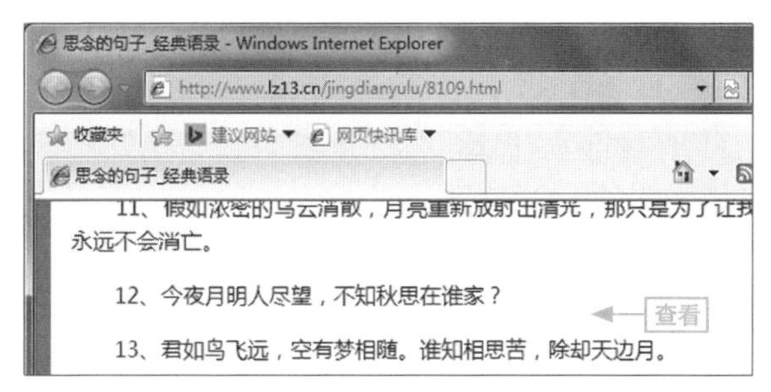

图11-74　查看效果

11.6 实战问答

NO.1 | 如何使舞台自动适应对象大小

元芳：我在舞台上绘制或放置了一些对象，想让舞台大小自动适应对象整体大小，而不是通过估量手动设值的方式，该怎样操作呢？

大人：要想舞台自动适应舞台上对象的大小，只需在“文档设置”对话框中单击“匹配内容”按钮，然后单击“确定”按钮即可使舞台自动适应对象大小。

NO.2 | 如何在Flash中打开已有Flash文件

元芳：除了直接在目标位置中找到相应的Flash文件将其打开或是在最近文件中将其打开外，怎样在Flash软件中将其打开呢？

大人：要想在Flash软件中打开已有的Flash文件，❶可单击“文件”菜单项，❷选择“打开”命令，如图11-75所示，或直接按Ctrl+O组合键打开“打开”对话框，❸在其中选择要打开的文件，单击“打开”按钮即可，如图11-76所示。

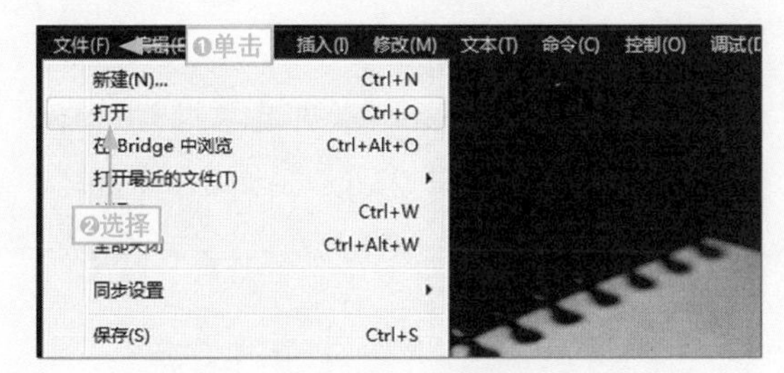

图11-75　选择“打开”命令

图11-76　打开文件

11.7 思考与练习

填空题

1. 在Flash中的文本类型分为__________、__________和__________3种。

2. 要新建带有内容的Flash文档，可直接通过__________新建。

选择题

1. 在Flash中常用绘图工具不包括的是(　　)。

A. 直线工具　　B. 矩形工具

C. 墨水瓶工具　　D. 圆形工具

2. 为文本添加链接的打开方式可设置为(　　)。

A. _blank　　B. _self

C. _top　　D. 以上3种

判断题

1. 只有启动Flash程序后才能正常打开Flash文档。　(　　)

2. 在Flash中静态文本也可进行属性名称设置。　(　　)

3. 绘制的图形必须是完全闭合的才能进行填充。　(　　)

操作题

【练习目的】制作登录界面

下面通过制作一个QQ的登录界面来使用本章中已经讲过的知识点，如文本的使用、文件保存等，以巩固本章的相关知识和操作。

【制作效果】

本节素材	DVD/素材/Chapter11/登录.fla
本节效果	DVD/效果/Chapter11/登录.fla

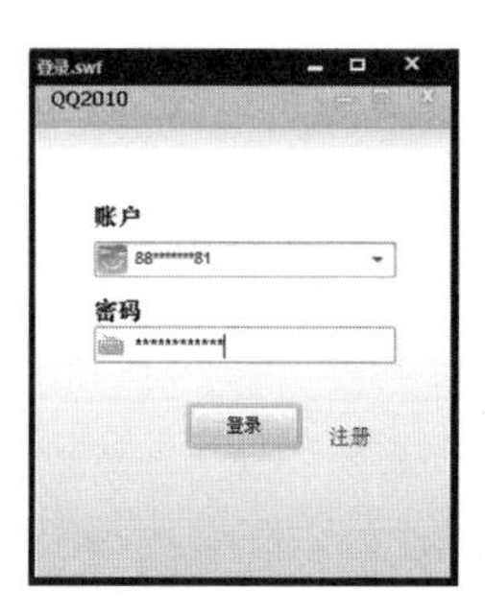

Chapter 12

使用时间轴、帧及图层

本章要点

- ★ 认识帧
- ★ 选择帧
- ★ 插入普通帧
- ★ 插入关键帧
- ★ 复制和翻转帧
- ★ 清除和删除帧
- ★ 创建图层和图层文件夹
- ★ 编辑和修改图层

学习目标

本章将主要学习帧、图层和图层文件夹的基本操作，属于Flash CC知识点中的基础，所以较为简单，容易掌握。但读者需要好好掌握这些知识，为后面的知识打下牢固的基础。

知识要点	学习时间	学习难度
帧的类型和基本操作	30分钟	★★
图层的概述	35分钟	★★★

重点实例

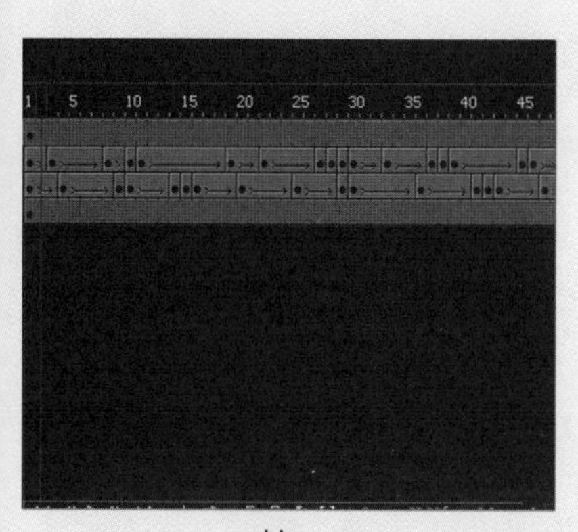

帧

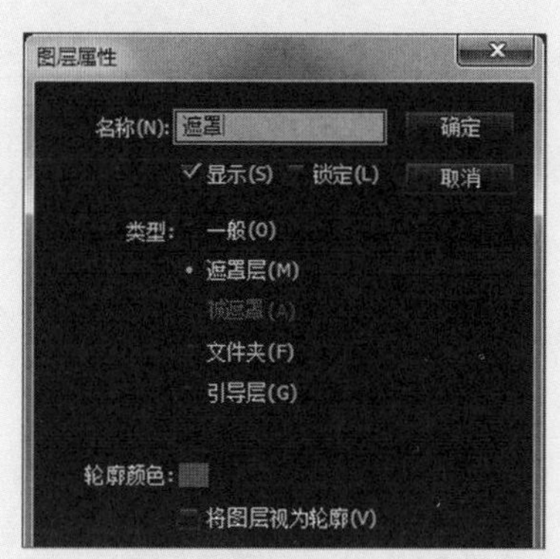

图层属性

图层文件夹

12.1 帧的类型和基本操作

Flash动画是通过帧的不断播放和跳转，而显示出帧上相应的对象组成一串连续的动作和片段。所以用户在制作动画前要先了解帧的类型和基本操作，下面就分别进行介绍。

12.1.1 帧类型

在Flash中帧分为不同的类型，不同类型的帧起到不同的作用，所有用户在对帧进行操作前需要认识帧的各种类型。

◆普通帧

普通帧是Flash中最多的帧，其他类型的帧都是在这个基础上变化而来的，如图12-1所示。

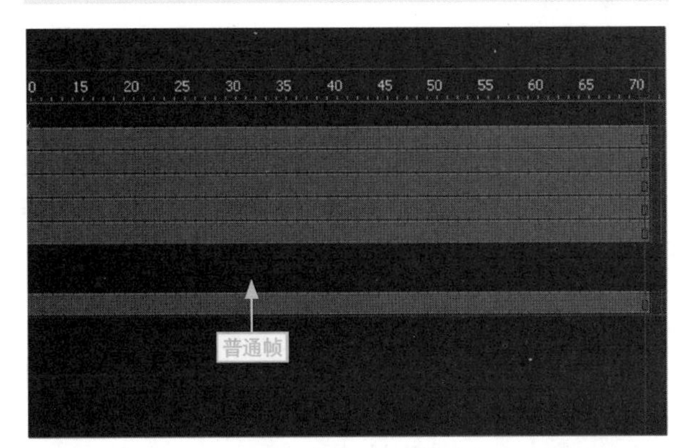

图12-1　普通帧

◆关键帧

关键帧顾名思义就是较为关键的帧，它分为两类：一是带有动画元素的关键帧，二是帧上没有动画元素的空白关键帧，如图12-2所示。

专家提醒 | 关键帧与空白关键帧的区别

关键帧上有内容/对象以实心显示，空白关键帧上没有任何内容/对象以空心显示。

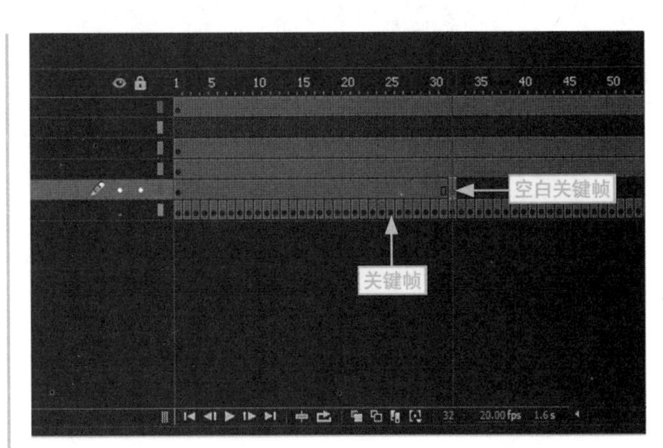

图12-2　关键帧

◆过渡帧

过渡帧就是一段动画变化过程中的帧，存在于两个关键帧之间，如图12-3所示。

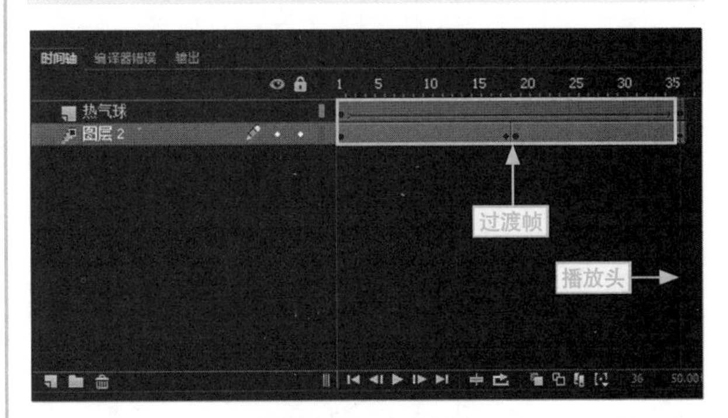

图12-3　过渡帧

专家提醒 | 播放头

Flash动画通过播放头来读取并显示帧上的动画内容，相当于磁带的磁头，所以没有播放头也就显示不出动画来。

12.1.2　选择帧

用户要想对帧进行任何操作前，都需将其选择，让其成为操作的对象或目标，下面就介绍几种选择帧的方法。

◆选择单独帧

选择单独帧，只需在帧面板中的相应位置单击即可，如图12-4所示。

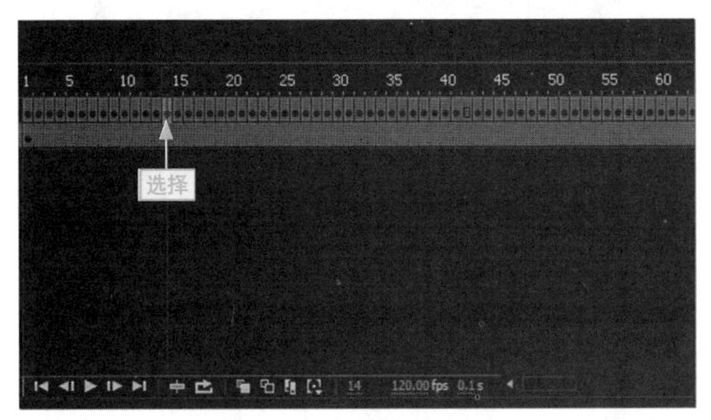

图12-4　选择单独帧

◆选择连续帧

在帧面板中按住鼠标左键不放，拖动鼠标即可选择连续的帧区域或先选择任意一帧，再按住Shift键同时选择另一帧，系统将这两帧之间的帧选择，如图12-5所示。

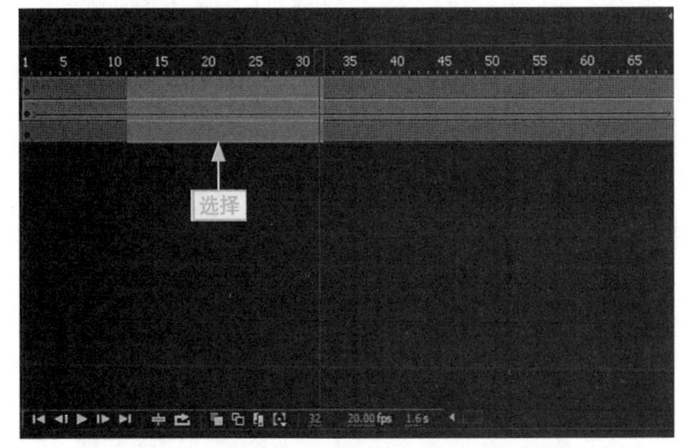

图12-5　选择连续帧

◆选择不连续帧

按住Ctrl键同时单击相应帧，特别是选择过渡帧中具体的帧时特别管用，如图12-6所示。

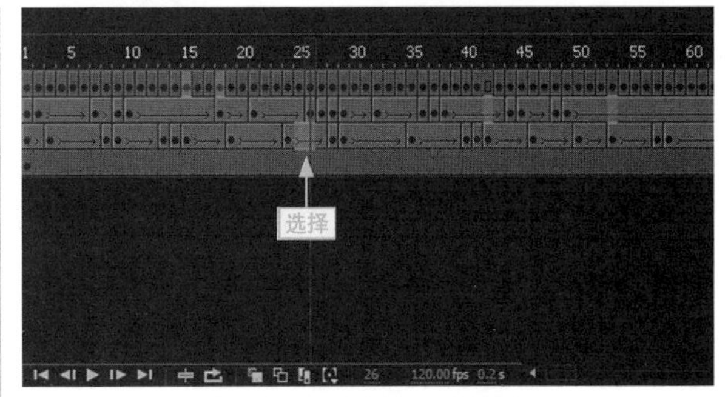

图12-6　选择不连续帧

◆选择所有帧

在任意帧上右击，在弹出的快捷菜单中选择“选择所有帧”命令即可选中时间轴上的所有帧，如图12-7所示。

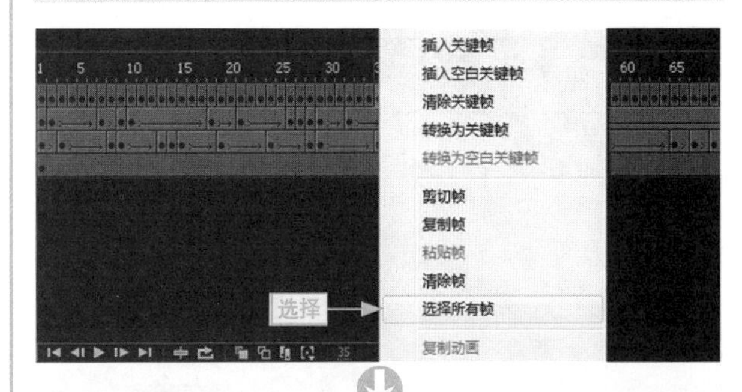

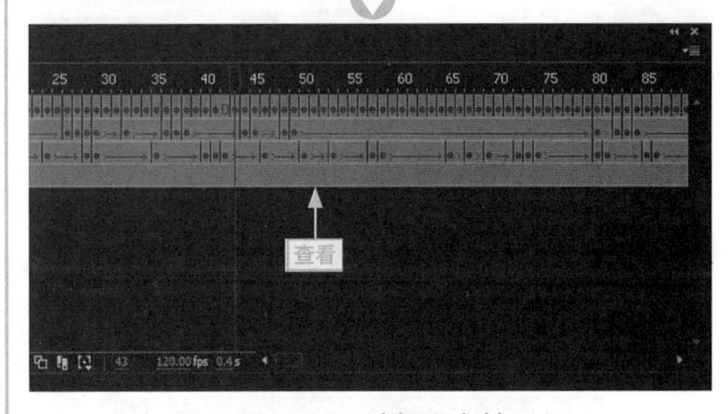

图12-7　选择所有帧

专家提醒 | 选择所有帧需注意

在Flash中选择所有帧不能通过按Ctrl+A组合键来实现，它只会将舞台上的对象全部选择，以及舞台对象所在的当前帧选择。

12.1.3 插入帧

1. 插入普通帧

普通帧是Flash中最常见的帧，所以插入普通帧也就是较为常见的操作。

下面通过插入帧的方式来解决动画播放过程中失去背景的问题为例来讲解相关操作。

本节素材	DVD/素材/Chapter12/光.fla
本节效果	DVD/效果/Chapter12/光.fla
学习目标	掌握插入帧的方法
难度指数	★★

步骤01 打开“光”素材文件，❶选择第34帧，❷单击“插入”菜单项，❸选择“时间轴/帧”命令插入普通帧，如图12-8所示。

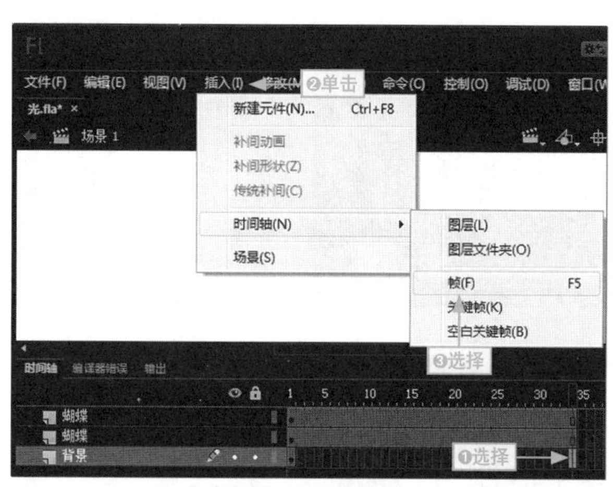

图12-8 插入帧

步骤02 在时间轴即可查看到插入的普通帧的效果，对影片进行测试也会发现动画的背景一直显示，如图12-9所示。

图12-9 查看效果

专家提醒 | 通过快捷菜单/键插入帧

在要插入帧的目标帧上右击，选择“插入帧”命令或按F5键即可快速插入帧，如图12-10所示。

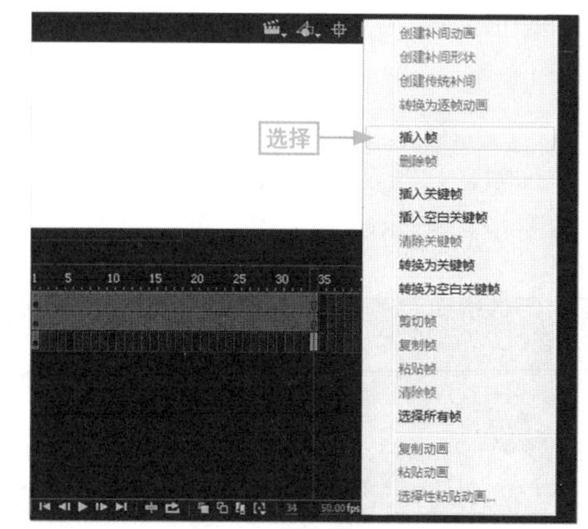

图12-10 其他方法插入帧

2. 插入关键帧

插入关键帧包括插入空白关键帧和关键帧两种，它们的方法基本相同，下面就介绍插入关键帧的常用方法。

学习目标	熟悉插入关键帧的常用方法
难度指数	★★

◆通过菜单命令插入

❶选择要插入关键帧的位置，❷单击“插入”菜单项，❸选择“时间轴/关键帧或空白关键帧”命令插入关键帧，如图12-11所示。

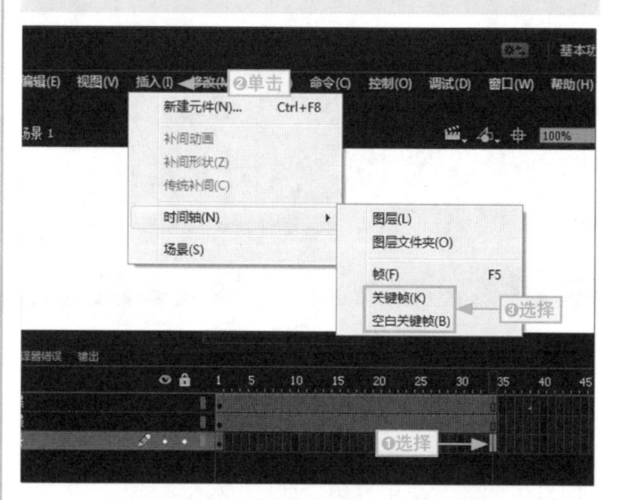

图12-11 通过菜单命令插入关键帧

核心妙招 | 使用快捷键插入关键帧

在时间轴上的目标位置，按F6键可快速插入关键帧，按F7键可快速插入空白关键帧。

◆通过快捷菜单插入

在要插入帧的目标帧上右击，选择“插入关键帧/空白关键帧”命令，如图12-12所示。

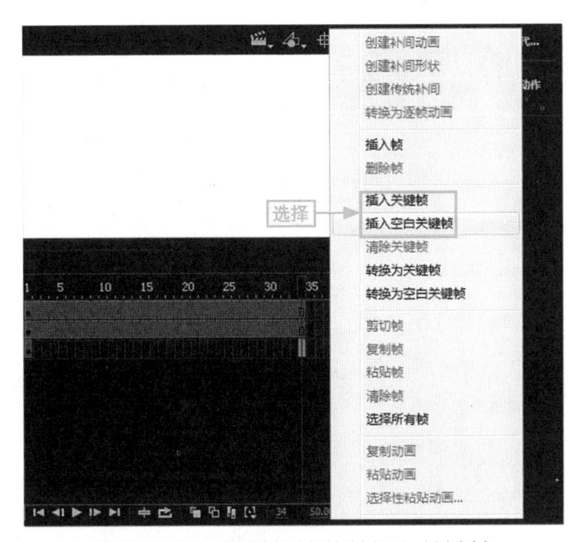

图12-12 通过快捷菜单插入关键帧

12.1.4 复制和翻转帧

复制帧就是对帧以及帧上的内容进行复制，翻转帧是针对多个帧或过渡帧而言，将它们的前后顺序进行翻转。

下面通过实例来讲解相关操作，其具体操作方法如下。

本节素材	DVD/素材/Chapter12/圆环.fla
本节效果	DVD/效果/Chapter12/圆环.fla
学习目标	掌握复制和翻转帧的方法
难度指数	★★

步骤01 打开“圆环”素材文件，❶在过渡帧上单击鼠标左键选择所有帧，❷选择“复制帧”命令，如图12-13所示。

核心妙招 | 复制帧的快捷键

在Flash中复制帧不能通过按Ctrl+C组合键来实现，而是通过按Ctrl+Alt+C组合键来实现快速复制帧。

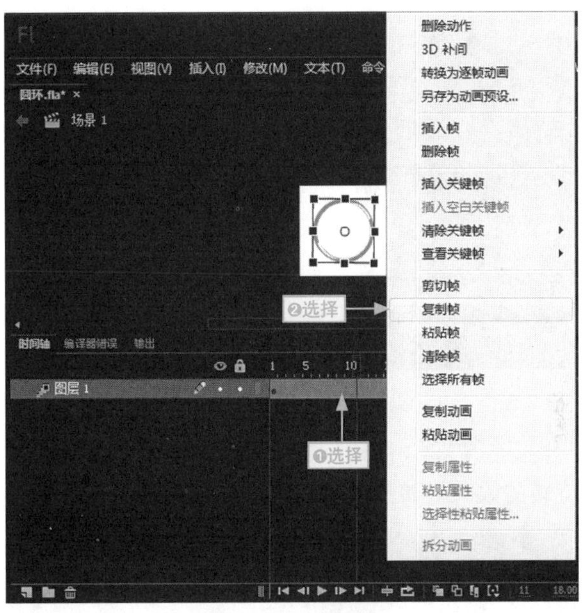

图12-13 复制帧

步骤02 ❶选择第19帧，❷单击“编辑”菜单项，❸选择“时间轴/粘贴帧”命令粘贴复制动画帧，如图12-14所示。

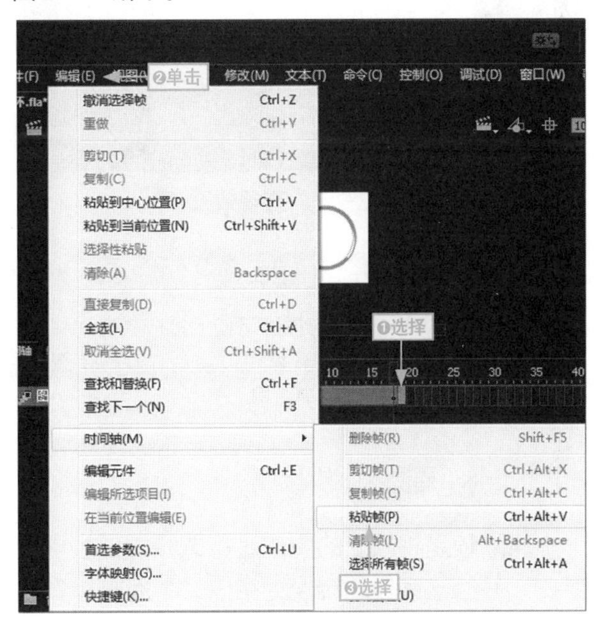

图12-14 粘贴帧

步骤03 ❶在粘贴的动画帧上右击，❷选择“翻转关键帧”命令翻转帧，如图12-15所示。

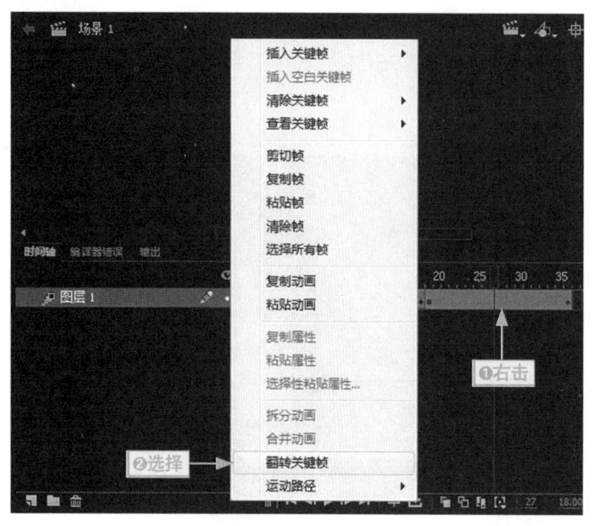

图12-15 翻转关键帧

步骤04 按Ctrl+Enter组合键即可查看到圆环来回旋转的效果，如图12-16所示。

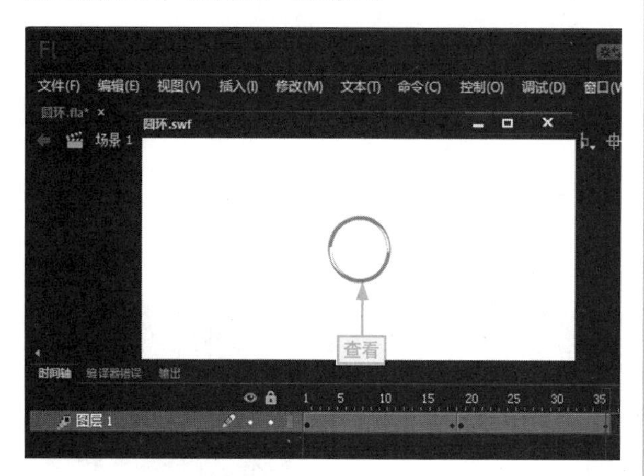

图12-16 查看效果

专家提醒 | 直接播放效果

直接在软件中按Enter键即可使用播放头自动移动来播放动画效果，这样用户就可以直接在软件中查看效果，而不用在测试窗口中查看。

12.1.5 清除和删除帧

清除帧是将帧上的内容进行清除，但帧依然存在，并且该帧自动转换为空白帧；而删除帧是将帧以及帧上的内容一并删去。

下面分别对清除帧和删除帧的常用方法进行介绍。

学习目标	掌握清除和删除帧的常用方法
难度指数	★★

◆清除帧

选择要清除的帧，单击“编辑”菜单项，选择“时间轴/清除帧”命令或直接按Alt+BackSpace组合键，如图12-17所示。

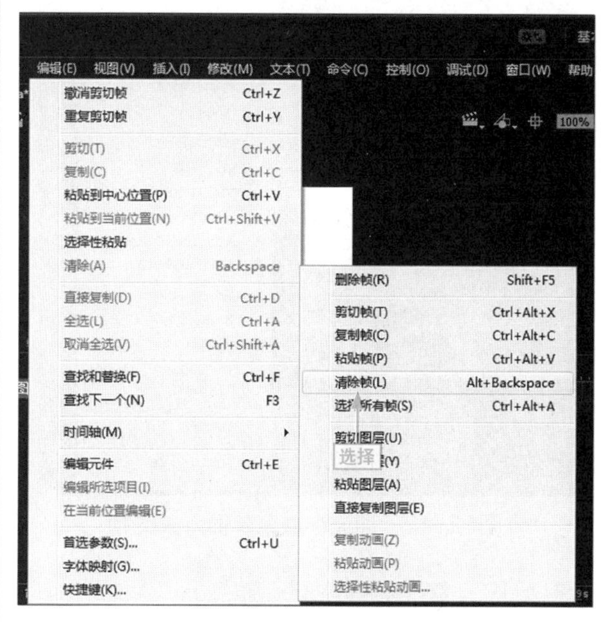

图12-17 清除帧

专家提醒 | 通过快捷菜单清除

选择要清除的帧并在其上右击，选择“清除帧/关键帧”命令也可将帧上的内容清除。

◆删除帧

要删除帧除了选择“编辑”菜单中的“时间轴/删除帧”命令外，还可以在要删除的帧上右击，选择“删除帧”命令或按Shift+F5组合键将其删除，如图12-18所示。

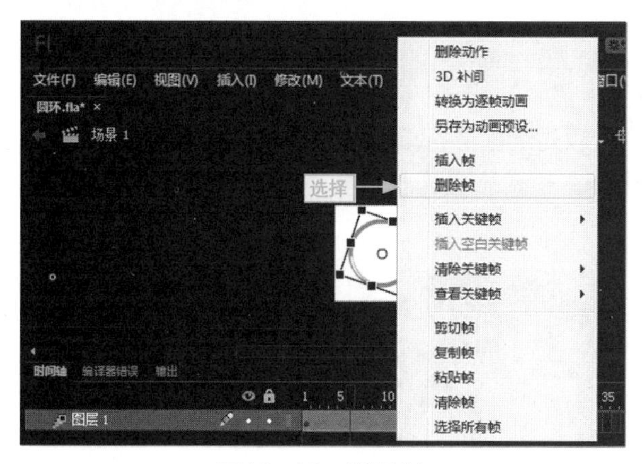

图12-18 删除帧

12.1.6 移动帧

移动帧就是将帧从一个地方移到另一个地方，用户在日常操作中可以用以下两种常用的方法，下面分别进行介绍。

学习目标	掌握移动帧的常用方法
难度指数	★★

◆拖动移动

选择要移动的帧或范围，按住鼠标左键不放对其进行拖动，直到目标位置释放鼠标即可，如图12-19所示。

专家提醒 | 通过拖动移动帧需注意

用户将相应帧移到其他位置，原来位置上帧范围仍然存在，只是以空白帧显示，所以用户可将这些帧进行相应的处理，如删除等。

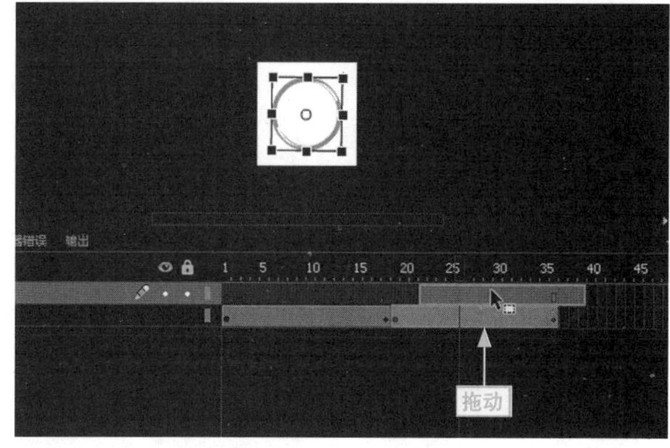

图12-19 移动帧

核心妙招 | 拖动复制帧

按住Ctrl键的同时，拖动帧到目标位置，可以达到快速复制帧的目的。

◆剪切移动

选择要移动的帧将其进行剪切，然后在目标位置通过粘贴帧的方法来实现帧的移动，如图12-20所示。

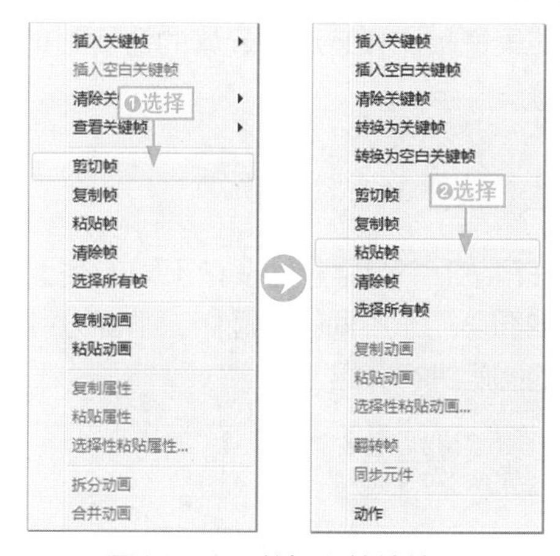

图12-20 剪切和粘贴帧

长知识 | 粘贴动画

用户不仅可以对帧进行移动、复制和粘贴，而且可以对动画进行复制和粘贴，其操作是：选择要复制动画帧，❶在其上右击，选择“复制动画”命令，❷在动画范围帧上右击，选择“粘贴动画”命令粘贴动画替代原有的动画，如图12-21所示。

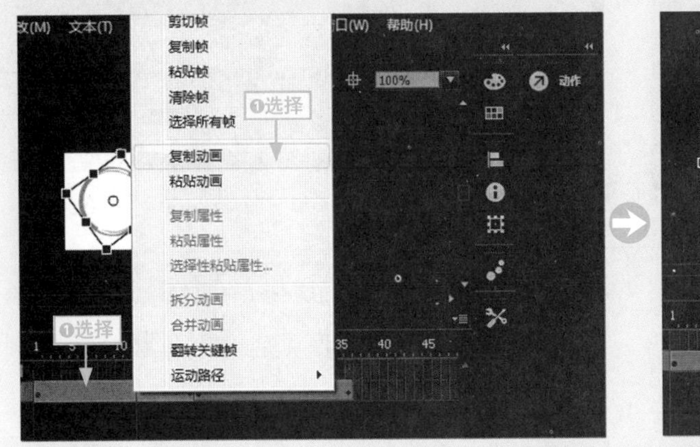

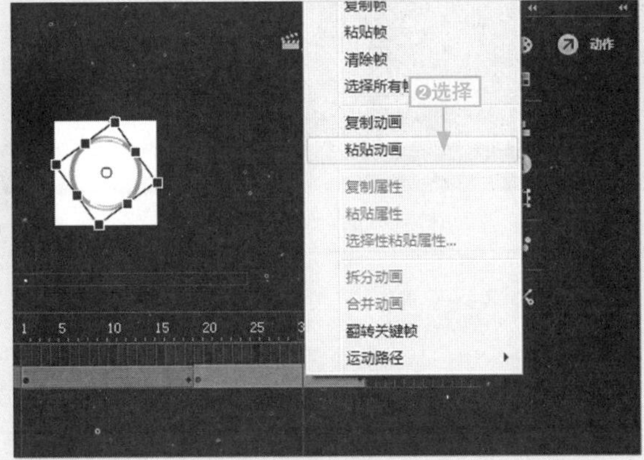

图12-21 粘贴动画

12.2 图层概述

如果把帧比作装动画元素的盒子，那么图层就是放置盒子的货架，每一层货架放置着的动画元素来分层展示。

12.2.1 图层的类型

在Flash中图层分为多种不同的类型，不同类型的图层用于不同的动画中，下面分别对不同类型的图层进行介绍。

学习目标	了解图层的各个类型
难度指数	★

◆普通图层

普通图层就是一般图层，是Flash中最基本的图层元素，如图12-22所示。

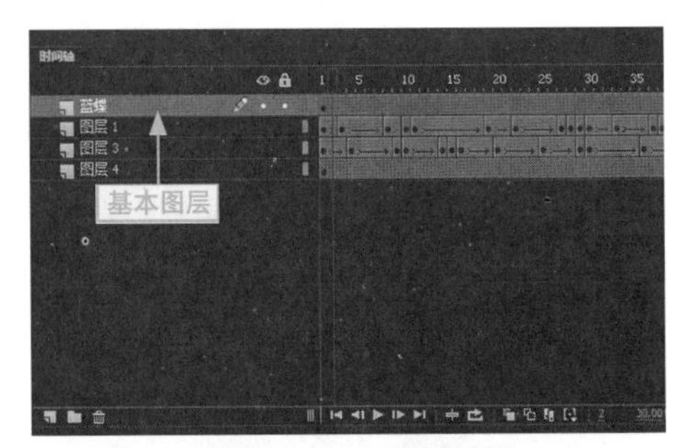

图12-22 普通图层

◆引导图层

引导图层是用来放置对象的路径的图层，如图12-23所示。

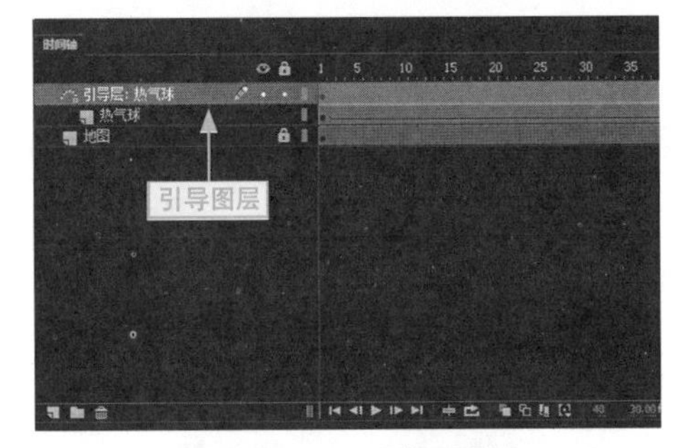

图12-23 引导图层

◆遮罩图层

遮罩图层是用来将某一图层进行遮挡而显示出其他图层，如图12-24所示。

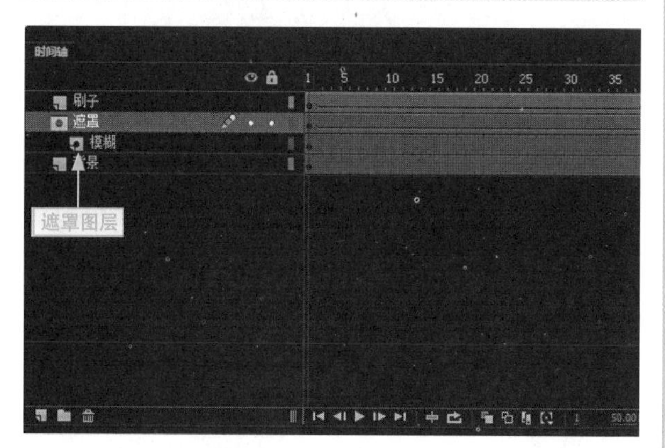

图12-24 遮罩图层

12.2.2 创建图层和图层文件夹

1. 创建图层

在Flash中默认的图层只有1层，用户可以根据实际需要来创建其他图层，下面分别介绍几种常用的创建图层方法。

学习目标	了解创建图层的常用方法
难度指数	★★

◆通过面板按钮新建

❶选择要在其上方插入图层的图层，❷单击图层面板中的“新建图层”按钮，系统自动在选择图层上方新建一图层，如图12-25所示。

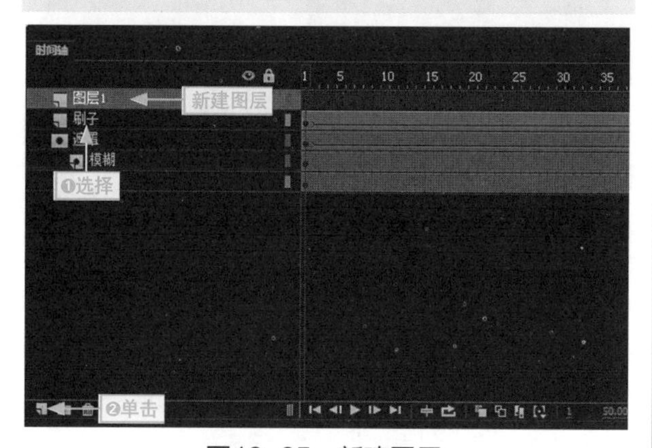

图12-25 新建图层

◆通过快捷菜单新建图层

在需要插入图层的位置右击，选择“插入图层”命令，插入新图层，如图12-26所示。

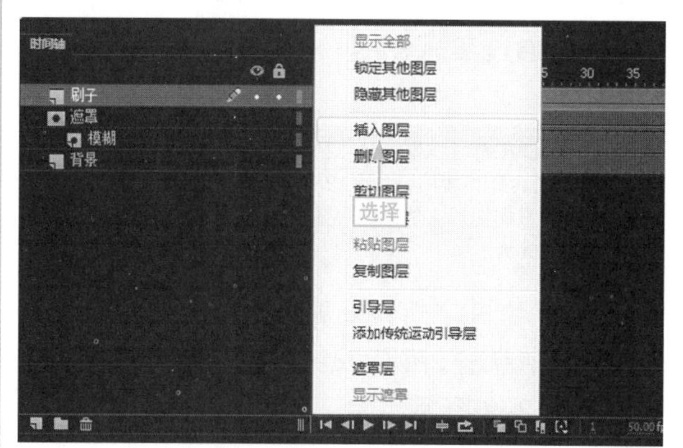

图12-26 通过快捷菜单插入图层

◆通过菜单命令新建

选择要在其上方插入图层的图层，❶单击“插入”菜单项，❷选择“时间轴/图层”命令新建图层，如图12-27所示。

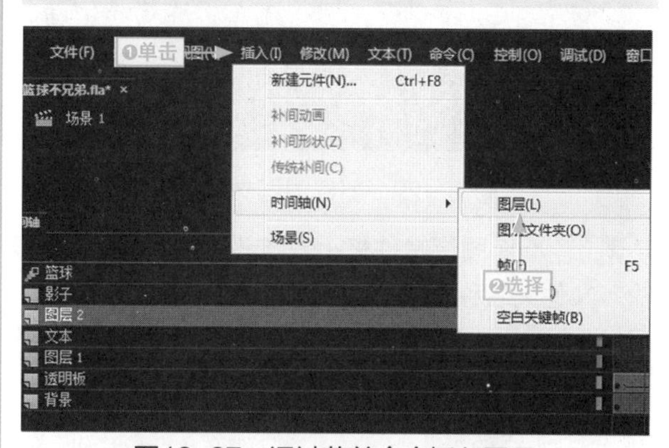

图12-27 通过菜单命令插入图层

专家提醒 | 为图层重命名

系统默认的图层名称都是图层+阿拉伯数字，用户可直接双击图层名称进入其编辑状态，输入名称后按Enter键或鼠标单击其他位置进行确认，如图12-28所示。

图12-28 重命名图层

2. 创建图层文件夹

图层文件夹就是用来放置图层的文件夹，用户可将相同的或相似的图层放在同一图层文件夹中来管理图层，使图层面板更加简洁。

下面通过实例来讲解相关操作，其具体操作方法如下。

本节素材	DVD/素材/Chapter12/动物世界.fla
本节效果	DVD/效果/Chapter12/动物世界.fla
学习目标	掌握图层文件夹的创建方法
难度指数	★★

步骤01 打开“动物世界”素材文件，在“图层”面板中单击“图层文件夹”按钮新建图层文件夹，如图12-29所示。

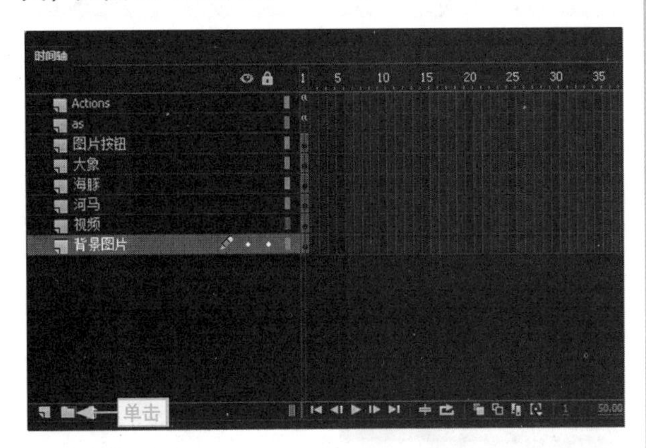

图12-29 新建图层文件夹

步骤02 在图层文件夹上双击进入其编辑状态，输入文件夹名称，如图12-30所示。

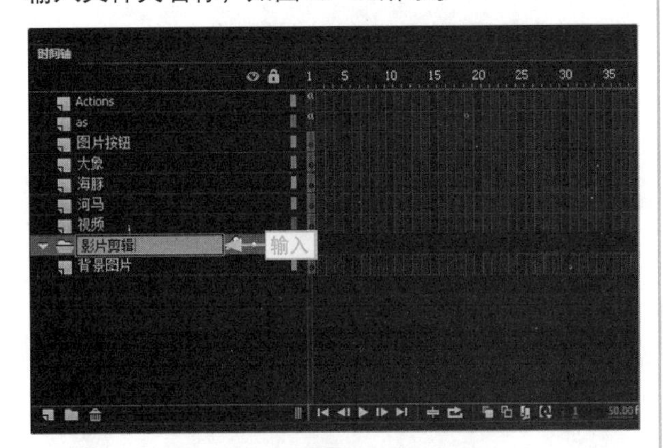

图12-30 重命名文件夹名称

步骤03 ❶选择要移动的图层，❷按住鼠标左键不放将其拖动到文件夹下，如图12-31所示。

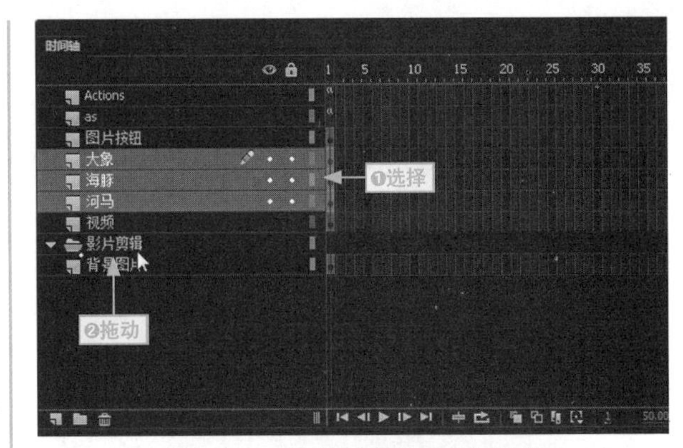

图12-31 移动图层到图层文件夹中

步骤04 ❶在Actions图层上右击，❷选择“插入文件夹”命令插入文件夹，如图12-32所示。

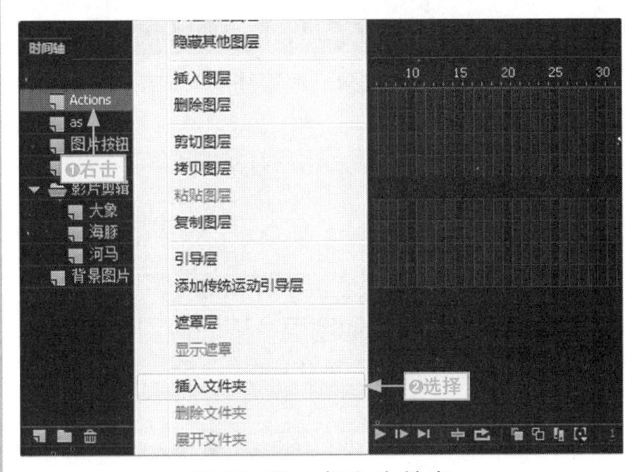

图12-32 插入文件夹

步骤05 ❶选择要移动的图层，❷按住鼠标左键不放将其拖动到图层文件夹6下，如图12-33所示。

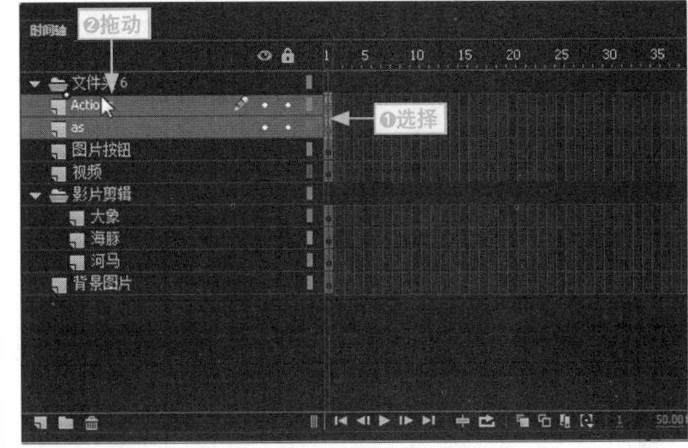

图12-33 移动图层

步骤06 在图层文件夹上双击进入其编辑状态，输入文件夹名称，如图12-34所示。

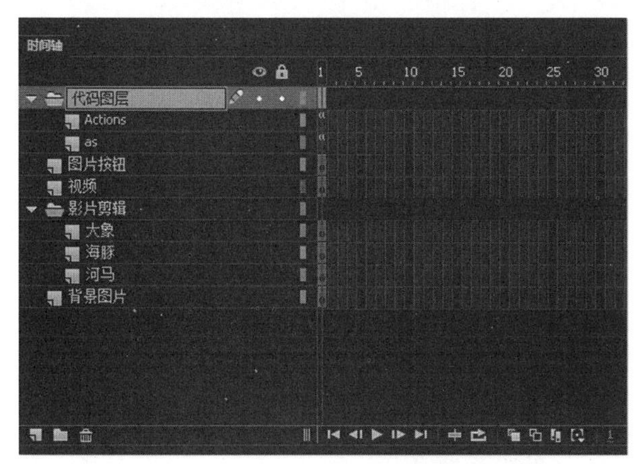

图12-34 重命名文件夹

专家提醒 | 通过菜单命令新建图层文件夹

单击“插入”菜单项，选择“时间轴/图层文件夹”命令新建图层，如图12-35所示。

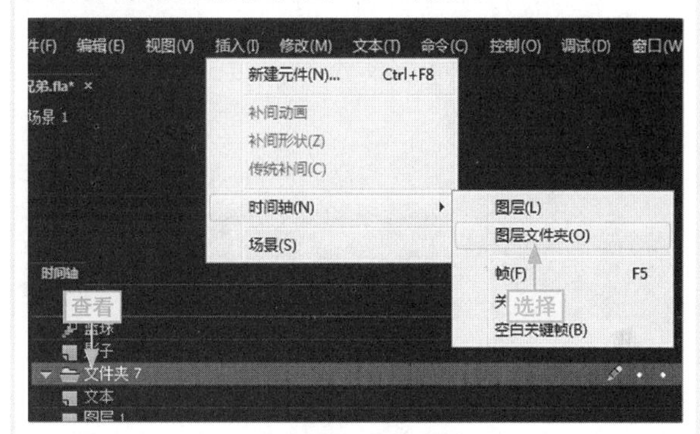

图12-35 通过菜单命令新建图层文件夹

长知识 | 删除图层文件夹

在Flash中若是直接删除图层文件夹会将图层文件夹中的图层一起删除掉，那么要达到只删除图层文件夹的目的，可这样操作：❶先将图层文件夹中的图层移到该图层文件夹以外的位置，❷在图层文件夹上右击选择“删除文件夹”命令即可，如图12-36所示。

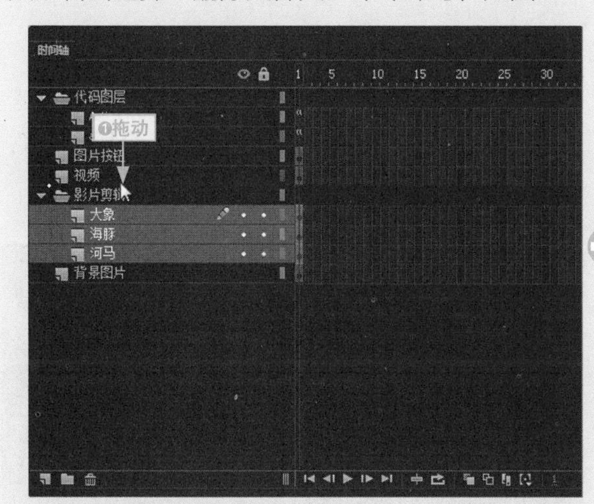

图12-36 删除图层文件夹

12.2.3 编辑和修改图层

学习目标	掌握编辑图层的方法
难度指数	★★

1. 编辑图层

在Flash中对图层进行编辑包括：锁定、隐藏和显示轮廓，下面分别对这些编辑图层的常用方法进行介绍。

◆锁定图层

若要锁定当前图层只需单击图层锁定点即可，若要锁定所有图层只需单击“锁定所有图层”按钮，如图12-37所示。

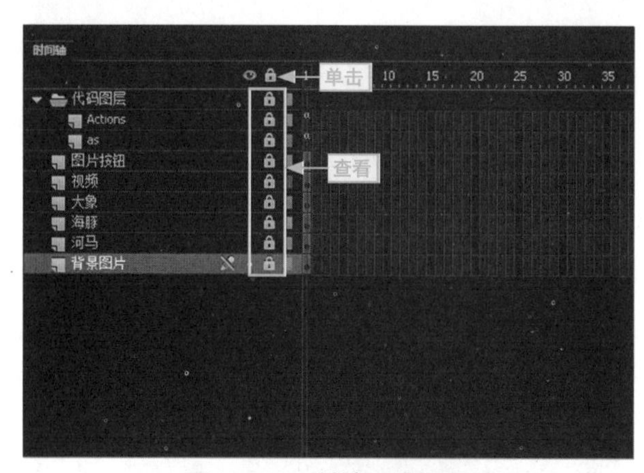

图12-37　锁定所有图层

核心妙招 | 锁定当前图层以外的其他图层

住Alt键同时，单击图层右侧的第二个黑点，即可将当前图层以外的图层锁定(再次单击即可解除锁定)，如图12-38所示。

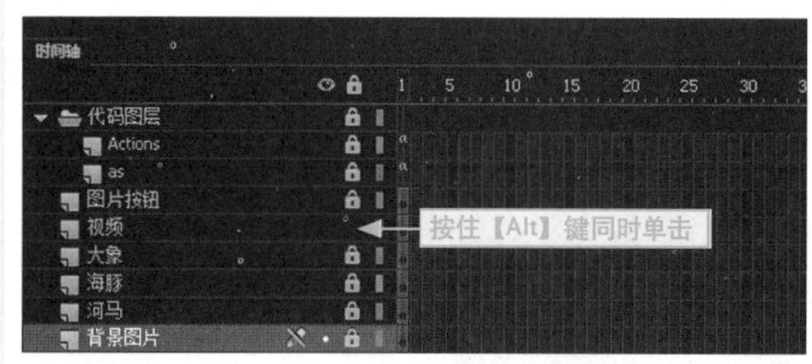

图12-38　巧妙锁定其他图层

◆隐藏图层

隐藏图层可以将图层上的内容隐藏，其方法为：单击图层上的“显示或隐藏所有图层”栏中的小黑点即可将其隐藏，如图12-39所示。

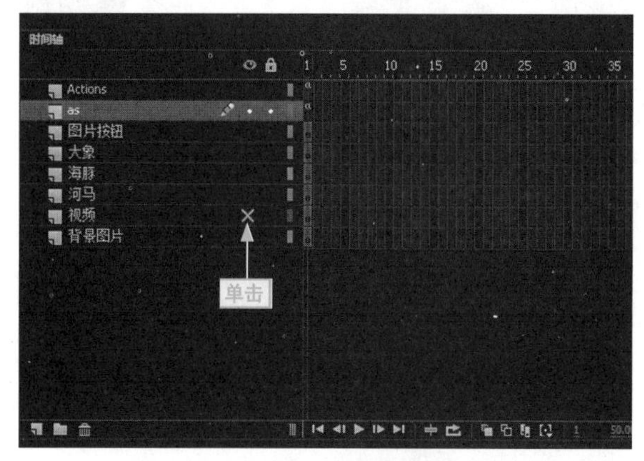

图12-39　隐藏图层

核心妙招 | 隐藏/显示其他图层的方法

隐藏或显示所有图层：单击“显示或隐藏所有图层”按钮即可将所有图层进行隐藏或显示。

隐藏或显示其他图层：单击图层右侧的第一个黑点，即可显示或隐藏其他图层外；还可以在当前图层上右击选择“隐藏其他图层”命令，也可实现将当前图层以外的所有图层隐藏，如图12-40所示。

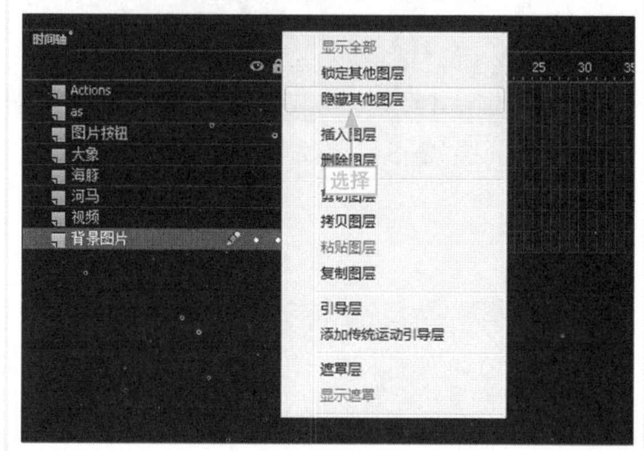

图12-40　隐藏其他图层

◆显示图层轮廓

显示图层轮廓的方法与锁定和隐藏图层的方法基本相同，这里就不再赘述。如图12-41所示为隐藏所有图层轮廓效果。

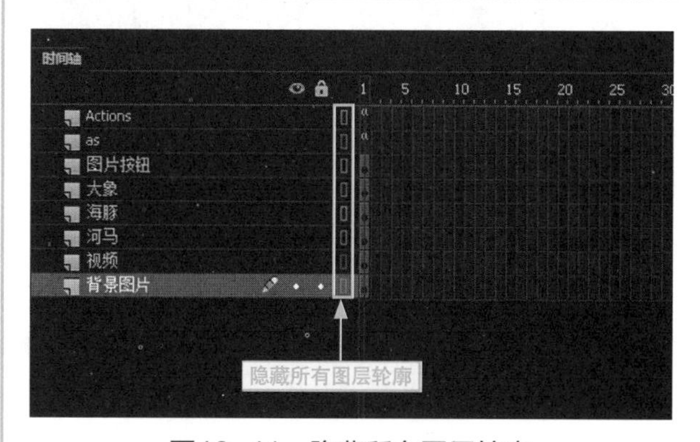

图12-41　隐藏所有图层轮廓

2. 修改图层

修改图层就是对图层的类型、高度、轮廓颜色、名称等进行修改。

下面通过将普通的图层类型更改为遮罩层并

将其高度设置为“200%”等为例来讲解相关操作，其具体操作方法如下。

本节素材	DVD/素材/Chapter12/神奇刷子.fla
本节效果	DVD/效果/Chapter12/神奇刷子.fla
学习目标	掌握修改图层方法
难度指数	★★★

步骤01 打开“神奇刷子”素材文件，❶在“遮罩”图层上右击，❷选择“属性”命令，如图12-42所示。

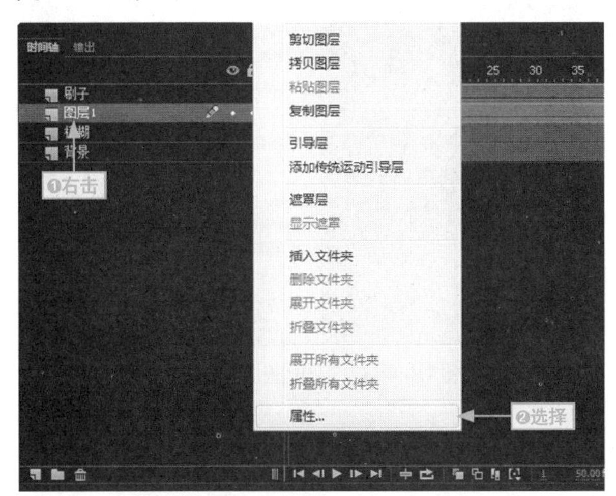

图12-42 选择“属性”命令

步骤02 打开“图层属性”对话框，❶在“名称”文本框中输入“遮罩”，❷选中“遮罩层”单选按钮，如图12-43所示。

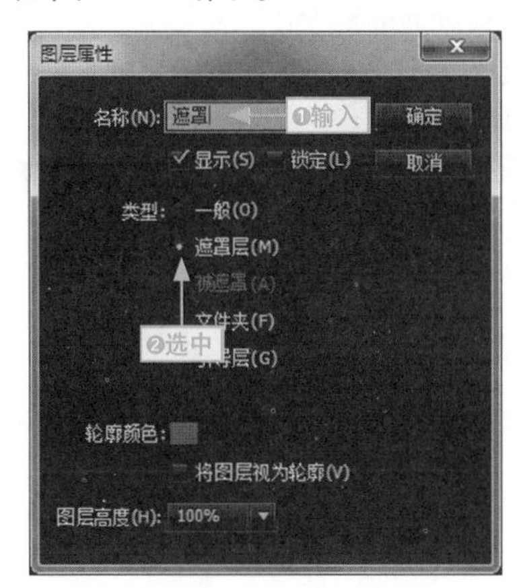

图12-43 设置图层名称和类型

步骤03 单击“轮廓颜色”按钮，选择图层颜色选项，如图12-44所示。

专家提醒 | 设置轮廓颜色需注意

轮廓颜色只有在隐藏图层后，在舞台上即可查看到相应的元素轮廓的颜色，它只是起到一个区分查看的作用。

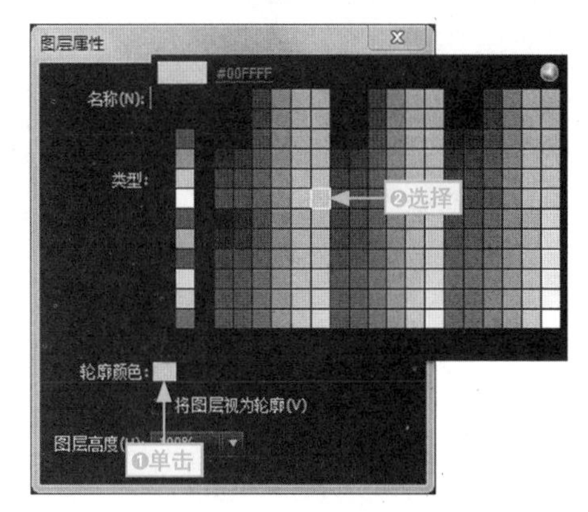

图12-44 更改轮廓颜色

步骤04 ❶单击“图层高度”下拉按钮，❷选择“200%”选项，❸单击“确定”按钮，如图12-45所示。

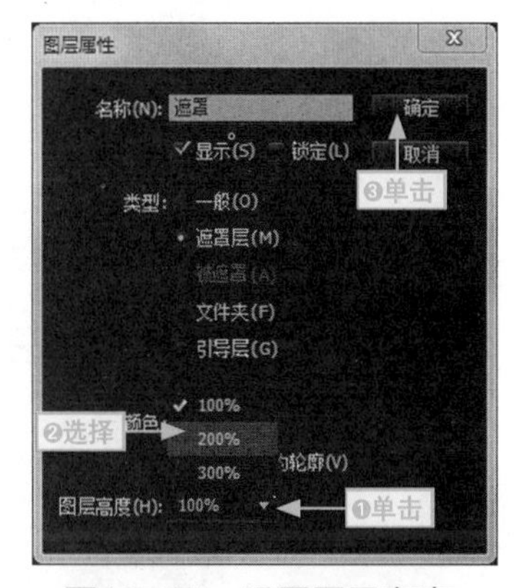

图12-45 设置图层高度

专家提醒 | 打开“图层属性”对话框的其他方法

单击“修改”菜单项，选择“时间轴/图层属性”命令打开“图层属性”对话框，如图12-46所示。

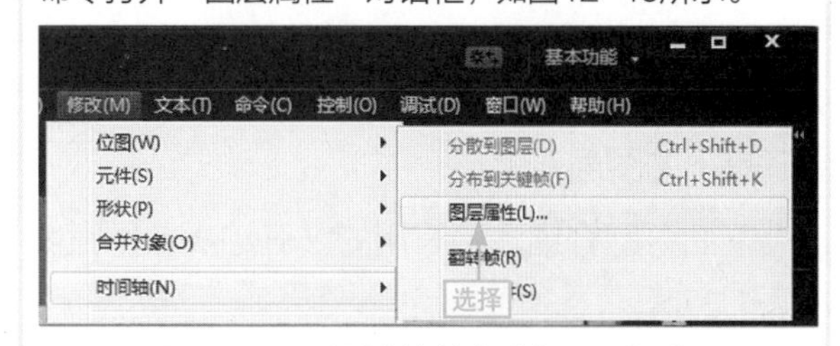

图12-46 通过菜单命令打开对话框

步骤05 返回到工作窗口即可查看到修改图层效果，选择“模糊”图层将其拖动到“遮罩”图层下使其成为被遮罩图层，如图12-47所示。

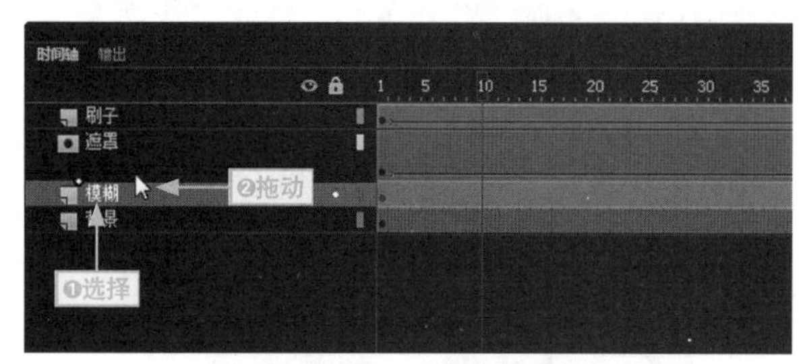

图12-47 拖动图层

专家提醒 | 复制图层和拷贝图层

复制图层是对目标图层进行快速建立副本图层，而拷贝图层是将图层上的所有内容包括图层属性一起复制，然后通过粘贴图层来实现图层复制。

它们的操作方法基本相同，都是在目标图层上右击，选择“拷贝图层/复制图层”命令，如图12-48所示。

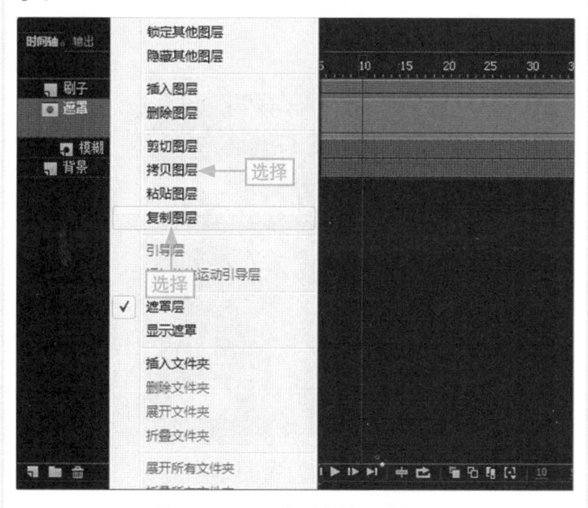

图12-48 复制/拷贝图层

3. 编辑图层文件夹

除了直接对图层文件夹进行重命名和删除外，用户还可以对其进行展开和折叠，以折叠和展开其下的图层元素。

下面分别介绍几种常用的展开和折叠图层文件夹的方法。

学习目标	了解图层文件夹的展开和折叠
难度指数	★★

◆展开单一图层文件夹

展开单一图层文件夹只需单击图层文件夹右侧的三角按钮或在其上右击，选择“展开文件夹”命令，如图12-49所示。

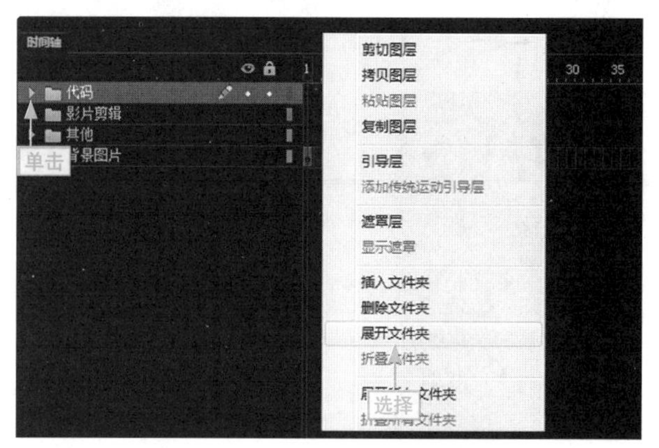

图12-49 展开图层文件夹

专家提醒 | 折叠单一图层文件夹

折叠单一图层文件夹只需单击图层文件夹右侧的三角按钮或在其上右击，选择“折叠文件夹”命令，如图12-50所示。

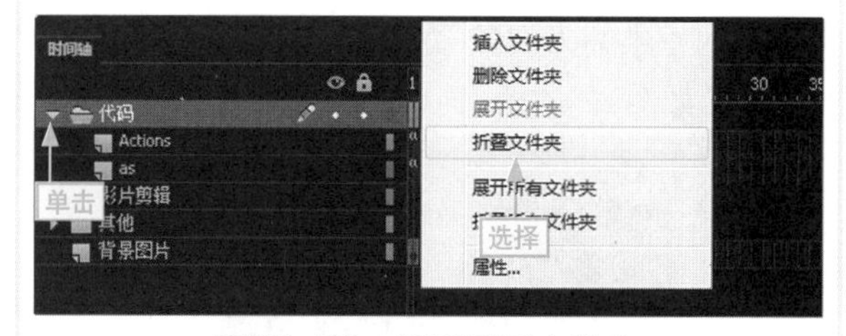

图12-50 折叠图层文件夹

◆展开所有图层文件夹

在任意图层文件夹上右击，选择“展开所有文件夹”命令，如图12-51所示。

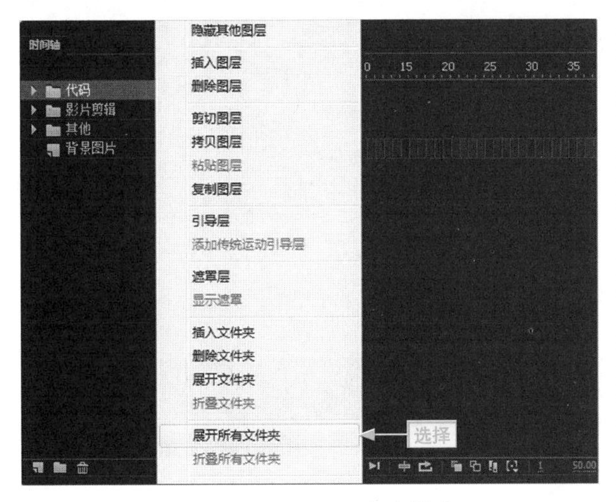

图12-51　展开所有文件夹

专家提醒 | 折叠所有图层文件夹

在任意图层文件夹上右击，选择“折叠所有文件夹”命令，如图12-52所示。

图12-52　折叠所有图层文件夹

12.3 实战问答

?! NO.1 | 如何删除图层

元芳： 在前面的知识中我们学习添加图层的方法，若要删除“时间轴”面板中的图层，该怎样操作呢？

大人： 删除图层与添加图层一样简单，通常使用的方法大致有两种：通过面板中的“删除”按钮和“删除图层”快捷菜单命令来删除图层，如图12-53所示。

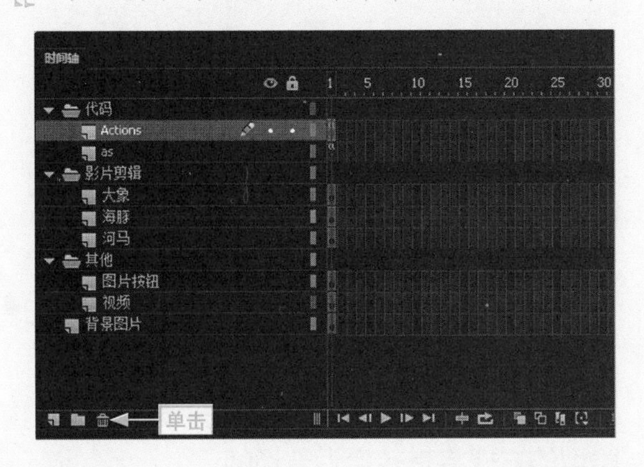

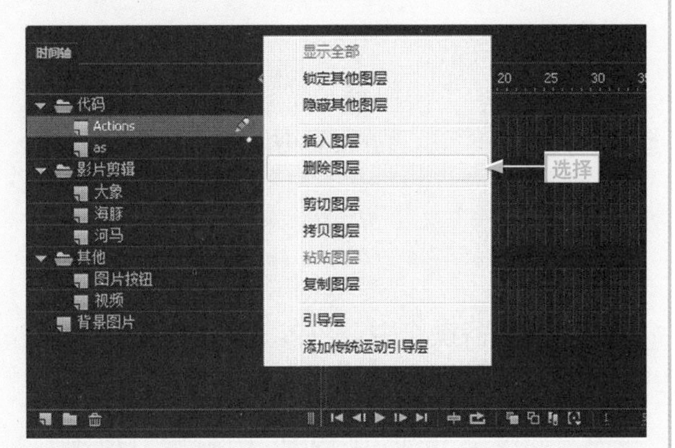

图12-53　删除图层

?! NO.2 | 如何转换帧类型

元芳：除了直接将帧删除后，再通过插入帧的方式来改变当前帧类型外，还有什么其他简便方法来改变帧类型？

大人：要改变帧类型可直接通过转换帧类型来快速实现帧类型的转变，常用的转变帧类型的方法包括：快捷命令和菜单命令两种(用户需要注意：它只能将普通帧转换为关键帧或空白关键帧，若是对关键帧进行转换，只能实现插入相应帧)，如图12-54所示。

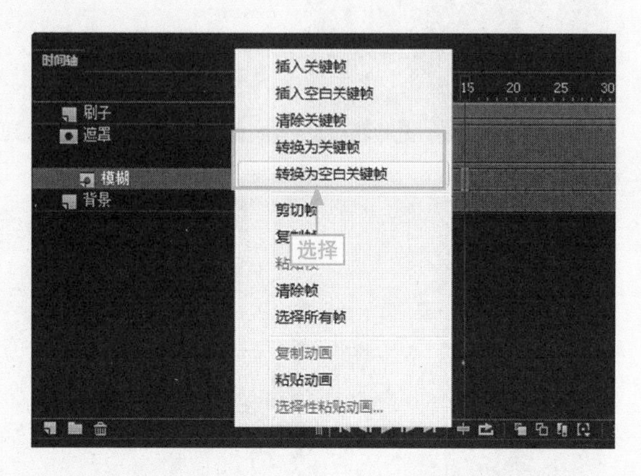

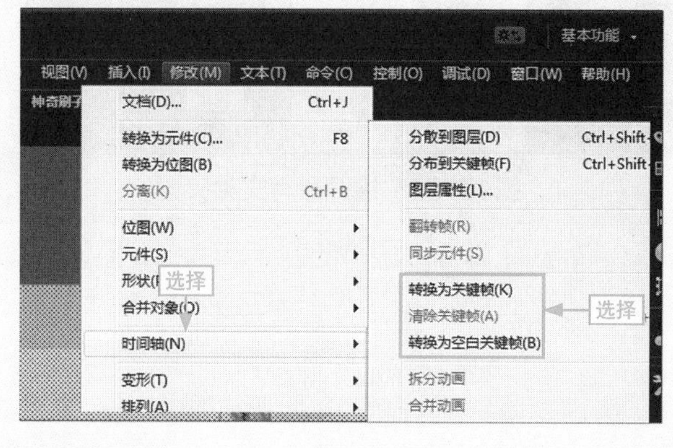

图12-54　转换帧类型

12.4 思考与练习

填空题

1. 用户在制作Flash动画时，发现帧不够用，此时用户可通过____________来解决。

2. 对于相同的动画效果，用户可以通过____________来快速制作。

3. 在Flash中可通过____________来放置图层，使“时间轴”面板变得简洁。

选择题

1. 下列各操作中，不能达到新建图层目的的是(　　)。

A. 通过单击图层面板中的“新建”按钮

B. 选择“插入图层”快捷菜单命令

C. 通过“属性”对话框

D. 通过复制/拷贝图层

2. 下面不属于对图层文件夹操作的是(　　)。

A. 新建　　B. 折叠/展开

C. 删除　　D. 压缩

判断题

1. 图层文件夹与普通文件夹的属性和操作完全相同。(　　)

2. 在Flash中可以将空白关键帧通过转换帧类型的方式将其转换为普通帧。(　　)

3. 在Flash中可以将图层进行锁定、隐藏和只显示轮廓。 (   )

4. 用户对Flash中图层、帧和图层文件夹的所有操作都可以通过选择“编辑”菜单下的相应命令完成。 (   )

操作题

【练习目的】管理“时间轴”面板

下面通过对时间轴中的图层的进行重命名和新建图层文件夹来管理图层并且通过对帧的操作来巩固本章所学的知识。

【制作效果】

本节素材	DVD/素材/Chapter12/篮球动画.fla
本节效果	DVD/效果/Chapter12/篮球动画.fla

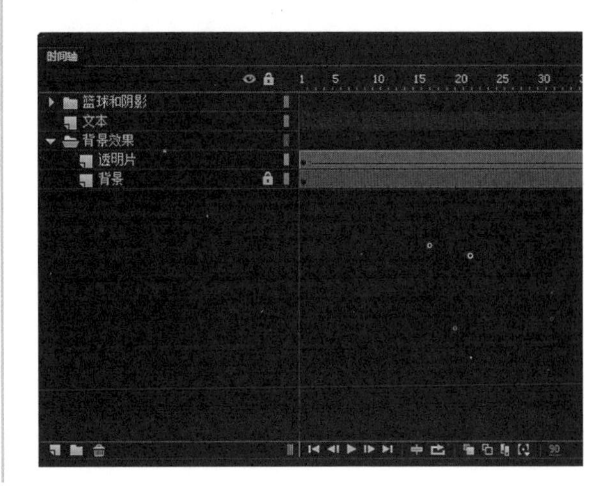

Chapter 13

Flash CC中库和元件的使用

本章要点

- ★ 了解元件类型
- ★ 创建图形元件
- ★ 在不同模式下编辑元件
- ★ 创建元件实例
- ★ 交换元件实例
- ★ 改变实例类型
- ★ 查看实例信息
- ★ 库的管理和导入

学习目标

元件、实例和库三者有着千丝万缕的联系，当用户要创建元件时就会使用到库，当要使用元件时就会用到实例的相关知识，库资源又要对元件进行管理等。所以在本章主要介绍创建元件、添加实例和管理库的基本知识，来帮助用户更好地了解和使用它们。

知识要点	学习时间	学习难度
元件应用	30分钟	★★★
使用实例	25分钟	★★
库的应用	30分钟	★★★

重点实例

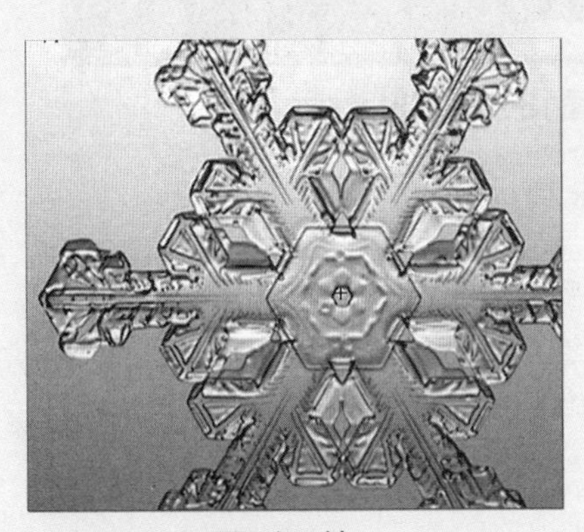

图形元件

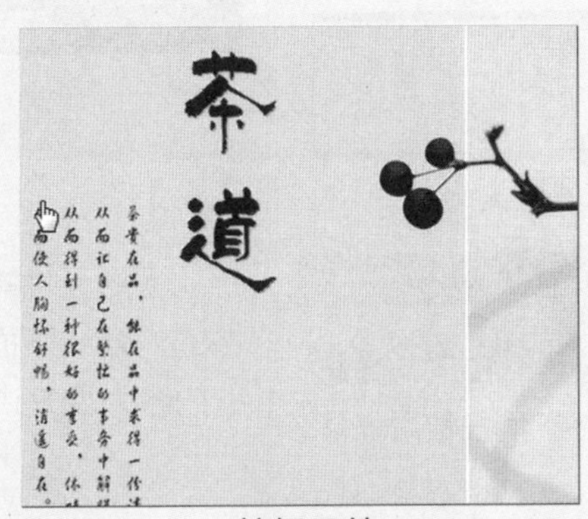

按钮元件

库管理

13.1 元件应用

在使用Flash创建动画时，一些动画元素需要重复多次的使用，而且不影响到该元素在其他地方的使用，这时用户可以使用元件来实现，下面就对元件的相关知识进行讲解。

13.1.1 元件类型

在Flash中的元件类型分为3种：影片剪辑、图形和按钮，下面分别进行介绍。

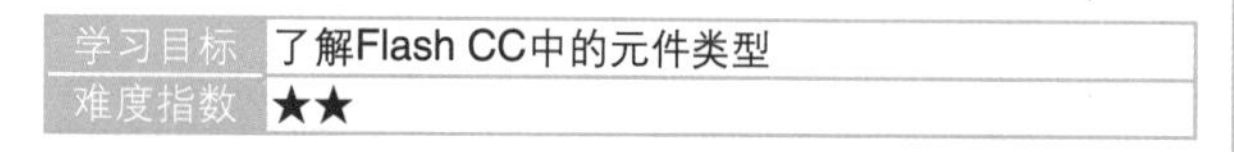

学习目标	了解Flash CC中的元件类型
难度指数	★★

◆影片剪辑

影片剪辑元件是用来专门放置一些简短的动画片段或其他带有动画的影片剪辑的元件，如图13-1所示。

图13-1 影片剪辑

专家提醒 | 预览影片剪辑效果

选择影片剪辑后，单击预览区中的“播放”按钮即可预览影片，如图13-2所示。

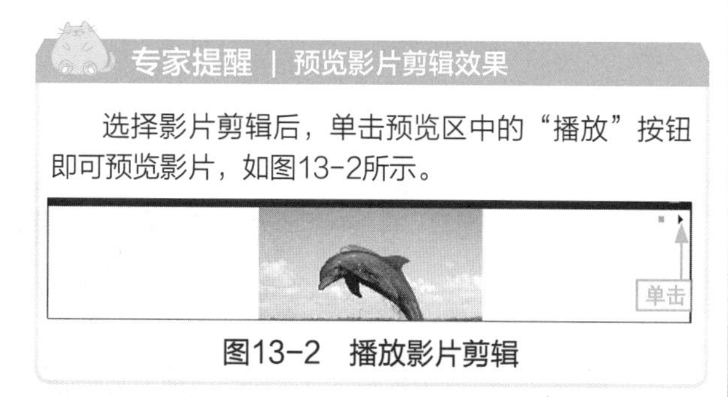

图13-2 播放影片剪辑

◆按钮

按钮有明显的4种状态，鼠标经过、按下、弹起和点击，而且在不同的鼠标事件下执行相应的操作或命令，如图13-3所示。

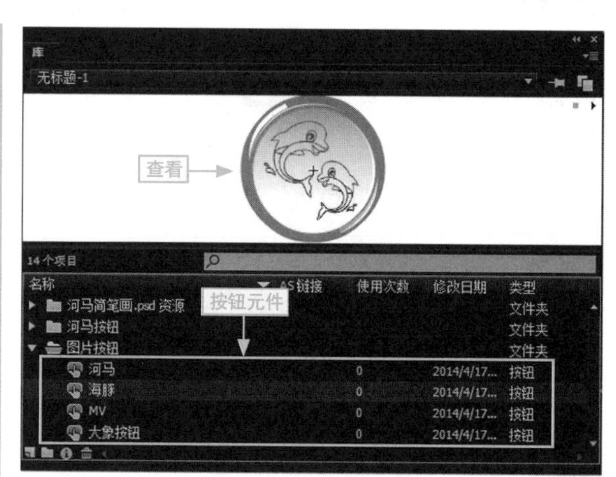

图13-3 按钮元件

◆图形

图形元件就是在元件中放置一些图形，这些图形可以是图片也可以是自身绘制的图形，如图13-4所示。

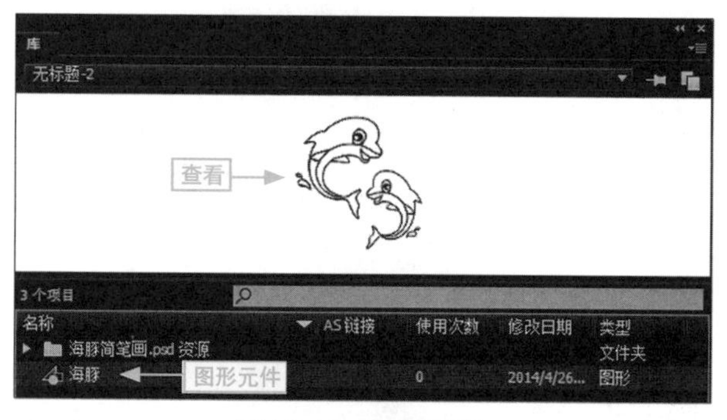

图13-4 图形元件

13.1.2 创建图形元件

图形元件需要已有的图片或绘制图形作为元件的内容，下面通过导入外部图片作为图形元件的内容为例来讲解相关操作。

本节素材	DVD/素材/Chapter13/图形元件.fla
本节效果	DVD/效果/Chapter13/图形元件.fla
学习目标	掌握创建图形元件的方法
难度指数	★★★

步骤01 打开“图形元件”素材文件，❶单击“插入”菜单项，❷选择“新建元件”命令，如图13-5所示。

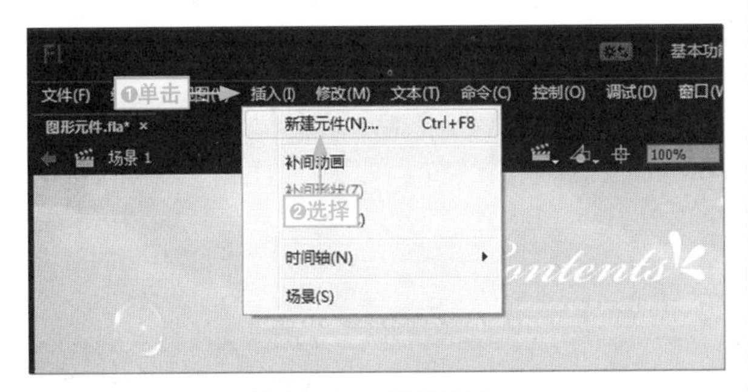

图13-5　创建元件

步骤02 打开“创建新元件”对话框，❶在“名称”文本框中输入“雪花”，❷单击“类型”下拉按钮，如图13-6所示。

核心妙招 | 使用组合键打开对话框

按Ctrl+F8组合键可快速打开“创建新元件”对话框。

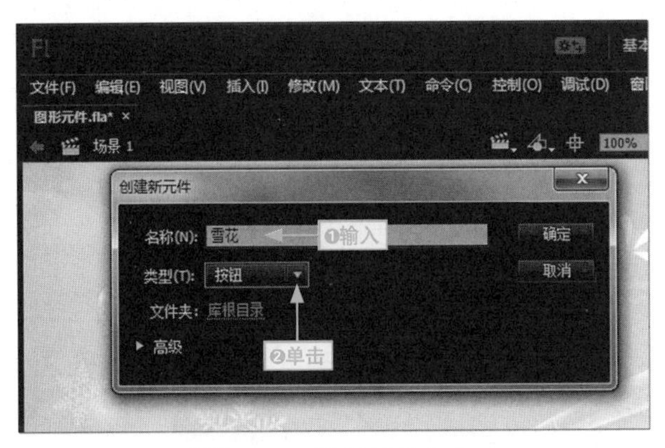

图13-6　设置元件名称

步骤03 ❶选择“图形”选项，❷单击“确定”按钮，如图13-7所示。

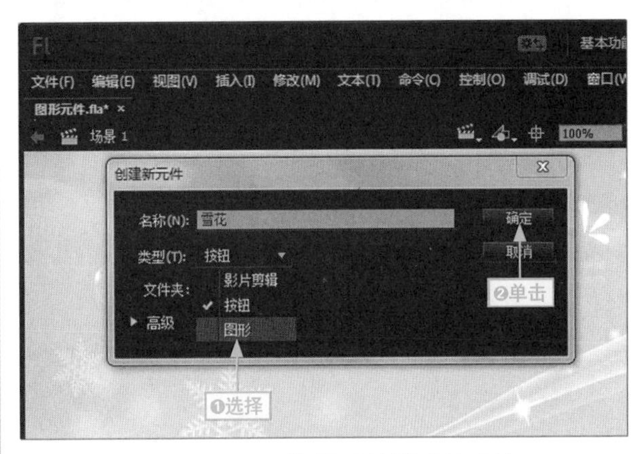

图13-7　选择元件类型并确认

核心妙招 | 快速切换元件类型

在“类型”下拉按钮上单击鼠标，然后滚动滑轮即可进行元件类型的切换。

步骤04 单击“文件”菜单项，选择“导入/导入到舞台”命令，如图13-8所示。

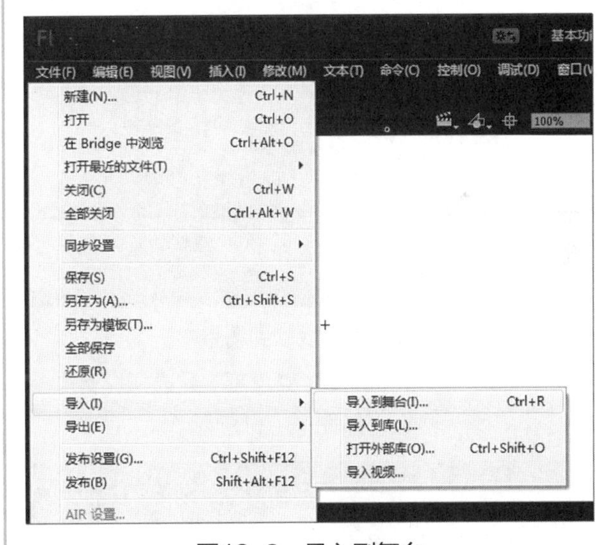

图13-8　导入到舞台

步骤05 打开“导入”对话框，❶选择图片所在的路径，❷选择图形选项，❸单击“打开”按钮，如图13-9所示。

步骤06 单击“场景1”超链接返回到场景中，退出元件编辑状态，如图13-10所示。

图13-9 导入图片

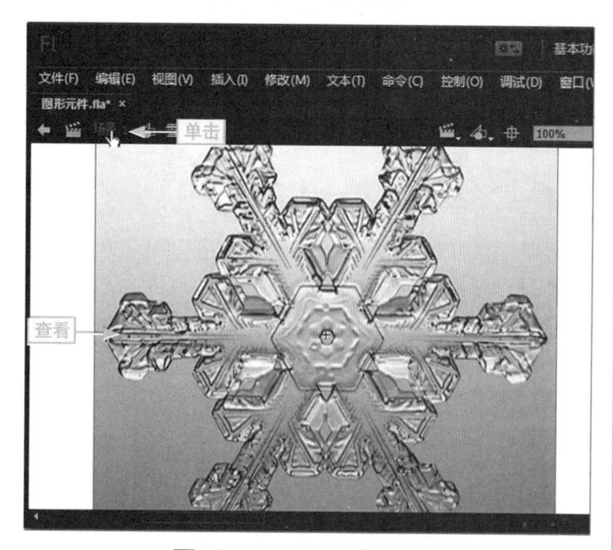

图13-10 返回到场景中

步骤07 ❶单击“窗口”菜单项，❷选择“库”命令打开“库”面板，如图13-11所示。

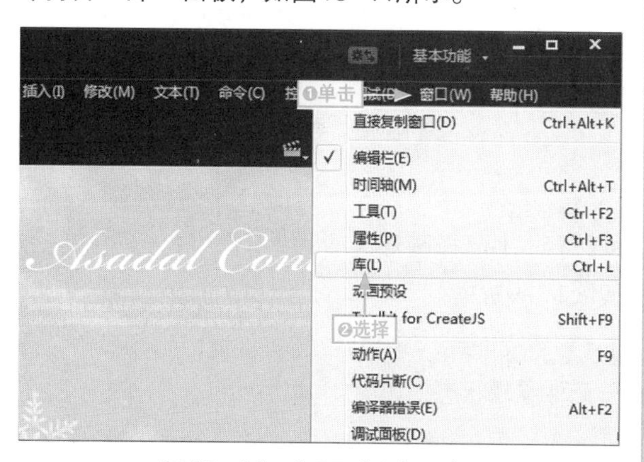

图13-11 打开“库”面板

核心妙招 | 快速打开“库”面板

用户可直接按Ctrl+L组合键快速打开或折叠“库”面板。

步骤08 ❶在“库”面板中选择“雪花”选项，❷可在库中的预览区预览创建的图形元件的效果，如图13-12所示。

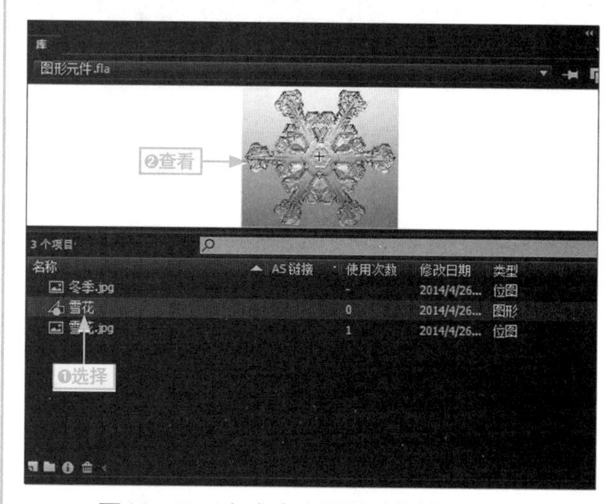

图13-12 在库中查看创建的图形元件

13.1.3 创建影片剪辑元件

创建影片剪辑其实可以简单理解为在元件内部创建简短动画，由于这里还没有涉及动画制作，所以这里通过剪切动画图层的方法来创建一个影片剪辑。

本节素材	DVD/素材/Chapter13/影片剪辑.fla
本节效果	DVD/效果/Chapter13/影片剪辑.fla
学习目标	创建影片剪辑元件
难度指数	★★★

步骤01 打开“影片剪辑”素材文件，❶在“图层2”图层上右击，❷选择“剪切图层”命令，如图13-13所示。

专家提醒 | 通过菜单命令剪切图层

选择要剪切的图层，单击“编辑”菜单，选择“时间轴/剪切图层”命令，同样可实现剪切图层的目的(用户不能直接按Ctrl+X组合键进行剪切)。

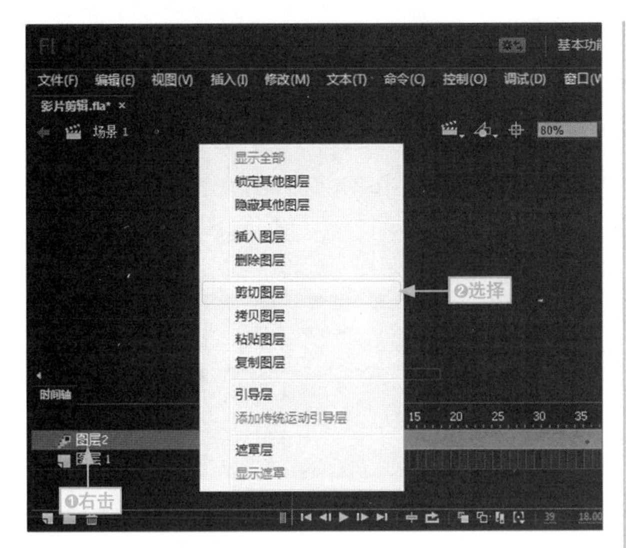

图13-13　剪切图层

步骤02 ❶单击“插入”菜单项，❷选择“新建元件”命令，如图13-14所示。

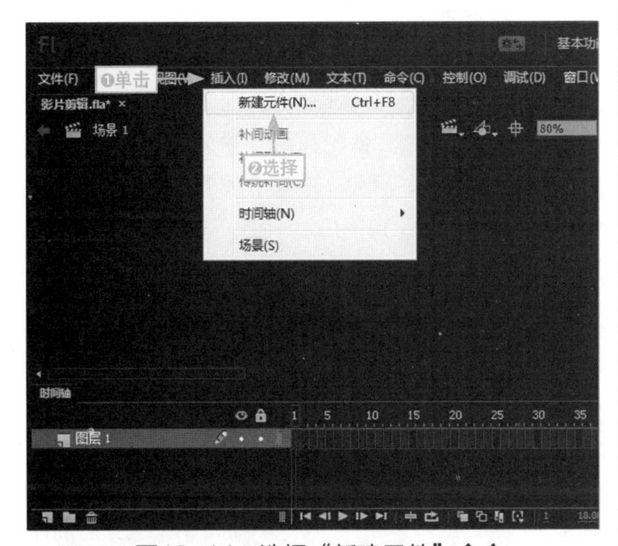

图13-14　选择“新建元件”命令

步骤03 打开“创建新元件”对话框，❶在“名称”文本框中输入影片剪辑名称和选择类型，❷单击“确定”按钮，如图13-15所示。

步骤04 ❶在“图层1”图层上右击，❷选择“粘贴图层”命令，如图13-16所示。

步骤05 ❶单击“编辑”菜单项，❷选择“编辑文档”命令返回到主场景中，如图13-17所示。

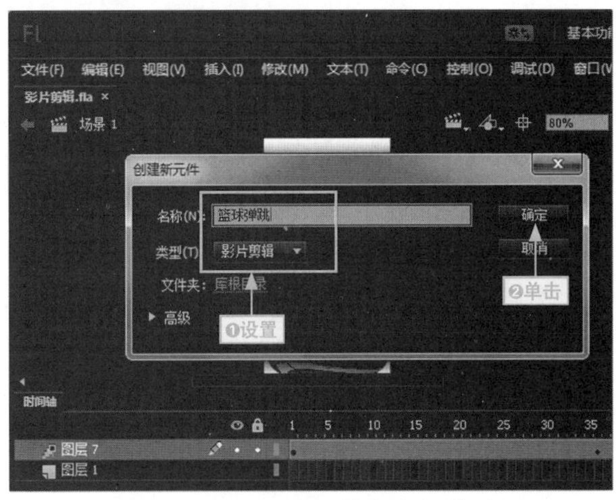

图13-15　设置元件名称和类型

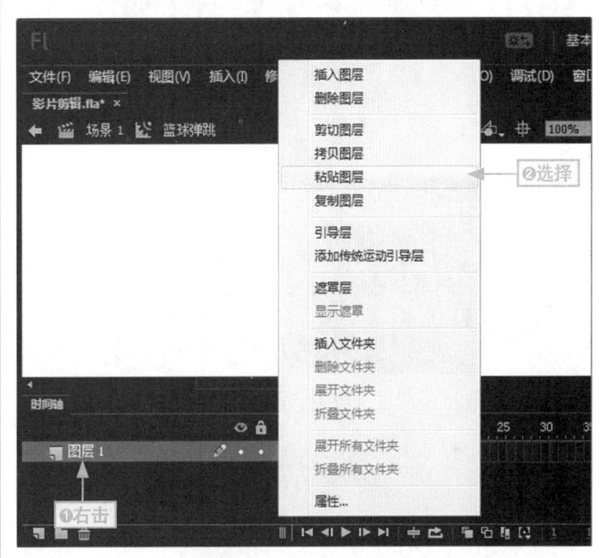

图13-16　粘贴图层

图13-17　返回到场景中

专家提醒 | 其他返回场景方法

❶单击“编辑场景”下拉按钮，❷选择“场景+阿拉伯数字”选项返回到场景中，如图13-18所示。

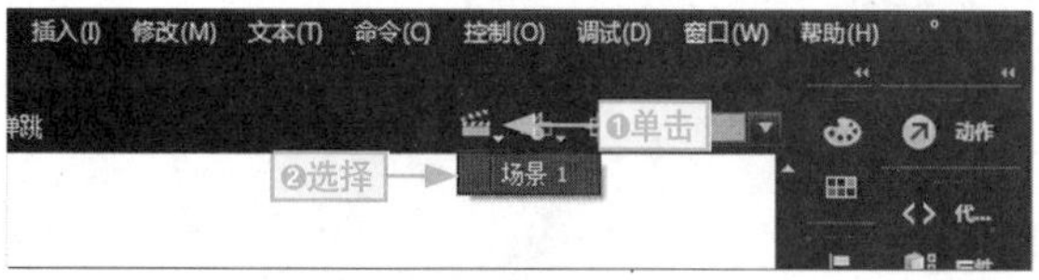

图13-18　返回到场景中

步骤06 在“库”面板中即可查看到“篮球弹跳”影片剪辑和预览效果，如图13-19所示。

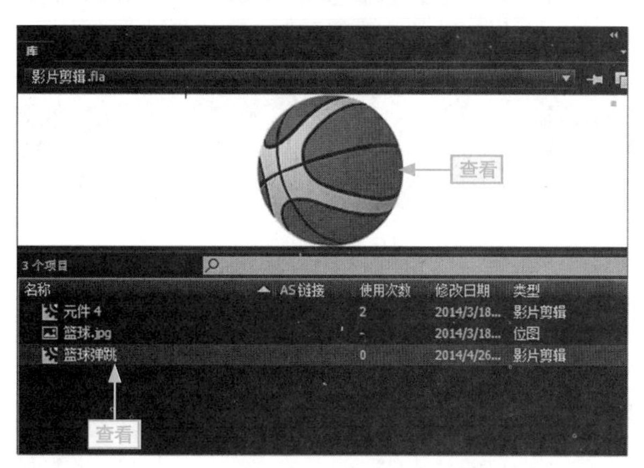

图13-19　查看创建的影片剪辑

13.1.4　创建按钮元件

创建按钮元件需要设置按钮的4种状态，但这4种状态不一定要完全不同，用户只需设置要变化的状态，其他状态可通过插入帧的方法来完成，下面通过实例来讲解相关操作。

本节素材	DVD/素材/Chapter13/导航菜单.fla
本节效果	DVD/效果/Chapter13/导航菜单.fla
学习目标	掌握创建按钮元件的方法
难度指数	★★★

步骤01 打开“导航菜单”素材文件，按Ctrl+F8组合键打开“创建新元件”对话框，如图13-20所示。

步骤02 ❶在“名称”文本框中输入“导航菜单”，❷选择元件类型为“按钮”，❸单击“确定”按钮，如图13-21所示。

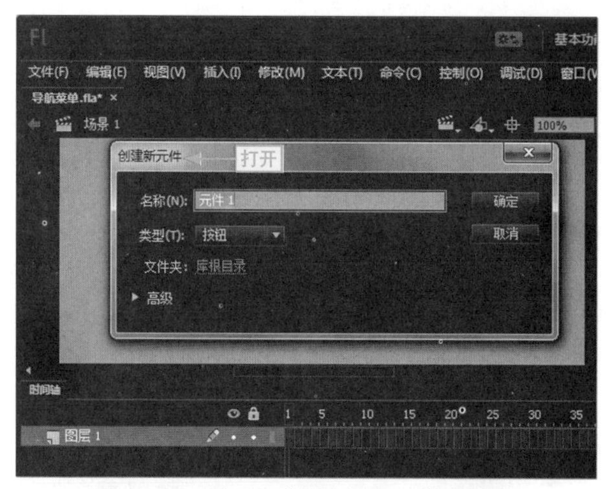

图13-20　打开“创建新元件”对话框

图13-21　设置元件名称和类型

步骤03 ❶在“工具”面板中选择“矩形”工具并对其填充色进行相应设置，❷在舞台上绘制矩形，如图13-22所示。

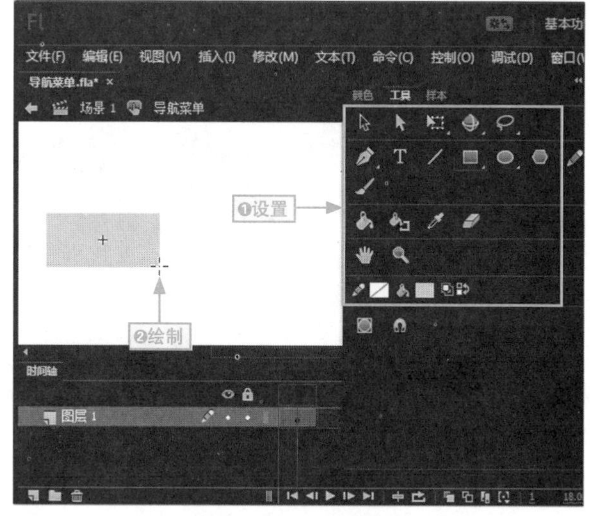

图13-22　绘制矩形

步骤04 ❶将图层1重命名为“背景”，❷分别在“指针滑过”和“点击”帧上插入关键帧，如图13-23所示。

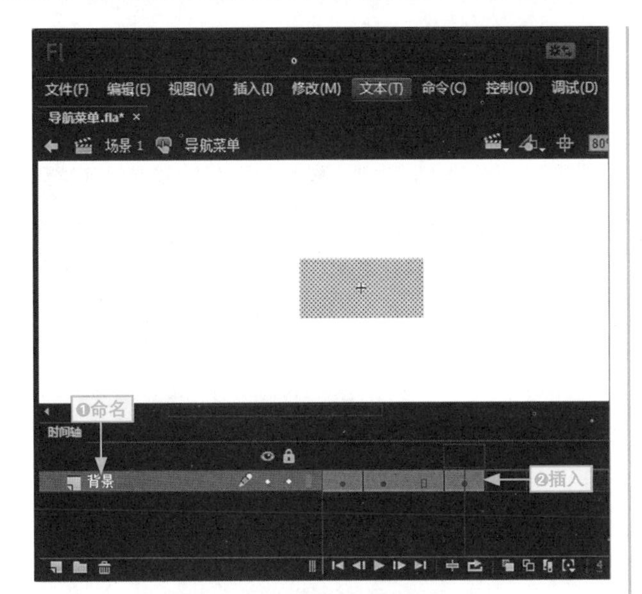

图13-23　命名图层并插入关键帧

步骤05 ❶选择“指针滑过”帧，❷在舞台上重新设置矩形的填充为天蓝色，如图13-24所示。

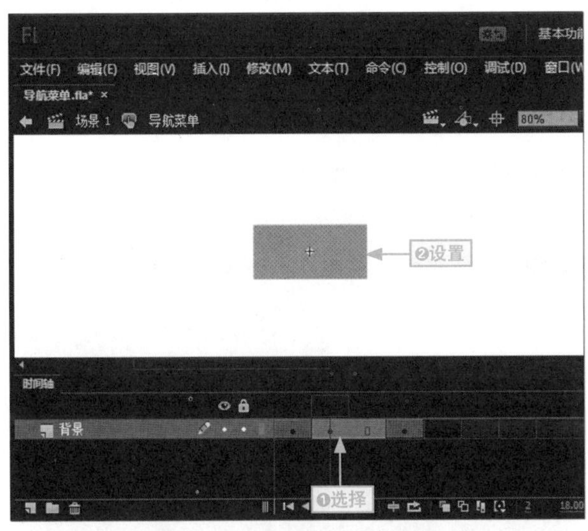

图13-24　重新设置填充色

步骤06 ❶新建“文本”图层，❷选择“弹起”帧并输入“首页”文本，如图13-25所示。

步骤07 设置文本字体格式“方正隶书简体”和颜色，并将其与矩形进行水平和垂直居中，如图13-26所示。

步骤08 打开“属性”面板，❶在“滤镜”选项卡中单击“添加滤镜”下拉按钮，❷选择“投影”选项，如图13-27所示。

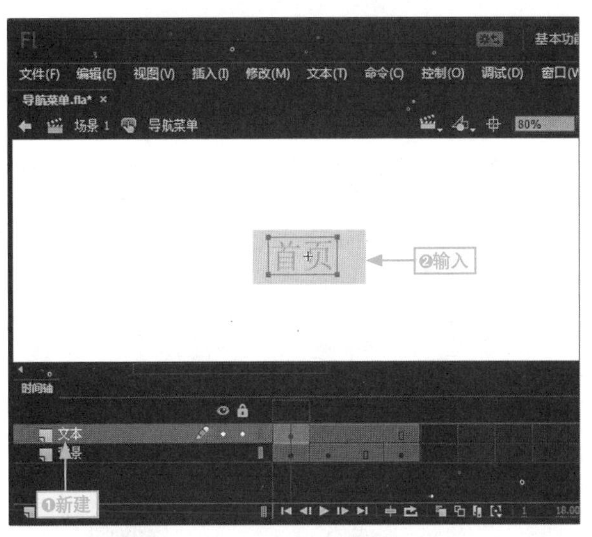

图13-25　新建图层并输入文本

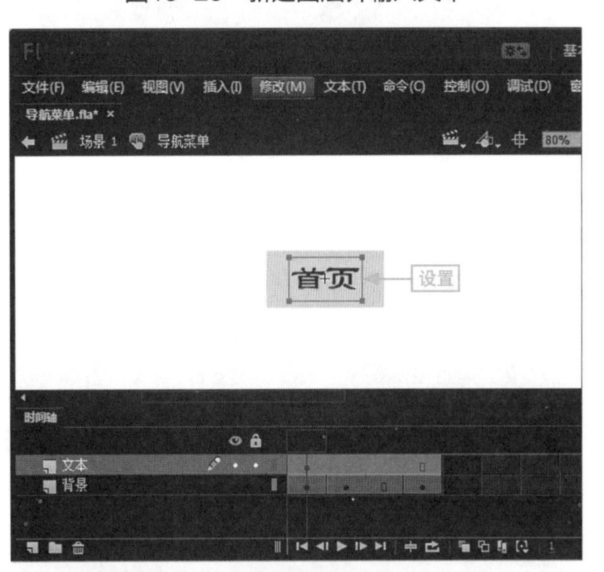

图13-26　设置字体格式和对齐方式

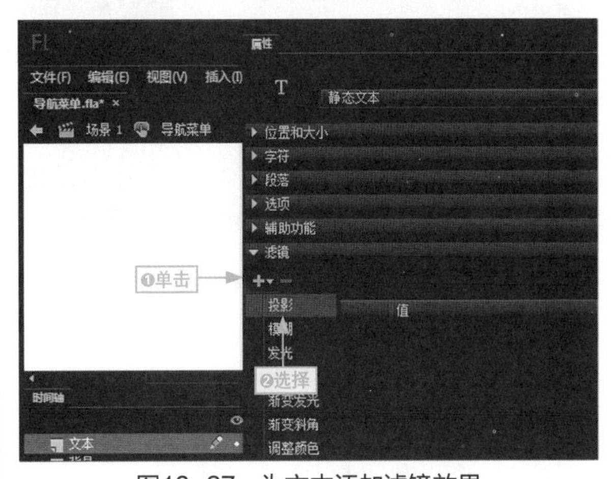

图13-27　为文本添加滤镜效果

步骤09 设置投影的模糊X和Y值为“2像素”，“品质”为“高”，“距离”为“2像素”，“颜色”为白色，如图13-28所示。

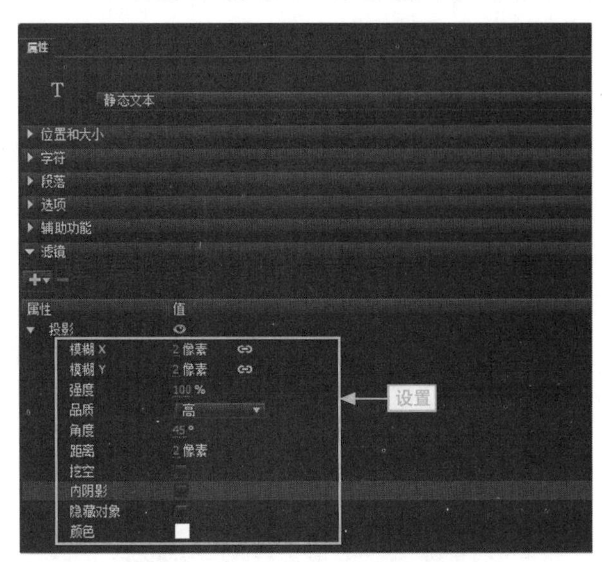

图13-28 设置滤镜效果参数

步骤10 ❶选择“文本”图层中的“指针滑过”帧，❷单击“插入”菜单项，选择“时间轴/关键帧”命令，如图13-29所示。

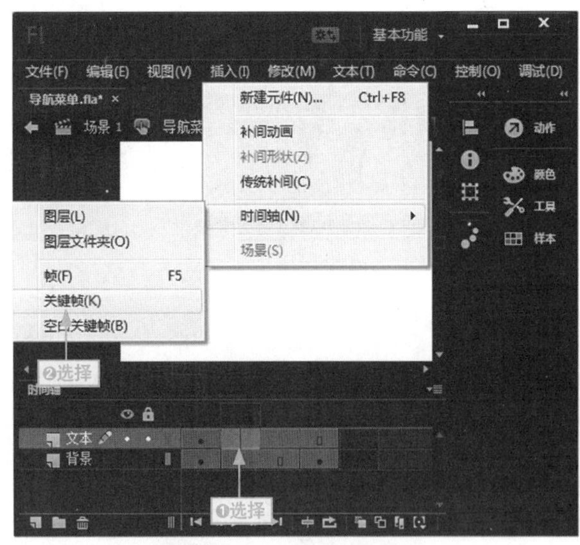

图13-29 插入关键帧

步骤11 ❶在舞台上选择“首页”文本，❷在“属性”面板中的设置字符颜色为白色，如图13-30所示。

图13-30 设置字符颜色

步骤12 ❶展开“滤镜”选项卡，❷选择“投影”选项，❸单击“删除滤镜”按钮，如图13-31所示。

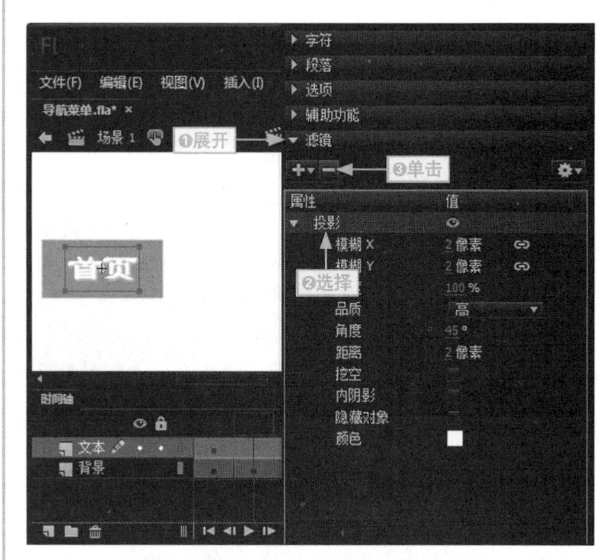

图13-31 删除滤镜

步骤13 按Ctrl+L组合键打开“库”面板，在其中即可查看到制作的按钮效果，如图13-32所示。

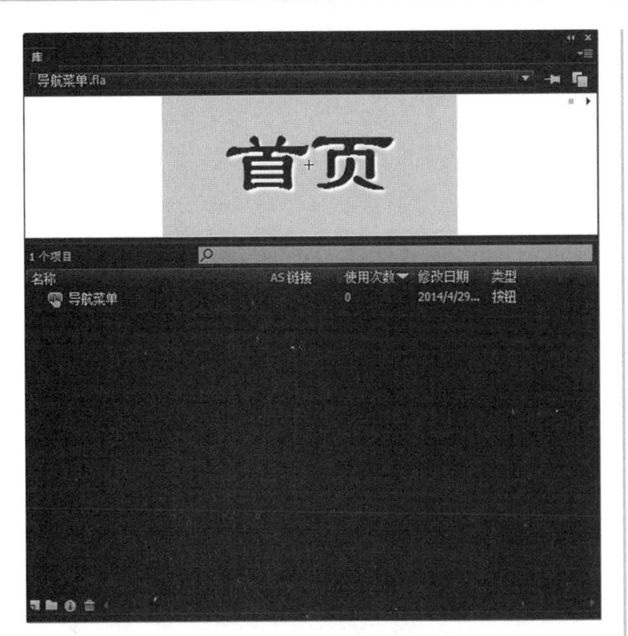

图13-32　查看效果

专家提醒 | 通过“库”面板新建元件

在“库”面板中单击按钮，选择“新建元件”命令，如图13-33所示，打开“创建新元件”对话框，再进行相应的元件设置即可。

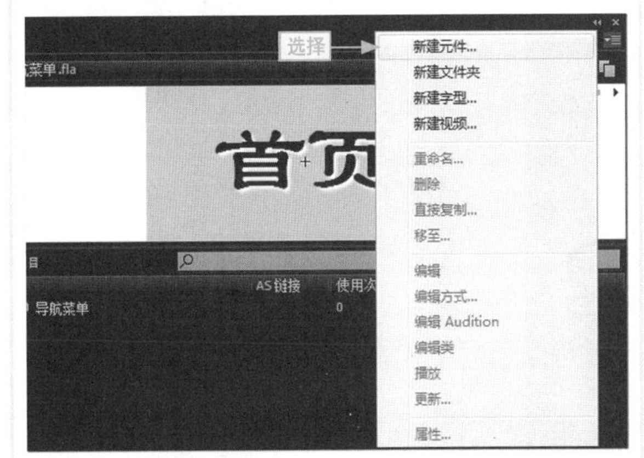

图13-33　通过“库”面板创建新元件

长知识 | 将创建的元件放在新建文件夹中

在Flash中用户可创建的元件可分为3类：图形、影片剪辑和按钮，用户即可以按照元件类型或实际需要来将其放在新建的文件夹中，其操作是：❶打开“创建新元件”对话框，❷单击“库根目录”超链接，打开“移至文件夹”对话框，❸选中“新建文件夹”单选按钮，❹在其后的文本框中输入文件夹名称，❺单击“选择”按钮，如图13-34所示。

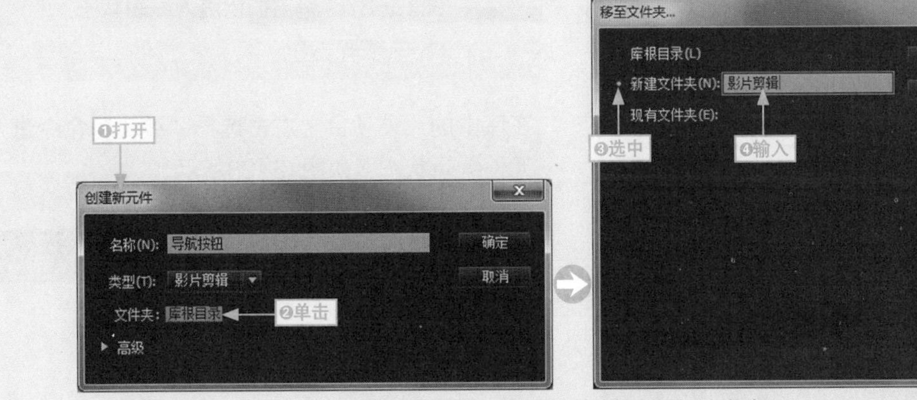

图13-34　将元件放到新建文件夹中

13.1.5　在不同模式下编辑元件

用户创建元件后可对其进行相应的编辑，对元件中的内容进行相应的更改。在Flash中用户可在多种编辑模式下对元件进行编辑。

下面就介绍几种常用的进入不同编辑模式编辑元件的方法。

学习目标	掌握进入不同的元件编辑模式的方法
难度指数	★

◆直接编辑元件

❶在舞台上选择要编辑的元件，❷单击“编辑”菜单项，❸选择“编辑元件”命令，如图13-35所示。

图13-35　编辑元件

专家提醒 | 快速进入元件编辑状态

选择元件后，直接按Ctrl+E组合键可快速进行元件的编辑状态。

◆在当期位置编辑

选择元件选项，单击“编辑”菜单项，选择“在当前位置编辑”命令，如图13-36所示。

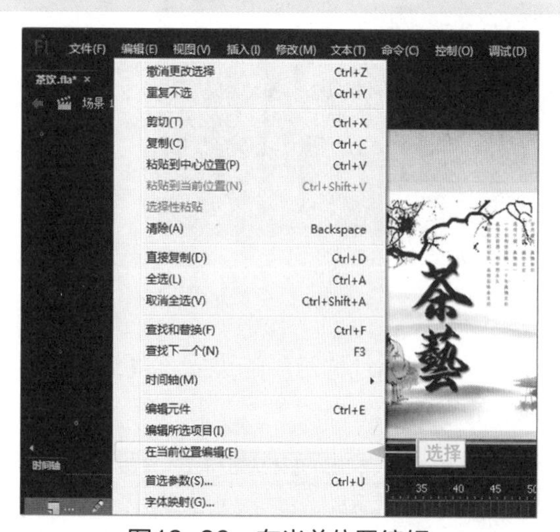

图13-36　在当前位置编辑

专家提醒 | 当期位置编辑的特殊

在当前位置编辑不仅可以对元件自身的修改，而且可直接在编辑状态下对元件在舞台上的位置进行调整等。

◆单击按钮进入

❶直接单击“编辑元件”下拉按钮，❷选择相应的要编辑的元件选项，如图13-37所示。

专家提醒 | 通过编辑按钮进入编辑状态

通过编辑按钮进入对象的编辑状态，它不仅可以进入到元件的编辑状态，而且还能进入各个补间动画的编辑状态。

图13-37　单击按钮进入编辑状态

◆通过库菜单命令进入

在库中的元件项目上右击选择“编辑”命令进入元件编辑状态，如图13-38所示。

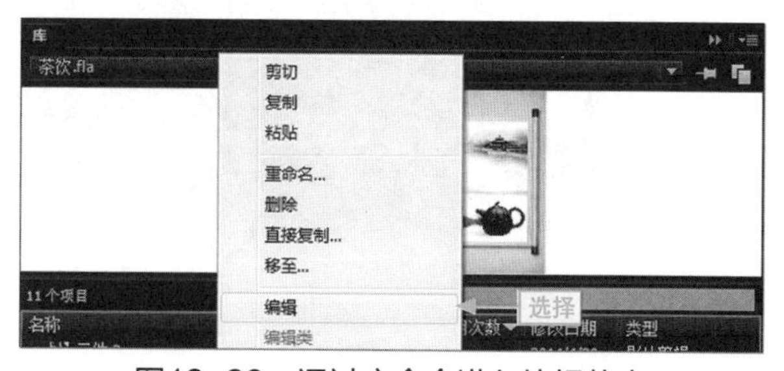

图13-38　通过库命令进入编辑状态

专家提醒 | 快速进入编辑状态

在舞台上直接在相应元件上双击，即可快速进入其编辑状态。

长知识 | 通过预览区进入编辑状态

在库中的预览区，用户除了可对元件进行预览和播放效果外，还可以通过它进入元件的编辑状态，其具体操作方法是：❶在“库”面板中选择目标选项，❷在“预览”区域上双击鼠标即可快速进入编辑状态，如图13-39所示。

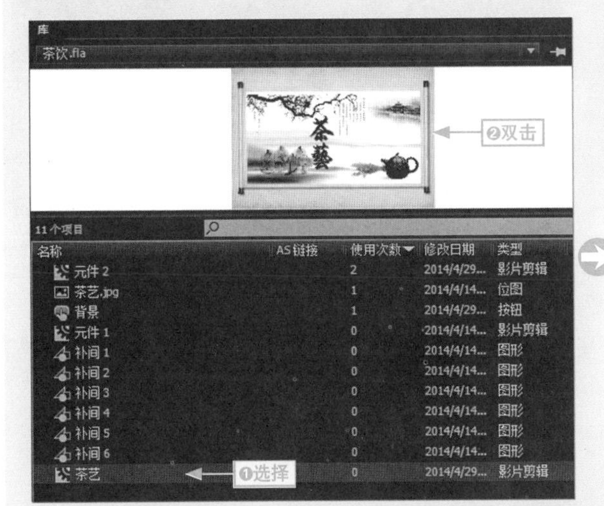

图13-39 通过预览区域进入编辑状态

13.2 使用实例

在Flash中创建各种元件、导入图片等动画元素，都是为了制作和设计动画，使其成为动画元素的一部分，从而具有存在的意义，而这些被使用的对象就叫作实例。

13.2.1 创建元件实例

创建元件实例就是将库中的元件放到舞台上，让其成为动画组成部分，下面就介绍几种常用的创建元件实例的方法。

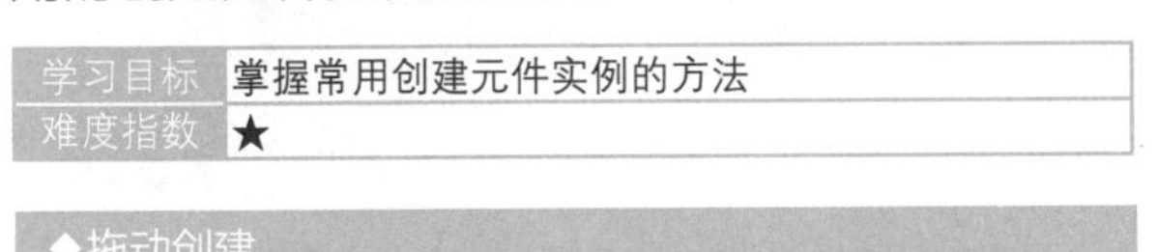

学习目标	掌握常用创建元件实例的方法
难度指数	★

◆拖动创建

选择目标位置，打开“库”面板，拖动目标项目到舞台上，如图13-40所示。

图13-40 拖动创建实例

专家提醒 | 添加实例需注意

在Flash中不仅可以对元件进行拖动添加，而且其他任何库资源都可以通过这种方式来添加。

◆复制创建

在库资源中选择目标选项，按Ctrl+C组合键复制，在舞台上按Ctrl+V组合键粘贴，即可实现实例的创建，如图13-41所示。

图13-41 复制粘贴创建实例

核心妙招 | 通过预览区创建

在库资源中选择主要创建实例的选项，在预览区上按住鼠标左键不放，拖动到舞台上，再释放鼠标即可实现实例的创建，如图13-42所示。

图13-42 通过预览区创建实例

长知识 | 粘贴到指定位置

在Flash中对任何对象进行复制后，都可以通过快捷菜单将其粘贴到指定的位置，其具体操作方法为：在舞台上右击，选择“粘贴到中心位置”命令或选择“粘贴到当前位置”命令，如图13-43所示。或单击“编辑”菜单项，选择“粘贴到中心位置/粘贴到当前位置”命令，如图13-44所示。

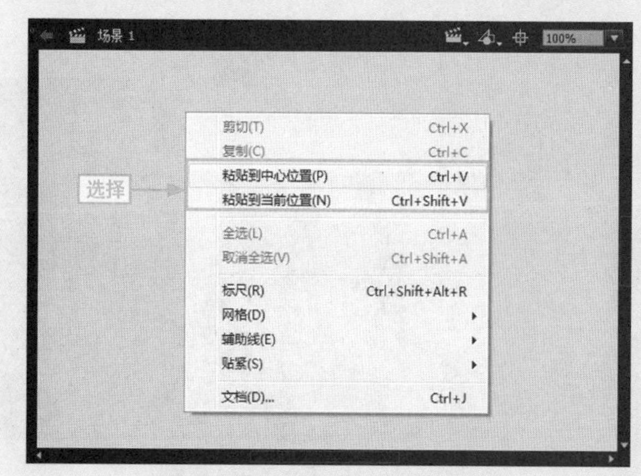

图13-43 通过快捷命令粘贴

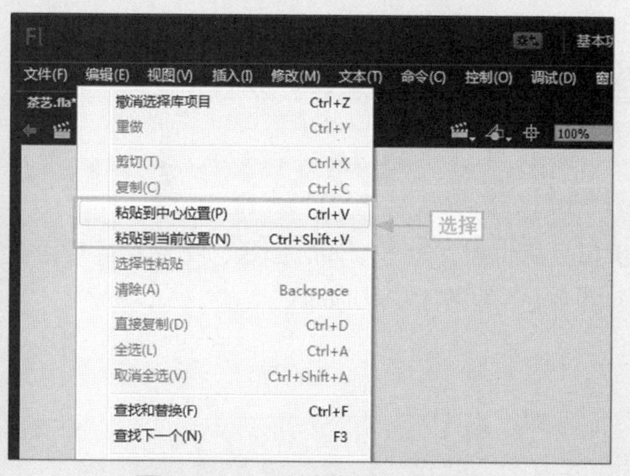

图13-44 通过菜单命令粘贴

13.2.2 交换元件实例

当用户把元件添加到舞台上后，它就变成一个动画实例，用户不仅可以对其编辑，还可以对其内容进行交换。

下面通过交换添加到舞台上的“茶道”实例的图片为例来讲解相关操作。

本节素材	DVD/素材/Chapter13/茶道.fla
本节效果	DVD/效果/Chapter13/茶道.fla
学习目标	掌握交换元件实例的方法
难度指数	★★

步骤01 打开“茶道”素材文件，❶单击“窗口”菜单项，❷选择“属性”命令，打开“属性”面板，如图13-45所示。

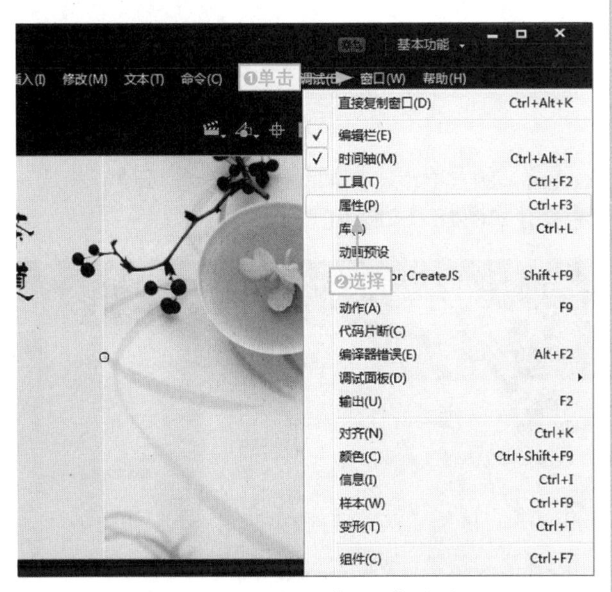

图13-45 选择“属性”命令

步骤02 在展开的“属性”面板中单击“交换”按钮，如图13-46所示。

步骤03 打开“交换元件”对话框，❶选择要交换的元件选项，❷单击“确定”按钮，如图13-47所示。

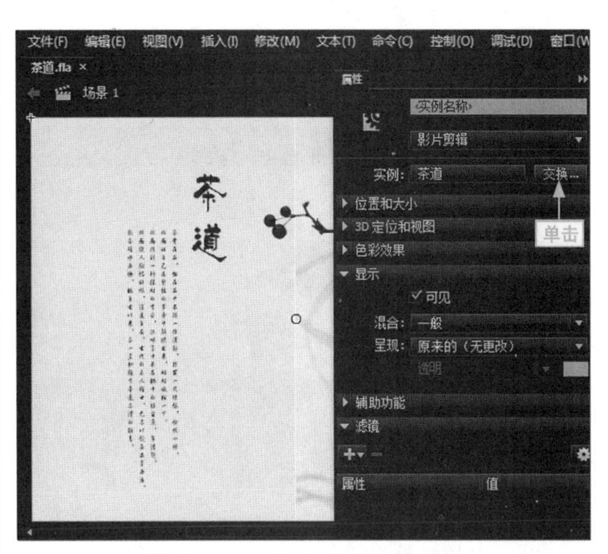

图13-46 单击“交换”按钮

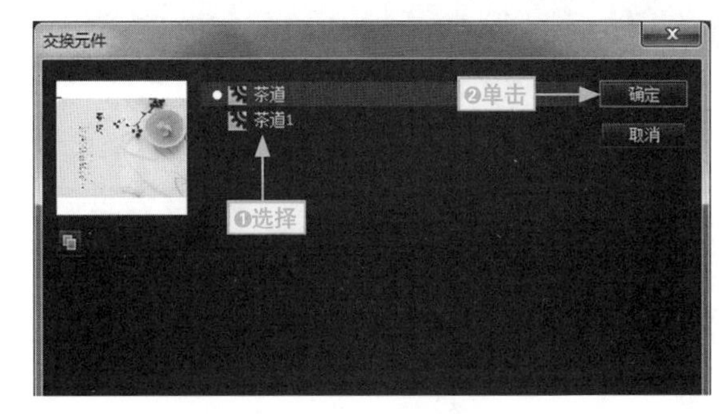

图13-47 交换元件

专家提醒 | 其他方法打开“交换元件”对话框

在要交换元件的实例上右击，选择“交换元件”命令，如图13-48所示，也可打开“交换元件”对话框。

图13-48 通过快捷菜单打开对话框

步骤04 返回到舞台中即可查看到交换元件的效果，如图13-49所示。

图13-49 交换元件效果

专家提醒 | 使用交换元件需注意

用户交换元件后，该元件在动画中的所有用到的地方，都会将原元件替换掉。

13.2.3 改变实例类型

用户在创建元件时，选择了元件的类型，但这并不意味它的类型不能改变，下面通过实例来讲解改变实例类型的方法。

本节素材	DVD/素材/Chapter13/茶道1.fla
本节效果	DVD/效果/Chapter13/茶道1.fla
学习目标	掌握更改实例类型的方法
难度指数	★★

步骤01 打开“茶道1”素材文件，单击“窗口”菜单项，选择“属性”命令，如图13-50所示。

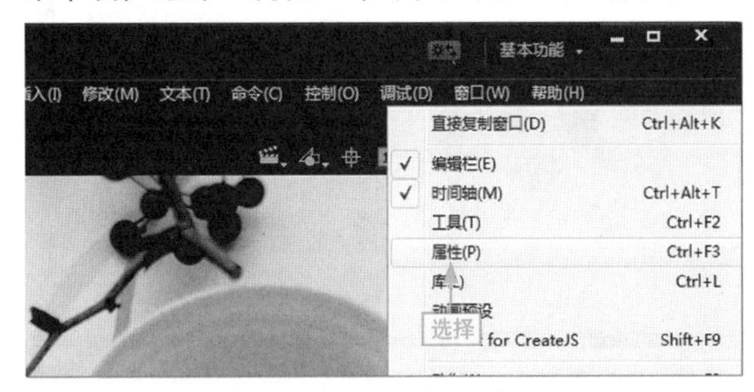

图13-50 选择“属性”命令

步骤02 ❶在打开的“属性”面板中单击元件类型下拉按钮，❷选择“按钮”选项将实例类型转换为按钮，如图13-51所示。

专家提醒 | 转换实例类型需注意

用户更改元件实例类型后，该实例就具有相应的元件类型的功能，但实例的动画效果不变。

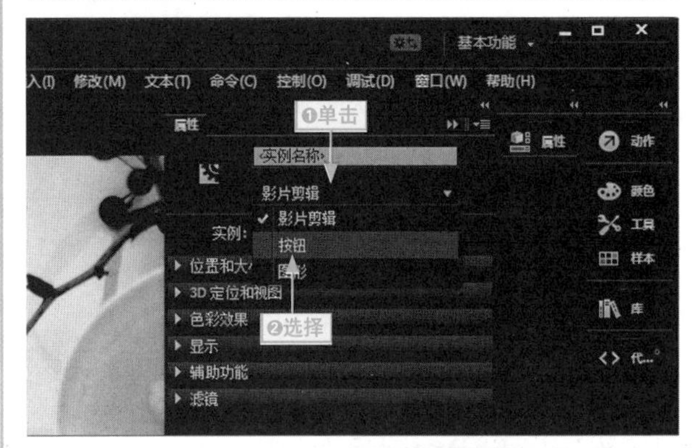

图13-51 更改元件实例类型

步骤03 ❶单击“控制”菜单项，❷选择“测试”命令，如图13-52所示。

图13-52 选择“测试”命令

步骤04 在测试窗口中将鼠标光标移到元件上，此时鼠标光标会变成手形，如图13-53所示。

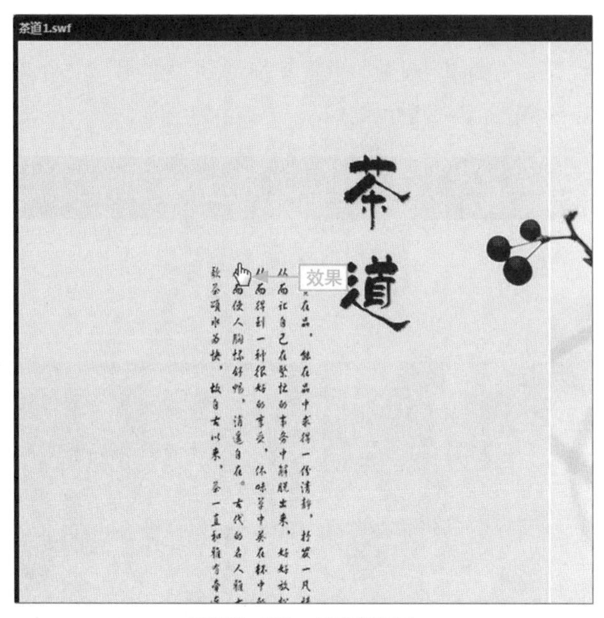

图13-53 查看效果

13.2.4 查看实例信息

在Flash中的用户都可以对使用的实例进行编辑、属性设置和信息的查看，这样用户就会知道哪些实例可以进行相应的处理，如压缩、转换等，使动画质量更高。

下面通过查看库中的位图“茶道 1”实例信息为例来讲解相关操作。

本节素材	DVD/素材/Chapter13/茶道1.fla
本节效果	DVD/效果/Chapter13/茶道1.fla
学习目标	掌握查看实例信息的方法
难度指数	★★

步骤01 打开“茶道1”素材文件，按Ctrl+L组合键打开“库”面板，在“茶道1.jpg”项上右击选择“属性”命令，如图13-54所示。

专家提醒 | 实例存放位置

库面板也就是库资源，在Flash中所有的动画实例都可以在库中找到，它就是一个大仓库。

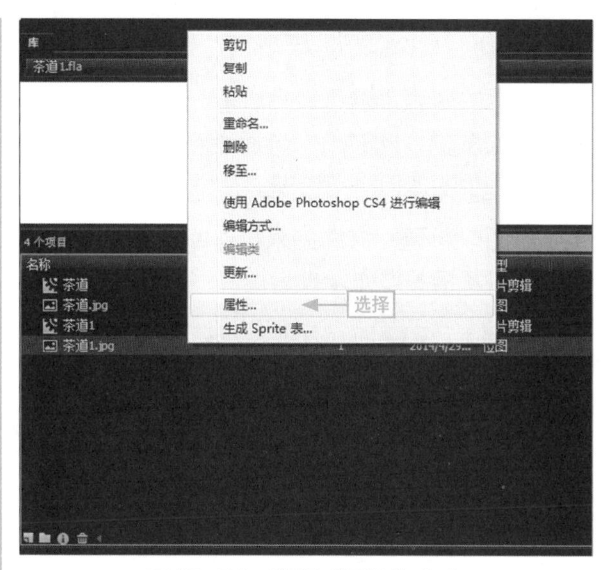

图13-54 选择“属性”命令

步骤02 在打开的“位图属性”对话框中即可查看该位图的相应的信息，如图13-55所示。

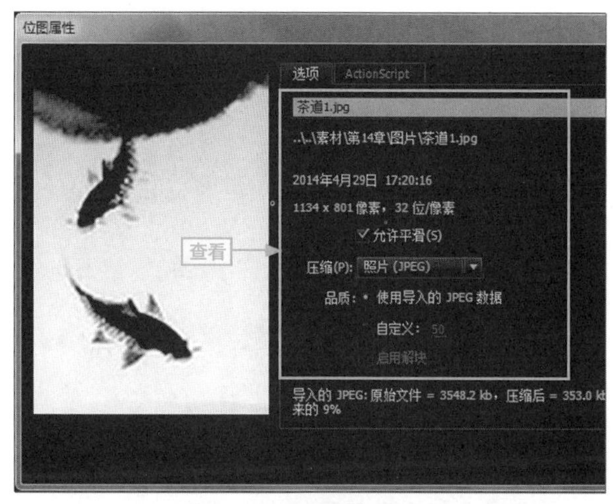

图13-55 查看实例信息

专家提醒 | 实例属性查看需要注意

在库资源中通过属性命令来查看实例的信息，它会随着实例类型的不同而打开不一样的信息属性对话框。

13.3 库的管理

用户不仅可以在库中对资源进行应用，而且还能对其进行相应的管理，如对库项目进行归类、排序、删除等，下面就对库资源进行相应的管理。

13.3.1 将库资源归类

库中的资源项若是较多，看起来就会给人一种混乱的感觉，此时用户可通过新建库文件夹来对资源库中的项目进行管理。

下面以新建库文件夹来管理库资源中的项目为例来讲解相关操作。

本节素材	DVD/素材/Chapter13/茶道2.fla
本节效果	DVD/效果/Chapter13/茶道2.fla
学习目标	掌握创建并分类资源库的方法
难度指数	★★

步骤01 打开“茶道2”素材文件，打开“库”面板，单击“新建文件夹”按钮，如图13-56所示。

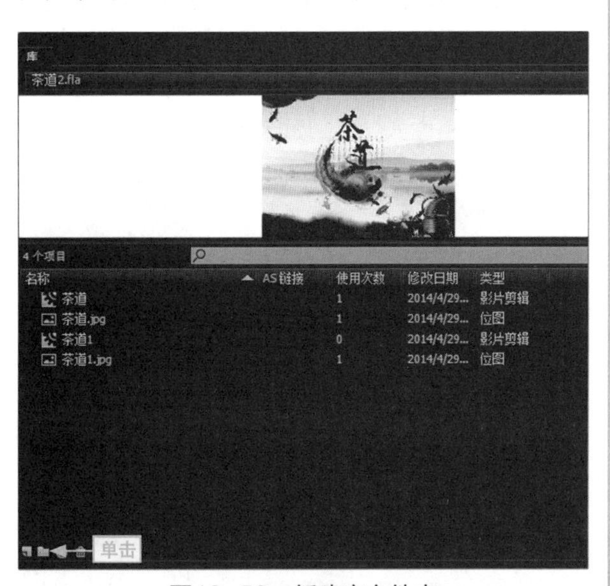

图13-56 新建库文件夹

步骤02 系统自动新建一个文件夹，并进入名称编辑状态，输入“位图”文本，如图13-57所示。

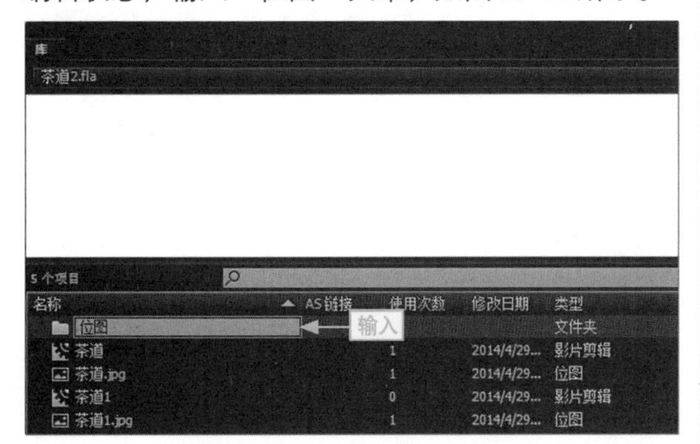

图13-57 命名文件夹名称

步骤03 ❶按住Ctrl键同时选择“茶道.jpg”和“茶道1.jpg”选项，❷将其拖动到“位图”文件夹中，如图13-58所示。

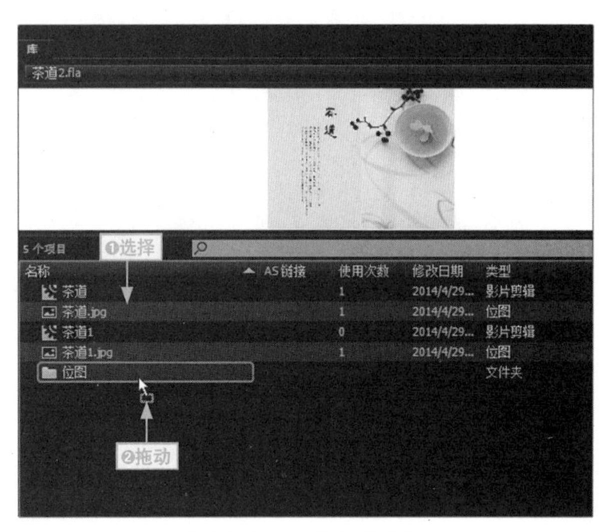

图13-58 移动库资源

步骤04 在库面板中右击，选择“新建文件夹”命令，如图13-59所示。

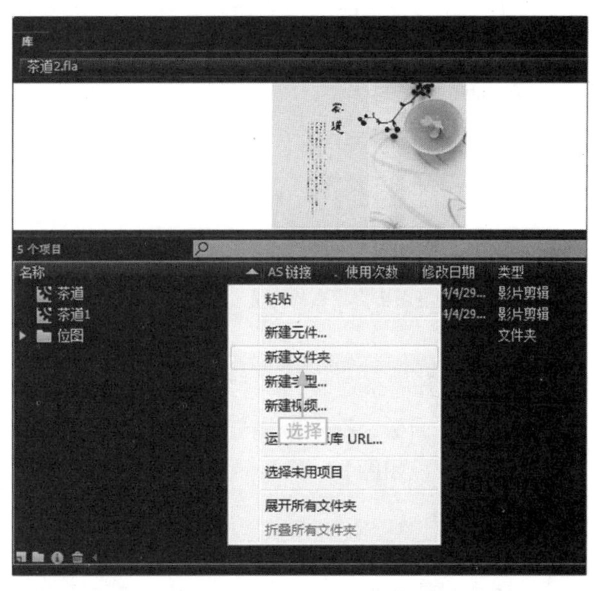

图13-59 通过快捷命令新建文件夹

步骤05 系统自动新建一个文件夹，并进入名称编辑状态，输入“影片剪辑”文本，如图13-60所示。

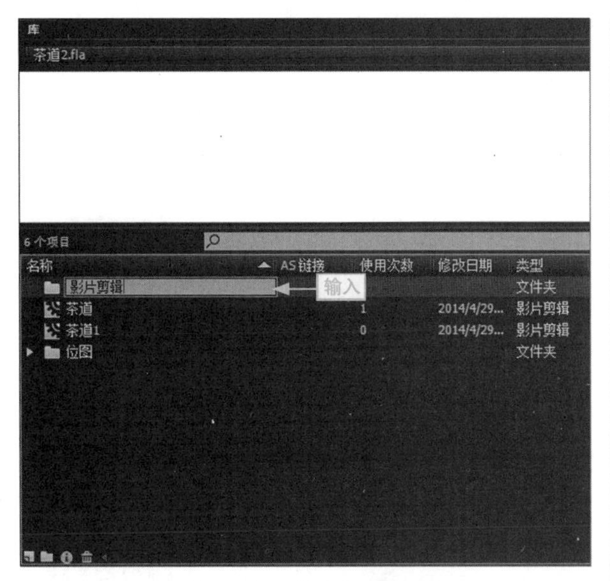

图13-60　给文件夹命名

步骤06 ❶选择"茶道"和"茶道1"影片剪辑选项，❷右击，选择"移至"命令，如图13-61所示。

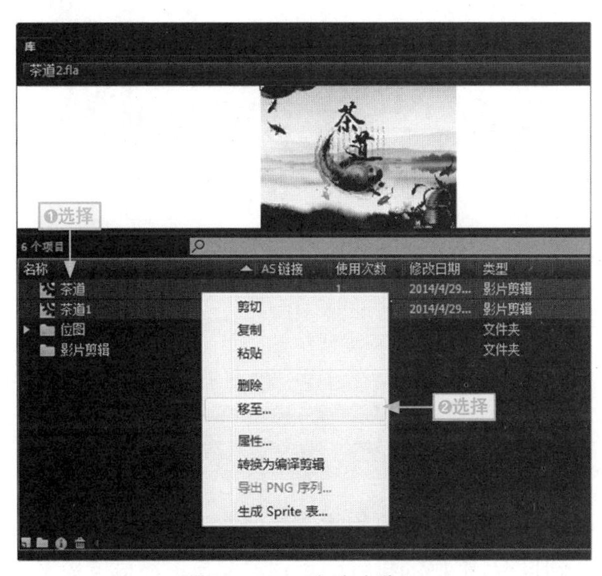

图13-61　移动库资源

步骤07 打开"移至文件夹"对话框，❶选中"现有文件夹"单选按钮，❷选择"影片剪辑"文件夹，❸单击"选择"按钮，如图13-62所示。

步骤08 返回到"库"面板中即可查看到使用文件夹管理资源库项目的效果，如图13-63所示。

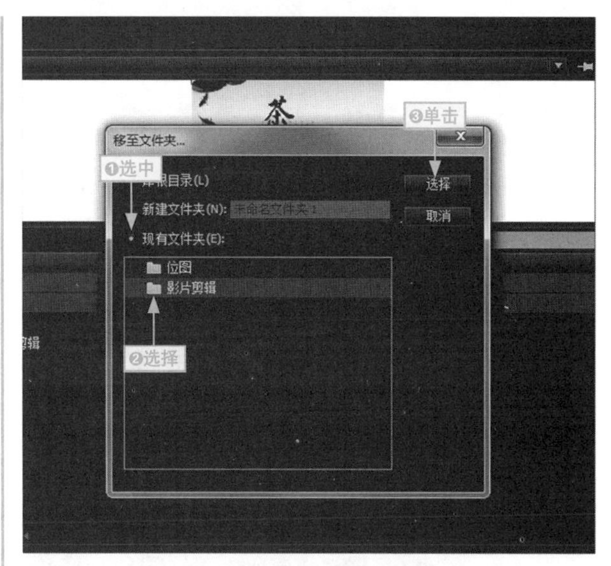

图13-62　选择移到的目标文件夹

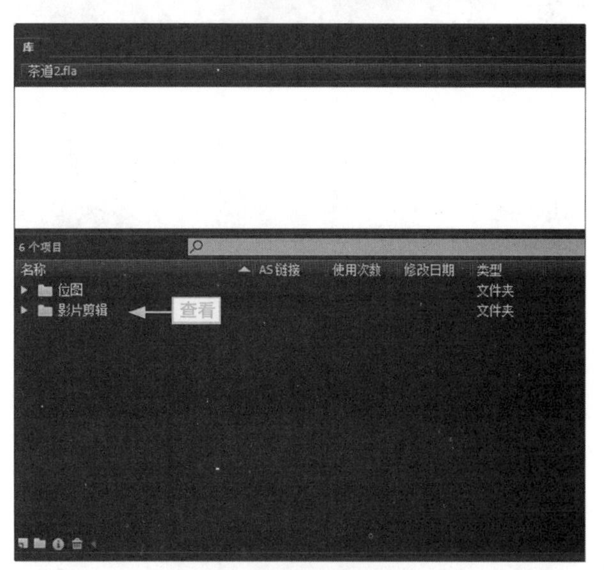

图13-63　查看效果

核心妙招 | 查看文件夹中的项目

要查看和使用库文件夹中的资源项目，只需展开相应的文件夹即可，它与图层文件夹的展开(或折叠)方法完全相同。

13.3.2　删除、复制和排序资源项

库资源是Flash动画的一部分，所以将资源库中不需要或重复的资源项目删除，能有效地减少Flash文件的大小，下面分别讲解删除、复制和排序库资源的方法。

学习目标	对库资源项进行删除、复制和排序操作
难度指数	★

◆删除库资源

❶选择要删除的资源项，❷单击“删除”按钮，如图13-64所示。

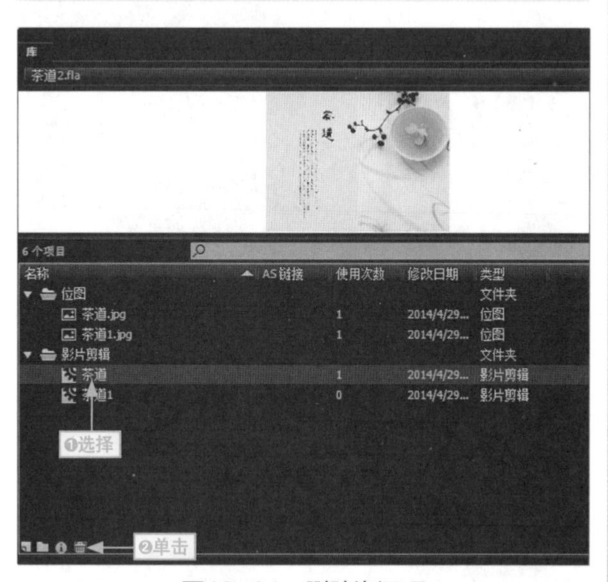

图13-64 删除资源项

核心妙招 | 拖动删除资源项目

❶选择要删除的资源项并按住鼠标左键不放，❷拖动到“删除”按钮上，将其“扔”进垃圾桶，如图13-65所示。

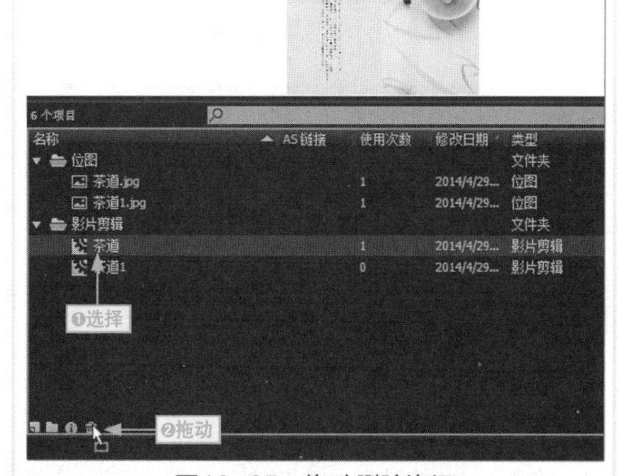

图13-65 拖动删除资源

◆复制库资源

除了按Ctrl+C组合键复制外，用户还可以对其进行直接复制，如图13-66所示。

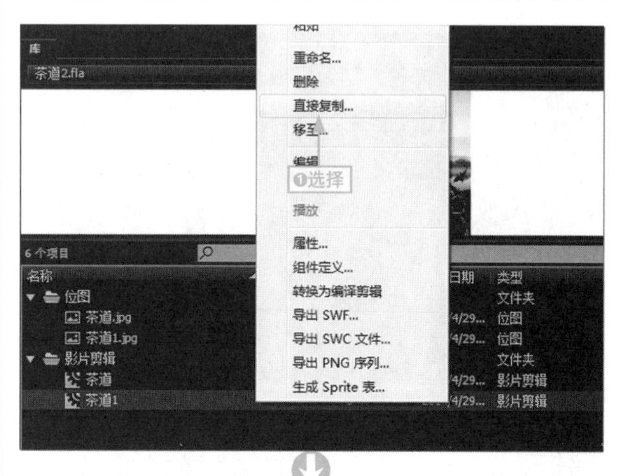

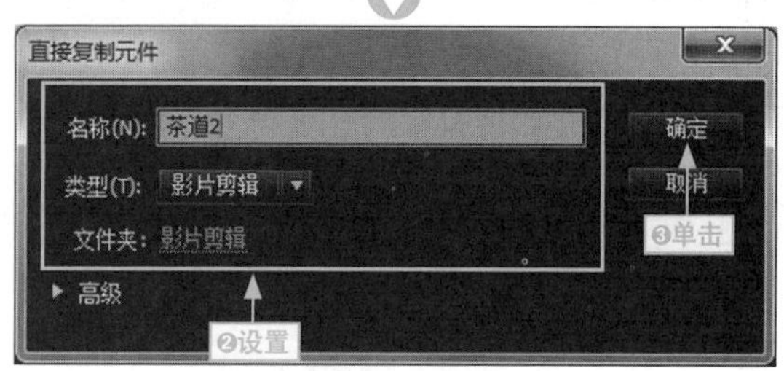

图13-66 直接复制

专家提醒 | 直接复制与复制的区别

直接复制相当于在原项目上进行创建，而且保存原有的项目效果，不需要粘贴。而通过传统的复制则需要粘贴，而且不能在过程中做任何更改和设置。

◆排序库资源

在库资源中用户可根据不同的字段对资源项目进行升序或降序的排列，用户只需单击相应字段上的排序按钮，如图13-67所示。

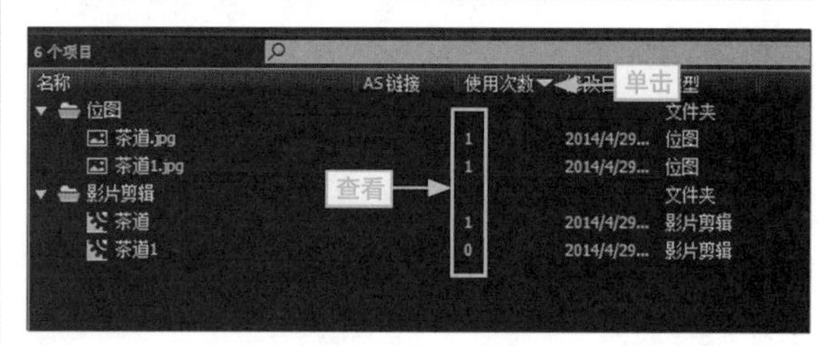

图13-67 排序

13.3.3　调用外部库

在Flash中并不是只能使用当前动画中的资源库，用户还可以通过导入外部库来打开其他的动画中的资源库。

下面通过在“茶道3”文档中导入外部的“导航菜单”库来讲解相关操作。

本节素材	DVD/素材/Chapter13/茶道3.fla
本节效果	DVD/效果/Chapter13/无
学习目标	导入外部资源库
难度指数	★★

步骤01 打开“茶道3”素材文件，❶单击“文件”菜单项，❷选择“导入/打开外部库”命令，如图13-68所示。

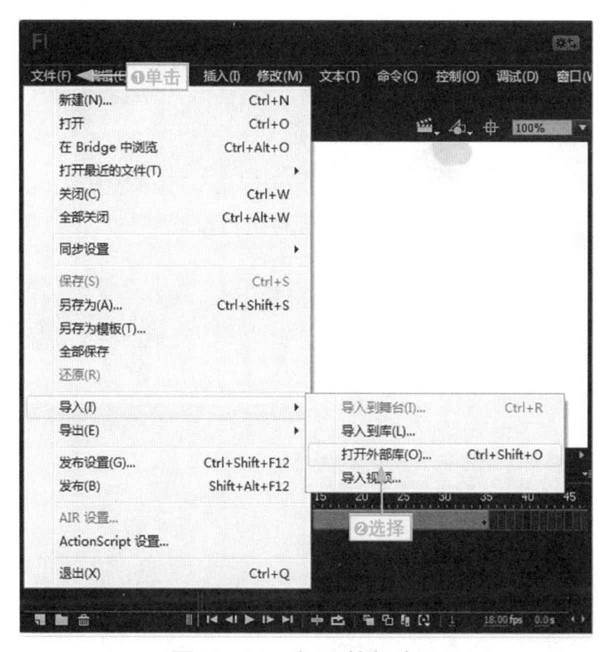

图13-68　打开外部库

步骤02 打开“打开”对话框，❶选择打开外部资源库路径，❷选择要导入的外部资源库所在的文档选项，❸单击“打开”按钮，如图13-69所示。

图13-69　选择外部资源库所在的文档

专家提醒 | 导入外部资源库需注意

将外部资源库导入当前文档中后，用户可以对其中的资源进行调用。

用户还会发现导入的外部资源库面板不能进行新建库面板和固定当前库以及库面板的切换。

步骤03 系统自动打开导入的外部资源库，如图13-70所示。

图13-70　查看打开的外部资源库

专家提醒 | 在不同的库之间切换

用户若要在当前打开的多个文档中进行库资源调用，可直接单击库路径下拉按钮，选择相应的库资源名称选项，切换不同的库。

13.4 实战问答

?! NO.1 | 如何将Flash中的实例直接转换为元件

元芳：除了在Flash中创建元件，把相应的对象放在元件内部外，可不可以将Flash中已有的实例或对象转换为元件呢?

大人：当然可以了，用户只需将要转换为元件的对象或实例选择，然后通过元件的转换即可将其转换为元件，其具体操作方法如下。

步骤01 在要转换为元件的对象上右击，选择“转换为元件”命令，打开“转换为元件”对话框，如图13-71所示。

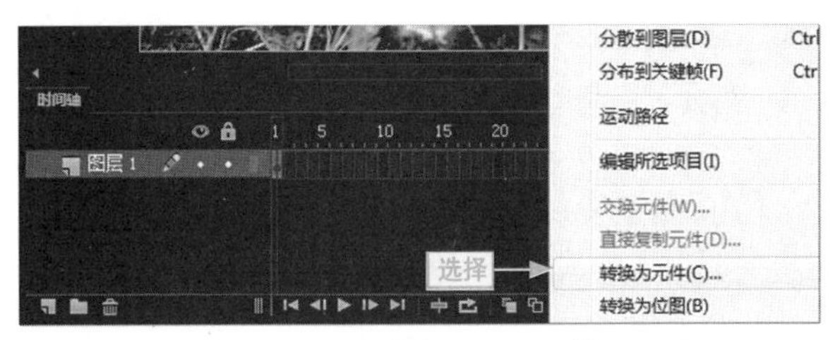

图13-71 启动“转换为元件”对话框

步骤02 ❶在打开的“转换为元件”对话框中进行相应的设置，❷单击“确定”按钮，如图13-72所示。

图13-72 对元件进行设置

?! NO.2 | 如何处理库冲突

元芳：在库资源中有时会发生这样的事：系统会提示已有的相应的项目存在而不能实现某些操作，如移动等，该怎样解决呢?

大人：在库资源中不能存在同名称的库资源，所以在同一文件夹下或根目录下有相同的文件名称且类型相同时就会出现冲突，此时用户可通过替换功能来解决，其具体操作方法如下。

步骤01 当同一文件夹下出现另一个名称和类型相同的库资源时，系统会自动打开“解决库冲突”对话框，❶用户可进行选择，❷单击确定”按钮即可，如图13-73所示。

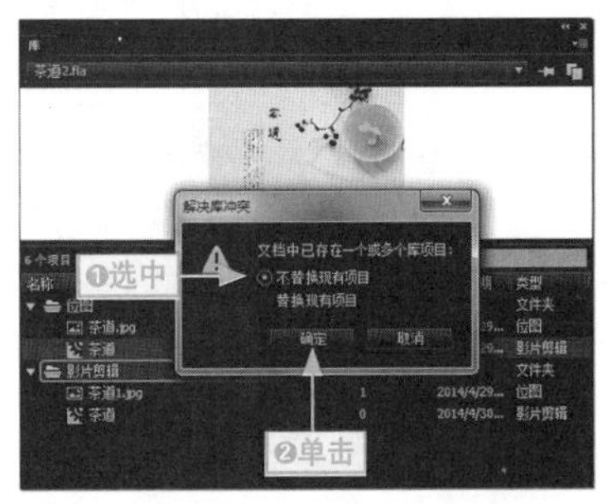

图13-73 选择解决冲突的方式

步骤02 返回到库中即可查看到解决库资源冲突的效果，如图13-74所示。

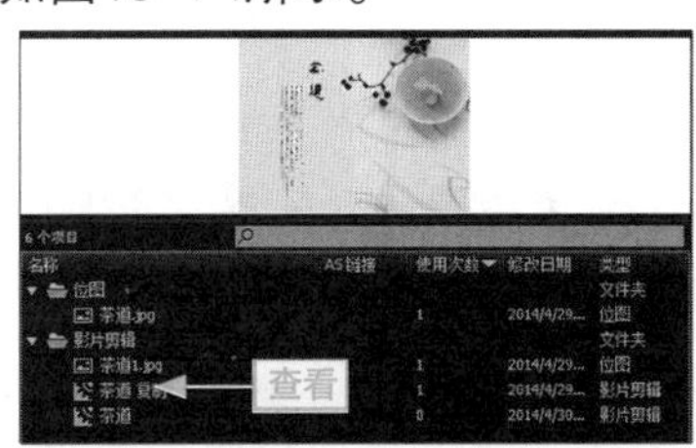

图13-74 查看不替换当前项目效果

专家提醒 | 库目录下冲突提示

创建元件或导入外部素材到文档中时，系统自动进行检测，若有冲突，系统会提示用户更改名称等。

13.5 思考与练习

填空题

1. 要制作一个具有4种状态的元件，应将元件类型设置为________。

2. 在不改变元件类型的前提下，将元件内容进行更改的快速方法是________。

3. 要对资源库中的资源按照不同的类型或用途进行管理，可通过________实现。

选择题

1. 在Flash CC中能对元件进行的操作是（　）。

A. 更改元件类型

B. 查看元件属性

C. 放在指定的文件夹中

D. 以上3种

2. 对元件、实例和库说法错误的是（　）。

A. 库中有当前文档的所有元件

B. 在库中也能创建元件

C. 在库中存放的资源也可叫作实例

D. 元件只有通过使用才能称之为实例

判断题

1. 创建元件后，就再也不能对它的类型进行更改了。（　）

2. 在资源库中除了能将元件分类管理外，还可以对资源项目进行筛选。（　）

3. 用户除了直接使用当前库中资源外，还可以调用或导入其他文档的资源。（　）

操作题

【练习目的】制作导航菜单

下面通过制作导航菜单元件并将其添加到舞台，通过对元件进行直接复制、交换元件等操作来巩固本章的相关知识和操作。

【制作效果】

本节素材	DVD/素材/Chapter13/导航菜单1.fla
本节效果	DVD/效果/Chapter13/导航菜单1.fla

Chapter 14

制作网页动画

本章要点

★ 创建逐帧动画
★ 创建补间动画
★ 创建形状补间动画
★ 制作遮罩动画
★ 制作引导动画
★ 常用AS代码
★ 条件语句
★ 循环语句

学习目标

本章将会介绍各种简单动画的制作和ActionScript语言，其中动画的制作包括：逐帧动画、引导动画、遮罩动画、补间动画以及传统补间动画，同时还介绍了3D动画的制作。本章的最后部分对AS进行一个简单的介绍，以帮助用户更好更全面地学习和掌握Flash CC。

知识要点	学习时间	学习难度
创建简单Flash动画	30分钟	★★
ActionScript应用开发	35分钟	★★★

重点实例

逐帧动画

形状变化

人机交互

14.1 创建简单Flash动画

在Flash中用户可以轻松地创建出几种简单的动画：逐帧动画、遮罩动画、补间动画和引导动画，下面就分别对其进行介绍。

14.1.1 创建逐帧动画

逐帧动画就是在时间轴上逐帧绘制不同的内容，使其连续播放而成动画。

下面通过为时钟添加秒针转动效果为例来讲解相关操作。

本节素材	DVD/素材/Chapter14/时钟.fla
本节效果	DVD/效果/Chapter14/时钟.fla
学习目标	创建简单的逐帧动画
难度指数	★★

步骤01 打开“时钟”素材文件，❶单击“窗口”菜单项，❷选择“库”命令，如图14-1所示。

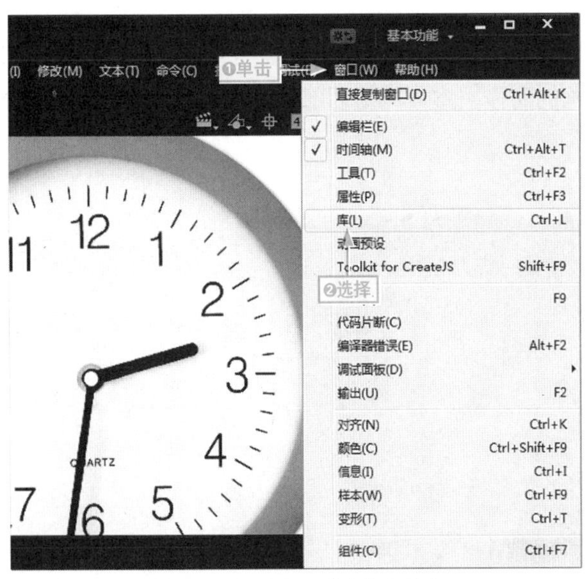

图14-1 展开“库”面板

步骤02 ❶选择“指针”图层的第1帧，❷将库中的指针影片剪辑添加到合适位置，并将“库”面板折叠，如图14-2所示。

图14-2 添加指针影片剪辑

步骤03 ❶在“工具”面板中选择“任意变形工具”选项，❷将指针中心点拖动至合适位置，如图14-3所示。

图14-3 调整指针中心点位置

步骤04 ❶选择“指针”图层中的第2帧，❷单击“插入”菜单项，❸选择“时间轴/关键帧”命令，如图14-4所示。

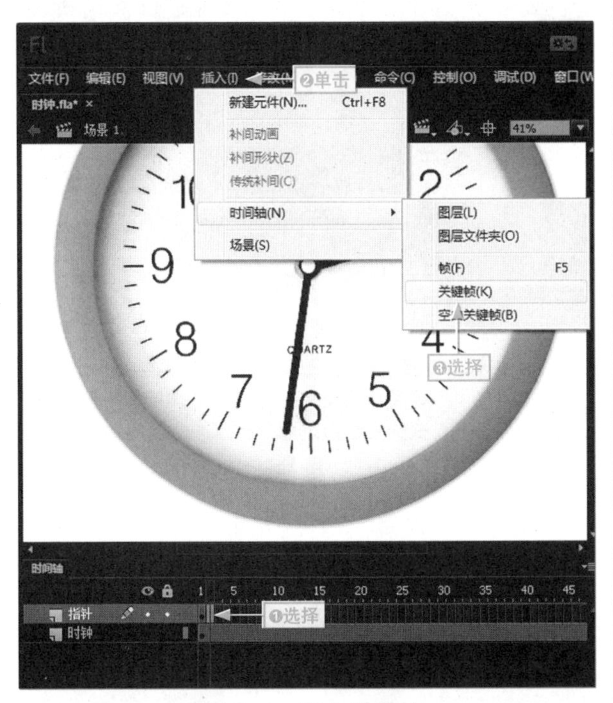

图14-4 插入关键帧

步骤05 将鼠标光标移到控制柄的右上角，此时鼠标光标变成↻形状，按住鼠标左键不放拖动鼠标旋转角度，如图14-5所示。

图14-5 旋转角度

步骤06 以同样的方法在其他帧上插入关键帧，并旋转指针的角度，如图14-6所示。

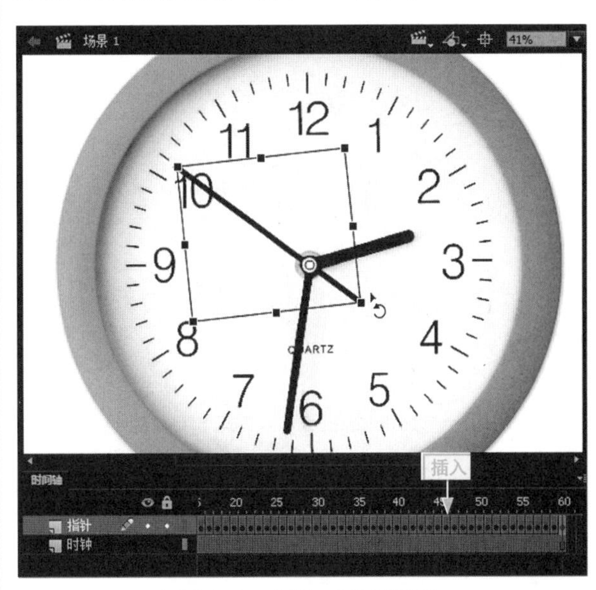

图14-6 制作其他关键帧

步骤07 在时间面板中的帧速率文本框中设置帧速度为1(即每秒播放一帧)，如图14-7所示。

图14-7 输入帧频

步骤08 按Ctrl+Enter组合键测试影片即可查看逐帧动画效果，如图14-8所示。

图14-8 查看效果

14.1.2 创建补间动画

补间动画是针对元件来制作相应动画，而且该补间动画是对元件的属性进行相应的变化，如大小、颜色、透明度等。

下面通过制作一个淡入效果的图片补间动画为例来讲解相关操作。

本节素材	DVD/素材/Chapter14/淡入.fla
本节效果	DVD/效果/Chapter14/淡入.fla
学习目标	掌握创建补间动画的具体方法
难度指数	★★

步骤01 打开“淡入”素材文件，按F8键打开“转换为元件”对话框，❶在“名称”文本框中输入“海滩”文本，❷单击“确定”按钮，如图14-9所示。

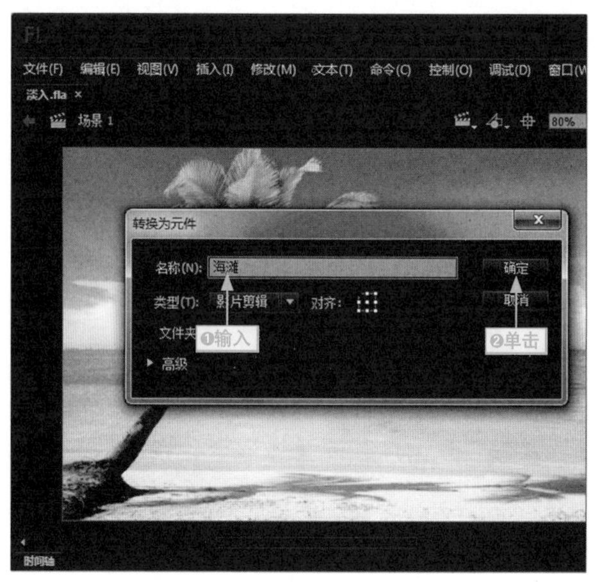

图14-9 将图片转换为元件

步骤02 ❶选择第52帧，❷单击“插入”菜单项，❸选择“时间轴/帧”命令，如图14-10所示。

图14-10 插入帧

步骤03 ❶单击“插入”菜单项，❷选择“补间动画”命令创建补间动画，如图14-11所示。

图14-11 创建补间动画

专家提醒 | 通过快捷菜单创建补间动画

在时间轴上右击，选择“创建补间动画”命令创建补间动画，如图14-12所示。

图14-12 通过快捷菜单创建补间动画

步骤04 ❶在舞台上选择实例对象，❷在“色彩效果”选项卡中单击“样式”下拉按钮，❸选择Alpha选项，如图14-13所示。

图14-13 设置样式选项

步骤05 在激活的Alpha文本框中输入100，设置影片剪辑的透明度为100%，如图14-14所示。

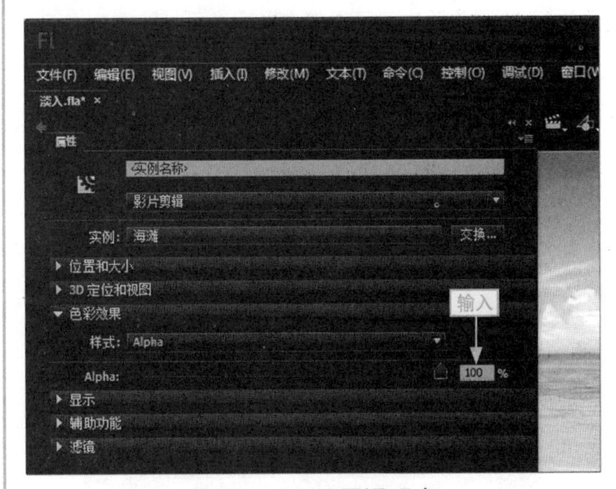

图14-14 设置透明度

步骤06 ❶选择第1帧，❷在舞台上选择实例对象，❸在“属性”面板中的Alpha文本框中输入12，❹折叠“属性”面板，如图14-15所示。

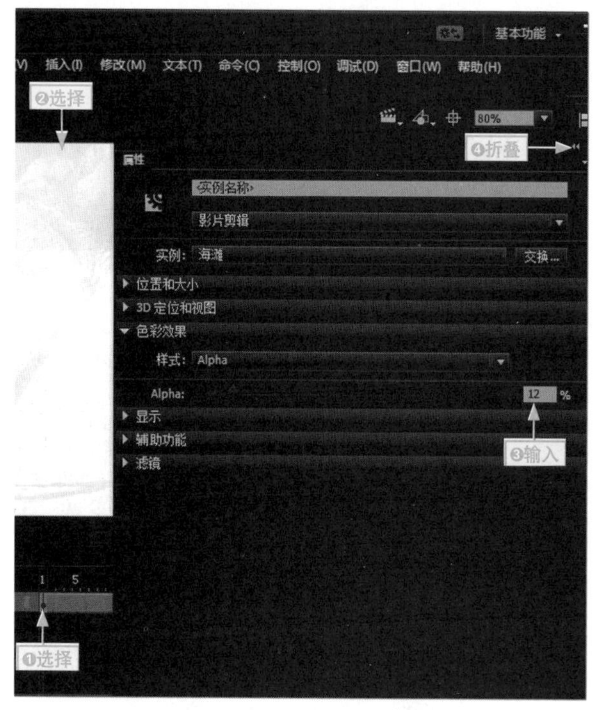

图14-15　改变透明度

核心妙招 | 选择补间动画中的帧

在补间动画中若只是单击鼠标进行帧的选择，会选择整个动画范围的帧；按住Ctrl键同时单击鼠标选择帧，能选择补间动画中的具体帧。

步骤07 ❶单击“控制”菜单项，❷选择“清除发布缓存并测试影片”命令，如图14-16所示。

专家提醒 | 清除发布缓存并测试影片

在制作和测试动画影片时会产生大量的缓存数据，通过清除缓存能将缓存中数据删除，释放出更多的空间，更有利于影片的测试。

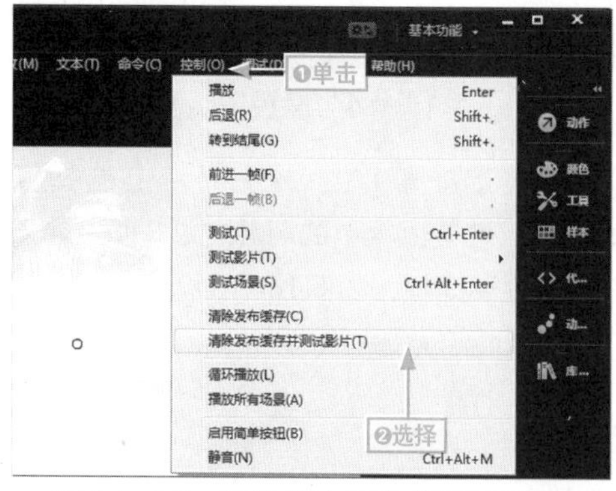

图14-16　清除发布缓存并测试影片

步骤08 在测试影片窗口中即可查看到制作的淡入补间动画的效果，如图14-17所示。

图14-17　查看效果

专家提醒 | 删除补间动画

在补间动画上右击，选择“删除补间”命令即可将其删除。

14.1.3　创建形状补间动画

形状补间动画就是对实例形状进行变化。下面通过制作一个企鹅变熊猫的形状补间动画为例来讲解相关操作。

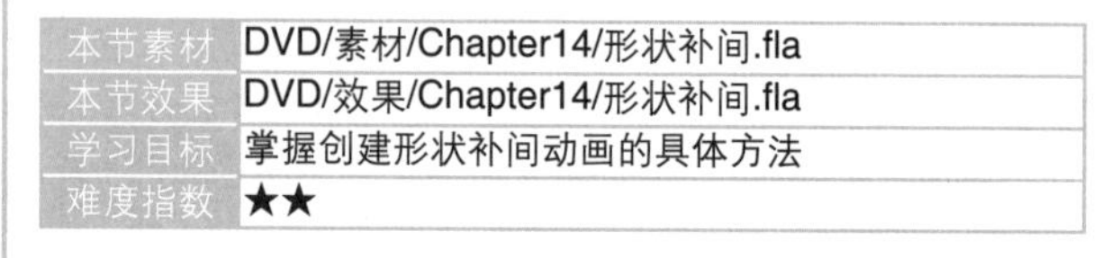

本节素材	DVD/素材/Chapter14/形状补间.fla
本节效果	DVD/效果/Chapter14/形状补间.fla
学习目标	掌握创建形状补间动画的具体方法
难度指数	★★

步骤01 打开“形状补间”素材文件，❶将帝企鹅影片剪辑添加到舞台上，❷按Ctrl+B组合键将其打散，如图14-18所示。

图14-18　添加实例

步骤02 ❶选择第45帧，❷添加熊猫影片剪辑并按Ctrl+B组合键将其打散，再折叠“库”面板，如图14-19所示。

专家提醒 | 在添加实例时需注意

在不同的帧上添加实例时，为了保证实例对象位置的对齐，可通过显示标尺和添加辅助线作为参考线来放置对象。

图14-19 添加熊猫影片剪辑并打散

步骤03 ❶在第2帧到第45帧之间的任意帧上右击，❷选择“创建补间形状”命令，如图14-20所示。

步骤04 按Ctrl+Enter组合键测试动画即可查看到创建的形状补间动画效果，如图14-21所示。

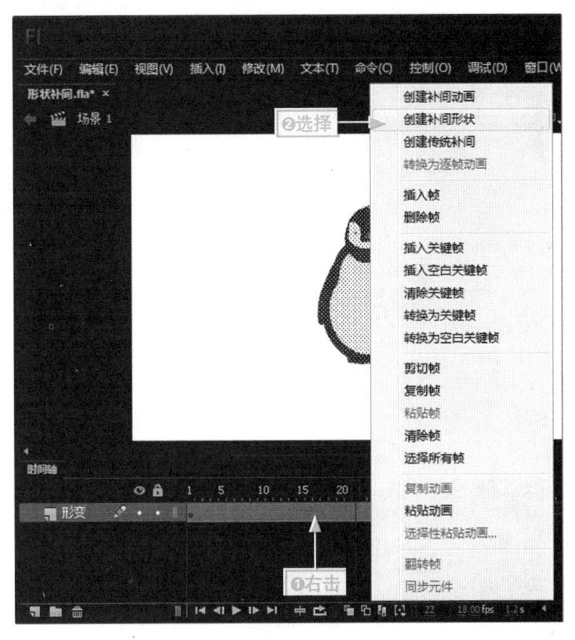

图14-20 创建形状补间动画

专家提醒 | 删除形状补间动画

删除形状补间动画与删除补间动画的方法一样，只需在补间动画帧上右击，选择“删除补间”命令即可。

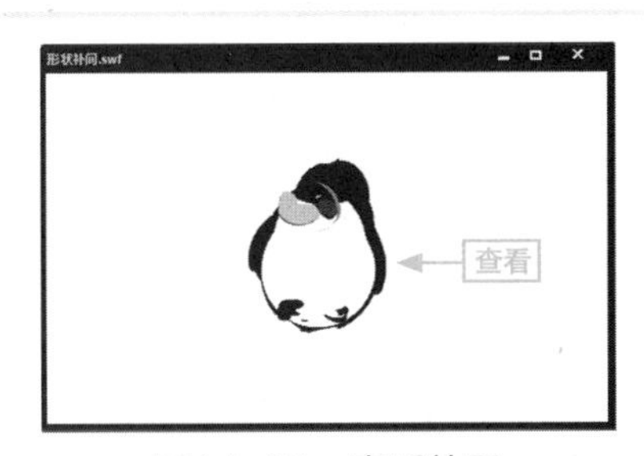

图14-21 查看效果

长知识 | 添加形状提示

形状提示是形状补间动画独有的功能，它能让没有规则变化的形状补间动画变得有规则，实现形状变化的可控性，其方法为：选择形状补间动画的关键帧，❶单击“修改” 菜单项，❷选择“形状/添加形状提示”命令(可多次执行添加提示点)，如图14-22所示，系统自动添加相应的形状提示点，用户将这些提示点移到相应的位置即可，如图14-23所示。

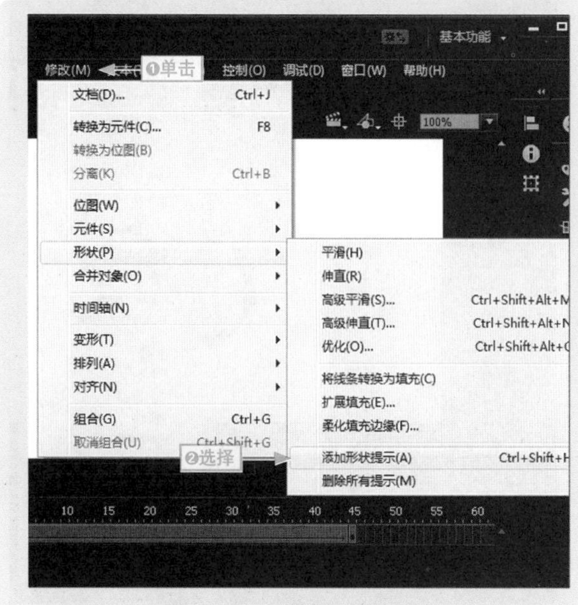
图14-22　添加形状提示

图14-23　移动形状提示点位置

14.1.4　制作遮罩动画

遮罩动画顾名思义就是用来遮挡一个或多个对象的动画。

下面以制作转轴遮罩动画为例来讲解相关操作，其具体操作方法如下。

本节素材	DVD/素材/Chapter14/茶艺.fla
本节效果	DVD/效果/Chapter14/茶艺.fla
学习目标	创建遮罩动画
难度指数	★★

步骤01 打开“茶艺”素材文件，❶在“遮罩”图层上右击，❷选择“遮罩层”命令将其转换为遮罩层，如图14-24所示。

步骤02 系统自动将普通图层转换为遮罩层，此时遮罩层和被遮罩图层没有明显的标志，而且舞台上被遮罩的对象没有显示，如图14-25所示。

步骤03 按Ctrl+Enter组合键测试动画即可查看到遮罩动画效果，如图14-26所示。

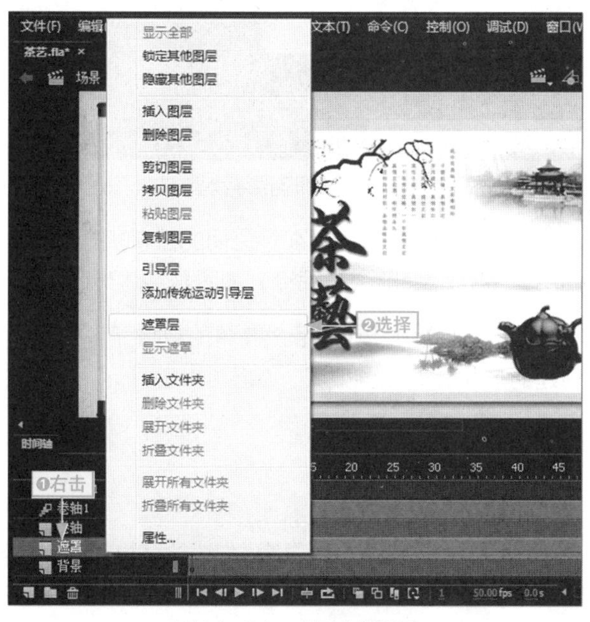
图14-24　创建遮罩层

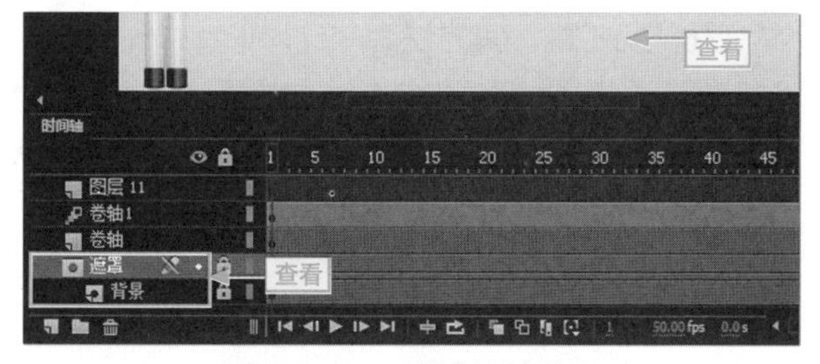
图14-25　遮罩与被遮罩

图14-26 查看效果

14.1.5 制作引导动画

引导动画其实就是让实例对象随着指定的路径进行运动的动画。

下面通过制作蝴蝶飞舞的引导动画为例来讲解相关操作。

本节素材	DVD/素材/Chapter14/蝴蝶飞舞.fla
本节效果	DVD/效果/Chapter14/蝴蝶飞舞.fla
学习目标	制作传统引导路径动画
难度指数	★★★

步骤01 打开“蝴蝶飞舞”素材文件，❶在“蝴蝶”图层上右击，❷选择“添加传统运动引导层”命令，如图14-27所示。

专家提醒 | 使用运动引导图层需注意

运动引导图层中需要用户手动添加或绘制运动路径，这些路径可以是闭合的，也可以是不闭合的线段，没有特别的限定。

图14-27 添加传统运动引导层

步骤02 在系统自动添加的引导图层中绘制路径，并在第85帧插入关键帧，如图14-28所示。

图14-28 绘制路径

步骤03 选择“蝴蝶”图层的第1帧，添加蝴蝶影片剪辑实例并将其中心点移到路径线段的线头处，如图14-29所示。

图14-29 添加实例并移动位置

步骤04 ❶在“蝴蝶”图层的第85帧上插入关键帧，❷将蝴蝶影片剪辑的中心点移到路径线段的末端，如图14-30所示。

步骤05 在“蝴蝶”图层上第2帧到第84帧之间的任一帧上右击，选择“创建传统补间”命令，如图14-31所示。

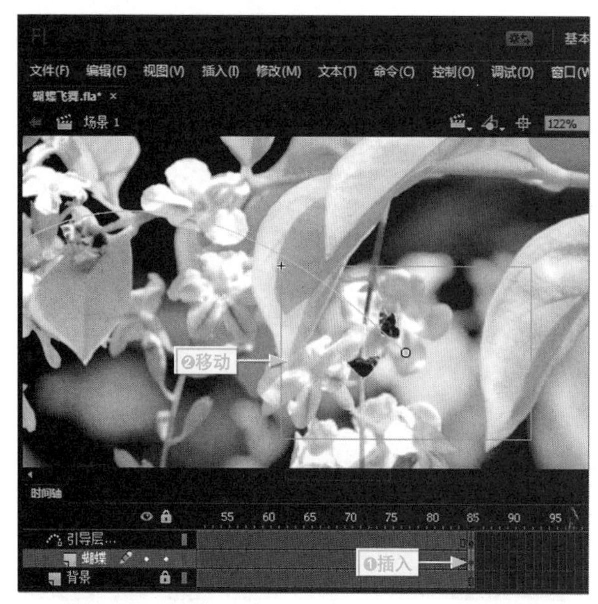

图14-30　插入关键帧并移动实例中心点位置

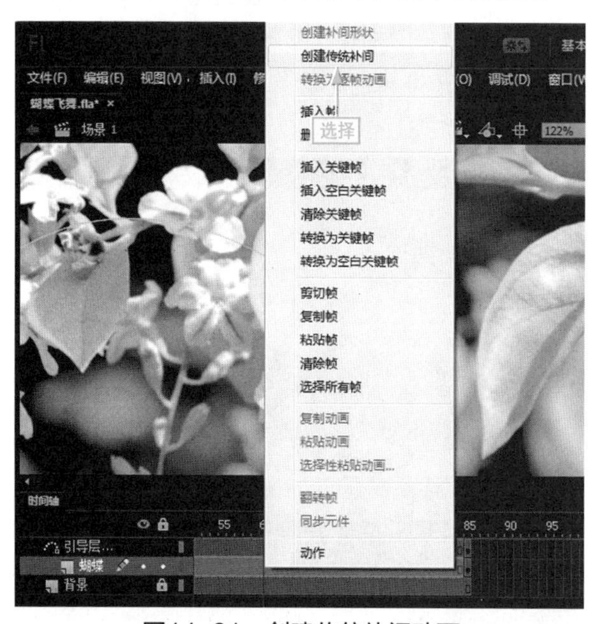

图14-31　创建传统补间动画

步骤06 按Ctrl+F3组合键打开“属性”面板，❶选中“调整到路径”复选框，❷单击“编辑缓动”按钮，如图14-32所示。

步骤07 打开“自定义缓入/缓出”对话框，❶调整缓入与缓出曲线，❷单击“确定”按钮，如图14-33所示。

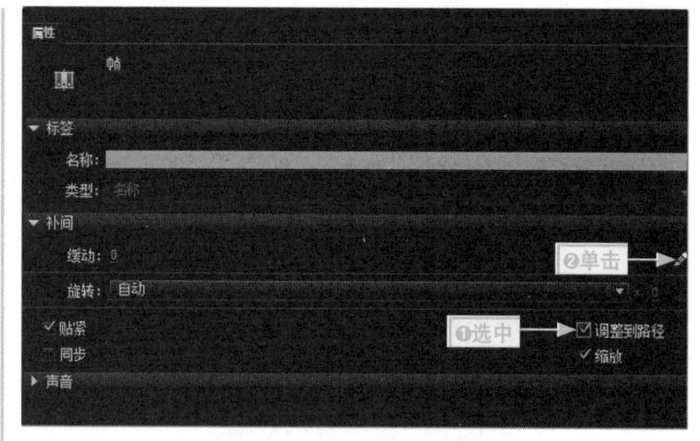

图14-32　设置补间属性

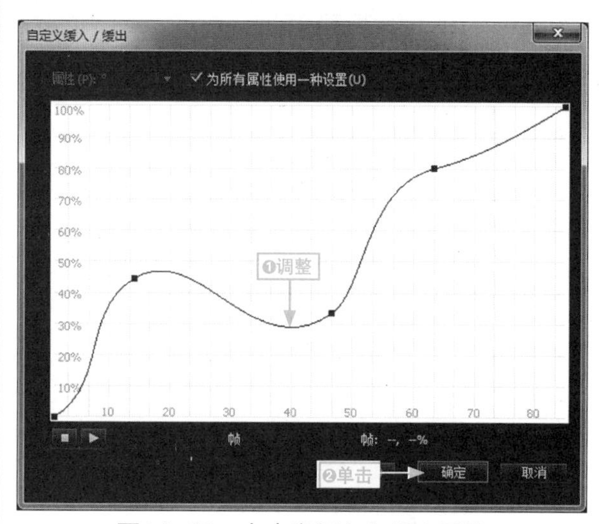

图14-33　自定义缓入和缓出属性

专家提醒 | 添加缓出与缓入曲线点

直接在曲线上要添加点的位置单击即可实现添加缓入与缓出控制点的功能。

步骤08 按Ctrl+Enter组合键测试影片即可查看到创建的引导动画效果，如图14-34所示。

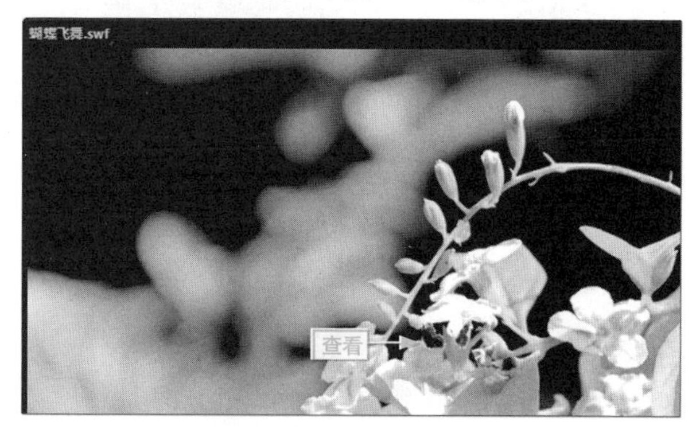

图14-34　查看效果

长知识 | 补间动画与传统补间动画的差别

要想娴熟使用和制作传统补间动画与补间动画，必须知道这两者之间的差别，明白什么时候应使用传统补间动画，而哪些场合该使用补间动画。如图14-35所示为补间动画与传统补间动画的区别。

1. 传统补间动画是针对不同关键帧上的实例对象，而补间动画是针对一个相关联实例的对象属性，所以前者是针对帧而言，而后者针对是实例属性。

2. 传统补间动画是用于影片剪辑，而补间动画是用于图形元件。而且传统补间动画的帧上允许添加脚本，补间动画的帧上是不允许的，所以在其快捷菜单中也没有“动作”命令。

3. 传统补间动画不能够为3D对象创建动画，而补间动画能够为3D对象创建动画。

4. 传统补间动画的缓动效果只能用于补间动画的整个帧组，而不能像补间动画能将缓动用于整个补间范围。当然若要对补间动画中的具体帧进行缓动设置，则只能通过自定义缓动功能来设置。

图14-35 补间动画与传统补间动画的差别

14.2 ActionScript应用开发

ActionScript是Flash专用编程语言，简称AS，用户使用它不仅可以制作出绚丽的动画效果，还能制作出各种人机交互动画。下面就介绍ActionScript的基本语法。

14.2.1 常用命令

ActionScript语言是较为简单的一种语言，即使对初学者也容易掌握和学习。下面通过制作图片浏览效果为例来讲解相关操作。

本节素材	DVD/素材/Chapter14/图片浏览.fla
本节效果	DVD/效果/Chapter14/图片浏览.fla
学习目标	掌握AS常用命令
难度指数	★★★

步骤01 打开“图片浏览”素材文件，在AS图层中的第1帧上右击，选择“动作”命令，打开“动作”面板，如图14-36所示。

专家提醒 | 使用AS需要注意

ActionScript分为三个版本1.0、2.0和3.0，在Flash CC中只能识别3.0的语句，其他版本的AS语句在Flash CC中可能无法正常运行。

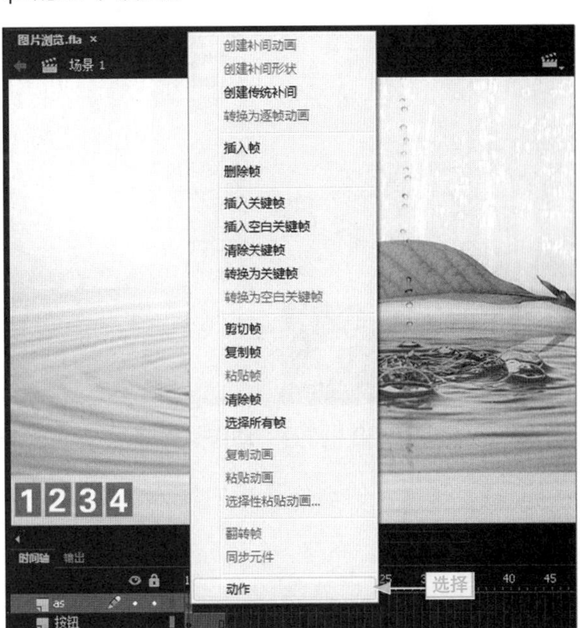

图14-36 打开“动作”面板

步骤02 在打开的动作面板中输入stop()，如图14-37所示。

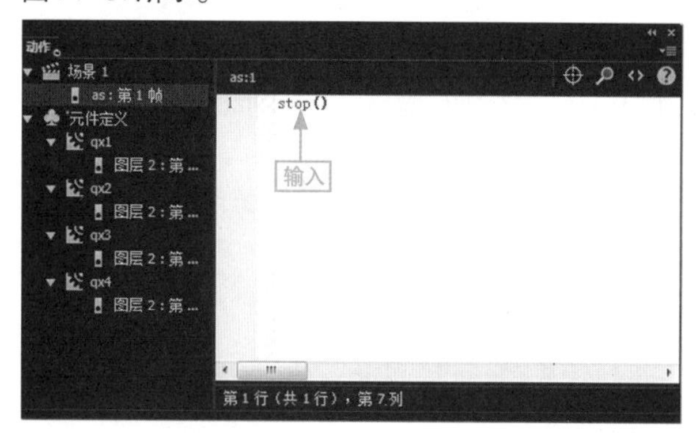

图14-37　输入停止代码

步骤03 ❶选择第2帧，❷单击“窗口”菜单项，❸选择“动作”命令，如图14-38所示。

核心妙招 | 快速打开/关闭“动作”面板

选择要输入代码的关键帧，直接按F9键可快速打开/关闭“动作”面板。

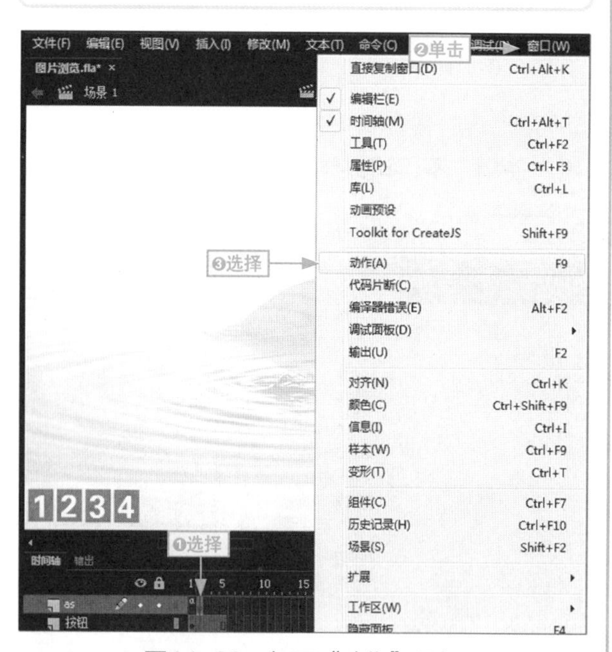

图14-38　打开“动作”面板

步骤04 在打开的动作面板中输入stop()，如图14-39所示。

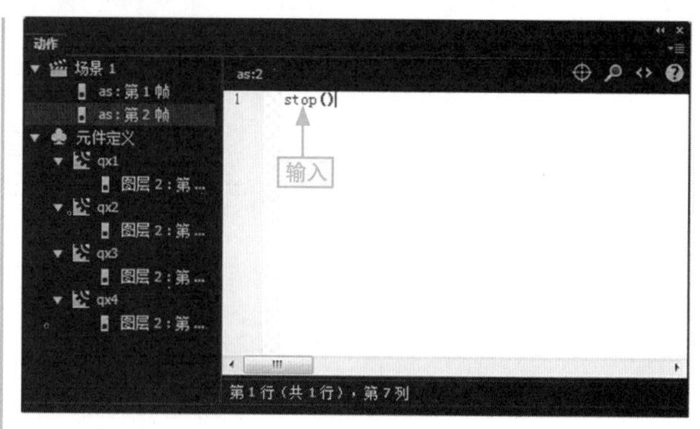

图14-39　输入停止代码

步骤05 ❶以相同的方法在AS图层中的其他空白关键上添加停止代码，❷选择“按钮1”实例对象，❸在“窗口”菜单中选择“代码片段”命令，如图14-40所示。

专家提醒 | 输入代码语句需注意

在Flash中输入AS代码一定要注意代码的大小写，否则系统可能因不能识别而报错。

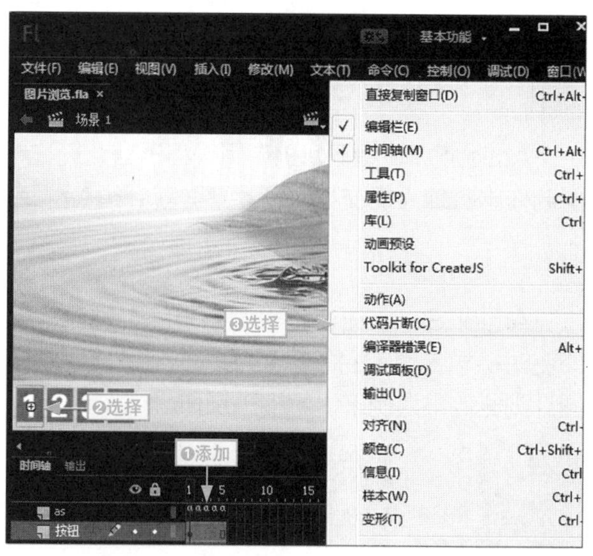

图14-40　选择“代码片断”命令

步骤06 打开“代码片断”面板，❶展开“事件处理函数”选项卡，❷双击“Mouse Click事件”选项，如图14-41所示。

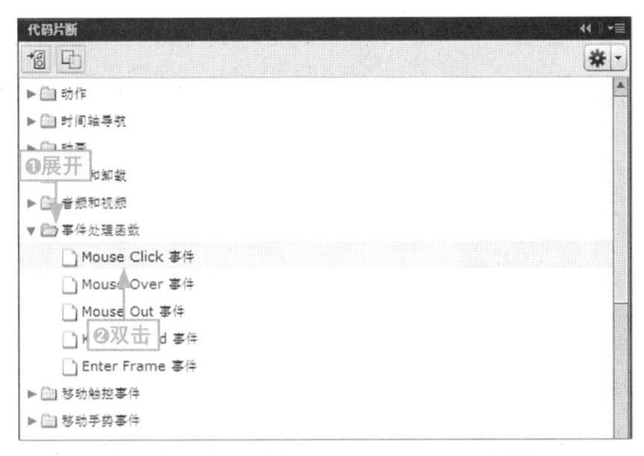

图14-41　选择Mouse Click事件

步骤07 系统能够自动添加事件处理代码，将事件处理的原来方法语句代码删除，并输入gotoAndStop(1)语句，如图14-42所示。

专家提醒 | gotoAndStop()语句

gotoAndStop()表示跳转到某一帧并停止播放(其中括号中的参数表示跳转的目标位置)，与之相反的是gotoAndPlay()，它表示跳转到某一帧并开始播放。

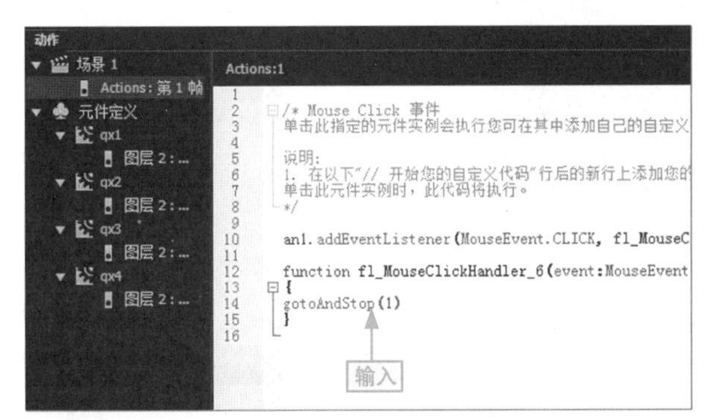

图14-42　输入跳转代码

步骤08 ❶在舞台上选择“按钮2”实例对象，❷单击“代码片段”按钮打开“代码片断”面板，如图14-43所示。

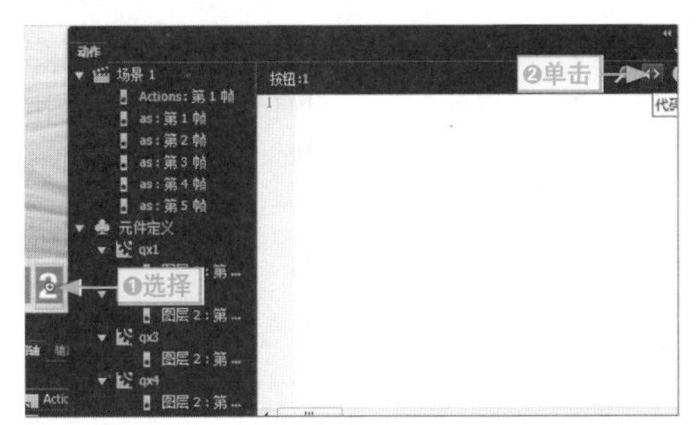

图14-43　打开“代码片断”面板

步骤09 ❶选择“Mouse Click事件”选项，❷单击“添加到当前帧”按钮，如图14-44所示。

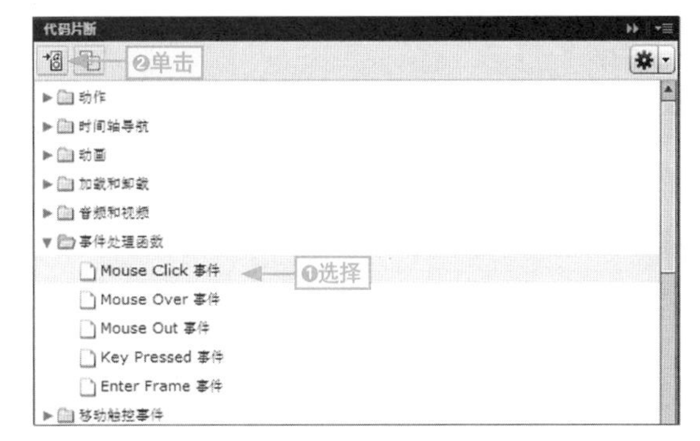

图14-44　添加代码片断

步骤10 系统能够自动添加事件处理代码，将事件处理的原来方法语句代码删除，并输入gotoAndStop(2)语句，如图14-45所示。

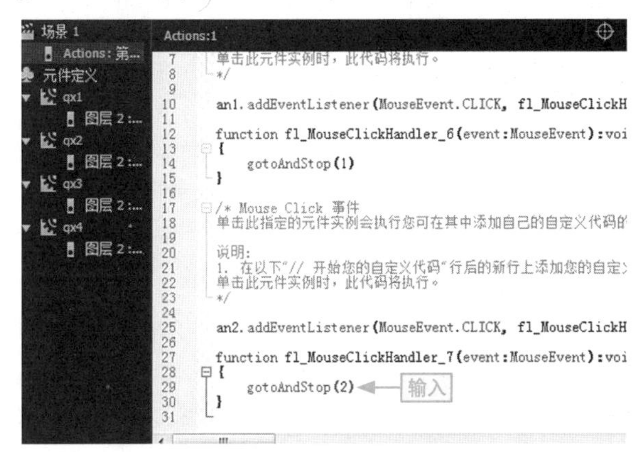

图14-45　输入跳转到第2帧代码

步骤11 ❶以同样的方法为其他实例按钮添加代码片断，❷单击“控制”菜单项，选择“测试影片/在浏览器中”命令，如图14-46所示。

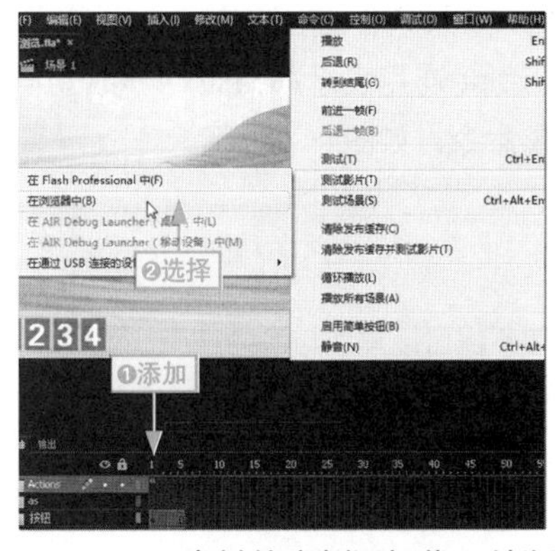

图14-46　为其他实例添加代码片断

专家提醒 | 为对象添加代码片断需注意

为对象添加代码片断之前，一定要为相应的对象定义名称。

步骤12 在打开的网页中测试即可查看到效果，如图14-47所示。

图14-47　网页中测试效果

14.2.2　常用语句

ActionScript语言中常用的语句不过有几种：if语句、while条件语句、for语句以及switch语句等，用户可根据这个语句编写出千变万化的效果来，下面就分别对这几种常用语句进行介绍。

学习目标	掌握AS 3.0中的常用语句
难度指数	★★

◆if语句

if语句表示如果条件成立，就执行什么操作或命令，它与else连用表示如果条件不成立再执行什么操作或命令，如图14-48所示。

专家提醒 | if语句的用法

if语句不仅可以单独与else连用，还可以与else if连用，用于多重条件判断，而且它还能对自身进行多重套用。

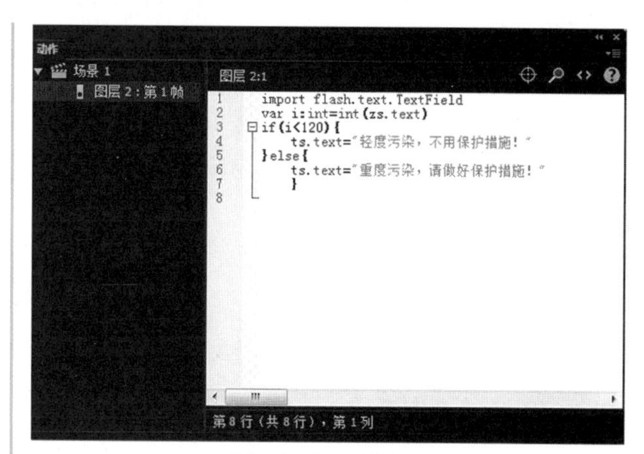

图14-48　if语句

◆while语句

while语句表示当设定的条件未能达到指定的要求就继续执行什么操作或命令，直到条件满足。如图14-49所示为简单的while语句代码。

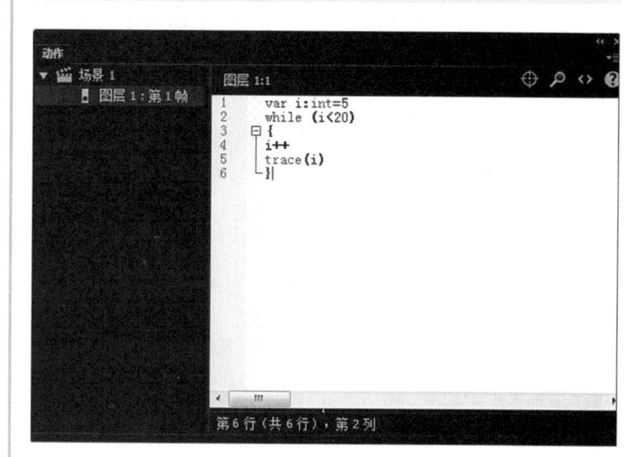

图14-49　while语句

专家提醒 | do while语句

do while语句是先执行某些操作，再去和条件进行匹配，如果符合条件就继续执行do中的语句，如果不能与while中条件进行匹配就立即结束运行(用户需注意：while语句或do while语句容易造成死循环，所以用户在使用该语句时一定要确定设置的条件和执行命令的严谨和准确)。

◆for语句

for语句可分为3种：for、for in和for each in，其中for in和for each in常用于获取数组中的数据。如图14-50所示为获取myArray数组中的每一组数据。

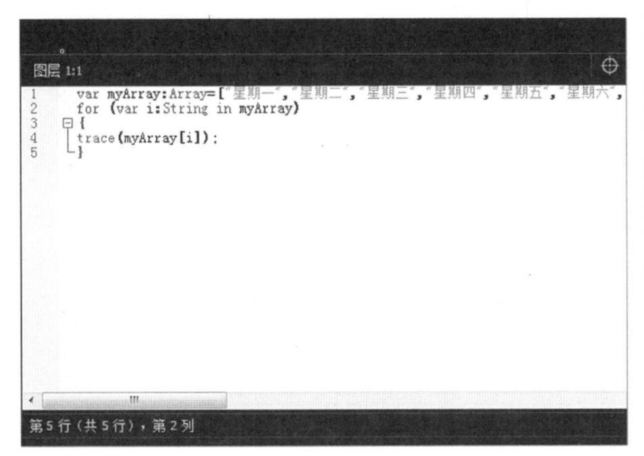

图14-50　for each in语句

◆switch语句

switch相当于一个开关，只要其中任意一个条件满足它就会打开这个开关而执行该命令或操作，而关闭其他所有开关而结束条件匹配，如图14-51所示。

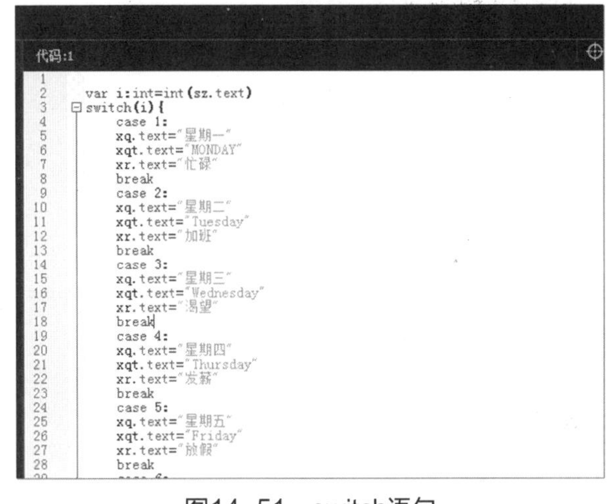

图14-51　switch语句

14.3 实战问答

NO.1 | 如何创建3D动画

元芳：在Flash中可以创建逐帧动画、补间动画、遮罩动画和引导动画，那么可以创建一些简单的3D动画吗，如果可以该怎样操作呢？

大人：在Flash中是可以创建简单的3D动画的，使对象实例实现三维立体的变化或运动等，但它必须在补间动画的基础上创建，其具体操作方法如下。

步骤01 ❶在补间动画上右击，❷选择“3D补间”命令，如图14-52所示。

图14-52　创建3D动画

步骤02 在“工具”面板中选择“3D旋转工具/3D平移工具”选项，如图14-53所示。

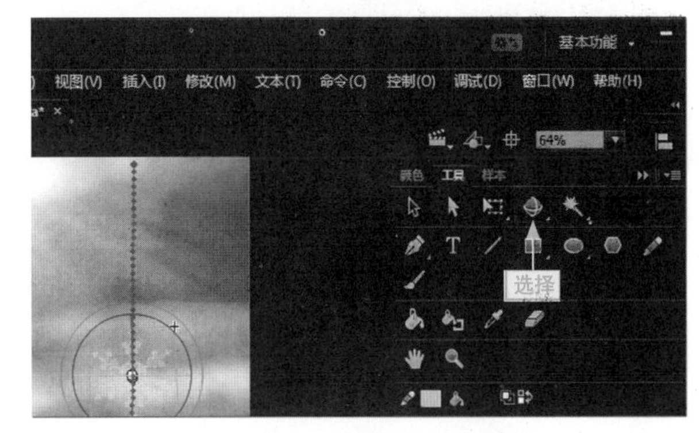

图14-53　选择3D旋转工具

步骤03 将鼠标光标移到实例对象上相应的轴上进行相应的调整，如图14-54所示。

图14-54　旋转或移动3D轴

?! NO.2 | 如何删除形状提示

元芳：在形状的补间动画中，为了使形状变化实现可控而特意添加了形状提示，那么在不需要时怎样来删除这些形状提示?

大人：要删除单个形状提示可直接在其上右击，选择“删除提示”命令将其删除；要删除所有的形状提示，可直接选择“修改”菜单下的“形状/删除所有提示”命令即可将所有的形状提示删除。

14.4 思考与练习

填空题

1. 若要根据元件的属性来创建动画，那么用户可创建____________动画。

2. 要让舞台上的动画元素按照自定义路径进行运动可创建____________动画。

3. 要动画播放到指定的帧时就停下来，可输入____________语句。

判断题

1. 传统补间动画与补间动画的主要区别在于是否设置动画实例的属性。（　）

2. AS代码只能添加在帧上。（　）

3. 遮罩动画是将遮罩图层上的实例对象隐藏起来而将被遮罩层上的实例对象显示出来。（　）

操作题

【练习目的】制作手电筒光照效果

下面将使用补间动画、遮罩动画和AS代码来共同完成一个手电筒光照效果，巩固本章的相关知识和操作。

【制作效果】

本节素材	DVD/素材/Chapter14/恐怖城堡.fla
本节效果	DVD/效果/Chapter14/恐怖城堡.fla

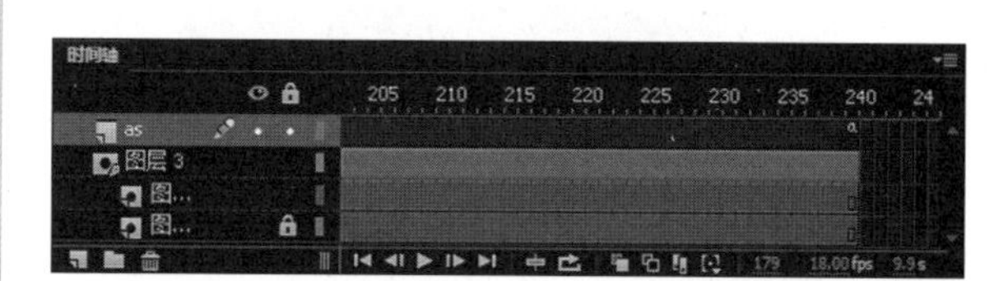

企业网站综合实例

本章案例

★ 使用Photoshop设计网站页面
★ 使用Flash制作网站动画
★ 使用Dreamweaver制作网站

案例目标

本章通过对一个典型的企业网站的制作，从综合运用方面来讲述一个网站的制作过程。首先介绍使用Photoshop设计网页的首页面和首页面素材的切割，然后通过Flash制作页面上的动画，再利用Dreamweaver将整个网站综合制作出来。

制作案例	制作时间	制作难度
设计网站首页	70分钟	★★★★★
制作网站动画	45分钟	★★★★★
制作企业网站	65分钟	★★★★★

案例展示

设计网站首页

制作动画

制作网站

15.1 使用Photoshop设计网站页面

制作一个网站，需要按照一定的流程进行。在制作页面时，需要先使用Photoshop将页面设计出来，这样可以看到页面整体效果，如发现不合适之处，也方便修改，在Photoshop中设计的首页效果如图15-1所示。

本节素材	DVD/素材/Chapter15/家居生活PS/image/
本节效果	DVD/效果/Chapter15/家居生活PS/image/
案例目标	掌握使用Photoshop制作首页素材的方法
难度指数	★★★★★

图15-1　首页设计效果

15.1.1 案例制作思路

在制作企业网站时，首先使用Photoshop设计出网站的首页，然后通过对首页的切割，为后面的页面制作提供相关的素材。具体流程如图15-2所示。

1. 设计网站Logo所在区域
2. 设计网站导航条所在区域

图15-2　案例流程

3. 设计网站中大部分图片和文本所在区域
4. 设计网站版权所在区域
5. 将网页中的相关素材进行切割

图15-2　(续)

15.1.2 案例制作过程

1. 设计网站首页

为了能够快速、准确地传递信息，企业网站的整体结构采用了比较简单的布局模式，根据其功能主要划分了4个区域，每个区域的具体设计如下。

步骤01 ❶单击“文件”菜单项，❷选择“新建”命令，如图15-3所示。

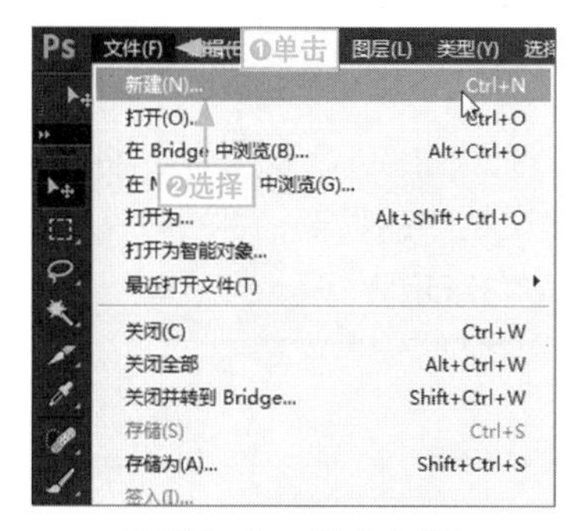

图15-3 新建文档

步骤02 ❶在打开的“新建”对话框中设置相关参数，❷单击“确定”按钮，如图15-4所示。

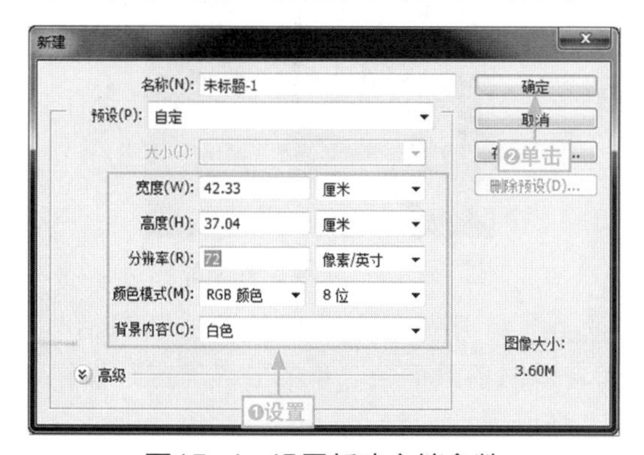

图15-4 设置新建文档参数

步骤03 ❶在工具箱中单击“背景色”按钮，❷在打开的“拾色器”对话框中选择相应的颜色，❸单击“确定”按钮，图15-5所示，按Ctrl+Delete组合键为文档填充背景色。

步骤04 ❶在“图层”面板上单击“创建新组”按钮，❷更改新增组的名称，如图15-6所示。

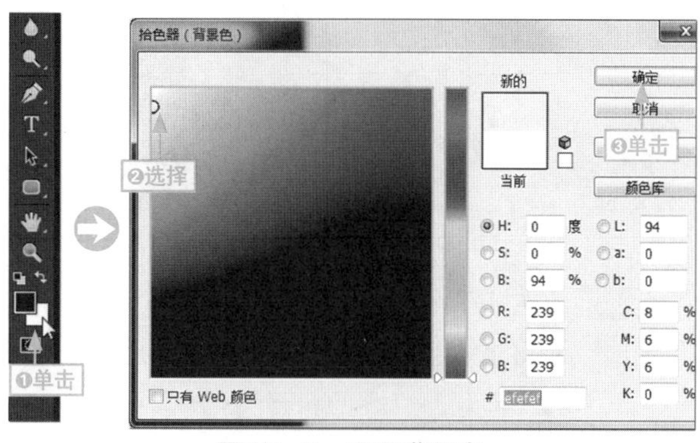

图15-5 设置背景色

图15-6 创建并重命名新增组

步骤05 ❶单击“文件”菜单项，❷选择“置入”命令，在打开的对话框中将Logo图像插入到文档中，如图15-7所示。

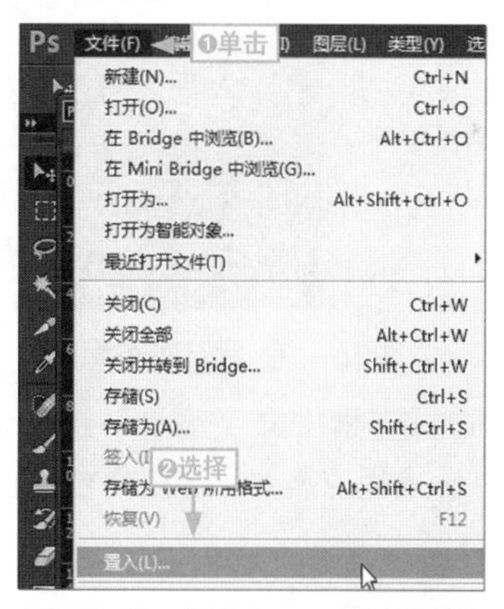

图15-7 置入Logo标志图片

步骤06 ❶将鼠标光标移动到图像的操纵点上，当鼠标光标变成双向箭头，按下鼠标左键调整图像大小，操作完成后释放鼠标左键，❷在工具箱中单击“移动工具”按钮，如图15-8所示。

图15-8　调整图像大小

步骤07 在打开的提示对话框中单击“置入”按钮，“图层”面板的top组中自动增加，如图15-9所示。

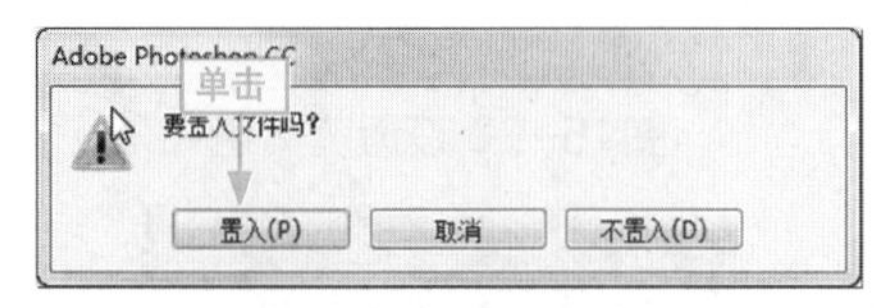

图15-9　确认置入

步骤08 打开tel素材文件，❶将文件中的图像拖入到新建文档中的适合位置，❷更改“图层”面板中自动生成的图层名称，如图15-10所示。

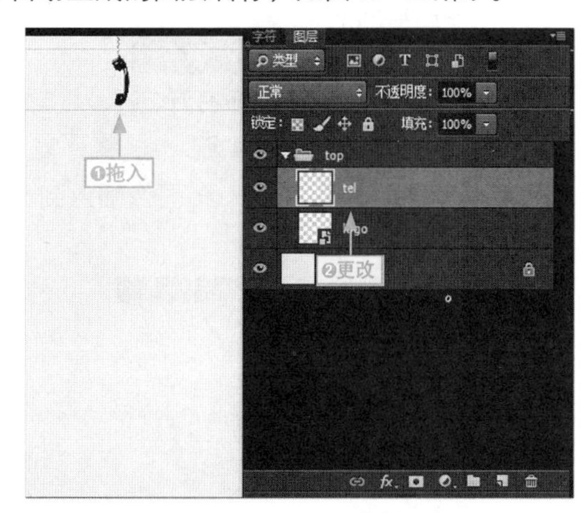

图15-10　移动图像

步骤09 选择“横排文字工具”选项，❶在“字符”面板中设置相应属性，❷在文档相应位置输入文本，如图15-11所示。

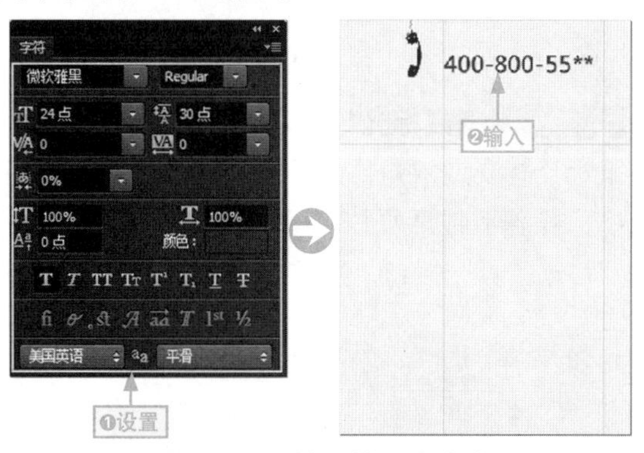

图15-11　输入并设置文本

步骤10 ❶在“字符”面板中设置相应属性，❷在文档相应位置输入文本，如图15-12所示。

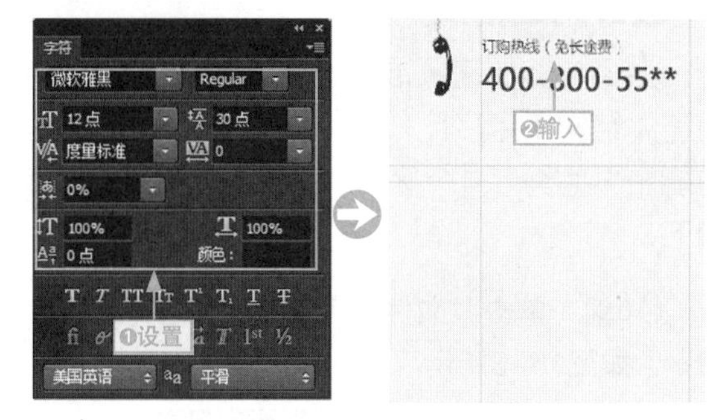

图15-12　输入并设置文本

步骤11 打开top-1素材文件，将文件中的图像拖入到新建文档中的顶部，并更改图层名称为nav-1，如图15-13所示。

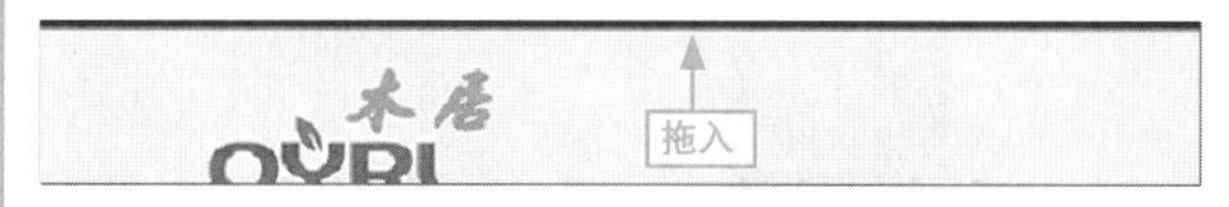

图15-13　移动图像

步骤12 在“图层”面板中新建组，并将其名称命令名为nav，如图15-14所示。

图15-14　新建组并重命名

步骤13 打开前景色的“拾色器”对话框，❶选择合适的前景颜色，❷单击“确定”按钮，如图15-15所示。

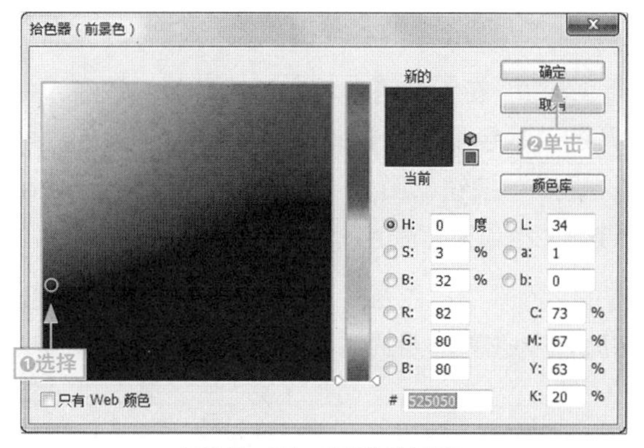

图15-15　设置前景色

步骤14 在nav组中新建图层，使用“矩形选框工具”在文档中绘制矩形，按Alt+Delete组合键填充前景色，按Ctrl+D组合键取消选择，如图15-16所示。

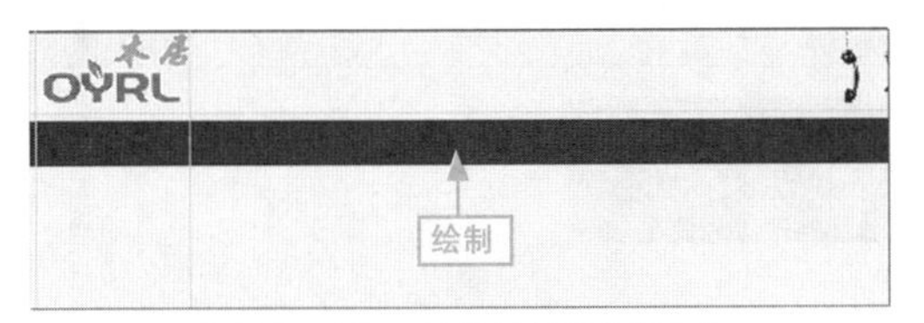

图15-16 绘制并填充矩形

步骤15 打开nav-1素材文件，将文件中的图像拖入文档中，nav组中自动生成“图层2”，如图15-17所示。

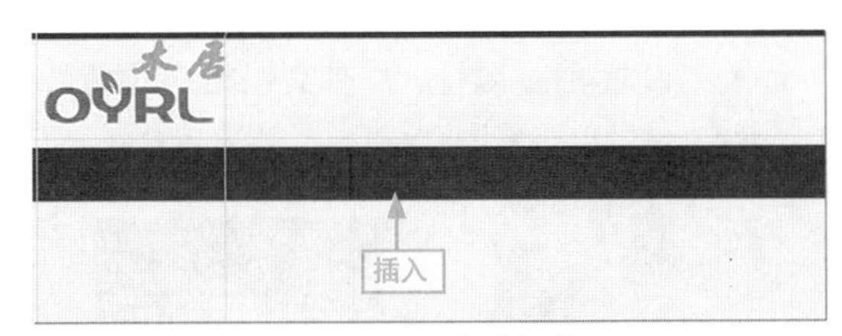

图15-17 移动图像

步骤16 多次复制“图层 2”图层，并调整复制的图像，如图15-18所示。

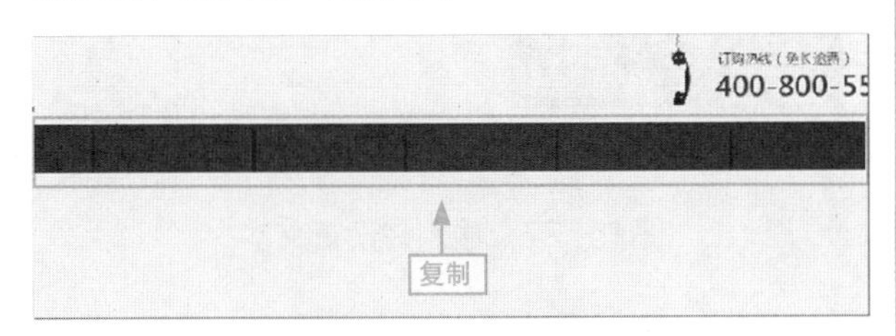

图15-18 复制图层

步骤17 选择“横排文字工具”选项，❶在“字符”面板中设置相应属性，❷在文档相应位置输入文本，如图15-19所示。

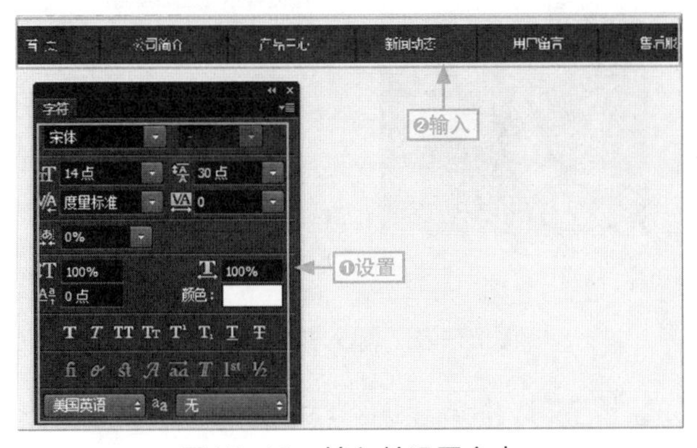

图15-19 输入并设置文本

步骤18 打开nav-2素材文件，将文件中的图像拖入文档中，nav组中自动生成“图层3”，如图15-20所示。

图15-20 移动图像

步骤19 ❶在“图层”面板上选择“图层3”选项，❷单击“图层样式”下拉按钮，❸选择“描边”命令，如图15-21所示。

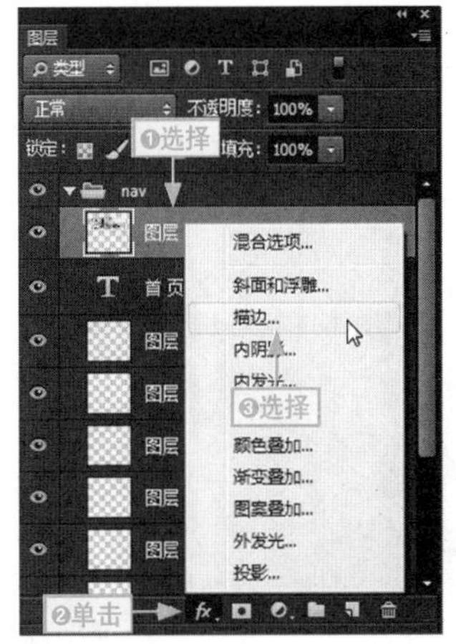

图15-21 选择“描边”命令

步骤20 ❶在打开的“图层样式”对话框的“描边”栏中设置相关参数，❷单击“确定”按钮，如图15-22所示。

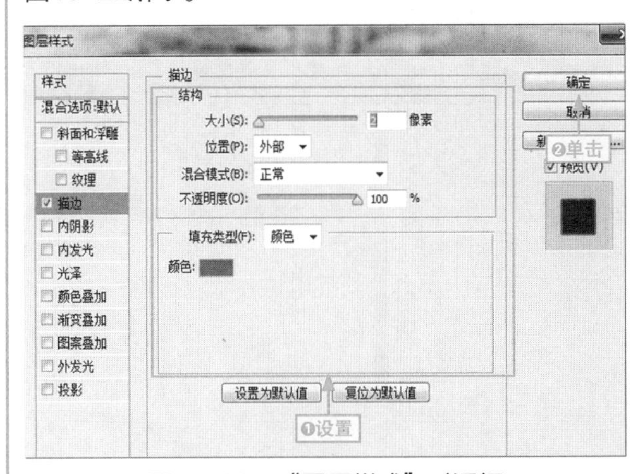

图15-22 “图层样式”对话框

步骤21 在“图层”面板中新建组，名称为body，并在该组中新建图层“图层 4”，如图15-23所示。

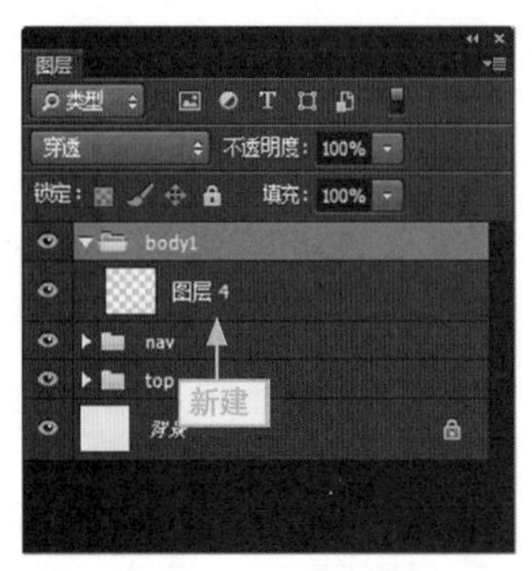

图15-23 新建组和图层

步骤22 ❶重新打开前景色的“拾色器”对话框，选择需要的颜色，❷单击“确定”按钮，如图15-24所示。

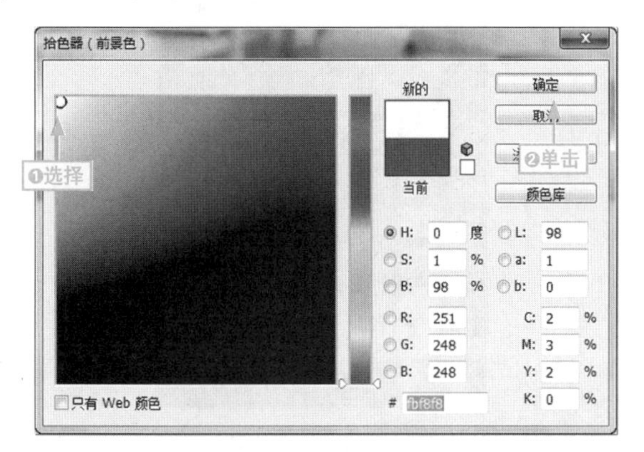

图15-24 设置前景色

步骤23 使用“矩形选框工具”在文档中绘制矩形，按Alt+Delete组合键填充前景色，按Ctrl+D组合键取消选择，如图15-25所示。

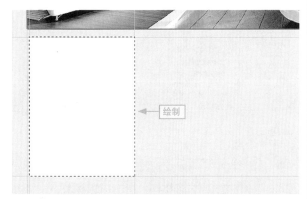

图15-25 绘制并填充矩形

步骤24 在body组中新建“图层 5”，以同样的方式绘制矩形，如图15-26所示。

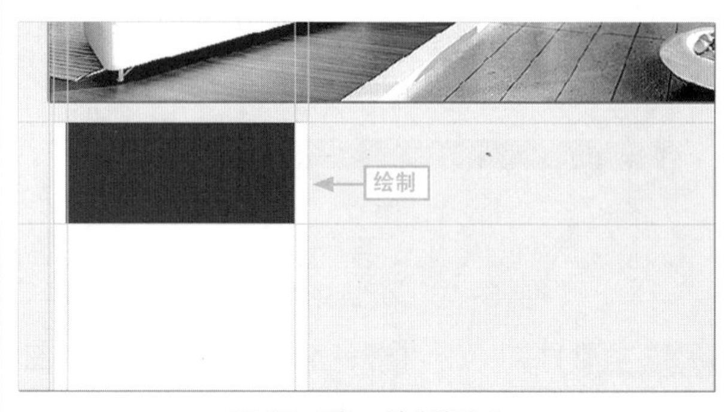

图15-26 绘制矩形

步骤25 选择“横排文字工具”选项，❶在“字符”面板中设置相应属性，❷在文档相应位置输入文本，如图15-27所示。

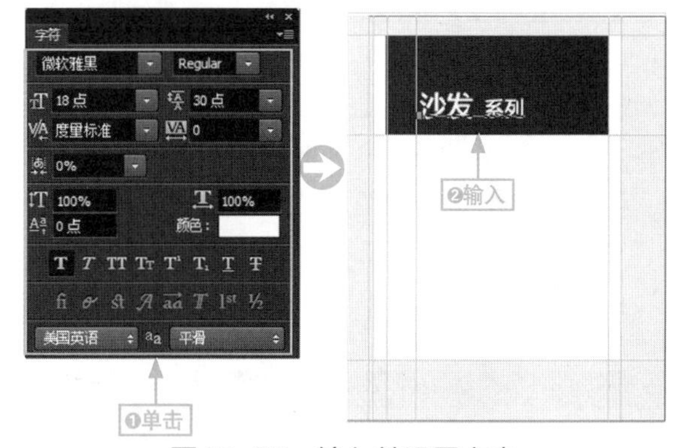

图15-27 输入并设置文本

步骤26 ❶在“字符”面板中设置相应属性，❷在文档相应位置输入文本，如图15-28所示。

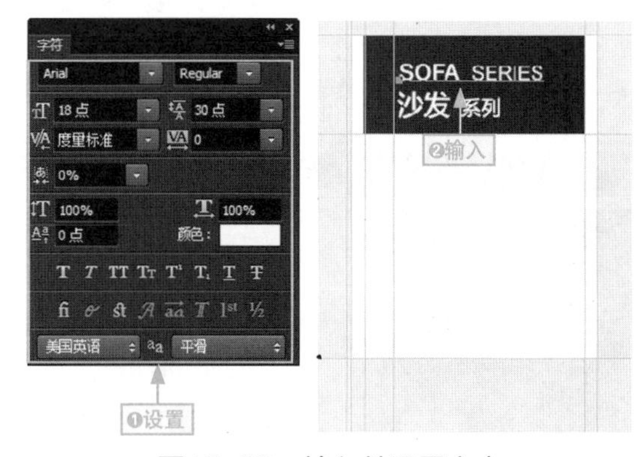

图15-28 输入并设置文本

步骤27 打开body1-1素材文件，将文件中的图像拖入文档的适当位置，如图15-29所示。

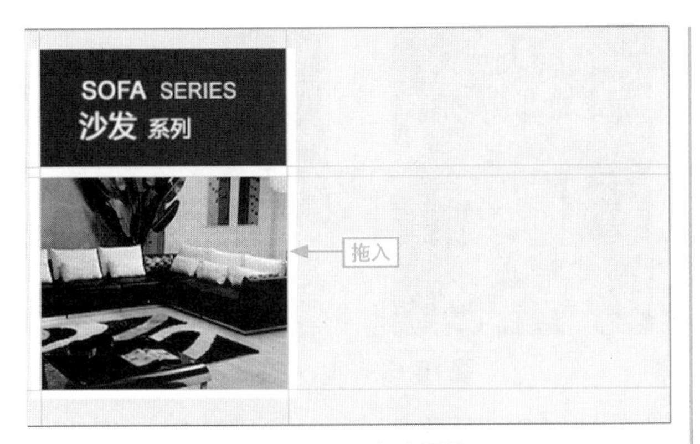

图15-29　移动图像

步骤28 ❶在“图层”面板中选择body1组，❷右击，选择“复制组”命令，如图15-30所示。

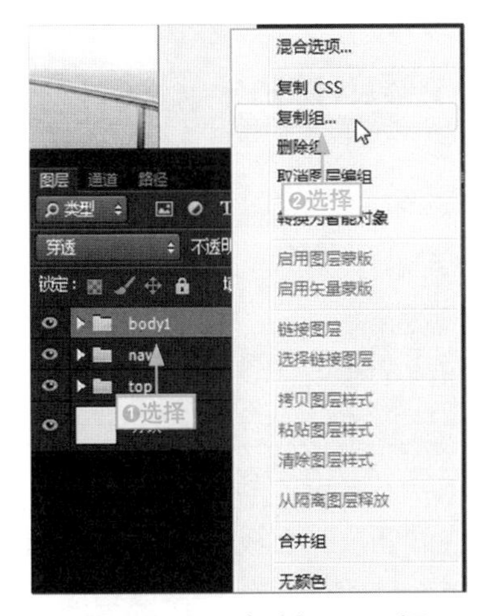

图15-30　复制body1组

步骤29 在打开的“复制组”面板中单击“确定”按钮，如图15-31所示。

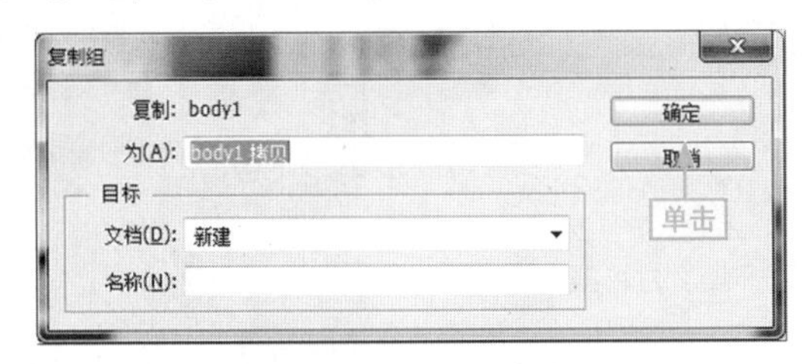

图15-31　确认复制

步骤30 ❶在前景色的“拾色器”对话框中选择颜色，❷单击“确定”按钮，如图15-32所示。

步骤31 ❶在“图层”面板中的“body1 拷贝”组中选择“图层 5”选项，❷按住Ctrl+D组合键，同时单击“图层 5”选项中的缩略图，如图15-33所示。

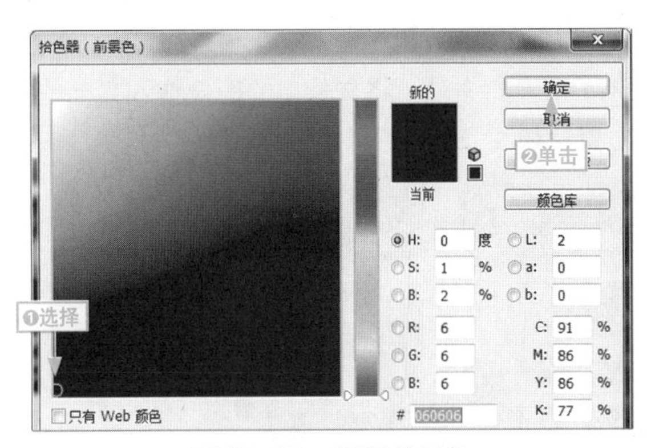

图15-32　设置前景色

图15-33　选择缩略图选区

步骤32 按Alt+Delete组合键填充前景色，按Ctrl+D组合键取消选择，如图15-34所示。

图15-34　填充前景色

步骤33 选择组中的文字图层，依次更改图层上的文本，如图15-35所示。

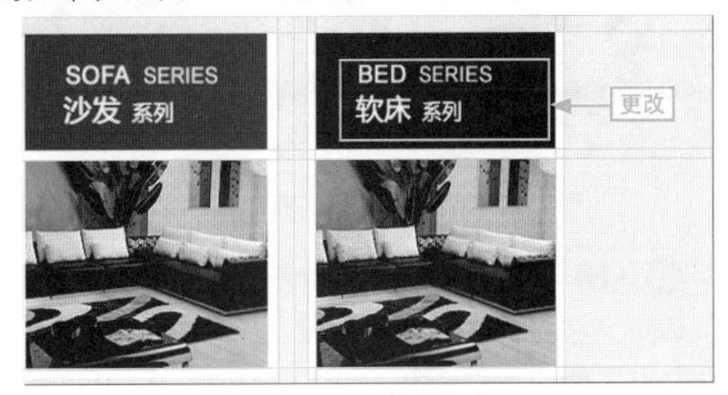

图15-35　更改文本

步骤34 删除组中的“图层6”选项，打开body1-2素材文件，将文件中的图像拖入文档的相应位置，如图15-36所示。

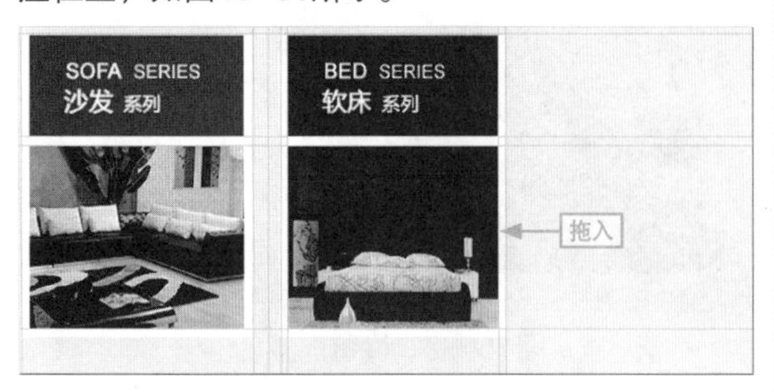

图15-36　拖入图像

步骤35 两次复制body1组，生成“body1拷贝2”和“body1 拷贝3”组，如图15-37所示。

图15-37　复制组

步骤36 用相同的方法，分别更改“body1拷贝2”组与“body1拷贝3”组中的相应内容，如图15-38所示。

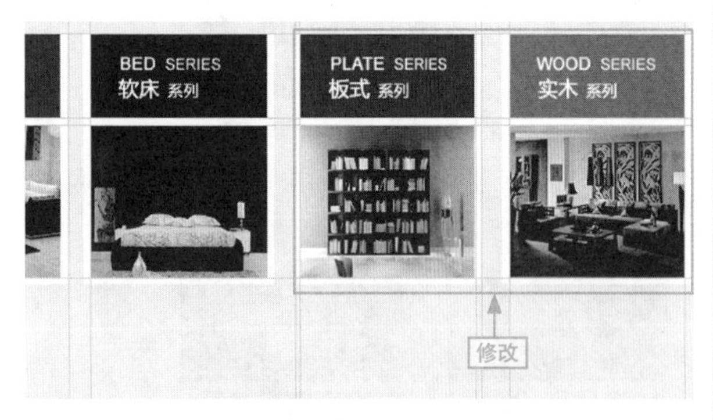

图15-38　修改组

步骤37 在“图层”面板中新建body2组，选择“横排文字工具”选项，设置“字符”面板属性并在文档中输入相应文本，如图15-39所示。

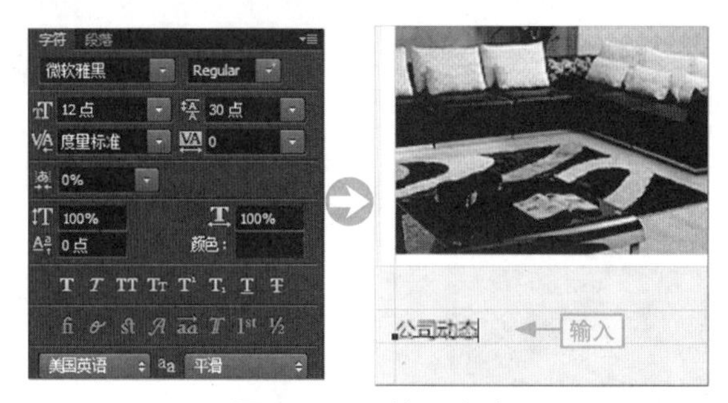

图15-39　输入文本

步骤38 用相同的方法，完成相似文本内容的操作，如图15-40所示。

图15-40　输入其他文本

步骤39 在“图层”面板中复制body2组，❶在自动生成的“body2拷贝”组中修改相应图层的文本内容，❷删除其余图层，如图15-41所示。

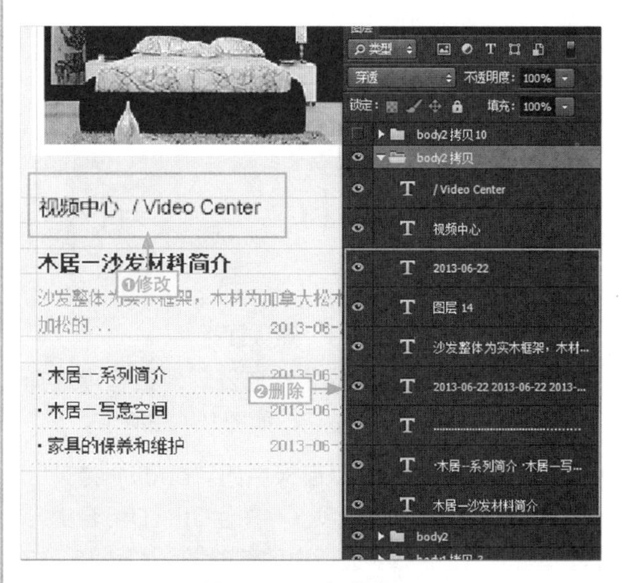

图15-41　操作图层

步骤40 打开body2-1素材文件，将文件中的图像置入文档中，调整图像大小与位置，并给图像增加“描边”图层效果，如图15-42所示。

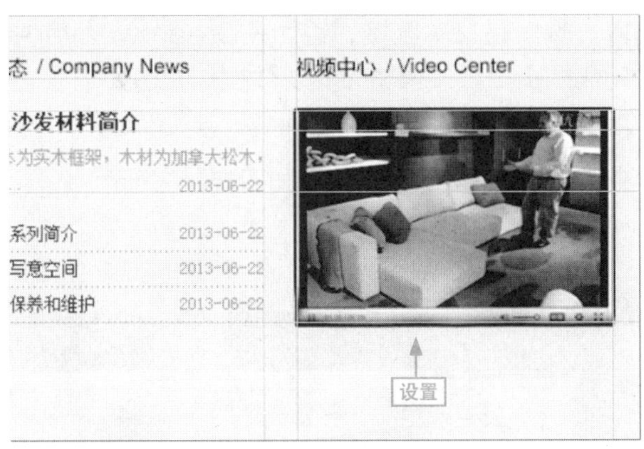

图15-42 移动图像

步骤41 在“图层”面板中复制body2组，使用前面相同的方法操作自动生成的“body2 拷贝 2”组中的图层，如图15-43所示。

图15-43 操作图层

步骤42 在“图层”面板中新建body3组，在该组中新建图层，打开body3-1素材文件，将图片拖入文档相应位置，如图15-44所示。

图15-44 移动图片

步骤43 为新建图层添加“颜色叠加”图层效果，具体设置如图15-45所示。

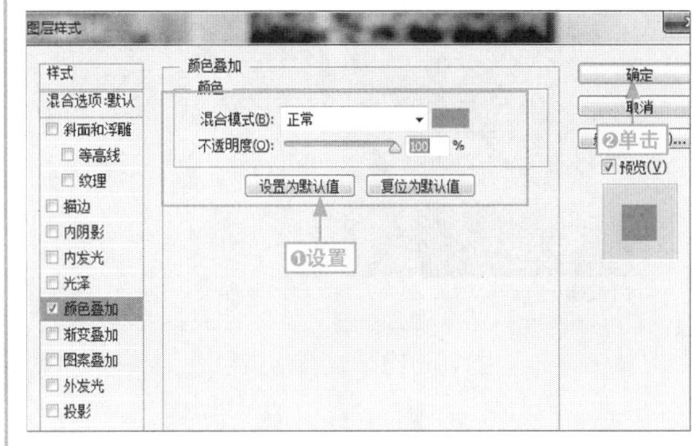

图15-45 “图层样式”对话框

步骤44 选择“横排文字工具”选项，在文档中输入文本，如图15-46所示。

图15-46 输入文本

步骤45 使用前面相同的方法，在文档中添加小图片和文本，如图15-47所示。

图15-47 添加图片和文本

步骤46 在“图层”面板中新建foot组，在该组中新建图层，设置前景色，如图15-48所示。

步骤47 使用“矩形选框工具”在文档中绘制矩形，按Alt+Delete组合键填充前景色，按Ctrl+D组合键取消选择，如图15-49所示。

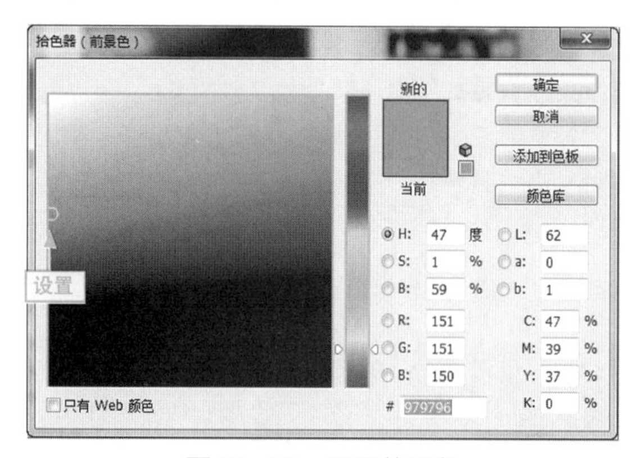

图15-48　设置前景色

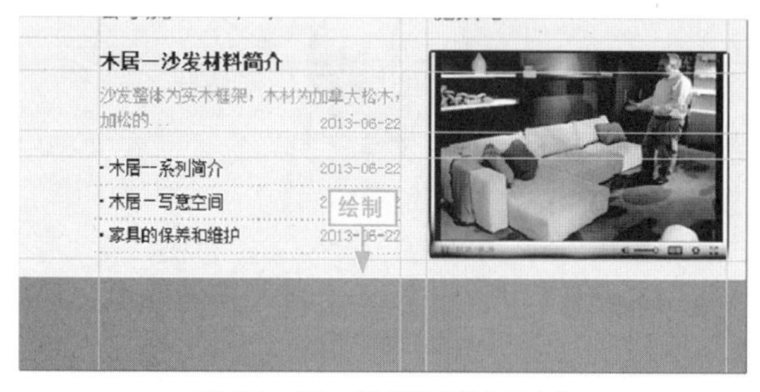

图15-49　绘制并填充矩形

步骤48 使用“横排文字工具”在文档中输入文本，如图15-50所示。

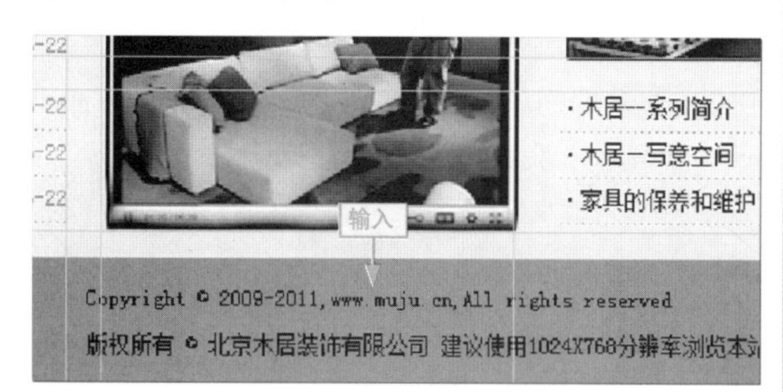

图15-50　输入文本

步骤49 操作完成后即可查看到文档和“图层”面板的最终效果，如图15-51所示，最后将文档保存为“企业网站.psd”即可。

图15-51　查看效果

2. 切割页面素材

切割页面素材是网页设计中非常重要的一环，它可以很方便地为我们标明哪些是图片区域，哪些是文本区域，也为在Dreamweaver中制作网页提供了素材，其具体操作方法如下。

步骤01 打开“企业网站”素材文件，在工具箱中选择“切片工具”选项，如图15-52所示。

图15-52　选择切片工具

步骤02 将鼠标光标移动到文档中需要切片的位置，按下鼠标左键拖动鼠标，完成后释放鼠标，如图15-53所示。

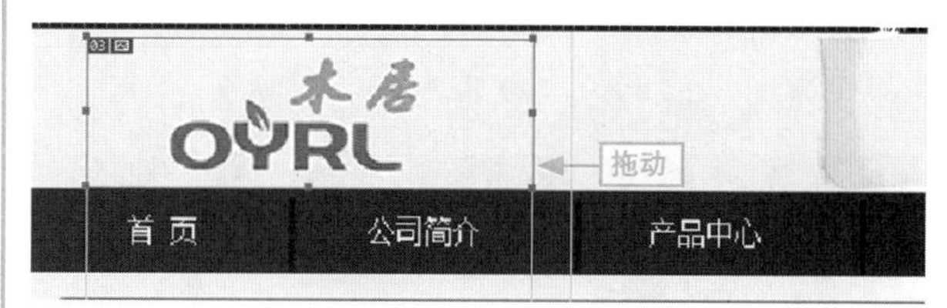

图15-53　切割图片

步骤03 以相同的方法对文档中其他所有图片进行切片，如图15-54所示。

图15-54　图片切片

步骤04 在菜单栏中选择“文件/存储为Web所用格式”命令，如图15-55所示。

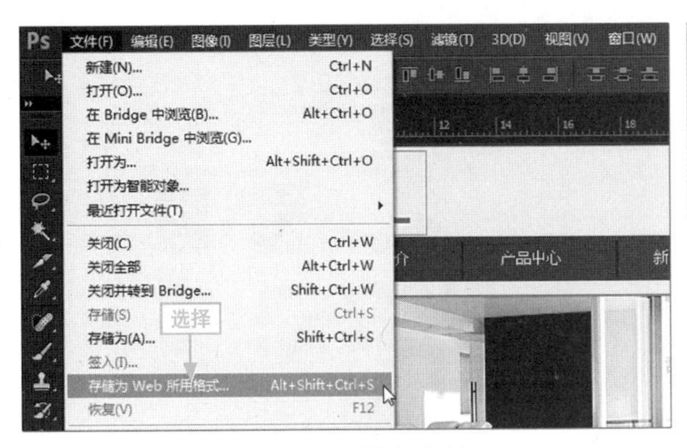

图15-55 另存文件

步骤05 ❶在打开的对话框中单击“优化的文件格式”下拉按钮，❷选择JPEG选项，❸单击“存储”按钮，如图15-56所示。

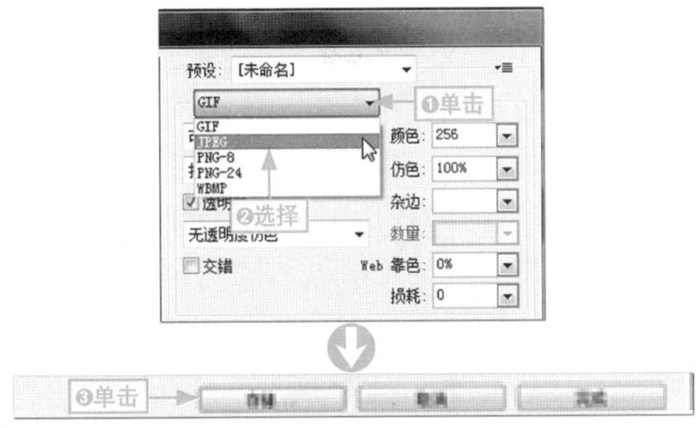

图15-56 设置存储格式并保存文件

步骤06 ❶在打开的对话框中单击“切片”下拉按钮，❷选择“所有用户切片”选项，❸单击“保存”按钮，如图15-57所示。

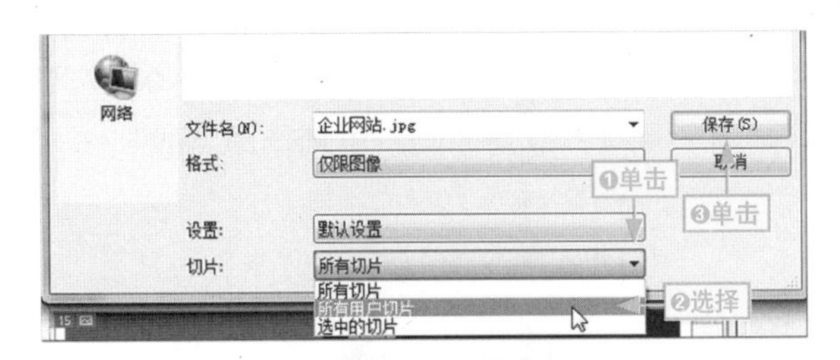

图15-57 设置选项

步骤07 ❶在“图层”面板上选择nav组，❷并在其上右击，选择“合并组”命令，如图15-58所示。

步骤08 使用“矩形选框工具”绘制导航，按Ctrl+C组合键复制选区，按Ctrl+N组合键打开“新建”对话框，单击“确定”按钮，按Ctrl+V组合键粘贴所复制的图像，如图15-59所示。

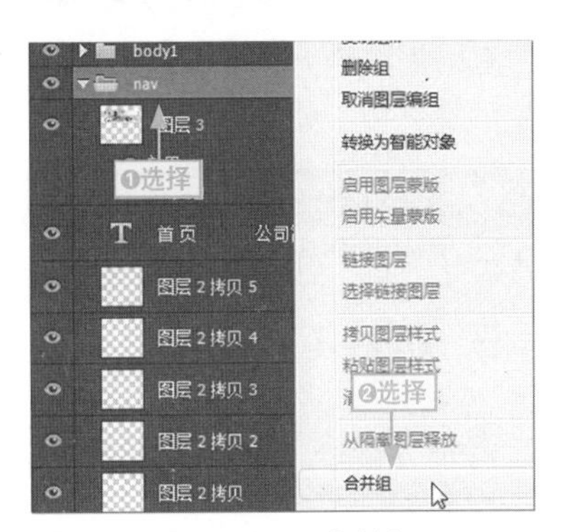

图15-58 合并组

图15-59 新建文档

步骤09 使用“仿制图章工具”清除图像中的文字，如图15-60所示，按Ctrl+S组合键将图像保存为menu.jpg。

图15-60 清除文字

步骤10 在“图层”面板上合并foot组，使用“矩形选框工具”在文档中绘制矩形，如图15-61所示。

图15-61 绘制矩形

步骤11 按Ctrl+C组合键复制选区，按Ctrl+N组合键打开“新建”对话框，单击“确定”按钮，按Ctrl+V组合键粘贴所复制的图像，如图15-62所示。

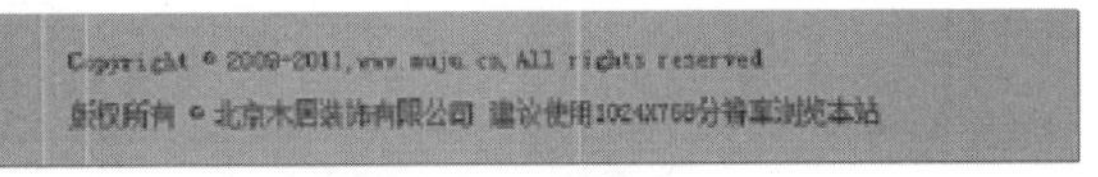
图15-62 新建文档

步骤12 使用“仿制图章工具”清除图像中的文字，如图15-63所示，按Ctrl+S组合键将图像保存为foot.jpg。

图15-63 清除文字

步骤13 使用相同的方法绘制矩形选区，并复制粘贴到新建的文档中，如图15-64所示。

图15-64 粘贴图片

步骤14 使用相同的方法清除文字内容，并保存为body2.jpg，如图15-65所示。

图15-65 清除内容

步骤15 使用相同的方法，切割出文档中其他需要的素材图片，删除其文字，然后存储到文件夹中，如图15-66所示。

图15-66 页面素材

15.1.3 案例制作总结

在网页设计中，使用Photoshop设计网页一般用于辅助网页的制作，它用于制作效果图、框架及提供素材，方便进一步编辑代码。

在Photoshop中制作网页的过程中主要是应用参考线、切片等功能：先用参考线规划网页的整体布局，再通过图层和图层组设计各个部位，接着使用切片工具划分，最后通过“存储为Web 和设备所用格式”保存。

所见即所得，如果发现有不合适的地方，可以及时便捷地进行修改。

15.1.4 案例制作答疑

在制作本案例的过程中，大家也许会遇到一些操作上的问题。下面就可能遇到的几个典型问题做简要解答，以帮助用户更顺畅地完成制作。

15.2 使用Flash制作网站动画

使用Photoshop设计页面并分割页面素材后，就可以将网页中需要通过Flash展示出来的部分素材制作成Flash动画，其效果如图15-67所示。

本节素材	DVD/素材/Chapter15/家居生活Flash/
本节效果	DVD/效果/Chapter15/家居生活Flash/
案例目标	制作Flash网页动画
难度指数	★★★★★

图15-67　Flash动画效果

15.2.1　案例制作思路

在制作企业网站动画时，首先要确定制作的主题，然后是背景的设置，再者是制作的具体过程，最后是测试与发布动画，具体流程如图15-68所示。

1 动画背景的设置

2 开始制作动画

3 动画的测试与发布

图15-68　案例流程

15.2.2　案例制作过程

为了能够更好地展现出网站的特色，可以在网页中添加Flash动画，在添加前需要对Flash动画进行设计，具体制作过程如下。

步骤01 启动Flash CC软件，❶单击“文件”菜单项，❷选择“新建”命令，如图15-69所示。

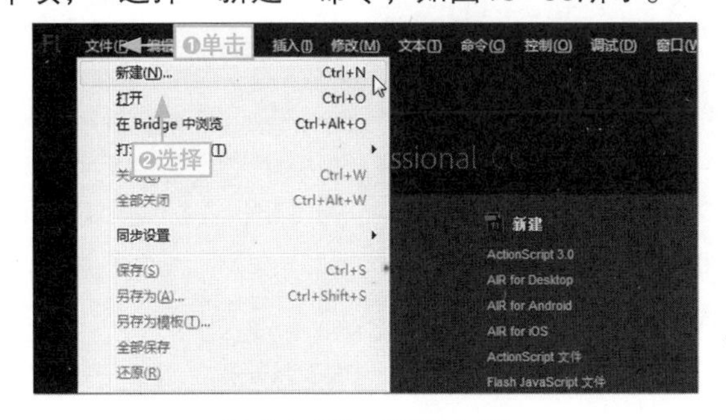

图15-69　新建文档

步骤02 ❶在打开的“新建文档”对话框中选择ActionScript 3.0选项，❷单击“确定”按钮，如图15-70所示。

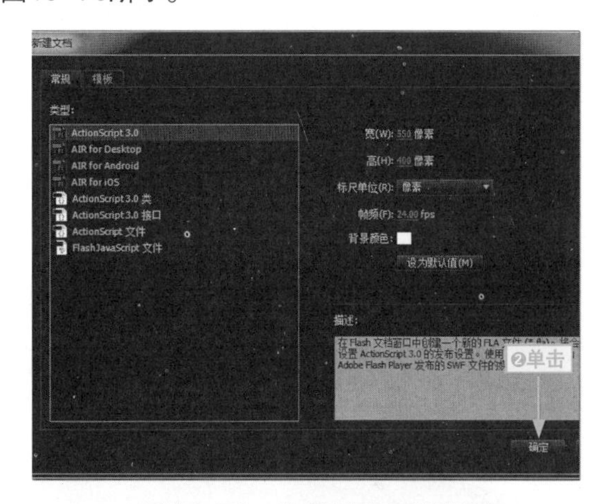

图15-70　选择新建文档类型

步骤03 ❶在菜单栏中单击“文件”菜单项，❷选择“导入/导入到舞台”命令，如图15-71所示。

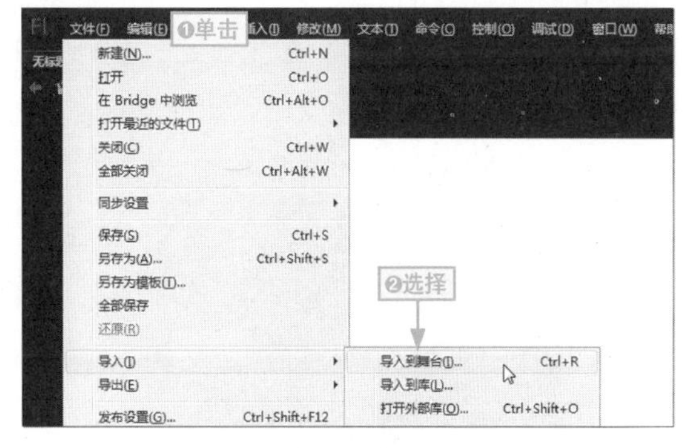

图15-71　选择“导入到舞台”命令

步骤04 ❶在打开的“导入”对话框中选择相应文件，❷单击“打开”按钮，如图15-72所示。

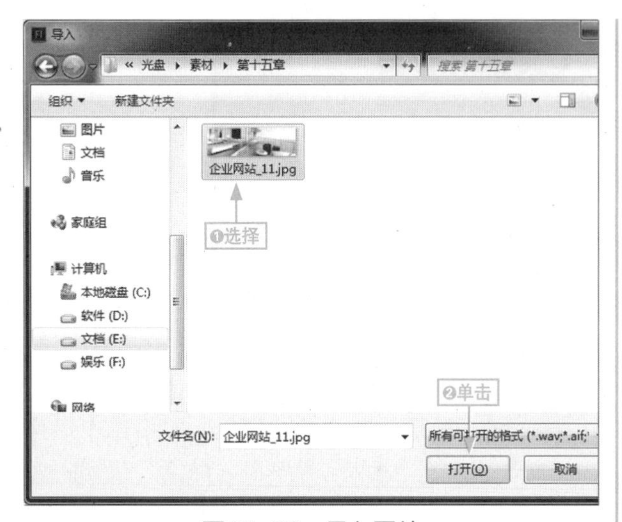

图15-72　导入图片

步骤05 在舞台的空白处右击，选择“文档”命令，如图15-73所示。

图15-73　选择“文档”命令

步骤06 ❶在打开的“文档设置”对话框中单击“匹配内容”按钮，❷单击“确定”按钮，如图15-74所示。

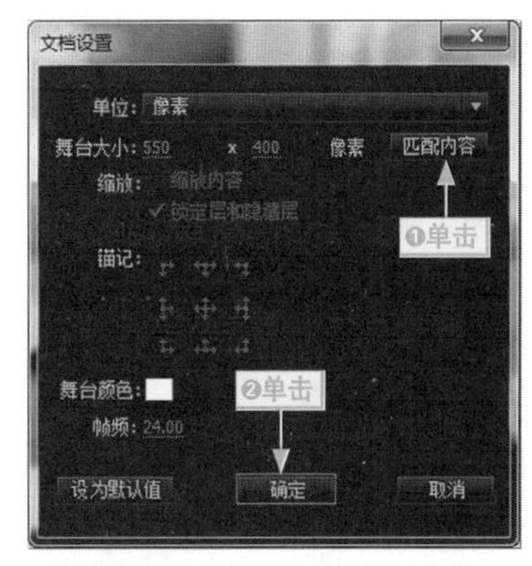

图15-74　“文档设置”对话框

步骤07 在“工具”面板中单击“文本工具”按钮，新建图层，如图15-75所示。

图15-75　选择文本工具

步骤08 ❶在文档相应位置输入文本，❷在“属性”面板中设置字符属性，如图15-76所示。

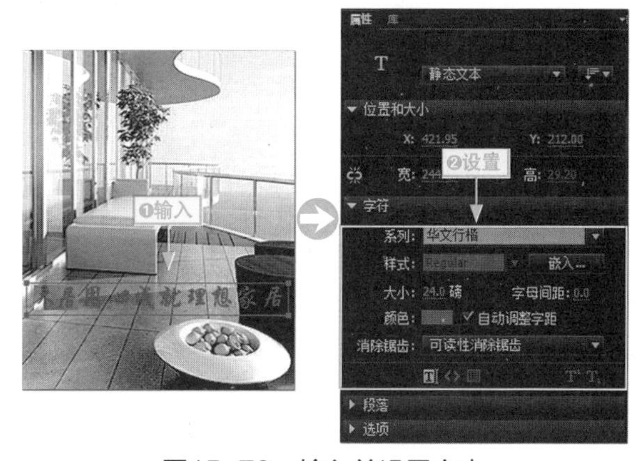

图15-76　输入并设置文本

步骤09 ❶选择文档中的文本，❷右击，选择“转换为元件”命令，如图15-77所示。

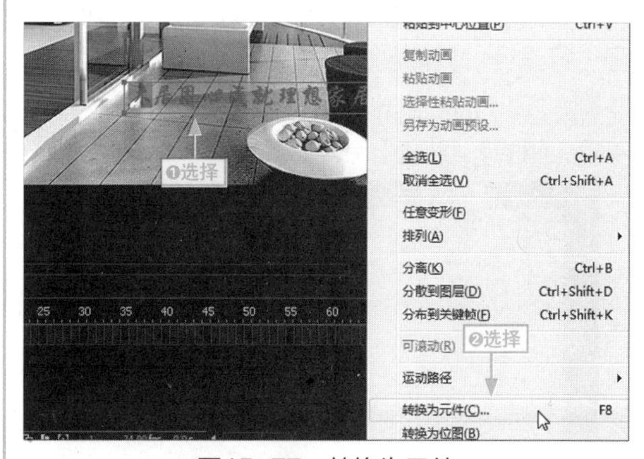

图15-77　转换为元件

步骤10 ❶在打开的"转换为元件"对话框中单击"类型"下拉按钮，❷选择"图形"选项，❸单击"确定"按钮，如图15-78所示。

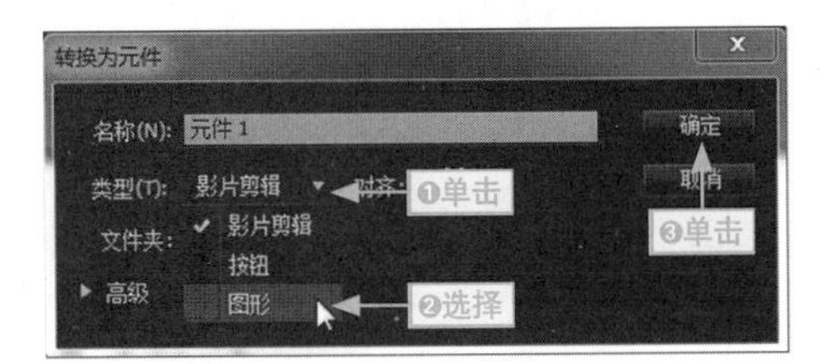

图15-78　创建图形元件

步骤11 ❶在"时间轴"面板的"图层 2"中选择35帧，❷右击，选择"插入关键帧"命令，如图15-79所示。

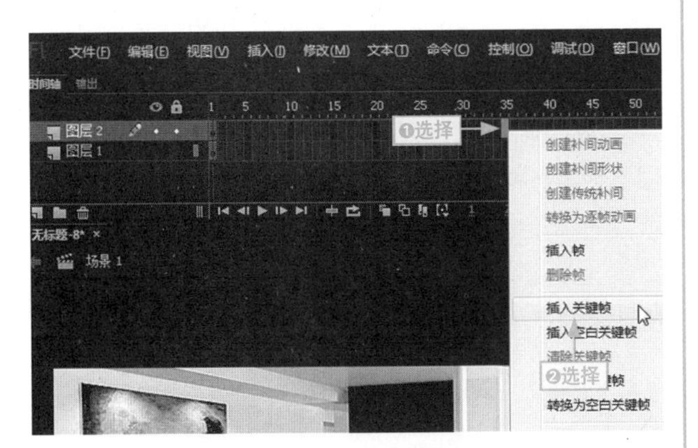

图15-79　插入关键帧

步骤12 ❶在"图层 2"中选择第"15"帧，❷右击，选择"创建传统补间"命令，如图15-80所示。

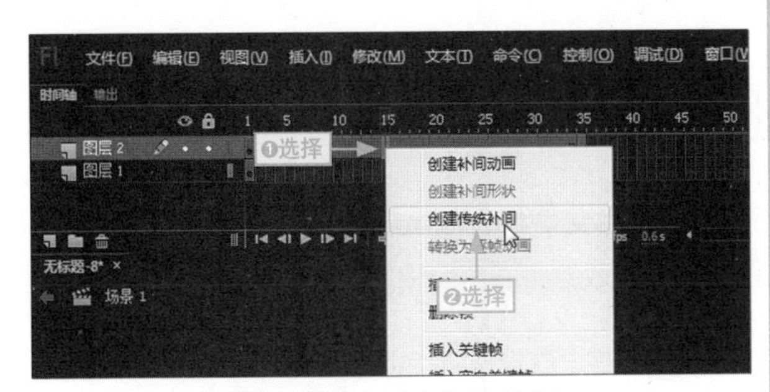

图15-80　创建传统补间

步骤13 ❶在"图层2"中选择35帧，❷使用"变形工具"调整文本大小与样式，如图15-81所示。

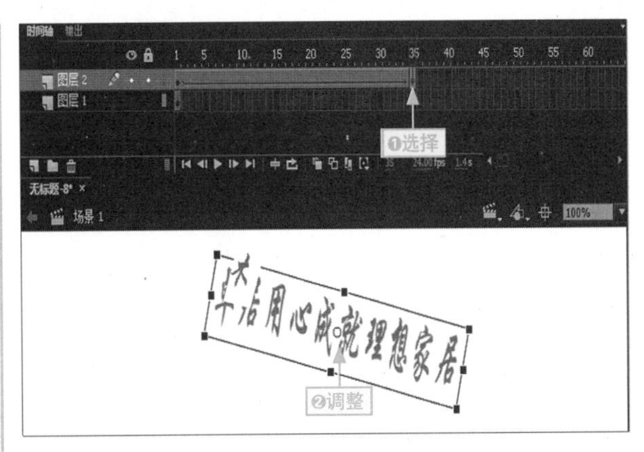

图15-81　调整文本外观

步骤14 以相同的方法设置第35帧到第60帧之间的传统补间动画，如图15-82所示。

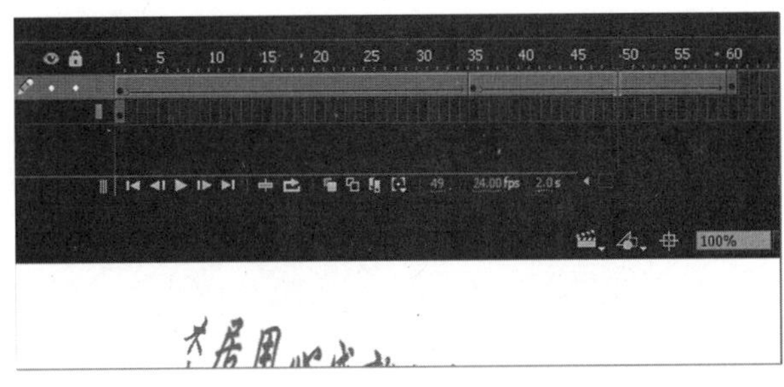

图15-82　添加传统补间动画

步骤15 ❶在"图层 2"中选择第60帧，❷用"变形工具"调整文本大小与样式，如图15-83所示。

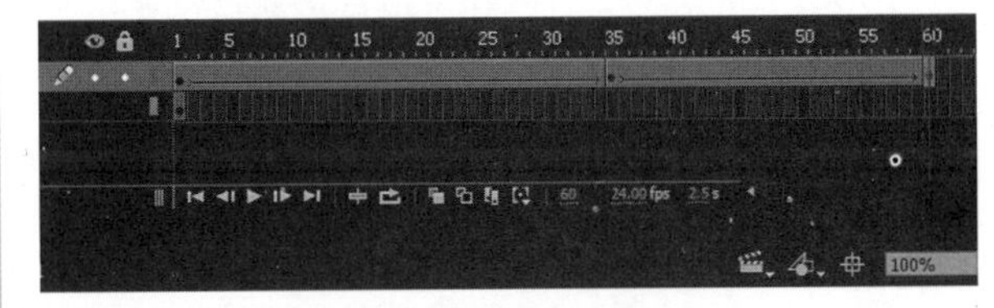

图15-83　调整文本外观

步骤16 ❶在"属性"面板的"色彩效果"选项卡中单击"样式"下拉按钮，❷选择Alpha选项，❸设置Alpha选项的值，如图15-84所示。

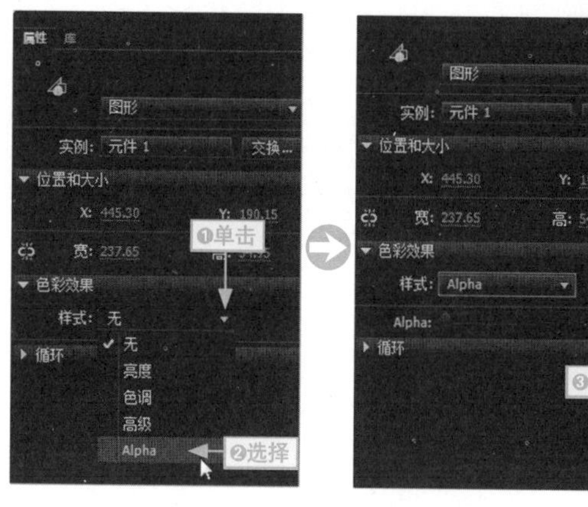

图15-84 设置Alpha参数

步骤17 选择“图层 1”选项，在第1帧至第35帧之间创建传统补间，在第35帧至第60帧之间创建传统补间动画，如图15-85所示。

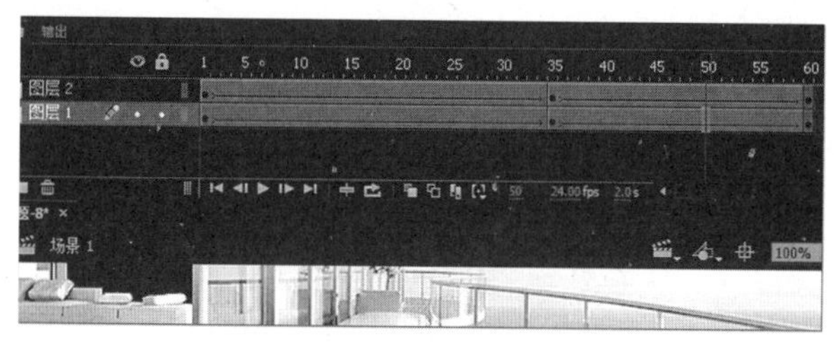

图15-85 添加传统补间动画

步骤18 完成该动画的制作后，保存该动画并命名为body1.fla，按Ctrl+Enter组合键测试动画，如图15-86所示。

图15-86 测试动画

15.2.3 案例制作总结

Flash动画已经成为网上活力的标志，并应用这一技术与电视、广告、卡通、MTV、制作等方面结合进行商业推广。Flash动画在网站中的运用，从简单的流式动画到复杂的交互式Web动画，都体现出了Flash动画的优势。

本次制作的动画中，首先分析动画产生的效果，然后分析产生效果的元素。主要制作的效果就是在舞台上导入一张图片作为背景，然后在该背景上新建图层，添加文字，将文字设置为先是由小到大，再由大变小最后消失。

15.2.4 案例制作答疑

在制作本案例的过程中，大家也许会遇到一些操作上的问题。下面就可能遇到的几个典型问题做简要解答，以帮助用户更顺畅地完成制作。

15.3 使用Dreamweaver制作网站

前面使用Photoshop设计了网页并分割了网页素材，其后又使用Flash制作页面动画。下面就需要使用Dreamweaver将页面制作成HTML格式的网页了，其效果如图15-87所示。

本节素材	DVD/素材/Chapter15/家居生活DW/
本节效果	DVD/效果/Chapter15/家居生活DW/
案例目标	掌握利用Dreamweaver制作网站的方法
难度指数	★★★★★

图15-87　Dreamweaver制作网页效果

15.3.1　案例制作思路

使用Dreamweaver制作页面时，以在Photoshop中制作的网页框架为模板，使用HTML结合Div+CSS按照由上往下的顺序开始制作。具体流程如图15-88所示。

1. 新建HTML与CSS文档，将CSS文档链接到HTML文档中
2. 制作Logo与导航区域
3. 制作网页中大部分图片和文本所在区域
4. 设计网站版权所在区域

图15-88　制作流程

15.3.2　案例制作过程

当网页设计完成和素材准备齐全以后，就可以在Dreamweaver中将页面制作成HTML格式的网页，具体设计过程如下。

步骤01 启动Dreamweaver CC软件，❶打开“新建文档”对话框，在其中选择相应选项，❷单击“创建”按钮创建HTML空白文档，并保存为index.html文件，如图15-89所示。

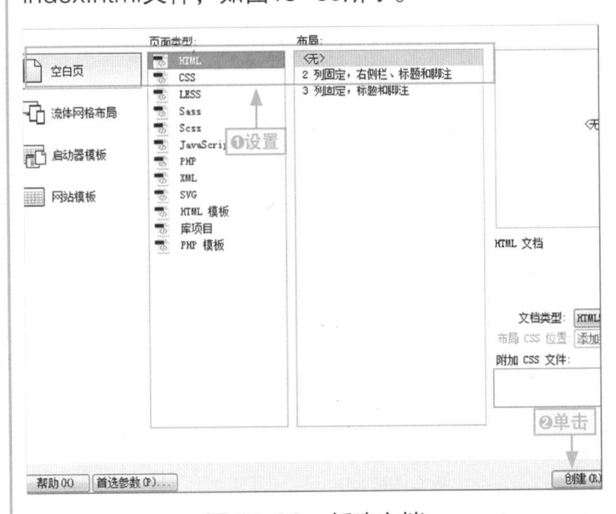

图15-89　新建文档

步骤02 以相同的方法，新建一个CSS样式表，并保存为style.css文件，如图15-90所示。

步骤03 ❶在打开的“使用现有的CSS文件”对话框中设置相关参数，❷单击“确定”按钮，如图15-91所示。

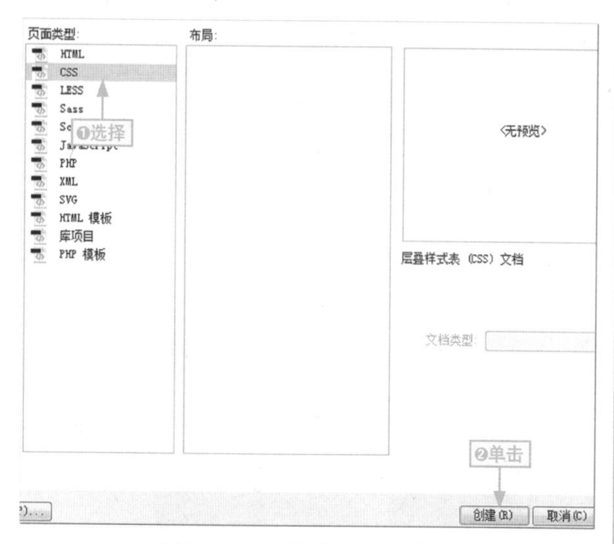

图15-90　新建CSS样式表

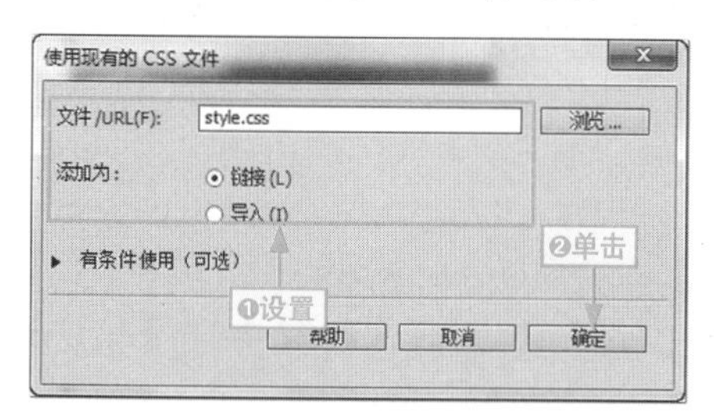

图15-91　“使用现有的CSS文件”对话框

步骤04 选择style.css文档，在文档中输入相关代码，如图15-92所示。

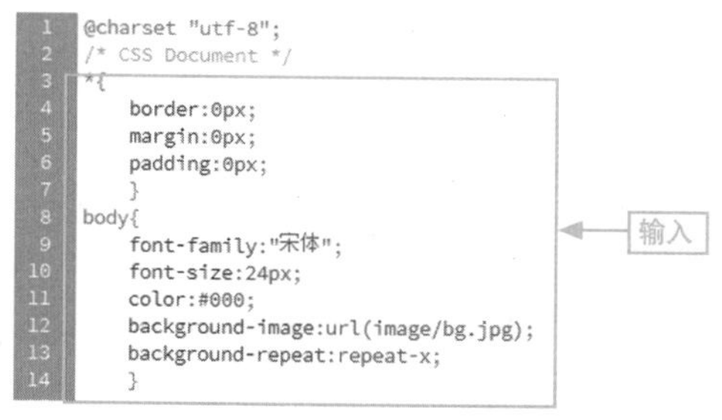

图15-92　输入CSS样式代码

步骤05 切换到HTML设计视图中，选择插入一个名称为box的Div，如图15-93所示。

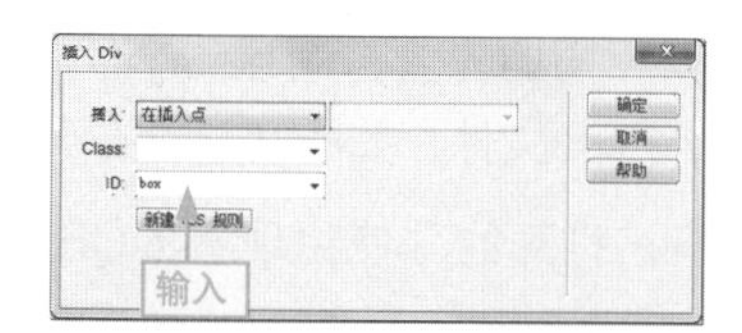

图15-93　插入id选择器

步骤06 ❶在CSS样式表中创建名为#box的CSS规则，❷在HTML设计视图中删除相关文本，如图15-94所示。

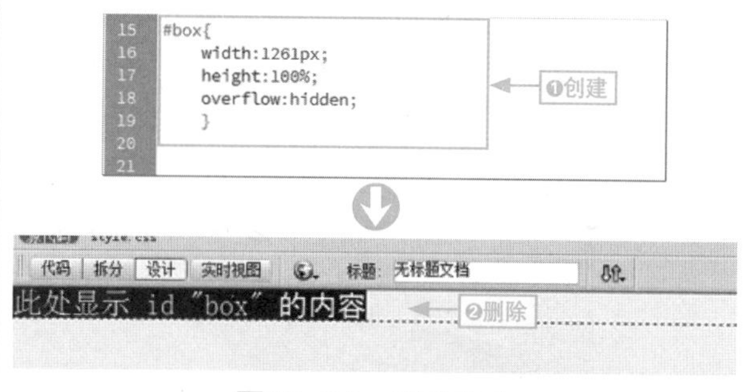

图15-94　删除文本

步骤07 ❶在该Div中插入一个名为top的Div，❷在CSS样式表中创建名为#top的CSS规则，如图15-95所示。

图15-95　创建规则

步骤08 ❶在HTML设计视图中删除Div中的文本并插入一个名为Logo的Div，❷在CSS样式表中创建名为#Logo的CSS规则，如图15-96所示。

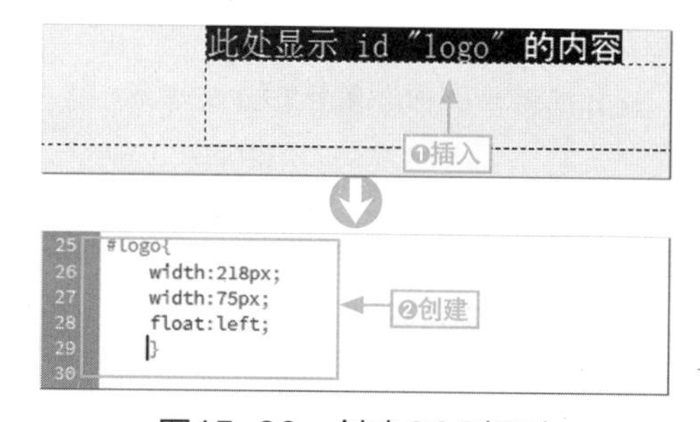

图15-96　创建CSS规则

步骤09 在HTML设计视图中删除相关文本并插入图像Logo，如图15-97所示。

图15-97 插入图片

步骤10 以相同的方法在top中插入名为top_3的Div，并创建#top_3的CSS规则，在该Div的右侧，插入图像top_03，如图15-98所示。

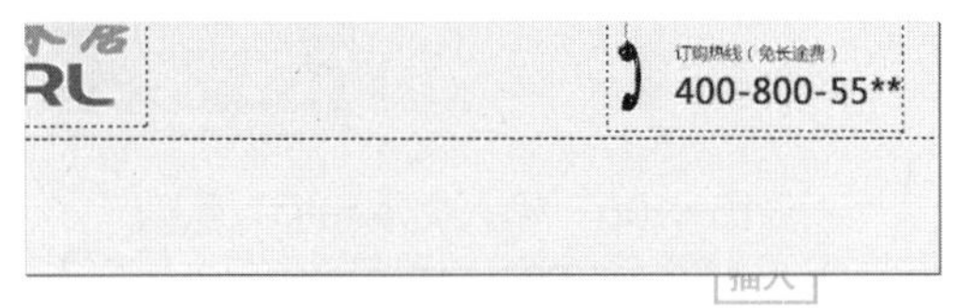

图15-98 插入图片

步骤11 在top后插入一个名为menu的Div，删除其中的文本，插入一个1列7行的表格，设置表格居中对齐，输入相应的文本，如图15-99所示。

图15-99 设置表格

步骤12 在CSS样式表中创建名为#menu的CSS规则，如图15-100所示。

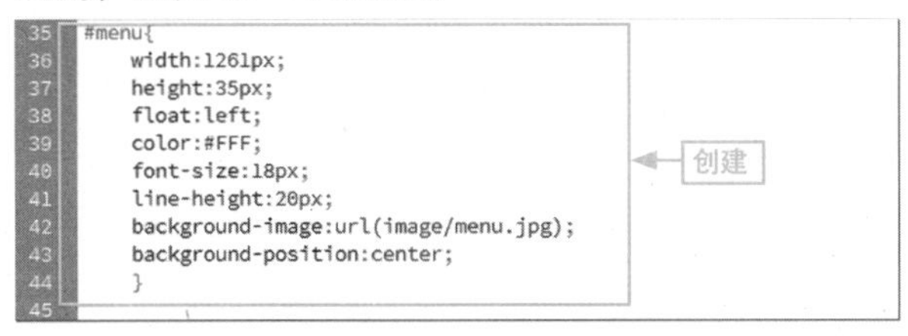

```
35 #menu{
36     width:1261px;
37     height:35px;
38     float:left;
39     color:#FFF;
40     font-size:18px;
41     line-height:20px;
42     background-image:url(image/menu.jpg);
43     background-position:center;
44     }
45
```


图15-100 创建规则

步骤13 在box后插入一个名为main的Div，删除其中的文本并插入一个名为flash的Div，在CSS样式表中创建名为#main和#flash的CSS规则，如图15-101所示。

```
46 #main{
47     width: 1261px;
48     height:820px;
49     overflow: hidden;
50     margin-top: 20px;
51     }
52 #flash{
53     width:978px;
54     height:309px;
55     margin:0px auto;
56     }
```

创建

图15-101 创建规则

步骤14 切换至HTML设计视图，在flash中删除多余文本，插入名为flash.swf的动画，如图15-102所示。

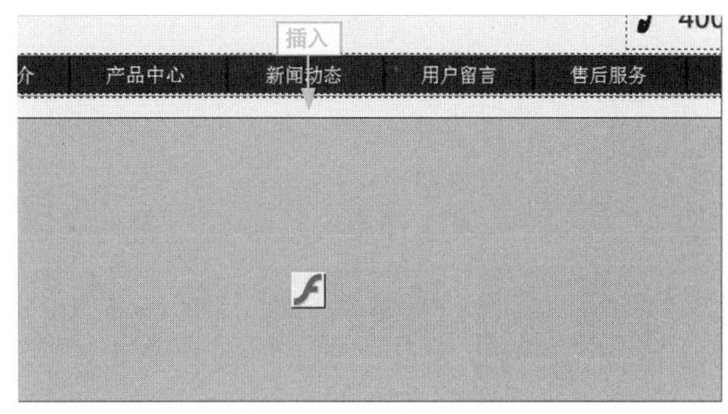

图15-102 插入动画

步骤15 在flash后插入一个名为pic的Div，删除其中的文本并插入一个名为pic_1的Div，在CSS样式表中创建名为#pic和#pic_1的CSS规则，如图15-103所示。

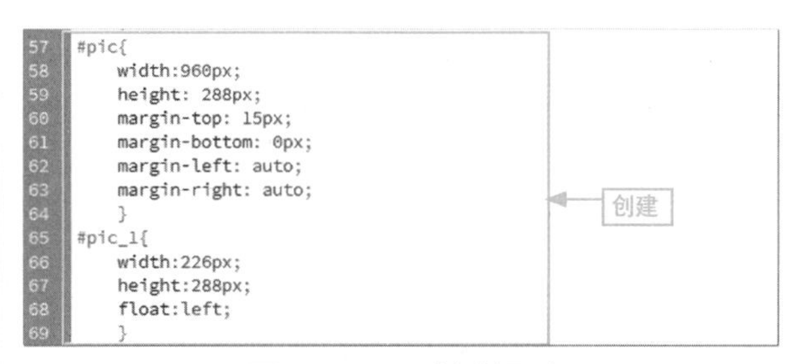

```
57 #pic{
58     width:960px;
59     height: 288px;
60     margin-top: 15px;
61     margin-bottom: 0px;
62     margin-left: auto;
63     margin-right: auto;
64     }
65 #pic_1{
66     width:226px;
67     height:288px;
68     float:left;
69     }
```


图15-103 创建规则

步骤16 切换至HTML设计视图，在pic_1中删除多余文本并插入名为pic_1的图像，如图15-104所示。

图15-104 插入图像

步骤17 以相同方法插入Div，❶创建其CSS规则，❷在Div中插入图像，如图15-105所示。

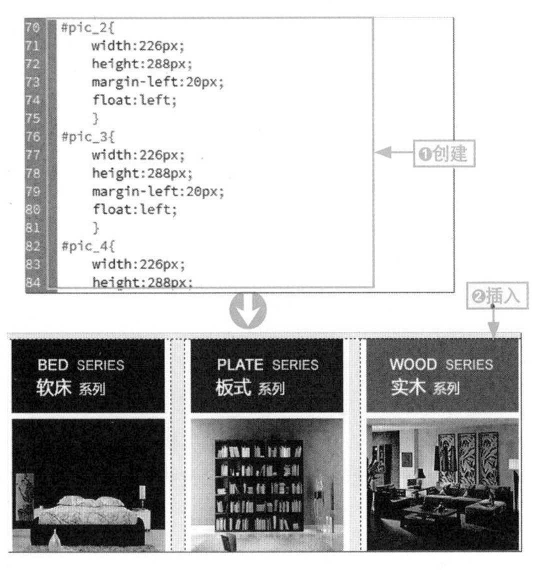

图15-105　插入图像

步骤18 在pic后插入一个名为sort的Div，删除其中的文本并插入一个名为sort_1的Div，在CSS样式表中创建名为#sort和#sort_1的CSS规则，如图15-106所示。

```
#sort{
    width: 950px;
    height: 288px;
    margin-top: 15px;
    margin-bottom: 0px;
    margin-left: auto;
    margin-right: auto;

    }
#sort_1{
    width: 225px;
    height: 300px;
    float: left;
    color: #CCC;
    }
```

插入

图15-106　创建规则

步骤19 切换至HTML设计视图，在sort_1中删除多余文本并输入文本，设置相应文本的格式，如图15-107所示。

图15-107　输入文本

步骤20 在sort_1后插入一个名为sort_2的Div，❶在CSS样式表中创建名为#sort_2的CSS规则，❷切换至HTML设计视图中删除多余文本并输入文本和插入图像，如图15-108所示。

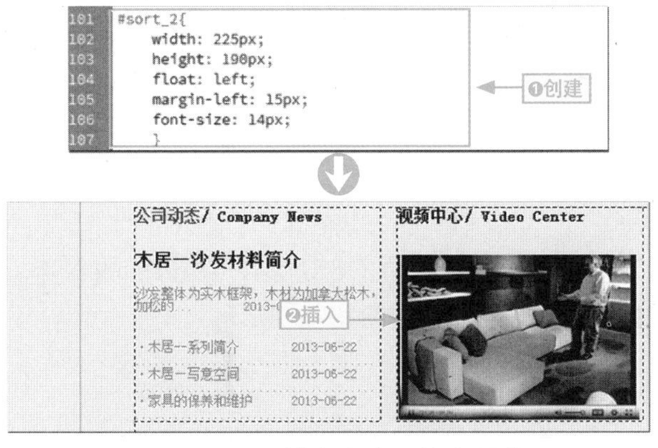

图15-108　输入文本和插入图像

步骤21 以相同方法插入名为sort_3和sort_4的Div，❶创建名称分别为sort_3和sort_4的CSS规则，❷在Div中输入文本和插入图像，如图15-109所示。

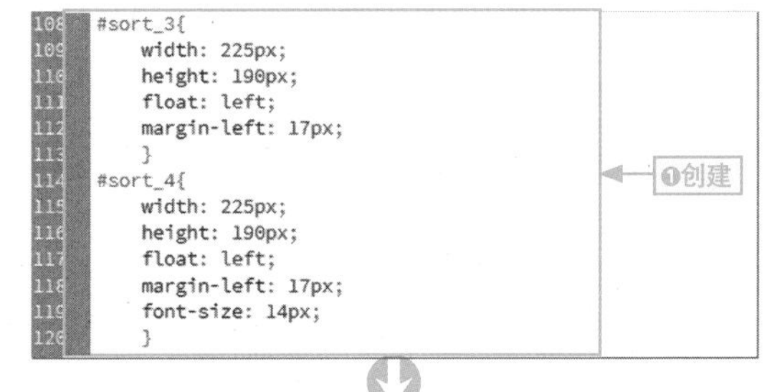

#sort_3{
width: 225px;
height: 190px;
float: left;
margin-left: 17px;
}
#sort_4{
width: 225px;
height: 190px;
float: left;
margin-left: 17px;
font-size: 14px;
}
❶创建

图15-109　输入文本和插入图像

步骤22 在main后插入一个名为foot的Div，在CSS样式表中创建名为#foot的CSS规则，如图15-110所示。

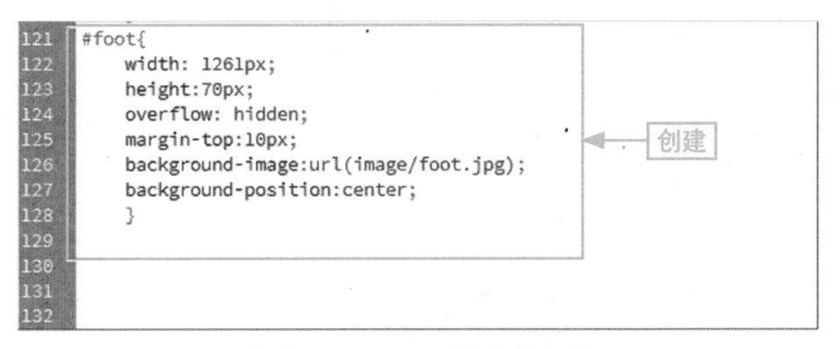

图15-110　创建规则

步骤23 在保存文档后，可在浏览器中查看效果，如图15-111所示。

图15-111 查看效果

15.3.3 案例制作总结

本小节使用Dreamweaver CC设计了一个简单的企业网站，主要通过HTML语言结合Div+CSS的布局方式制作网页，然后利用在Photoshop CC与Flash CC中制作的素材，完整地将网页制作了出来。

通过本节的学习读者能够更加深入地了解网站的制作过程和方法，更加进一步地巩固使用Dreamweaver CC创建网站的基本方法和步骤，并能独立的制作简单的网站。

15.3.4 案例制作答疑

在制作本案例的过程中，大家也许会遇到一些操作上的问题。下面就可能遇到的几个典型问题做简要解答，以帮助用户更顺畅地完成制作。

15.4 实战问答

?! NO.1 | 参考线有什么作用

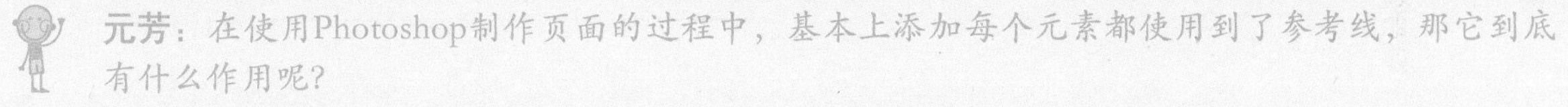

元芳：在使用Photoshop制作页面的过程中，基本上添加每个元素都使用到了参考线，那它到底有什么作用呢?

大人：在Photoshop中蓝色的线是参考线，参考线在实际页面中是不会出现的线，只会在设计中才能看到，主要作用是构图或者将作品不同部分分块进行对齐用的。

?! NO.2 | 为什么要删除素材中的内容

元芳：在Photoshop中制作完成页面后，需要切割页面素材，为什么要将素材中的部分内容清除?

大人：有些被切割出来的页面素材中包含了Dreamweaver需要制作的内容，所以需要在Photoshop中进行相应的修改，如将一些文本删除，保留背景或部分框架即可。

?! NO.3 | 如何做文字的变形动画

元芳：如果想要将文字做成变形动画，应该怎么操作呢?

大人：按Ctrl+B组合键将前后两帧的文字打散，在前一帧文字上做Shape运动，同时还必须保证对应元件没有设置Shape运动。

?! NO.4 | 如何将文字或图像镂空

元芳：制作动画时，需要使用到文字或图像镂空的效果，怎么得到这种效果呢？

大人：按Ctrl+B组合键将文字或图像打散，使用墨水瓶工具将它的边缘上色，然后再选取中间部分，将它删除即可。

?! NO.5 | 怎么设置指定文本居中显示

元芳：在Dreamweaver中，原本只是想将其中一行文字居中显示，为什么其他行的文字也变成居中显示了？

大人：在Dreamweaver中进行居中、居右等操作时，默认的区域是<p>、<h1>-<h6>、<Div>等标签中，如果用户的语句中没有用上述标签分隔开，那么Dreamweaver会将整段文字均做居中处理，解决的办法就是将文本使用标签分隔开。

?! NO.6 | 如何连续输入多个空格

元芳：在Dreamweaver中，默认只能输入一个空格，但有时需要连续输入多个空格，这个应该怎么处理？

大人：在Dreamweaver中对多个空格输入的限制只是针对于“半角”文字状态而言的，因此只要通过将输入法调整到全角模式下即可输入多个空格了。

?! NO.7 | 如何设置页面边距

元芳：在Dreamweaver中设计网页时，为了使页面更加美观，需要调整各元素之间的距离，那么如何设置页面边距呢？

大人：在Dreamweaver 中，可以通过编辑网页属性来设置页面的边距。在“属性”面板中单击“页面属性”按钮，通过在打开的“页面属性”对话框中可以设置网页元素的“左边距”“右边距”“上边距”“下边距”属性来定制页面边距。

习题答案

Chapter 01

【填空题】1.文本，图像，超链接，导航栏，动画，表格，表单；2.Dreamweaver，Photoshop，Flash

【选择题】1.B；2.A；3.D

【判断题】1.√；2.√；3.×

Chapter 02

【填空题】1.菜单栏，属性面板，文档工具栏，插入面板，浮动面板；2.实时视图

【选择题】1.B；2.B

【判断题】1.√；2.×；3.√

【操作题】

（1）打开“通知”素材文件，将“原文本”素材文件中的文本输入到“通知”网页的表格中。

（2）设置网页中文本元素的相关属性。

（3）操作完成后，将网页文档进行保存。

Chapter 03

【填空题】1.标签选择器，ID选择器，类选择器；2.内部样式表，内嵌样式表，外联样式表

【选择题】1.B；2.B

【判断题】1.×；2.√；3.√

【操作题】

（1）打开border1素材文件，切换至代码窗口。

（2）在文档<style>标签内输入相应的样式代码。

（3）保存文档后，在浏览器中预览效果。

Chapter 04

【填空题】1.<table>；2.像素

【选择题】1.B；2.B

【判断题】1.√；2.×；3.×

【操作题】

（1）打开index素材文件，将文本插入点定位到需要插入行和列的位置。

（2）单击鼠标右键，选择“表格/插入行或列”命令。

（3）在打开的“插入行或列”对话框中设置行数为“2”，列数为“1”。

（4）选择表格，在“属性”面板中设置表格的宽度值为“600”像素。

Chapter 05

【填空题】1.表单标签，表单域，表单按钮；2.模板；3.库

【选择题】1.C；2.B；3.A

【判断题】1.×；2.√；3.√

【操作题】

（1）打开index素材文件，通过“插入”面板向文档中插入表单的文本区域。

（2）在“属性”面板中设置文本区域的Rows和Cols属性。

（3）选择文本区域的名称，并重命名为“Lorem Ipsum”。

（4）打开Lorem Ipsum素材文件，复制其中的内容，在“属性”面板中的“value”文本框中粘贴该内容。

（5）保存文档后，在浏览器中预览效果。

Chapter 06

【填空题】1.事件；2.交换图像；3.晃动

【选择题】1.D；2.B

【判断题】1.×；2.√

【操作题】

（1）打开index素材文件，在文档中选择需要设置该行为的文本框。

（2）在“行为”面板单击“添加行为”下拉按钮，选择“设置文本/设置文本域文字”命令。

（3）在打开的“设置文本域文字”对话框中设置相应属性，单击“确定”按钮。

（4）保存文档，在浏览器中预览效果。

Chapter 07

【填空题】1.工具选项栏；2.设备分辨率，图像分辨率，网屏分辨率，扫描分辨率，位分辨率

【选择题】1.C；2.C

【判断题】1.√；2.×

【操作题】

（1）打开“小狗”素材文件，在工具箱中选择“注释工具”选项，在文档中单击鼠标即可插入注释。

（2）在打开的“注释”面板中输入注释内容。

（3）保存文档为PSD格式。

Chapter 08

【填空题】1.图像大小；2.图案图章工具；3.矩形工具

【选择题】1.C；2.D；3.A

【操作题】

（1）在Photoshop CC中新建空白文档，在工具箱中选择“多边形工具”选项。

（2）在工具选项栏中设置多边形的边数。

（3）设置相关参数，如填充、描边等。

（4）在文档中按住鼠标左键绘制六边形，完成后释放鼠标。

（5）将文档保存为“六边形.psd”。

Chapter 09

【填空题】1.图层；2.斜面和浮雕

【选择题】1.D；2.C

【判断题】1.√；2.×

【操作题】

（1）打开“足球”素材文件，在“图层”面板选择需要添加图层样式的图层。

（2）单击“添加图层样式”下拉按钮，选择“斜面和浮雕”命令。

（3）在“图层样式”对话框中设置斜面和浮雕的相应参数，单击“确定”按钮。

（4）在文档中查看使用斜面与浮雕图层样式后的效果并保存文档。

Chapter 10

【填空题】1.原稿，优化，双联，四联；2.动画；3.切片

【选择题】1.B；2.B

【判断题】1.√；2.×；3.×

【操作题】

（1）打开“美食网页”素材文件，在工具箱中选择“切片工具”选项。

（2）在文档中按住鼠标左键并拖动鼠标创建切片。

（3）创建完成后，在工具箱中选择“切片选择工具”选项，对文档中的切片进行调整、组合等操作。

（4）操作完成后保存切片。

Chapter 11

【填空题】1.静态文本，动态文本，输入文本；2.模板

【选择题】1.C；2.D

【判断题】1.√；2.×；3.×

【操作题】

（1）打开“登录”素材文件，在合适位置绘制的静态文本框，最为账户输入文本框。

（2）在合适位置绘制一个输入文本，将其“段落”的“行为”设置为“密码”。

（3）输入“注册”静态文本，设置其字体格式，再为其添加超链接。

（4）按Ctrl+Enter组合键测试影片，在账户和密码文本框中输入的相应的数据，也可单击“注册”超链接来验证效果。

Chapter 12

【填空题】1.插入帧；2.复制帧；3.图层文件夹

【选择题】1.C；2.D

【判断题】1.×；2.×；3.√；4.×

【操作题】

（1）打开“篮球动画”素材文件，删除图层5中的多余的帧，使该图层上的帧与其他图层上的帧一样长度。

（2）删除空白图层4，在图层1的第130帧插入帧，

使用背景图像一致随着动画的播放而存在显示。

（3）在分别对各个图层进行命名，新建图层文件夹并其进行命名。

（4）将相应的图层拖动到相应的图层文件夹下，使其成为嵌套图层。

Chapter 13

【填空题】1.按钮；2.交换元件；3.库文件夹

【选择题】1.D；2.C

【判断题】1.×；2.×；3.√

【操作题】

（1）打开“导航菜单1”素材文档，将“首页”按钮元件从库中添加到舞台上的合适位置。

（2）在库中对“首页”项进行直接复制，将其拖动到舞台上的合适位置，并进入当前编辑状态。

（3）修改按钮的各个状态下的显示名称。

（4）以同样的方法创建其他的导航菜单按钮。

（5）调整添加到舞台上菜单按钮之间的间距，以及将其进行对齐。

（6）按Ctrl+Enter组合键测试动画，将鼠标移到的相应的导航菜单按钮上，即可查看到效果。

Chapter 14

【填空题】1.补间；2.引导；3.stop()

【判断题】1.×；2.×；3.×

【操作题】

（1）打开“恐怖城堡”素材文件，创建元件1，进入元件内部。

（2）在色板中设置径向渐变的填充色为红色，并将其右侧的色块的透明度设置为0%。

（3）在舞台上绘制合适大小的正圆，退出元件编辑状态。

（4）创建红点元件，在图层上创建一个由大到小的同时，由明到暗（也就是透明度由高到低的变化）的补间动画。

（5）复制图层1中的补间动画帧，新建图层2，在第60帧插入空白关键帧，粘贴复制的动画帧，并对其进行翻转。

（6）进入主场景中，分别将相应的实例添加到对应的图层上，并插入相应长度的帧。

（7）在“遮罩”图层上创建补间动画，并使用选择工具，调整路径到合适形状，以及设置补间动画的缓动效果。

（8）将“遮罩”图层转换为遮罩图层使其将实例和背景进行遮罩。

（9）测试影片即可查看到制作的动画效果。